21世纪高等教育计算机规划教材

数据库原理及应用

Principle and Application
of Database

何友鸣　主编

金大卫 宋洁　副主编

人民邮电出版社

北　京

图书在版编目（CIP）数据

数据库原理及应用 / 何友鸣主编. -- 北京 ：人民
邮电出版社，2014.2（2014.12 重印）
21世纪高等教育计算机规划教材
ISBN 978-7-115-33849-5

Ⅰ. ①数… Ⅱ. ①何… Ⅲ. ①数据库系统－高等学校
－教材 Ⅳ. ①TP311.13

中国版本图书馆CIP数据核字(2014)第007159号

内 容 提 要

本书共10章，第1章和第2章介绍数据库原理方面的基本知识，第3章介绍具体的数据库系统Office Access 2003。第4章～第10章分别分章介绍Access的7个对象，包括表对象、查询对象、窗体对象、报表对象、页对象、宏对象和模块对象。

本书可作为大专院校各层次专业的数据库教材，亦可作为数据库知识学习者、爱好者、职业人员或 IT 行业工程技术人员的参考书。

◆ 主　　编　何友鸣
　　副主编　金大卫　宋 洁
　　责任编辑　武恩玉
　　责任印制　彭志环　焦志炜

◆ 人民邮电出版社出版发行　　北京市丰台区成寿寺路 11 号
　　邮编 100164　 电子邮件 315@ptpress.com.cn
　　网址 http://www.ptpress.com.cn
　　北京天宇星印刷厂印刷

◆ 开本：787×1092　1/16
　　印张：20.5　　　　　　　　　2014 年 2 月第 1 版
　　字数：543 千字　　　　　　　2014 年 12 月北京第 2 次印刷

定价：45.00 元
读者服务热线：(010)81055256　印装质量热线：(010)81055316
反盗版热线：(010)81055315
广告经营许可证：京崇工商广字第 0021 号

前　言

在当前信息社会，数据库技术是信息处理的主要技术之一，也就是说，数据库技术是计算机信息处理的核心技术。数据库技术自 20 世纪 60 年代出现以来，得到了很大的发展，数据库应用渗透到计算机应用的各个领域。1970 年关系数据库理论的产生，在数据库技术发展史上具有特别重大的意义。生活在当今信息时代的我们，要认识到，计算机信息处理技术中，数据库技术是信息管理存储利用和加工的技术，网络技术则是信息传输的技术，鉴此，我们必须了解和掌握以数据库技术和网络技术为代表的信息处理技术。对于应用型人才而言，并不需要深入全面地学习深奥的专业理论，而是掌握那些满足应用需要的基本理论即可，进而把我们学习的重点放在实际应用的研究和探讨上。这也是本书编写的指导思想和内容架构。

本书选择 Microsoft Office 2003 集成办公软件包中的 Access 关系数据库系统作为研究应用的对象，主要是由于 Access 使用环境要求低，应用广泛，软件普及，Access 本身基本理论和概念并不复杂，易于理解和接受，且本软件集成度高，易学易用。以 Access 为数据库管理系统的具体工具，特别适合初学者使用；同时，对于那些需要了解和应用数据库技术的非专业人员，如经济、管理、法学、财会、金融，甚至是文学、艺术等专业的学生和工作人员，也很适宜。本书的学习，并不需要特别的计算机知识、数学知识和网络知识，只要能简单操作计算机，了解 Windows 的一般使用，知道 Internet 的基本常识就可以了。

讲解 Access 及数据库的教材很多，与它们相比，本书具有以下特点。

（1）有一个贯穿全书知识的"教材管理"系统伴随我们的学习全过程，使我们在研究每一种对象时，能够充分了解它们在应用系统中的体现。

（2）列举大量的实际应用例子佐证和说明 DBMS 理论及应用，通俗直观，前后连贯，简明生动，易于理解。

（3）分章讲述 7 种对象时，独具特色，例如，介绍查询对象时，其他书籍重点使用设计视图完成查询，本书则着重于深入、全面地介绍查询语言 SQL。

（4）本书内容涵盖了计算机等级考试二级 Access 考试大纲的主要内容。

要指出的是，支持本书内容的操作系统应该是 Windows XP 及以上版本，Windows XP 必须是 Professional 版本（企业版）Corporate Edition Pack 3 或 Windows XP 64-Bit Edition 版本（Server 面向大中型企业），而且接受 Microsoft 公司近期升级的系统。其他如 Windows XP Home Edition 版本（面向个人家庭）等，将不支持本书某些方面的内容，如 Web 数据库方面的 IIS 功能等。另外，选用的 Office Access 2003 系统必须是完整版，并且要完整安装，否则，本书中介绍的有些内容可能不可以实现。

本书由中南财经政法大学武汉学院何友鸣任主编，中南财经政法大学信息与安全工程学院金大卫博士和常州轻工职业技术学院宋洁老师任副主编。参加本书编写的有：甘霞、李亮、王静、刘胜燕、刘阳、方辉云、鲁圆圆、徐冬、肖莹慧、何苗、庄超等。还有胡仁、冯浩、鲁星、韩杰、赵清强等老师，何苗做了本书的文字整理工作。

成书中，特邀内容上的资深指导有：中南财经政法大学信息与安全工程学院肖慎勇副院长及杨博、刘克刿、王少波、刘琪、吴泽俊、蔡燕等老师，在这里深深地感谢他们。在编写过程中，得到了中南财经政法大学武汉学院领导、教务处的领导及同仁，以及信息系教职工的大力支持，在此一并向他们致以诚挚的感谢。写书是很容易"一叶蔽目，不见泰山"的，那些站在幕后评读全稿的各位审评者，他们指导的重要性是无法估量的！

本书为授课教师提供教学课件，有需要者请登录人民邮电出版社教学服务与资源网（http://www.ptpedu.com.cn）免费下载。

我们为本书做了极大的努力，尽管如此，也不敢说完善。由于作者水平有限，书中存在错误、不足和疏漏之处亦在所难免。在此衷心希望采用本书作为教材的教师、学生和读者们提出宝贵的意见和建议；竭诚希望得到数据库教育界、Access 应用课程方面的同仁们批评指正；也期望专家学者们能够不吝赐教！

最后，我们还要由衷地感谢那些支持和帮助这套书的所有朋友们！谢谢你们使用和关心本书，并预祝你们教学或学习成功！

编 者
2014 年 1 月于武汉学院

目　录

第 1 章　数据库基本知识 1

1.1　数据与信息 1
1.2　数据管理与数据库技术 2
1.3　数据库基本理论 6
1.4　数据库技术的发展 9
1.5　常用数据库管理系统 12
习题 15

第 2 章　关系数据库基础 17

2.1　关系 17
2.2　关系模型 19
2.3　关系数据库 20
2.4　关系数据库的完整性 31
2.5　关系规范化理论 33
习题 38

第 3 章　Access 数据库 42

3.1　Access 概述 42
3.2　Access 数据库窗口 48
3.3　创建 Access 数据库 53
3.4　Access 数据库管理 56
3.5　Access 数据库分析 60
习题 62
实验题 63

第 4 章　表对象 64

4.1　表的结构与数据类型 64
4.2　创建表对象 68
4.3　创建表 71
4.4　表之间的关系 89
4.5　表的操作 91
习题 100
实验题 101

第 5 章　查询对象与 SQL 语言 104

5.1　查询 104
5.2　SQL 语言 106

5.3　选择查询 131
5.4　查询向导 144
5.5　动作查询 149
5.6　特定查询 153
习题 155
实验题 157

第 6 章　窗体对象 158

6.1　概念 158
6.2　窗体创建基本方法 163
6.3　面向对象程序设计方法了解 ... 171
6.4　窗体设计 175
6.5　控件设计 178
6.6　调整窗体中控件的布局 200
习题 201
实验题 202

第 7 章　报表对象 204

7.1　报表基础 204
7.2　创建报表 208
7.3　编辑报表 218
7.4　报表的高级操作 221
7.5　预览、打印和保存报表 231
习题 233
实验题 233

第 8 章　页对象 234

8.1　概念 234
8.2　页的创建方法 235
8.3　页的编辑和设置 242
习题 246
实验题 246

第 9 章　宏对象 247

9.1　概念 247
9.2　宏的创建 250
9.3　条件宏 253

9.4 宏的运行与调试 256

习题 260

实验题 261

第 10 章 模块对象及 Access 程序设计 262

10.1 模块与 VBA 262

10.2 VBE 界面 264

10.3 VBA 语言预备知识 271

10.4 Access 程序设计基础 283

10.5 面向对象程序设计 297

10.6 VBA 程序调试 304

10.7 Access 数据库程序设计 306

习题 319

实验题 320

编后的鸣谢 322

第1章
数据库基本知识

计算机是当前信息社会最普遍使用和最重要的信息处理工具。而在计算机中，数据库技术是信息处理的主要技术之一，其核心内容是数据管理。

在计算机领域，信息和数据是密切相关的两个概念。

1.1　数据与信息

数据和信息是两个相互联系，但又相互区别的概念；数据是信息的具体表现形式，信息是数据有意义的表现。

1. 数据

我们这里所说的数据（Data），是指人们为了表示客观事物的特性和特征使用的各种各样的物理符号，以及这些符号的组合。数据的概念包括两个方面，即数据内容和数据形式。数据内容是指所描述客观事物的具体特性，也就是通常所说数据的"值"；数据形式则是指数据内容存储在媒体上的具体形式，也就是通常所说数据的"类型"。数据主要有数字、文字、声音、图形和图像等多种形式。例如，通过对"姓名、性别、生日、英语成绩、长相"等属性进行描述，可以确定一个学生，而{张三，男，1990/10/2，90，登记照}等文字、数值、图片符号就是表达这一学生的数据。通过对"型号、厂家、生产日期、价格、外观"等属性进行描述可以确定一部手机，而{7360，诺基亚，2008/06/01，2300.00，图片}就是表达特定手机的数据。

2. 信息

信息（Information）是指数据经过加工处理后所获取的有用知识。信息是以某种数据形式表现的。

关于信息的定义，不同的行业、学科基于各自的特点，也提出了各自不同的定义。

信息论的创始人香农（C. Shannon）定义："信息是事物不确定性的减少"。

控制论的创始人诺伯特·维纳（Norbert Wiener）定义："信息是人们在适应外部世界并使这种适应反作用于外部世界的过程中，同外部世界进行交换内容的名称"。

《中国大百科全书》定义："信息是符号、信号或消息所包含的内容，用来消除对客观事物认识的不确定性"。

由于信息与所有行业、学科、领域密切相关，因此对于信息存在许多种认识和观点。一般人也把消息、情报、新闻、知识等作为信息。

看得出，数据是载荷信息的物理符号，信息是对事物运动状态和特征的描述。而一个系统或一次处理所输出的信息，可能是另一个系统或另一次处理的数据。

我们可以理解为数据和信息是两个相对的概念，相似而又有区别，因而经常混用。

3. 数据处理

数据处理也称信息处理。

数据处理就是将数据转换为信息的过程。所谓数据处理，就是指对数据的收集、整理、组织、存储、维护、加工、查询、传输的过程。数据处理的目的是获取有用的信息，核心是数据。

数据处理的内容主要包括：数据的收集、整理、存储、加工、分类、维护、排序、检索和传输等一系列活动的总和。数据处理的目的是从大量的数据中，根据数据自身的规律及其相互的联系，通过分析、归纳、推理等科学方法，利用计算机技术、数据库技术等技术手段，提取有效的信息资源，为进一步分析、管理、决策提供依据。

例如，一个班的学生各门成绩为原始数据，经过计算得出平均成绩和总成绩等，这些成绩就称之为信息，这个计算处理的过程就是数据处理。这样的处理过程获得信息，所以也叫信息处理。另外，这个班的平均成绩和总成绩如果再拿到系里进行处理，得出全系的平均成绩和总成绩，则这个班的平均成绩和总成绩在系里的数据处理过程中是处理的数据而不是信息，全系的平均成绩和总成绩才是信息。这就是数据和信息两个概念的相对性。

人类社会生活和经营管理活动中，人们时时刻刻都在进行大量的数据处理。数据处理伴随着人类的发展已经经历了漫长的岁月。而现代社会中，当代企业对信息处理的要求归结为及时、准确、适用、经济 4 个方面。及时是指一要及时记录，二要对信息加工、检索、传输快速；准确就是要准确反映实际情况；适用是指信息不在于多，贵在适用；而信息的及时性、准确性和适用性必须建立在经济性的基础上。这些都明显要求要用计算机来进行处理。计算机的出现使数据处理进入了新的阶段。

本书的讨论，都是基于计算机数据处理的技术来进行。

4. 数据处理系统

数据处理系统也叫信息处理系统，简称信息系统。

为了实现数据处理的目标，需要将多种资源聚集在一起，例如实现数据采集和输入的输入设备、为处理数据而开发的程序、运行程序所需要的软硬件环境、各种文档，以及所需要的人力资源等。

为实现特定的数据处理目标所需要的各种资源的总和称为数据处理系统。一般情况下，主要指硬件设备、软件环境与开发工具、应用程序、数据集合及相关文档。

数据处理系统的开发是指在选定的硬件、软件环境下，设计实现特定数据处理目标的软件系统的过程。目前，在数据处理系统中，最主要的技术是数据库技术。

1.2　数据管理与数据库技术

人们使用计算机来满足当代数据处理及时、准确、适用、经济 4 方面的需要，计算机数据处理过程中涉及大量数据，对数据的管理格外重要。数据管理指对数据的组织、存储、维护、查询和传输。数据库技术是目前最主要的数据管理技术。

1. 数据管理

计算机数据管理技术随着计算机软硬件的发展经历了 3 个阶段：人工管理阶段、文件管理阶段、数据库管理阶段。

（1）人工管理阶段：早期的计算机主要用于科学计算，计算处理的数据量很小，基本上不存在数据管理的问题。从 20 世纪 50 年代初开始，将计算机应用于数据处理。20 世纪 50 年代中期以前，计算机主要用于科学计算，硬件方面，没有像磁盘这样可随机存取的外部存储设备，外存只有纸带、卡片、磁带等；软件方面，没有操作系统和专门管理数据的软件。数据由人工通过纸带、卡片等存储和管理，要用时输入，用完就撤掉。对数据的管理没有一定的格式，数据依附于处理它的应用程序，使数据和应用程序一一对应，互为依赖。

由于数据与应用程序的对应、依赖关系，应用程序中的数据无法被其他程序利用，程序与程序之间存在着大量重复数据，称为数据冗余；同时，由于数据是对应某一应用程序的，使得数据的独立性很差，如果数据的类型、结构、存取方式或输入输出方式发生变化，处理它的程序必须相应改变，数据结构性差，而且数据不能长期保存。

在人工管理阶段，应用程序与数据之间的关系如图 1-1 所示。

（2）文件管理阶段：从 20 世纪 50 年代后期至 60 年代末，磁盘等直接存取设备已经发明，有了操作系统等软件，计算机开始大量用于数据处理，数据管理进入文件管理阶段。

在文件管理阶段，应用程序通过专门管理数据的软件即文件系统管理来使用数据。随着计算机存储技术的发展和操作系统的出现，同时计算机硬件也已经具有可直接存取的磁盘、磁带及磁鼓等外部存储设备，软件则出现了高级语言和操作系统，而操作系统的一项主要功能是文件管理，因此，数据处理应用程序利用操作系统的文件管理功能，将相关数据按一定的规则构成文件，通过文件系统对文件中的数据进行存取、管理，实现数据的文件管理方式。

文件管理阶段中，用文件系统管理数据，数据可以长期保存。文件系统为程序与数据之间提供了一个公共接口，使应用程序采用统一的存取方法来存取、操作数据，程序与数据之间不再是直接的对应关系，因而程序和数据有了一定的独立性。操作系统中有专门的文件管理模块，使应用软件不必过多考虑数据存储的物理细节。但文件系统只是简单地存放数据，数据的存取在很大程度上仍依赖于应用程序即数据由应用程序定义，不同程序难于共享同一数据文件，数据独立性较差。此外，由于文件系统没有一个相应的模型约束数据的存储，因而仍有较高的数据冗余，这又极易造成数据的不一致性。

在文件管理阶段，应用程序与数据之间的关系如图 1-2 所示。

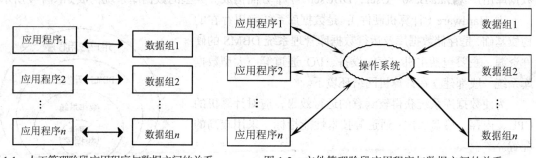

图 1-1　人工管理阶段应用程序与数据之间的关系　　图 1-2　文件管理阶段应用程序与数据之间的关系

（3）数据库管理阶段：20 世纪 60 年代中期以后，文件系统已不能满足实际需要。随着计算机系统性价比的持续提高，软件技术的不断发展，人们克服了文件系统的不足，在文件管理基础上，开发了统一管理数据的专门软件——数据库管理系统（Data Base Management System，DBMS）。这就产生了数据库技术。运用数据库技术进行数据管理，将数据管理技术推向了数据库管理阶段。

数据库技术使数据有了统一的结构，对所有的数据实行统一、集中、独立的管理，以实现数据的共享，保证数据的完整性和安全性，提高了数据管理效率。数据库也是以文件方式存储数据的，但它是数据的一种高级组织形式。在应用程序和数据库之间，由数据库管理软件 DBMS 把所有应用程序中使用的相关数据汇集起来，按统一的数据模型，以记录为单位存储在数据库中，为各个应用程序提供方便、快捷的查询和使用。

数据库系统中的数据存储是按同一结构进行的，不同的应用程序都可直接操作使用这些数据，应用程序与数据间保持高度的独立性；数据库系统提供一套有效的管理手段，保持数据的完整性、一致性和安全性，使数据具有充分的共享性；数据库系统还为用户管理、控制数据的操作，提供了功能强大的操作命令，使用户直接使用命令或将命令嵌入应用程序中，简单方便地实现数据库的管理、控制操作。

在数据库管理阶段，应用程序与数据之间的关系如图 1-3 所示。

图 1-3　数据库管理阶段应用程序与数据之间的关系

随着计算机软硬件技术和网络技术的飞速发展及应用领域不断的扩大，数据管理技术和数据库技术也在不断地发展和提高。

2．数据库技术

什么是数据库？简单地说，数据库（Data Base，DB）就是相关联的数据的集合。数据库中存放着数据处理系统所需要的各种相关数据，是数据处理系统的重要组成部分。在计算机中建立数据库，加上它所需要的各种资源就组成了数据库系统（Data Base System，DBS）。

数据库系统是指在计算机中引入数据库后的系统构成，由计算机硬件（Hardware）、数据库管理系统（Data Base Management System，DBMS）、DB、应用程序（Application）以及数据库管理员（Data Base Administrator，DBA）、数据库应用系统（Data Base Application System，DBAS）和数据库用户（Data Base—User，DBUser）7 个方面构成。典型的数据库系统构成如图 1-4 所示。

① Hardware（计算机硬件）：是数据库系统赖以存在的物质基础，是存储数据库及运行数据库管理系统 DBMS 的硬件资源，主要包括主机、存储设备、I/O 通道等。大型数据库系统一般都建立在计算机网络环境下。

为使数据库系统获得较满意的运行效果，应对计算机的CPU、内存、磁盘、I/O 通道等技术性能指标，采用较高的配置。

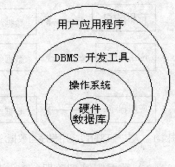

图 1-4　数据库系统构成示意图

② DBMS（数据库管理系统）是指负责数据库存取、维护、管理的系统软件。DBMS 提供对数据库中数据资源进行统一管理和控制的功能，将用户应用程序与数据库数据相互隔离。它是数据库系统的核心，其功能的强弱是衡量数据库系统性能优劣的主要指标。

DBMS 必须运行在相应的系统平台上，在操作系统和相关的系统软件支持下，才能有效地运行。

③ DB（数据库）是指数据库系统中以一定组织方式将相关数据组织在一起，存储在外部存

储设备上所形成的、能为多个用户共享的、与应用程序相互独立的相关数据集合。数据库中的数据也是以文件的形式存储在存储介质上的，它是数据库系统操作的对象和结果。数据库中的数据具有集中性和共享性。所谓集中性是指把数据库看成性质不同的数据文件的集合，其中的数据冗余很小。所谓共享性是指多个不同用户使用不同语言，为了不同应用目的可同时存取数据库中的数据。

数据库中的数据由 DBMS 进行统一管理和控制，用户对数据库进行的各种数据操作都是通过 DBMS 实现的。

④ Application（应用程序）是在 DBMS 的基础上，由用户根据应用的实际需要所开发的、处理特定业务的程序。应用程序的操作范围通常仅是数据库的一个子集，也即用户所需的那部分数据。

⑤ DBA（数据库管理员）是一个负责管理和维护数据库服务器的人。数据库管理员负责全面管理和控制数据库系统。安装和升级数据库服务器（如 Oracle、Microsoft SQL server），以及应用程序工具。数据库管理员要为数据库设计系统存储方案，并制定未来的存储需求计划。一旦开发人员设计了一个应用，就需要 DBA 来创建数据库存储结构（tablespaces）和数据库对象（tables，views，indexes），并根据开发人员的反馈信息，在必要的时候，修改数据库的结构。DBA 的工作还有登记数据库的用户、维护数据库的安全性、保证数据库的使用符合知识产权相关法规、控制和监控用户对数据库的存取访问、监控和优化数据库的性能、制定数据库备份计划、灾难出现时对数据库信息进行恢复、维护适当介质上的存档、备份和恢复数据库、联系数据库系统的生产厂商、跟踪技术信息等。

⑥ DBAS（数据库应用系统）是在数据库管理系统（DBMS）支持下建立的计算机应用系统。数据库应用系统是由数据库系统、应用程序系统和数据库用户组成的，具体包括：数据库、数据库管理系统、数据库管理员、硬件平台、软件平台、应用软件、应用界面 7 个部分。数据库应用系统的 7 个部分以一定的逻辑层次结构方式组成一个有机的整体，它们的结构关系自内向外的层次是：硬件、应用系统、应用开发工具软件、数据库管理系统、操作系统。例如，以数据库为基础的财务管理系统、人事管理系统、图书管理系统等。无论是面向内部业务和管理的管理信息系统，还是面向外部，提供信息服务的开放式信息系统，从实现技术角度而言，都是以数据库为基础和核心的计算机应用系统。

⑦ DBUser（数据库用户）是指管理、开发、使用数据库系统的所有人员，通常包括数据库管理员、应用程序员和终端用户。数据库管理员（DBA）负责管理、监督、维护数据库系统的正常运行；应用程序员（Application Programmer）负责分析、设计、开发、维护数据库系统中运行的各类应用程序；终端用户（End-User）是在 DBMS 与应用程序支持下，操作使用数据库系统的普通使用者。

不同规模的数据库系统，用户的人员配置可以根据实际情况有所不同，大多数用户都属于终端用户，在小型数据库系统中，特别是在微机上运行的数据库系统中，通常 DBA 就由终端用户担任。

数据库系统的出现是计算机数据处理技术的重大进步，它具有以下特点。

① 数据共享是指多个用户可以同时存取数据而不相互影响，数据共享包括以下 3 个方面：所有用户可以同时存取数据；数据库不仅可以为当前的用户服务，也可以为将来的新用户服务；可以使用多种语言完成与数据库的接口。

② 减少数据冗余。数据冗余就是数据重复，数据冗余既浪费存储空间，又容易产生数据的不一致。在非数据库系统中，由于每个应用程序都有自己的数据文件，所以数据存在着大量的重复。数据库从全局观念来组织和存储数据，数据已经根据特定的数据模型结构化，在数据库中用

户的逻辑数据文件和具体的物理数据文件不必一一对应，从而有效地节省了存储资源，减少了数据冗余，增强了数据的一致性。

③ 具有较高的数据独立性。所谓数据独立是指数据与应用程序之间的彼此独立，它们之间不存在相互依赖的关系。应用程序不必随数据存储结构的改变而变动，这是数据库一个最基本的优点。在数据库系统中，数据库管理系统通过映像，实现了应用程序对数据的逻辑结构与物理存储结构之间较高的独立性。数据库的数据独立包括物理数据独立和逻辑数据独立两个方面：物理数据独立是指数据的存储格式和组织方法改变时，不影响数据库的逻辑结构，从而不影响应用程序；而逻辑数据独立则是指数据库逻辑结构的变化（如数据定义的修改，数据间联系的变更等）不影响用户的应用程序。数据独立提高了数据处理系统的稳定性，从而提高了程序维护的效益。

④ 增强了数据安全性和完整性保护。数据库加入了安全保密机制，可以防止对数据的非法存取。由于实行集中控制，有利于控制数据的完整性。数据库系统采取了并发访问控制，保证了数据的正确性。另外，数据库系统还采取了一系列措施，实现了对数据库破坏的恢复。

1.3　数据库基本理论

数据库系统操作处理的对象是现实世界的数据描述,现实世界是存在于人脑之外的客观世界。如何用数据来描述、解释现实世界，如何运用数据库技术表示、处理客观事物及其相互关系，这就需要采取相应的方法和手段来进行描述，进而实现最终的操作处理。

计算机信息处理的对象是现实生活中的客观事物，客观事物是信息之源，是设计、建立数据库的出发点，也是使用数据库的最后归宿。在对客观事物实施处理的过程中，首先要经历了解和熟悉客观事物的过程，从观测中抽象出大量描述客观事物的信息，再对这些信息进行整理、分类和规范，进而将规范化的信息数据化，最终由数据库系统存储、处理。

在这一信息处理过程中，涉及三个层次，经历了两次抽象和转换。

1. 信息处理的 3 个层次

（1）现实世界。现实世界就是存在于人脑之外的客观世界，客观事物及其相互联系就处于现实世界中。客观事物可以用对象和性质来描述。

（2）信息世界。信息世界就是现实世界在人们头脑中的反映，又称观念世界。客观事物在信息世界中称为实体，反映事物间联系的是实体模型或概念模型。现实世界是物质的，相对而言信息世界是抽象的。

（3）数据世界。数据世界就是信息世界中的信息数据化后对应的产物。现实世界中的客观事物及其联系，在数据世界中以数据模型描述。相对于信息世界，数据世界是量化的、物化的。

2. 两次抽象和转换

概念模型和数据模型是对客观事物及其相互联系的两种抽象描述，实现了信息处理 3 个层次间的对应转换，概念模型即实体模型，而数据模型是数据库系统的核心和基础。这些，我们讲完相应的几个概念后就具体介绍。

3. 实体

以上我们提到的客观事物，在信息世界中称为实体（Entity）。实体是现实世界中任何可区分、识别的事物。实体可以是具体的人或物，也可以是抽象概念。

（1）实体的属性。实体具有许多特性，实体所具有的特性称为属性（Attribute）。一个实体可用若干属性来刻画。每个属性都有特定的取值范围即值域（Domain），值域的类型可以是整数型、实数型、字符型等。

比如，一张《学生登记表》，表的每一行填写一个学生，理解成实体；表的栏目学号、姓名、性别等，理解成对实体描述的属性。

（2）实体型和实体值。用实体名及其属性名集合来描述同类实体，称为实体型（Entity Type）。实体型就是实体的结构描述，通常是实体名和属性名的集合。具有相同属性的实体，有相同的实体型。例如员工（工号、姓名、性别、生日、部门号、职务、薪金）定义了员工实体型。

实体型的取值就是实体值。如员工"龚书汉"的相关取值：工号 0102、性别男、生日 1995-3-20 等，就是一个实体值，可见，"型"刻画同类个体的共性，"值"是每个个体的具体内容。

（3）属性型和属性值。与实体型和实体值相似，实体的属性也有型与值之分。属性型就是属性名及其取值类型，属性值就是属性在其值域中所取的具体值。

（4）实体集。性质相同的同类实体的集合称为实体集，如一个班的学生。

（5）实体联系。设计数据库过程中建立的概念模型即实体模型。建立实体模型的一个主要任务就是要确定实体之间的联系。有 3 种：一对一联系、一对多联系和多对多联系，如图 1-5 所示。

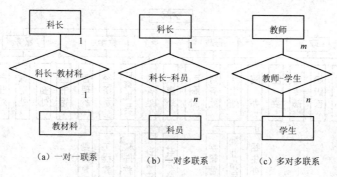

（a）一对一联系　　　　（b）一对多联系　　　　（c）多对多联系

图 1-5　常见的实体联系

① 一对一联系（1∶1）

若两个不同型实体集中，任一方的一个实体只与另一方的一个实体相对应，称这种联系为一对一联系。如科长与教材科的联系，一个教材科只有一个科长，一个科长对应一个教材科。

② 一对多联系（1∶n）

若两个不同型实体集中，一方的一个实体对应另一方若干个实体，而另一方的一个实只对应本方一个实体，称这种联系为一对多联系。如科长与科员的联系，一个教材科长对应多个科员，而教材科每个科员只对应一个教材科长。

③ 多对多联系（m∶n）

若两个不同型实体集中任一实体均与另一实体集中若干个实体对应，称这种联系为多对多联系。如教师与学生的联系，一位教师为多个学生授课，每个学生也有多位任课教师。

4．实体模型

实体模型就是我们前面提到的概念模型，它是反映实体之间联系的模型。数据库设计的重要任务就是建立实体模型，建立概念数据库的具体描述。在建立实体模型时，实体要逐一命名以示区别，并描述它们之间的各种联系。实体模型只是将现实世界的客观对象抽象为某种信息结构，这种信息结构并不依赖于具体的计算机系统，而对应于数据世界的模型则由数据模型描述，数据模型是数据库中实体之间联系的抽象描述即数据结构。数据模型不同，描述和实现方法也不同，相应的支持软件即数据库管理系统 DBMS 也不同。后面我们将介绍常用的对现实世界进行形式化描述的概念模型的建立：E-R 模型（Entity-Relationship），也称实体联系模型。

5. 数据模型

数据模型（Data Model）是指数据库中数据与数据之间的关系。

数据模型是数据库系统中的一个关键概念，数据模型不同，相应的数据库系统就完全不同，任何一个数据库管理系统都是基于某种数据模型的。数据库管理系统常用的数据模型有 3 种：层次模型、网状模型和关系模型。

（1）层次数据模型（Hierarchical Model）。用树形结构表示数据及其联系的数据模型称为层次模型。

树是由结点和连线组成，结点表示数据集，连线表示数据之间的联系，树形结构只能表示一对多联系。通常将表示"一"的数据放在上方或左方，称为父结点；而表示"多"的数据放在下方或右方，称为子结点。树的最高位置只有一个结点，称为根结点。根结点以外的其他结点都有一个父结点与它相连，同时可能有一个或多个子结点与它相连。没有子结点的结点称为叶结点，它处于分枝的末端，如图 1-6 和图 1-7 所示。

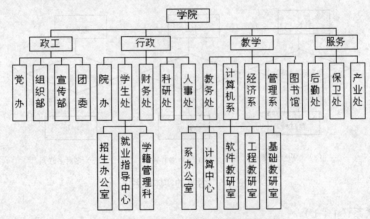

图 1-6 树形结构表示的层次数据（纵向）

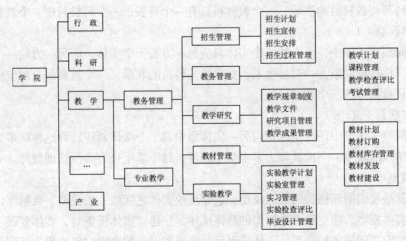

图 1-7 树形结构表示的层次数据（横向）

层次模型的基本特点：

① 有且仅有一个结点无父结点，称其为根结点；

② 其他结点有且只一个父结点。

支持层次数据模型的 DBMS 称为层次数据库管理系统，在这种系统中建立的数据库是层次数据库。层次模型可以直接方便地表示一对一联系和一对多联系，但不能用它直接表示多对多联系。

（2）网状模型（Network Model）。用网络结构表示数据及其联系的数据模型称为网状模型。网状模型是层次模型的拓展，网状模型的结点间可以任意发生联系，能够表示各种复杂的联系。

网状模型的基本特点：

① 一个以上结点无父结点；

② 至少有一结点有多于一个的父结点。

网状模型和层次模型在本质上是一样的，从逻辑上看，它们都是用结点表示数据，用连线表示数据间的联系，从物理上看，层次模型和网络模型都是用指针来实现两个文件之间的联系。层次模型是网状模型的特殊形式，网状模型是层次模型的一般形式。

支持网状模型的 DBMS 称为网状数据库管理系统，在这种系统中建立的数据库是网状数据库。网络结构可以直接表示多对多联系，这也是网状模型的主要优点。

（3）关系模型（Relational Model）。人们习惯用表格形式表示一组相关的数据，既简单又直观，如一张学生基本情况表登记若干学生就有若干行，每个学生登记他们的学号、姓名、性别、班级，就有 4 列。这种由行与列构成的二维表，在数据库理论中称为关系，用关系表示的数据模型称为关系模型。在关系模型中，实体和实体间的联系都是用关系表示的，也就是说，二维表格中既存放着实体本身的数据，又存放着实体间的联系。关系不但可以表示实体间一对多的联系，通过建立关系间的关联，也可以表示多对多的联系。

关系模型是建立在关系代数基础上的，因而具有坚实的理论基础。与层次模型和网状模型相比，具有数据结构单一、理论严密、使用方便、易学易用的特点，因此，目前绝大多数数据库系统的数据模型，都是采用关系数据模型，关系模型成为数据库应用的主流。

在数据库系统中，早期采用的第一代数据模型即层次模型和网状模型，它们对于数据库技术的诞生和发展起到了非常重要的作用。但由于结构复杂、使用不便，这两种数据模型很快被第二代关系数据模型所取代。

关系模型从 1970 年诞生以来，由于理论基础坚实、结构简单、使用方便，很快就得到广泛应用，成为数据库技术的主流。可以毫不夸张地说，目前整个计算机信息处理几乎全部建立在关系数据库的基础上。

本书要介绍的 Access 和 Visual FoxPro，是典型的关系型数据库管理系统。

关系数据库是本书主要研究的内容，从下一章开始，我们将逐一介绍。

当前研究的发展方向还有一种面向对象模型（Object-Oriented Model）。面向对象模型不同于层次模型、网状模型、关系模型这些传统的数据模型，面向对象数据模型是非传统的数据模型。将面向对象程序设计方法与数据库技术相结合就产生了面向对象数据库系统。

1.4　数据库技术的发展

数据库技术萌芽于 20 世纪 60 年代中期，随着计算机技术的发展和社会的需求，其发展速度很快。

1. 发展简史

（1）20世纪60年代末70年代初出现了以下3个事件，标志着数据库技术日趋成熟，并有了坚实的理论基础。

① 1969年IBM公司研制、开发了数据库管理系统商品化软件IMS（Information Management System），IMS的数据模型是层次结构的。

② 美国数据系统语言协会CODASYL（Conference On Data System Language）下属的数据库任务组DBTG（Data Base Task Group）对数据库方法进行系统的讨论、研究，提出了若干报告，称为OBTG报告。OBTG报告确定并且建立了数据库系统的许多概念、方法和技术。OBTG所提议的方法是基于网状结构的，它是网状模型的基础和典型代表。

③ 1970年IBM公司San Jose研究实验室的研究员E·F·Codd发表了著名的"大型共享系统的关系数据库的关系模型"论文，为关系数据库技术奠定了理论基础。

（2）自20世纪70年代开始，数据库技术有了很大的发展，表现在以下几方面。

① 数据库方法，特别是OBTG方法和思想应用于各种计算机系统，出现了许多商品化数据库系统。它们大都是基于网状模型和层次模型的。

② 这些商用系统的运行，使数据库技术日益广泛地应用到企业管理、事务处理、交通运输、信息检索、军事指挥、政府管理、辅助决策等各个方面。数据库技术成为实现和优化信息系统的基本技术。

③ 关系方法的理论研究和软件系统的研制取得了很大的成果。

20世纪80年代开始，几乎所有新开发的数据库系统都是关系数据库系统，随着微型计算机的出现与迅速普及，运行于微机的关系数据库系统也越来越丰富，性能越来越好，功能越来越强，应用遍及各个领域，为人类迈入信息时代起到了推波助澜的作用。

2. 数据仓库与数据挖掘

信息技术的高速发展，数据和数据库在急剧增长，数据库应用的规模、范围和深度不断扩大，一般的事务处理已不能满足应用的需要，企业界需要在大量信息数据基础上的决策支持（Decision Support，DS），数据仓库（Data Warehousing，DW）技术的兴起满足了这一需求。数据仓库作为决策支持系统（Decision Support System，DSS）的有效解决方案，涉及三方面的技术内容：数据仓库技术、联机分析处理（On-Line Analysis Processing，OLAP）技术和数据挖掘（Data Mining，DM）技术。

（1）数据仓库。数据仓库是面向主题的、集成的、不可更新的、随时间不断扩展的数据的集合，数据仓库用来支持企业或组织的决策分析处理。数据仓库的定义实际上包含了数据仓库的以下4个特点。

① 数据仓库是面向主题的。主题是一个抽象的概念，是在较高层次上将信息系统中的数据综合、归类并进行分析利用的抽象。传统的数据组织方式是面向处理的具体的应用，对于数据内部的划分并不适合分析的需要。比如一个企业，应用的主题包括零件、供应商、产品、顾客等，它们往往被划分为各自独立的领域，每个领域有着自己的逻辑内涵。

"主题"在数据仓库中由一系列表实现。基于一个主题的所有表都含有一个称为公共码键的属性，该属性作为主键的一部分。公共码键将一个主题的各个表联系起来，主题下面的表可以按数据的综合内容或数据所属时间进行划分。由于数据仓库中的数据都是同某一时刻联系在一起的，所以每个表除了公共码键之外，在其主键中还应包括时间成分。

② 数据仓库是集成的。由于操作型数据与分析型数据存在很大差别，而数据仓库的数据又来自于分散的操作型数据，因此必须先将所需数据从原来的数据库数据中抽取出来，进行加工与集成，统一与综合之后才能进入数据仓库。原始数据中会有许多矛盾之处，如字段的同名异义、异名同义、单位不一致、长度不一致等，入库的第一步就是要统一这些矛盾的数据。另外，原始的数据结构主要是面向应用的，要使它们成为面向主题的数据还需要进行数据综合和计算。数据仓库中的数据综合工作可以在抽取数据时生成，也可以在进入数据仓库以后再进行综合生成。

③ 数据仓库是不可更新的。数据仓库主要是为决策分析提供数据，所涉及的操作主要是数据的查询，一般情况下并不需要对数据进行修改操作。数据在进入数据仓库以后一般不更新，是稳定的。

④ 数据仓库是随时间而变化的。数据仓库中的数据一般是不更新的，但是数据仓库的整个生存周期中的数据集合却是会随着时间的变化而变化的。

（2）数据挖掘。数据仓库如同一座巨大的矿藏，有了矿藏而没有高效的开采工具是不能把矿藏充分开采出来的。数据仓库需要高效的数据分析工具来对它进行挖掘。

数据挖掘（Data Mining, DM）广义上指从大量数据中发现有关信息，或"发现知识"。具体地说，它主要是试图自动从主要存储在磁盘上的大量的数据中发现统计规则和模式。其目的是帮助决策者寻找数据间潜在的关联，发现被经营者忽略的要素，而这些要素对预测趋势、决策行为可能是非常有用的信息。

数据挖掘技术涉及数据库技术、人工智能技术、机器学习、统计分析等多种技术，它使决策支持系统（DSS）跨入了一个新的阶段。传统的 DSS 系统通常是在某个假设的前提下，通过数据查询和分析来验证或否定这个假设。而数据挖掘技术则能够自动分析数据，进行归纳性推理，从中发掘出数据间潜在的模式，数据挖掘技术可以产生联想，建立新的业务模型帮助决策者调整市场策略，找到正确的决策。

有关数据挖掘技术的研究尽管时间不长，但已经从理论走向了产品开发，其发展速度是十分惊人的。在国外，尽管数据挖掘工具产品并不成熟，但其市场份额却在增加，越来越多的大中型企业利用数据挖掘工具来分析公司的数据。能够首先使用数据挖掘工具已经成为能否在市场竞争中获胜的关键所在。

3. 数据库系统新技术

数据库技术发展之快、应用之广是计算机科学其他领域技术无可比拟的。随着数据库应用领域的不断扩大和信息量的急剧增长，占主导地位的关系数据库系统已不能满足新的应用领域的需求，如 CAD（计算机辅助设计）/CAM（计算机辅助制造）、CIMS（计算机集成制造系统）、CASE（计算机辅助软件工程）、OA（办公自动化）、GIS（地理信息系统）、MIS（管理信息系统）、KBS（知识库系统）等，都需要数据库新技术的支持。这些新应用领域的特点是：存储和处理的对象复杂，对象间的联系具有复杂的语义信息；需要复杂的数据类型支持，包括抽象数据类型、无结构的超长数据、时间和版本数据等；需要常驻内存的对象管理以及支持对大量对象的存取和计算；支持长事务和嵌套事务的处理。这些需求是传统关系数据库系统难以满足的。

（1）分布式数据库系统。20 世纪 70 年代，由于计算机网络通信的迅速发展，以及地理上分散的公司、团体和组织对数据库更为广泛应用的需求，在集中式数据库系统成熟的基础上产生和发展了分布式数据库系统（Distributed Database System, DDBS）。它是在集中式数据库基础上发展起来的，是数据库技术与计算机网络技术、分布处理技术相结合的产物。分布式数据库系统是地理上分布在计算机网络不同结点，逻辑上属于同一系统的数据库系统，能支持全局应用，同时存取两个或两个以上结点的数据。

分布式数据库系统由多台计算机组成，每台计算机上都配有各自的本地数据库，各计算机之间由通信网络连接。在分布式数据库系统中，大多数处理任务由本地计算机访问本地数据库来完成。对于少量本地计算机不能胜任的处理任务通过数据通信网络与其他计算机相联系，并获得其他数据库中的数据。分布式数据的示意如图1-8所示。

分布式数据库系统的主要特点如下。

① 数据是分布的。数据库中的数据分布在计算机网络的不同结点上，而不是集中在一个结点，区别于数据存放在服务器上由各用户共享的网络数据库系统。

② 数据是逻辑相关的。分布在不同结点的数据，逻辑上属于同一个数据库系统，数据间存在相互关联，这点区别于由计算机网络连接的多个独立数据库系统。

③ 结点的自治性。每个结点都有自己的计算机软、硬件

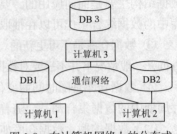

图1-8　在计算机网络上的分布式
数据库系统

资源，数据库，数据库管理系统（即 Local DataBase Management System，LDBMS 局部数据库管理系统），因而能够独立地管理局部数据库。

（2）面向对象数据库系统。面向对象数据库系统（Object-Oriented DataBase System，OODBS）是将面向对象的模型、方法和机制，与先进的数据库技术有机地结合而形成的新型数据库系统。它从关系模型中脱离出来，强调在数据库框架中的发展类型、数据抽象、继承和持久性。它的基本设计思想是：一方面把面向对象语言向数据库方向扩展，使应用程序能够存取并处理对象；另一方面扩展数据库系统，使其具有面向对象的特征，提供一种综合的语义数据建模概念集，以便对现实世界中复杂应用的实体和联系建模。因此，面向对象数据库系统首先是一个数据库系统，具备数据库系统的基本功能，其次是一个面向对象的系统，针对面向对象的程序设计语言的永久性对象存储管理而设计的，充分支持完整的面向对象概念和机制。

（3）多媒体数据库系统。多媒体数据库系统（Multi-media Database System，MDBS）是数据库技术与多媒体技术相结合的产物。在许多数据库应用领域中，都涉及大量的多媒体数据，这些与传统的数字、字符等格式化数据有很大的不同，都是一些结构复杂的对象。

从实际应用的角度考虑，多媒体数据库管理系统（MDBMS）应具有如下基本功能。

① 应能够有效地表示多种媒体数据，对不同媒体的数据如文本、图形、图像、声音等能够按应用的不同，采用不同的表示方法。

② 应能够处理各种媒体数据，正确识别和表现各种媒体数据的特征，各种媒体间的空间或时间关联。

③ 应能够像其他格式化数据一样对多媒体数据进行操作，包括对多媒体数据的浏览、查询检索，对不同的媒体提供不同的操纵，如声音的合成、图像的缩放等。

④ 应具有开放功能，提供多媒体数据库的应用程序接口等。

1.5　常用数据库管理系统

目前，作为网络数据库服务器的 DBMS 有很多，下面简要介绍几种常用 DBMS。

1. Oracle

Oracle 公司目前是世界上第一大数据库供应商。1977 年，Larry Ellison、Bob Miner 和 Ed Oates

成立了 Relational Software Incorporated（RSI）公司，他们使用 C 和 SQL 接口开发了关系数据库管理系统——Oracle。1983 年 RSI 改名为 Oracle 公司。

Oracle 公司 1985 年推出 Oracle 5，它使用 SQL*Net，引入了客户机/服务器计算，因此成为 Oracle 发展史上的一个里程碑。它也是第一个突破 640kB 限制的 MS-DOS 产品。

1988 年推出 Oracle 6，引入了低层锁。此时，Oracle 可以运行在许多平台和操作系统上。1992 年推出了 Oracle 7。1997 年推出 Oracle 8，它主要增加了如下 3 个方面的功能。

① 支持超大型数据库。Oracle 8 支持数以万计的并行用户，支持在一个数据库中数千 GB 的存储，创建了若干新的数据类型来支持大容量的多媒体数据。

② 支持面向对象。Oracle 8 的面向对象特征将面向对象引入到关系型数据库中，使 Oracle 8 成为混合型或对象关系型的数据库。Oracle 8 支持所有的关系数据库概念，如表、行、列和关系，同时也支持面向对象的特征：类、方法和属性的子集。

③ 增强的工具集。Oracle 8 套件中的 Enterprise Manager 是数据库管理员不可多得的管理工具。它包括存储管理器、模式管理器、安全管理器、SQL 工作单、数据管理器、备份管理器以及实例管理器等。

1999 年推出了 Oracle 8i。作为世界上第一个全面支持 Internet 的数据库，Oracle 8i 是当时唯一一个具有集成式 Web 信息管理工具的数据库，也是世界上第一个具有内置 Java 引擎的可扩展的企业级数据库平台。它具有在一个易于管理的服务器中同时支持数千个用户的能力，可以帮助企业充分利用 Java 以满足其迅速增长的 Internet 应用需求。通过支持 Web 高级应用所需要的多媒体数据来支持 Web 繁忙站点不断增长的负载需求。Oracle 8i 提供了在 Internet 上运行电子商务所必需的可靠性、可扩展性、安全性和易用性，从而广受用户的青睐，自推出以来市场表现一直非常出色。

随后，Oracle 公司又相继推出了 Oracle 9i、Oracle 10g 和 11g 等版本。

图 1-9 所示是 Oracle 系统的界面。

图 1-9　Oracle 系统界面

2. Microsoft SQL Server

MS SQL Server 是 Microsoft 的关系 DBMS 产品，它最初由 Microsoft、Sybase 和 Ashton-Tate 三家公司共同开发，于 1998 年推出第一个基于 OS/2 的版本。在 Windows NT 推出后，Microsoft 与 Sybase 在 SQL Server 的开发道路上分道扬镳。Microsoft 将 SQL Server 移植到 Windows NT 系统上，专注于开发、推广 SQL Server 的 Windows NT 的版本；Sybase 则较专注于 SQL Server 在 UNIX 操作系统上的应用。

图 1-10 所示为 Microsoft SQL Server 2000 的界面。

图 1-10　Microsoft SQL Server 2000 界面

使用 SQL Server 2000 的最新增强功能可以开发数据库解决方案。建立在 SQL Server 7.0 可扩展基础上的 SQL Server 2000 代表着下一代 Microsoft.NET Enterprise Severs（企业服务器）数据库的发展趋势。SQL Server 2000 是为创建可伸缩电子商务、在线商务和数据仓库解决方案而设计的真正意义上的关系型数据库管理与分析系统。

2005 年，Microsoft 推出整合了其网络开发平台.Net 的新一代 DBMS，即 SQL Server 2005，其性能有了极大提高。目前 Microsoft 已经成为第二大数据库产品供应商。

3. 国产 DBMS 达梦（DM）

达梦数据库有限公司是从事 DBMS 研发、销售和服务的专业化公司是国家规划布局内的重点软件企业，唯一获得国家自主原创产品认证的数据库企业。

目前达梦不断推出新的版本。随着我国大力开展政府上网和电子政务工程，DM 作为具有完全自主知识产权、安全性高、技术水平先进的国产 DBMS，已被推荐为建立政府网站的主要数据库软件。有关 DM 的详情可查阅达梦公司网站（http://www.dameng.com）。

图 1-11 所示为达梦系统的界面和安装过程。

图 1-11　达梦系统的界面和安装过程窗口

4. My SQL

My SQL 是一个开放源码的中小型关系型 DBMS，开发者为瑞典 My SQL AB 公司，该公司已于 2008 年初被 Sun 公司收购。

My SQL 是一个多用户、多线程的 SQL 数据库，采用客户机/服务器结构，它由一个服务器守护程序 mysqld 和很多不同的客户程序和库组成。

My SQL 设计的主要目标是快速、健壮和易用，它能在廉价的硬件平台上处理大型数据库，但处理速度更快。My SQL 可以同时处理几乎不限数量的用户；处理多达 5×10^7 以上的记录。My SQL 具有跨平台的特点，可以在不同的操作系统环境下运行。

由于其体积小、速度快、总体拥有成本低，尤其是开放源码这一特点，许多中小型网站为了降低网站总体拥有成本而选择了 My SQL 作为网站数据库服务器，并且可以根据需要对 My SQL 进行改进。

图 1-12 所示为 My SQL 系统不同版本安装过程中的画面。图 1-13 所示为 My SQL 的查询分析器。

图 1-12　My SQL 系统不同版本安装过程中的广告画面

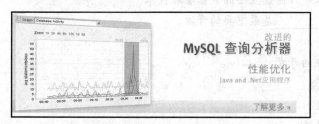

图 1-13　My SQL 查询分析器

习　　题

一、单项选择题

1. 数据库系统的核心是（　　　）。
   A. 数据模型　　　　　　　　　　B. 数据库管理系统
   C. 数据库　　　　　　　　　　　D. 数据库管理员

2. 对客观世界的事物以及事物之间联系的形式化描述即（　　　）。
   A. 数据库　　　　B. 数据模型　　　C. 数据表　　　　D. 数据关系

3. 在计算机中，简写 DBA 表示的是（　　　）。
   A. 数据库　　　　B. 数据库系统　　C. 数据库管理员　D. 数据库管理系统

4. 在计算机中，简写 MIS 表示的是（　　　）。
   A. 数据库　　　　　　　　　　　B. 数据库系统
   C. 管理信息系统　　　　　　　　D. 数据库管理系统

5. 在计算机中，简写 DB 表示的是（　　　）。

    A. 数据库　　　　　　B. 数据库系统　　　C. 数据库管理员　　D. 数据库管理系统

6. 在计算机中，简写 DBMS 表示的是（　　）。

    A. 数据库　　　　　　B. 数据库系统　　　C. 数据库管理员　　D. 数据库管理系统

7. 拥有对数据库最高的处理权限的是（　　　）。

    A. 数据模型　　　　　　　　　　　　　　B. 数据库管理系统

    C. 数据库　　　　　　　　　　　　　　　D. 数据库管理员

8. 现实世界中任何可相互区别的事物称为（　　　）。

    A. 实体　　　　　　B. 属性　　　　　　C. 域　　　　　　D. 标识符

二、填空题

1. 当代企业对信息处理的要求归结为_____、_____、_____、_____4 个方面。

2. 目前，在数据处理系统中，最主要的技术是_____。

3. 数据库中的数据具有_____和_____。

4. _____是指多个用户可以同时存取数据而不相互影响。

5. 数据处理的目的是获取有用的信息，核心是_____。

6. 描述和表达特定对象的信息，是通过对这些对象的各属性取值得到的，这些属性值就是_____。

7. _____技术是目前最主要的数据管理技术。

8. 数据库中，_____是最重要的资源。

三、名词解释

1. 数据处理系统的开发

2. 应用程序

3. 数据库管理员

4. 数据库应用系统

5. 数据库用户

6. 实体

7. 实体的属性

8. 实体型和实体值

四、问答题

1. 什么是信息？

2. 什么叫数据处理系统？数据处理系统主要指哪些内容？

3. 如何理解数据？数据与信息有什么关系？

4. 简述数据处理的含义。

5. 计算机数据处理技术经历了哪几个阶段？各阶段主要特点是什么？

6. 什么是数据库？什么是数据库管理系统？

7. 数据共享包括哪些方面？

8. 简述数据模型的含义和作用。

9. 试述分布式数据库系统的主要特点。

10. 面向对象数据库系统的基本设计思想是什么？

第2章
关系数据库基础

目前数据库领域最广泛应用的基础理论是关系数据理论。常用的 DBMS 基本上都是关系型的。关系数据理论的核心是关系数据模型。

关系数据理论于 1970 年由 IBM 公司的 E.F.Codd 首先提出，其核心是关系模型，关系模型是一种数据模型。关系数据理论简洁，易于理解。它建立在集合论之上，有严格的数学基础。这一理论提出后立即得到广泛应用。以下我们从直观的角度、简洁地讨论关系模型。

2.1 关 系

关系模型中最重要的概念就是关系。所谓关系（Relation），直观的看，就是由行和列组成的二维表，一个关系就是一张二维表。

1. 关系的相关概念

一个关系就是一张二维表，通常将一个没有重复行、重复列的二维表看成一个关系，每个关系都有一个关系名。例如，表 2-1 所示的部门表和表 2-2 所示的员工表就代表两个关系，"部门关系"及"员工关系"则为各自的关系名。

在 Access 中，一个关系对应于一个表文件，简称为表，关系名则对应于表文件名或表名。表 2-1 和表 2-2 即为"武汉学院教材管理系统"数据库中 8 个关系中的两个（"武汉学院教材管理系统"数据库是本书的整体性代表举例，本书后面会逐步介绍）。

表 2-1   部门表

部门号	部门名	办公电话
01	教材科	027-87786459
03	办公室	027-87181826
04	财务室	027-87786477
07	书库	027-87560027
11	订购和服务部	027-87013311
12	教材发放部	027-87013312

表 2-2　　　　　　　　　　　　　　员工表

工号	姓名	性别	生日	部门号	职务	薪金
0102	龚书汉	男	1995-3-20	01	科长	¥8,000.01
0301	蔡义明	男	1998-10-15	03	主任	¥7,650.00
0402	谢忠琴	女	1999-8-30	04	处级督办	¥8,200.00
0404	王丹	女	1999-1-12	04	处级督办	¥8,200.02
0704	孙小舒	女	1999-11-11	07	总库长	¥8,100.00
1101	陈娟	女	1999-5-18	11	总会计师	¥8,200.02
1103	陈琴	女	1998-7-10	11	订购总长	¥7,960.00
1202	颜晓华	男	1998-10-15	12	发放总指挥	¥7,260.00
1203	汪洋	男	1998-12-14	12	业务总监	¥7,260.00
1205	杨莉	女	1999-2-26	12	服务部长	¥7,960.00

关系中的一列称为关系的一个属性（Attribute），一行称为关系的一个元组（Tuple）。

一个元组是由相关联的属性值组成的一组数据。如员工关系的一个元组就是描述一个员工基本信息的数据。同一个关系中每个元组在属性结构上是相同的。关系由具有相同属性结构的元组组成，所以说关系是元组的集合。一个关系中元组的个数称为该关系的基数。

为区分各个属性，关系的每个属性都有一个名称，称为属性名。一个关系的所有属性反映了关系中元组的结构。一个关系中属性的个数称为关系的度或目数（Degree）。一个元组的各属性值称为该元组在各属性上的分量。

每个属性都从一个有确定范围的域（Domain）中取值。域是值的集合。例如，"性别"属性的取值范围是{男，女}，"薪金"属性对应的域是{7200..8200}。

有些元组的某些属性值如果事先不知道或没有，根据情况，可以取空值（Null）。

很多时候对关系的处理是以元组为单位，这样就必须能够在关系中区分每一个元组，一个关系中有的属性（或属性组）的值在各个元组中都不相同，这个属性（或属性组）就可以作为区分各元组的依据。例如，部门关系中的"部门号"，员工关系中的"工号"等。

而另外的属性则没有这样的特性，如员工关系中的"姓名"属性。因为员工可能同名，则根据姓名可能得不到唯一的员工元组，故"姓名"属性也不能作为区分员工元组的依据。

在一个关系中，可以唯一确定每个元组的属性或属性组称为候选键（Candidate Key），候选键也称候选码或候选关键字。从候选键中挑选一个作为该关系的主键（Primary Key），主键也称主码或主关键字。一个关系中，主关键字是唯一的，其属性值不能为空。原则上，每个关系都有主键。

有些属性在不同的关系中都会出现。有时一个关系的主键也是另一个关系的属性，并作为这两个关系联系的纽带。一个关系中存放的另一个关系的主键称为外键（Foreign Key）或外部关键字。如表 1-2 员工关系中的"部门号"，是表 2-1 部门关系的主键，在员工关系中是外键。

2. 关系的基本特点

并不是任何的二维表都可以称为关系。关系具有以下特点。

① 关系必须规范化，规范化是指关系模型中每个关系模式都必须满足一定的要求，最基本的

要求是关系必须是一张二维表，每个属性值必须是不可分割的最小数据单元，即表中不能再包含表。

② 在同一关系中不允许出现相同的属性名。

③ 关系中的每一列属性都是原子属性，即属性不可再分割。

④ 关系中的每一列属性都是同质的，即每一个元组的该属性取值都表示同类信息。

⑤ 关系中的属性间没有先后顺序。

⑥ 在同一关系中元组及属性的顺序可以任意，关系中元组没有先后顺序。

⑦ 关系中不能有相同的元组（有些 DBMS 中对此不加限制，但如果关系指定了主键，则每个元组的主键值不允许重复，从而保证了关系的元组不相同）。

⑧ 任意交换两个元组（或属性）的位置，不会改变关系模式。

以上是关系的基本性质，也是衡量一张二维表格是否构成关系的基本要素。在这些基本要素中，有一点是关键，即属性不可再分割，通俗地说，是指表中不能套表。

2.2　关 系 模 型

一个关系，是由元组值组成的集合，而元组是由属性构成的。属性结构确定了一个关系的元组结构，也就是关系的框架。关系框架看上去就是表的表头。如果一个关系框架确定了，则这个关系就被确定下来了。虽然关系的元组值经常根据实际情况在变化，但其属性结构却是固定的。关系框架反映了关系的结构特征，称为关系模式（Relation Schema），或关系模型。

对于一个数据处理系统来说，会有很多类别的数据，需要用多个关系来表达，而这些关系之间会有多种联系。关系模型就是对一个数据处理系统中所有数据对象的数据结构的形式化描述。将一个系统中所有不同的关系模式描述出来，就建立了该系统的关系模型。

关系模型是关系数据理论的核心。

1. 关系模型的描述

要完整描述一个关系模型，必须包括关系模式名、关系模式的属性构成、关系模式中所有属性涉及的域以及各属性到域的对应情况。

关系模式是关系的型，而关系本身是由符合关系模式规定的各种取值的不同元组组成的。在同一个关系模式下，可以有很多不同的关系。例如，如果一个单位员工很多，为了方便，按部门分别表示员工，一个部门的员工是一个关系，则有几个部门就会有几个关系，但所有这些关系的模式都是相同的。再如，建立学校学生管理数据库，档案按班级存放，每个班级一个档案关系，这样就会有很多学生档案关系，但它们的关系模式都相同。

由于在 DBMS 中域通常是规定好的数据类型，而当属性确定后，属性到域的对应通常是明确的，所以在关系模式的表示中往往将域、属性到域的对应省略掉。这样在描述关系模式时，若 R 是关系模式名，A1，A2，…，An 表示属性，关系模式可以表示为：

$$R（A1，A2，…，An）$$

实际应用时，在不影响理解的情况下关系模式通常也简称为关系。

【例 2-1】　写出表 2-1 和表 2-2 所示的两个关系对应的关系模型。

（1）对于关系 2-1：部门（部门号，部门名，办公电话）

（2）对于关系 2-2：员工（工号，姓名，性别，生日，部门号，职务，薪金）

其中，带有下划线的属性，表示主键，要放在前面。

【例 2-2】 写出"武汉学院教材管理系统"数据库中 8 个关系中的其他 6 个关系对应的关系模型是。

（1）出版社（<u>出版社编号</u>，出版社名，地址，联系电话，联系人）

（2）教材（<u>教材编号</u>，ISBN，教材名，作者，出版社编号，版次，出版时间，教材类别，定价，折扣，数量，备注）

（3）订购单（<u>订购单号</u>，订购日期，工号）

（4）订购细目（<u>订购单号</u>，<u>教材编号</u>，数量，进价折扣）

（5）发放单（<u>发放单号</u>，发放日期，工号）

（6）发放细目（<u>发放单号</u>，<u>教材编号</u>，数量，售价折扣）

根据这些关系模式，结合实际确定相应的元组，就可以得到实际的关系，如表 2-1 和表 2-2 就是部门关系和员工关系（其他 6 个关系表在本节后面给出）；然后借助 DBMS，就可以在计算机上创建物理数据库了。

2. 关系模型的主要优点

（1）数据结构单一。关系模型中，不管是实体还是实体之间的联系，都用关系来表示，而关系都对应一张二维数据表，数据结构简单、清晰。

（2）关系规范化，并建立在严格的理论基础上。关系中每个属性不可再分割，构成关系的基本规范。同时关系是建立在严格的数学概念基础上，具有坚实的理论基础。

（3）概念简单，操作方便。关系模型最大的优点就是简单，用户容易理解和掌握，一个关系就是一张二维表格，用户只需用简单的查询语言就能对数据库进行操作。

2.3　关系数据库

以关系模型建立的数据库就是关系数据库（Relation DataBase），关系数据库是目前各类数据处理系统中最普遍采用的数据库类型。依照关系理论设计的 DBMS，称为关系 DBMS。目前我们见到和使用的数据库主要 DBMS 都是关系型的，它们都支持关系模型。

关系数据库中包含若干个关系，每个关系都由关系模式确定，每个关系模式包含若干个属性和属性对应的域。所以，定义关系数据库就是逐一定义关系模式，对每一关系模式逐一定义属性及其对应的域。

一个关系就是一张二维表格，表格由表格结构与数据构成，表格的结构对应关系模式，表格每一列对应关系模式的一个属性，该列的数据类型和取值范围就是该属性的域。因此，定义了表格就定义了对应的关系。

1. 关系运算

在关系数据库中查询用户所需数据时，需要对关系进行一定的关系运算。关系运算是建立在集合运算和关系代数基础上的。

一个关系是一张二维表。通常，一个数据库中会包括若干个有关联的表。在数据库中，关系是数据分散和静态的存放形式，各关系中的数据经常要进行操作。对关系的操作称为关系运算。由于关系是元组的集合，所以集合的并、交、差、笛卡儿积等运算也适用于关系。此外，关系还可以进行选择、投影和连接运算。这些运算总称为关系代数。

我们先介绍传统集合运算：关系的并、交、差、笛卡儿积。

集合的并、交、差、笛卡儿积等运算适用于关系时，要求参与运算的关系必须满足以下的两个条件：

① 关系的度数相同（即属性个数相同）；

② 对应属性取自相同的域（即两个关系的属性构成相同）。

在实用时，这两项条件可以理解为参与运算的关系具有相同的关系模式。

（1）关系并运算。并：∪（Union），运算的结果是两个关系中所有元组的集合，并即合并。设有关系 R、S 满足前述参与运算的两个条件，定义 R 与 S 的并运算：求出由出现在 R 或出现在 S 中所有元组（去掉重复元组）的集合组成的关系。记作 R∪S。结果由 R 与 S 中所有的元组组成，如图 2-1 所示。

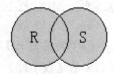

图 2-1　R∪S

【例 2-3】 表 2-3 和表 2-4 作并运算，结果合并成表 2-5。

表 2-3　关系 R

A	B	C
a1	b1	c1
a2	b3	c2
a2	b2	c1

表 2-4　关系 S

A	B	C
a2	b1	c2
a1	b1	c1
a2	b3	c1
a1	b2	c2

表 2-5　R∪S

A	B	C
a1	b1	c1
a2	b2	c2
a2	b1	c1
a2	b1	c1
a2	b3	c1
a1	b2	c1

（2）关系交运算。交：∩（Intersection）运算的结果是两个关系中所有重复元组的集合。设有关系 R、S 满足前述参与运算的两个条件，定义 R 与 S 的交运算：求出由同时出现在 R 中和 S 中的相同元组的集合组成的关系。记作 R∩S。结果由 R 与 S 中都有的元组组成，如图 2-2 所示。

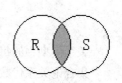

图 2-2　R∩S

【例 2-4】 表 2-6 和表 2-7 作交运算，结果是仅保留两表中相同的项，如表 2-8 所示。

表 2-6　关系 R

A	B	C
a1	b1	c1
a2	b3	c2
a2	b2	c1

表 2-7　关系 S

A	B	C
a2	b1	c2
a1	b1	c1
a2	b3	c1
a1	b2	c2

表 2-8　R∩S

A	B	C
a1	b1	c1

（3）关系差运算。差：-（Differnce）运算的结果是两个关系中除去重复的元组后，第一个关系中的所有元组。设有关系 R、S 满足前述参与运算的两个条件，定义 R 与 S 的差（Difference）运算：求出由只出现在 R 中而未在 S 中出现的元组的集合组成的关系。记作 R-S。结果由 R 中有而 S 中没有的元组组成，如图 2-3 所示。

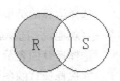

图 2-3　R-S

【例 2-5】 表 2-9 和表 2-10 作差运算，结果是表 R 中减去了两表相同的项，生成表 2-11。

表 2-9　　　关系 R

A	B	C
a1	b1	c1
a2	b3	c2
a2	b2	c1

表 2-10　　　关系 S

A	B	C
a2	b1	c2
a1	b1	c1
a2	b3	c1
a1	b2	c2

表 2-11　　　R-S

A	B	C
a2	b3	c2
a2	b2	c1

（4）关系笛卡儿积运算。笛卡儿积：×（Cartesian Product），设 R 是度数（列）为 m 的关系，R 的基数（行）为 M1；S 是度数为 n 的关系，S 的基数为 M2。则这两个关系的笛卡儿积运算 R×S 的度数是 $m+n$，基数为 M1×M2，由 R 中的每一个元组（作为 R×S 元组的前 m 个分量），与 S 中的每一个元组（作为 R×S 元组的后 n 个分量）两两相连，合并为 R×S 的元组。即结果关系的元组由 R 的所有元组与 S 的所有元组两两互相配对拼接而成。

【例 2-6】　已知 R，S 关系如表 2-12 和表 2-13 所示，则 R×S 结果见表 2-14。

表 2-12　关系 R

A1	A2
1	1
2	3

表 2-13　　　关系 S

X	Y	Z
x2	y1	z2
x1	y1	z1
x2	y3	z3

表 2-14　关系 R×S

A1	A2	X	Y	Z
1	1	x2	y1	z2
1	1	x1	y1	z1
1	1	x2	y3	z3
2	3	x2	y1	z2
2	3	x1	y1	z1
2	3	x2	y3	z3

关系模型中的每个关系就是一个笛卡儿积的子集。

集合论关系代数的关系运算在关系数据库中，可以理解为我们下面要介绍的选择、投影和连接运算。这些运算在数据库系统中都有相应的命令来完成。

以下我们介绍关系运算中主要的选择、投影和联接 3 种运算。

选择（Selection）运算是从关系中查找符合指定条件元组的操作。

投影（Projection）运算是从关系中选取若干个属性的操作。

联接（Join）运算是将两个关系模式的若干属性拼接成一个新的关系模式的操作，对应的新关系中，包含满足联接条件的所有元组。

（1）选择（Selection）。选择运算是从关系中查找符合指定条件元组的操作。是从一个关系中选取满足条件的元组组成结果关系。这个运算只有一个运算对象，运算的结果和原关系具有相同的关系模式。

选择运算的结果构成关系的一个子集，是关系中的部分元组，其关系模式不变。

直观地说，选择运算是从二维表格中选取若干行的操作，在表中则是选取若干个记录的操作。

选择运算的表示方法是：$\sigma_{条件表达式}$（关系名）。

在选择运算的条件表达式中，条件的基本表示方法是：<属性> θ <值>。

其中 θ 是以下运算符中之一：{ =，≠，>，≥，<，≤ }。条件成立，运算结果为真（True）；条件不成立，结果为假（False）。有时候，一个选择运算需要同时用到多个单项条件，这时，应将各单项条件根据要求用逻辑运算符 NOT（求反）、AND（并且）、OR（或者）连接起来（逻辑代数）。运算式中若有多个逻辑运算符，其优先运算顺序是：NOT→AND→OR，相同的逻辑运算符

按从左到右顺序，括号可改变运算顺序。各逻辑运算符的运算规则如表 2-15 所示。

表 2-15　　　　　　　　　　　　　　　　逻辑运算结果

X	Y	NOT X	X AND Y	X OR Y
True	True	False	True	True
True	False	False	False	True
False	True	True	False	True
False	False	True	False	False

【例 2-7】　查询"武汉学院教材管理系统"（参见表 2-2）中工号为"0404"的员工信息；查询所有女处级督办的数据。

查询工号为"0404"的员工信息的运算式是：　$\sigma_{工号="0404"}$（员工）

结果如表 2-16 所示。

表 2-16　　　　　　　　　　　　　　　　查询工号的运算结果

工号	姓名	性别	生日	部门号	职务	薪金
0404	王丹	女	1999-1-12	04	处级督办	￥8100.01

查询所有女性处级督办的数据的运算式是：　$\sigma_{性别="女"\ AND\ 职务="处级督办"}$（员工）

结果如表 2-17 所示。

表 2-17　　　　　　　　　　　　　　　　查询处级督办的运算结果

工号	姓名	性别	生日	部门号	职务	薪金
0402	谢忠琴	女	1999-8-30	04	处级督办	￥8200.01
0404	王丹	女	1999-1-12	04	处级督办	￥8100.01

（2）投影（Projection）。投影运算是从关系中选取若干个属性的操作。投影运算从关系中选取若干属性形成一个新的关系，其关系模式中属性个数比原关系少，或者排列顺序不同，同时也可能减少某些元组。因为排除了一些属性后，特别是排除了原关系中关键字属性后，所选属性可能有相同值，出现相同的元组，而关系中必须排除相同元组，从而有可能减少某些元组。

直观地说，投影是从二维表格中选取若干列的操作，或者选取若干个字段。

投影运算的表示方法：　$\pi_{(属性表)}$（关系名）

运算式中的（属性表）即是投影运算指定的要保留的属性。

【例 2-8】　求表 2-2 员工关系中员工姓名、职务和薪金。

求员工姓名、职务和薪金信息的运算式是：　$\pi_{姓名,\ 职务,\ 薪金}$（员工）

运算结果为表 2-18 所示。

表 2-18　　　　　　　　　　　　　　　　求员工信息的运算结果

姓名	职务	薪金
龚书汉	科长	￥8000.01
蔡义明	主任	￥7650.00
谢忠琴	处级督办	￥8200.01
王丹	处级督办	￥8100.01
孙小舒	总库长	￥8200.02

续表

姓名	职务	薪金
陈娟	总会计师	¥7960.00
陈琴	订购总长	¥7260.00
颜晓华	发放总指挥	¥7260.00
汪洋	业务总监	¥7260.00
杨莉	服务部长	¥7960.00

（3）联接（Join）。联接也写作连接。联接运算是将两个关系模式的若干属性拼接成一个新的关系模式的操作，对应的新关系中，包含满足联接条件的所有元组。联接过程是通过联接条件来控制的，联接条件中将出现两个关系中的公共属性名，或者具有相同语义、可比的属性。这就是说，联接运算是根据给定的联接条件将两个关系中的所有元组一一进行比较，符合连接条件的元组（使连接条件式为 True）组成结果关系。结果关系包括两个关系的所有属性。

连接运算在关系代数中的表示式：关系 1 $\underset{条件}{\bowtie}$ 关系 2

连接条件的基本表示方法是： <关系 1 属性> θ <关系 2 属性>。

其中，θ 为连接条件，是以下运算符之一：{ = ， ≠ ， < ， ≤ ， > ， ≥ }。当有多个连接条件时，用逻辑运算符 NOT、AND 或者 OR 连接起来。

【例 2-9】 对于关系 R（表 2-19）和 S（表 2-20），求：$\underset{R.B>S.B}{R\bowtie S}$。结果如表 2-21 所示。

表 2-19 R

A	B	C
a1	1	c1
a2	3	c2
a3	2	c1
a2	4	c2
a1	3	c3

表 2-20 S

B	D
2	d1
3	d2
4	d1

表 2-21 $\underset{R.B>S.B}{R\bowtie S}$

A	R.B	C	S.B	D
a2	3	c2	2	d1
a2	4	c2	2	d1
a2	4	c2	3	d2
a1	3	c3	2	d1

由于一个关系中不允许属性名相同，所以在结果关系中针对相同的属性，在其前面加上原关系名前缀"关系名."，如 R.B、S.B。

直观地说，联接是将两个二维表格中的若干列，按同名等值的条件拼接成一个新二维表格的操作。在表中则是将两个表的若干字段，按指定条件（通常是同名等值）拼接生成一个新的表。

连接条件 θ 如果使用 "=" 进行相等比较，这样的连接称为等值连接。

还有一种自然连接（Natural Join）。

等值连接并不要求进行比较的属性是相同属性，只要两个属性可比即可。由于关系一般都是通过主键和外键建立联系，这样对两个有联系的关系依照主键和外键相等进行连接就是连接运算中最普遍的运算。这样，在结果关系中由原关系的主键和外键得到的属性必然是重复的。为此，特地从连接运算中规定一种最重要的运算，称其为自然连接。与一般的连接相比，自然连接有如下两个特点：

① 自然连接是将两个关系中相同的属性进行相等比较；

② 结果关系中去掉重复的属性。

自然连接运算无需写出连接条件，其表示方法是：关系1 $\bowtie$ 关系 2

【例 2-10】 对于关系 R（表 2-22），S（表 2-23），求：$R\bowtie S$。结果如表 2-24 所示。

表 2-22	R		表 2-23	S		表 2-24	R⋈S		

A	B	C
a1	1	c1
a2	3	c2
a3	2	c1
a2	4	c2
a1	3	c3

B	D
2	d1
3	d2
4	d1

A	B	C	D
a2	3	c2	d2
a3	2	c1	d1
a2	4	c2	d1
a1	3	c3	d2

2. 关系数据库的建立

现在我们可以理解，所谓数据模型，就是对客观世界的事物以及事物之间联系的形式化描述。每一种数据模型，都提供了一套完整的概念、符号、格式和方法作为建立该数据模型的工具。

目前广泛使用的是关系模型，按照关系模型建立的数据库是关系型数据库。

因此，要建立数据处理系统的数据库，必须先将系统涉及的对象数据按照关系模型的要求进行表述。但是，关系模型是面向计算机和 DBMS 的，它与现实社会的实际应用领域所使用的概念和方法有较大的距离。用户对关系模型不一定了解，而数据库设计人员也不一定熟悉用户的业务领域，因此，参与建立数据处理系统的两类人员，即数据库设计人员和用户之间存在沟通问题。而且应用领域很复杂，往往要经过多次反复的调查、分析，才能弄清用户的需求。因此根据用户要求一步到位的建立数据系统的关系模型较为困难。

由于用户是开发数据处理系统的提出者和最终使用者，为保证设计正确和满足用户要求，用户必须参与系统的开发设计。因此，在建立关系模型之前，先应建立一个概念模型。

概念模型的建立也叫概念结构设计。

概念模型使用用户易于理解的概念、符号、表达方式来描述事物及其联系，它与任何实际的 DBMS 都没有关联，是面向用户的；同时，概念模型又易于向 DBMS 支持的数据模型转化。概念模型也是对客观事物及其联系的抽象，也是一种数据模型。概念模型是现实世界向面向计算机的数据世界转变的过渡。目前常用的有实体联系模型。

在此，将数据库设计的过程以数据描述为主线用分层转换的形式表现出来：将用户所在的实际领域称为现实世界；概念模型以概念和符号为表达方式，所在的层次为信息世界；关系模型（或 DBMS 所依赖的其他模型）位于数据世界。

通过对现实世界的调查分析，并建立起数据处理系统的概念模型，就从现实世界进入信息世界；通过将概念模型转化为关系（数据）模型进入数据世界，然后由 DBMS 建立起最终的物理数据库。数据库设计的整个变化过程如图 2-4 所示。

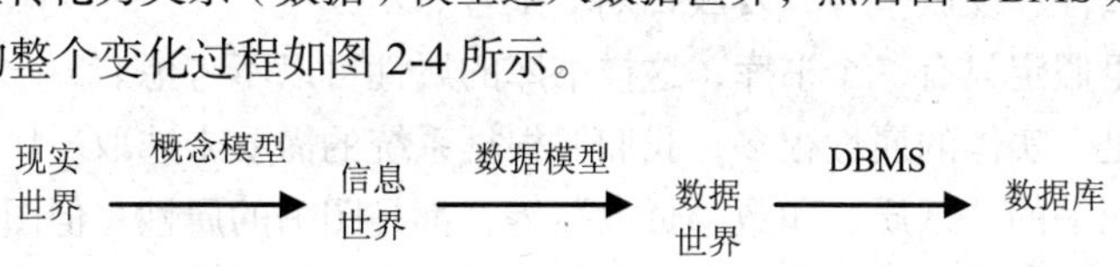

现实世界 → 概念模型 → 信息世界 → 数据模型 → 数据世界 → DBMS → 数据库

图 2-4　数据库设计过程

3. E–R 模型

看来建立关系数据模型是建立关系数据库系统的关键。而建立一个模型的过程就是对事物及其相互联系进行抽象和描述的过程。为了便于与用户沟通，首先建立一个概念模型。常用的、对现实世界进行形式化描述的概念模型是实体-联系（Entity -Relationship，E-R）模型，即常称的 E-R 模型，它有一套基本的概念、符号和表示方法，它面向用户；同时，也很方便向其他数据模型转化。

1976 年，P. P. Chen 提出实体-联系方法，用实体-联系（E-R）图来表示实体联系模型。由于 E-R 图简便直观，这种表示法得到了广泛使用。依照一定原则，E-R 图可以方便地转换为关系数据模型。

在 E-R 模型中，主要包括实体、属性、域、实体集、实体标识符以及实体联系等概念。

完成 E-R 模型的 E-R 图中，只用到很少的几种符号。在画出系统 E-R 图时，将所有的实体型及其属性、实体间的联系全部画在一起，便得到系统的 E-R 模型。

表 2-25 所示为绘制 E-R 图使用的符号及含义。

表 2-25　　　　　　　　　　　　　　　　E-R 图使用的符号及含义

图形	含义
实体名	框中写上实体名，表示实体
联系	菱形框中写上联系名，用连线将相关实体连起来，并标上联系类别：$1:1$，$1:n$，$m:n$
属性	椭圆框中写上属性名，在实体和它的属性间连上连线。作为实体标识符的属性，主键下画一条下划线
	连接以上 3 种图形，构成具体概念模型

如果一个系统的 E-R 图中实体和属性较多，为了简化最终的 E-R 图，可以将各实体及其属性单独画出，在联系图中只画上实体间的联系，这种联系就是我们前面见到的 $1:1$、$1:n$ 和 $m:n$ 三种。

例如，我们分析"武汉学院教材管理系统"，建立其 E-R 模型，即建立概念模型或概念结构设计。

第一步，确定"武汉学院教材管理系统"内的实体类别以及它们各自的属性构成，定义实体标识符，并规范属性名，避免同名异义或异名同义。

直观看，实体是现实世界中确定的对象。本系统中可以确定的实体类别有：部门、员工、出版社、教材、订购单、发放单，以及书库。

部门实体的属性：部门号，部门名，办公电话。

员工实体的属性：工号，姓名，性别，生日，部门号，职务，薪金。

出版社实体的属性：出版社编号，出版社名，地址，联系电话，联系人。

教材实体的属性：教材编号，ISBN，教材名，作者，出版社编号，版次，出版时间，教材类别，定价，折扣，数量，备注。

订购单实体的属性：订购单号，订购日期，工号。

发放单实体的属性：发放单号，发放日期，工号。

还有书库，这里假定只有一个书库，这样书库的属性可以不考虑。

这里要注意的是，实体的属性很多，我们要根据系统的需要来选取。比如教材，教材属于图书，通常人们觉得图书的"纸质、印数、页数"等，都是图书的属性。但图书只有在出版时才具有这些属性，因此这些属性是"出版"联系的属性，在我们的"武汉学院教材管理系统"中的教材实体中无效。不过，通过 E-R 模型转换为关系模型后发现，将这些属性理解为"教材"的属性，也不会影响实际的数据处理。

第二步，分析实体之间的联系。

部门与员工发生聘用联系。这里规定一个员工只能在一个部门任职，因此部门与员工是 $1:n$ 联系，即一个部门有若干员工。当联系发生时，产生职务、薪金等属性。

出版社与教材发生"出版"联系。一种教材只能在一家出版社出版，这是 $1:n$ 联系。当联系发生时，产生 ISBN、版次、出版时间、定价、教材类别等属性。

教材与书库发生"保存"联系。如果有多个书库，就要区分某种教材是保存在哪个编号的书库中。这里假定只有一个书库，所以所有的教材都保存在一个地点。所以书库与教材是 $1:n$ 的联系。"保存"联系产生教材的"数量、折扣、备注"等属性。

将以上的分析用 E-R 图表示，得到如图 2-5、图 2-6 和图 2-7 所示的实体和实体联系图。

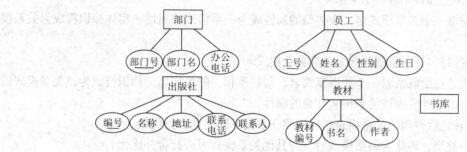

图 2-5　武汉学院教材管理系统的实体及属性图

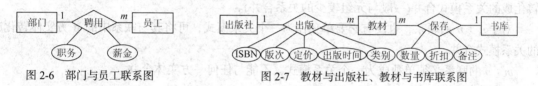

图 2-6　部门与员工联系图　　　　图 2-7　教材与出版社、教材与书库联系图

另外，当发生订购教材业务时，员工与教材发生"进教材"联系，"订购单"就是员工与教材"订购"联系产生的属性。当发生发放业务时，员工与教材发生"发放"联系，"发放单"就是员工与教材"发放"联系产生的属性。

以发放教材为例，由于一个员工可以发放多种教材，一种教材可以从多名员工那里发放，因此员工与教材的"发放"联系是 $m:n$，"发放"产生"发放单"属性。如图 2-8 所示是员工与教材发放联系的 E-R 图，图中略去员工和教材实体的属性。

图 2-8　员工与教材发放的 E-R 图

将上述的各实体联系图进行汇总，略去所有属性，我们可以得到"武汉学院教材管理系统"的 E-R 图，如图 2-9 所示。这是一个大体上的图，E-R 图的画法是不唯一的。

E-R 模型是面向用户的概念模型，是数据库设计过程中概念设计的结果。以 ER 模型为基础，将其转化为关系模型是数据库设计的下一步。

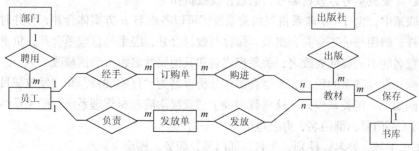

图 2-9　"武汉学院教材管理系统"E-R 模型联系图

4. E–R 模型转化为关系模型

关系模型的建立，也称逻辑结构设计。这一步实际上是将概念模型转化为关系模型，即关系模型的建立。

E-R 模型需转化为关系模型，才能为 DBMS 所支持。

（1）转化方法可以归纳为以下几点。

① 每个实体型都转化为一个关系模式。

给该实体型取一个关系模式名，实体型的属性成为关系模式的属性。实体标识符成为关系模式的主键。

② 实体间的每一种联系都转化为一个关系模式。

转换的方式是：给联系取一个关系模式名，与联系相关的各实体的标识符成为该关系模式的属性，联系自身的属性成为该关系模式其余的属性。

③ 对以上转化后得到的关系模式结构按照联系的不同类别进行优化。

联系有三种类型，转化为关系模式后，与其他关系模式可进行合并优化。

对于 1∶1 的联系，一般不必要单独成为一个关系模式，可以将它与联系中的任何一方实体转化成的关系模式合并(一般与元组较少的关系合并)。

对于 1∶n 的联系，也没有必要单独作为一个关系模式，可将其与联系中的 n 方实体转化成的关系模式合并。

m∶n 的联系必须单独成为一个关系模式，不能与任何一方实体合并。

（2）举例如下。

【例 2-11】 把"武汉学院教材管理系统"的 E-R 模型转化为关系模型。

首先，将每个实体型转化为一个关系模式，于是分别得到部门、出版社、员工、图书、进书单、售书单的关系模式，关系的属性就是实体图中的属性。书库不需要单独列出。

然后，将 E-R 图中的联系转化为关系模式。

对于"武汉学院教材管理系统"，其 E-R 图中有 7 个联系，因此，得到 7 个由联系转化得到的关系模式。它们分别是：

① 聘用（部门号，工号，职务，薪金）。

② 出版（出版社编号，教材编号，ISBN，版次，出版日期，定价，教材类别）。

③ 保存（教材编号，数量，折扣，备注）。

④ 经手（工号，订购单号）。

⑤ 订购（订购单号，教材编号，数量，订购折扣）。

⑥ 负责（工号，发放单号）。

⑦ 发放 （发放单号，教材编号，数量，发放折扣）。

在这些联系中，由 1∶n 联系得到的关系模式可以考虑与 n 方实体合并，合并时注意属性的唯一性。这样，聘用与员工合并，出版、保存与教材合并，经手与订购单合并，负责与发放单合并。合并时重名的不同属性要改名，关系模式名和其他属性名也可酌情修改。

保留订购和发放联系的模式，并结合需求分析改名为"订购细目"和"发放细目"。

这样得到如下一组关系模式，这些就构成了"武汉学院教材管理系统"的关系结构模式。

① 部门（部门号，部门名，办公电话）。

② 员工（工号，姓名，性别，生日，部门号，职务，薪金）。

③ 出版社（出版社编号，出版社名，地址，联系电话，联系人）。

④ 教材（教材编号，ISBN，书名，作者，出版社编号，版次，出版时间，教材类别，定价，折扣，数量，备注）。

⑤ 订购单（订购单号，订购日期，工号）。

⑥ 订购细目（订购单号，教材编号，数量，进价折扣）。

⑦ 发放单（发放单号，发放日期，工号）。

⑧ 发放细目（发放单号，教材编号，数量，售价折扣）。

在 E-R 模型中有实体、实体间联系，而在关系模型中都是用关系这一种方式来表示，所以关系模型的数据表示和数据结构都十分简单。

关系模型的另一个优点是将各实体信息分别放在各自的关系中而不是放在一个综合的关系内，这使数据存储的重复程度降到最低。如员工、教材等关系中存放各自的数据，发放单和发放细目中只存放工号、教材编号，通过工号和教材编号与各实体发生联系，这样数据存储的冗余度最小，也便于数据库的维护和保持数据的一致。

要注意，在不同关系中的同一个属性既可采用相同的属性名，如果需要也可以使用不同的属性名。

在确定关系模式后，根据实际情况载入相应的数据，就可以得到对应于关系模式的关系了。一个关系模式下可以有一个到多个关系。本例每个模式下只有一个关系，直接用模式名作为关系名，然后加入元组数据。表 2-1、表 2-2 分别是部门关系和员工关系，表 2-26 是出版社关系，表 2-27 是教材关系，表 2-28 是订购单关系，表 2-29 是订购细目关系，表 2-30 是发放单关系，表 2-31 是发放细目关系。

表 2-26　　出版社关系

出版社编号	出版社名	地址	联系电话	联系人
1002	高等教育出版社	北京市东城区沙滩街	010-14660880	闫祝
1005	人民邮电出版社	北京市崇文区夕照街	010-17129269	沈恩玉
1010	清华大学出版社	北京市海淀区中关村	010-12770175	李红梅
1013	中国铁道出版社	北京市宣武区右安门西街 8 号	010-13560056	王佳
2703	湖北科技出版社	湖北省武汉市武昌区黄鹤路	027-17808866	武守富
2705	华中科大出版社	湖北省武汉市洪山区珞瑜路	027-17557982	赵婷婷

表 2-27　　教材关系

教材编号	ISBN	教材名	作者	出版社编号	版次	出版时间	教材类别	定价	折扣	数量	备注
10001232	ISBN7-115-23876-4	大学计算机基础	何友鸣	1005	1	2010	基础	￥38.00	0.4	12000	
11010311	ISBN7-302-15580-5	计算机组成与结构	何友鸣	1010	1	2007	计算机	￥18.00	0.4	3000	
11010312	ISBN7-115-09385-7	操作系统	宗大华	1005	1	2009	计算机	￥21.00	0	1000	
11010313	ISBN7-115-08412-3	网络新闻	何苗	2703	1	2009	新闻	￥27.60	0.6	3000	

续表

教材编号	ISBN	教材名	作者	出版社编号	版次	出版时间	教材类别	定价	折扣	数量	备注
11012030	ISBN7-5352-2773-2	VC/MFC 程序开发	方辉云	2703	2	2008	软件	￥35.00	0.4	3000	
21010023	ISBN7-04-012312-6	信息系统分析与开发	甘仞初	1002	1	2003	信息	￥29.20	0.5	3000	
34233001	ISBN7-12-501-2	微积分（上）	马建新	2705	1	2011	数学	￥29.00	0.6	13000	
34233305	ISBN7-113-81102-9	高等数学	石辅天	1013	1	2010	数学	￥23.00	0.8	3000	
65010121	ISBN7-113-10502-0	离散数学	刘任任	1013	1	2009	计算机	￥27.00	0.6	3000	
70111213	ISBN7-04-011154-3	大学英语	编写组	1002	2	2005	基础	￥23.00	0.7	9000	
70111214	ISBN7-04-01145-4	英语听说教程	项目组	1002	1	2009	基础	￥16.80	0	1000	

表 2-28　　　订购单关系

订购单号	订购日期	工号
1	2011-2-10	1203
2	2011-2-23	0102
3	2011-6-11	1103
4	2011-6-15	1103
5	2012-2-5	0301
6	2012-2-6	0704

表 2-29　　　订购细目关系

订购单号	教材编号	数量	进价折扣
1	21010023	250	0
2	11010311	10	0.3
3	11010311	300	0.8
4	10001232	400	0.8
5	11010312	15	0
6	70111214	200	0.7
0		0	0

表 2-30　　　发放单关系

发放单号	发放日期	工号
1	2010-2-5	0102
2	2010-2-6	0704
3	2011-2-6	1202
4	2011-2-8	1202
5	2011-8-26	1205
6	2011-8-27	0402
7	2011-8-29	0402
8	2012-2-3	0404
9	2012-2-8	1202
10	2012-2-9	1203

表 2-31　　　发放细目关系

发放单号	教材编号	数量	售价折扣
1	11012030	50	.7
2	10001232	200	.8
3	70111214	30	.7
5	70111213	20	.7
6	11010312	6	.8
7	21010023	10	0
8	11010311	30	.8
9	65010121	3	.25
10	11010313	5	.8
0		0	0

　　建立数据处理系统的关系模型是数据库逻辑设计的成果。建立了用关系模式表示的关系模型，标志着数据库设计进入到面向计算机的数据世界。

　　设计好关系模型后，借助具体的 DBMS，就可以在计算机上建立起物理关系数据库。我们将在下面的章节具体介绍"武汉学院教材管理系统"的数据库在 Access 上的实现。

　　5. 小结

　　现在我们回过头来对前面内容进行归纳。

（1）关系数据库的设计或建立分为 3 个阶段：概念结构设计、逻辑结构设计和物理结构设计，如表 2-32 所示。

表 2-32　　　　　　　　　　　　　　　　　　关系数据库的建立

步骤	1. 概念结构设计	2. 逻辑结构设计	3. 物理结构设计
概念	即建立概念模型。从概念上把对象表示出来，如实体、属性、联系等，主要是画 E-R 图	关系模型的建立。这一步实际上是将概念模型转化为关系模型，把实体转换为关系，即描述数据库的逻辑结构	在具体数据库系统上实现
方法	用 E-R 模型即实体-联系模型来实现	为一个确定的逻辑模型选择一个最适合应用要求的物理结构	选定支撑的数据库管理系统 DBMS，如 Access 等
说明	建立 E-R 模型与数据库的具体实现技术无关。E-R 模型描述的是系统内的信息处理情况	具体数据库系统能接收的逻辑数据模型，如层次、网状、关系模型等	为一个确定的逻辑数据模型选择一个最适合应用要求的物理结构的过程。合适的数据库管理系统的选择

（2）在不同层次使用的术语对照。在数据库设计的各个不同的环节，为了保持概念的独立性和完整性，分别使用了不同的术语，这里将常用的术语对照列出（表 2-33），便于读者进行比较。

本书除 E-R 模型和关系理论部分，其他地方都使用 Access 数据库中的术语，Access 的术语从第 3 章开始介绍。

表 2-33　　　　　　　　　　　　　　　　术语对照表

E-R 实体联系模型	关系模型	Access 数据库
实体集	关系	表
实体型	关系模式	表结构
实体	元组	记录
属性	属性	字段
域	域	数据类型
实体码	候选键、主键	不重复索引、主键
联系	外键	外键（关系）

2.4　关系数据库的完整性

数据是数据库系统最为重要的资源，如何保证输入和存放的数据的正确，对数据库而言是至关重要的。

一般来讲，关系的结构在一段时间内会保持稳定（不会有重大修改），但关系中的元组数据却是经常变化的。例如，教材管理系统中的教材种类和数量在变化，商场销售管理数据库中每天增加大量的销售数据等。这些数据库中的数据时时都在变化。

数据库系统通过各种方式来保证数据的正确性和相容性。数据的正确性很直观。数据的相容性也叫一致性。我们知道，一个数据库可以包括多个关系，相容性是指存放在不同关系中的同一个数据必须是一致的。

在数据库输入和存放数据时，最主要的是要满足三类数据完整性约束规则：实体完整性、参照完整性和用户定义的完整性。

1. 主键与外键

通俗地说，一个表的主键（Primary Key）或主码的字段取值是绝不重复的。比如说，学生的姓名、性别、出生年月、成绩等，取值都可能重复，但学号是不能重复的。对于描述学生的表来说，学号就是主键。

在有多个表的数据库中，表与表之间通常是有联系的。一个表的字段在另外一个表中是主键，这个字段就称为外键（Foreign Key）。

2. 实体完整性规则

在关系中，如果定义了主键，则指定主键的属性值，就能够确定唯一的元组。

如表 2-34 所示学生关系，学号是主键，其中第 2 个元组的学号为空值（Null），这样在关系数据库中就存在问题：由于主键是唯一标识各元组的属性，因此没有学号值意味着存在不可识别的学生元组（实体），这是不允许的。

表 2-34　　　　　学生关系

学号	姓名	性别	生日	系号
10102008	程 展	男	1993/04/10	102
Null	叶盛佳	男	1993/12/02	102
12204009	李艳文	女	1994/04/20	204
12307021	王鹏	男	1992/11/23	307
12307025	许梦雅	女	1993/08/03	?

表 2-35　　　　　系关系

系号	系名	系主任
102	工商管理	吴勤堂
204	外国语	王达金
307	信息	何友鸣
408	法律	郑祝君

实体完整性规则：定义了主键的关系中，不允许任何元组的主键属性值为空值。

因为关系中的一个元组对应实体联系模型中的一个实体，所以实体完整性规则保证数据库中关系的每个元组（即实体）都是可以区分的。

3. 参照完整性规则

参照完整性规则也叫引用完整性规则。

在表 2-34 的学生关系中，系号属性存放的是学生所在系的编号，对应的系的信息存放在系关系中（表 2-35）。系号为系关系的主键。在学生关系中，系号是外键，即另一个关系的主键。在学生关系中，对系号的取值有何要求呢？

参照完整性规则：关系 S 的主键作为外键出现在关系 R 中，它在 R 中的取值只能符合两种情形之一：或者为空值（Null）；或者在关系 S 的主键中存在对应的值。

这里，关系 R 称为参照关系，关系 S 称为被参照关系。R 和 S 也可以是同一个关系。

当学生关系中的系号取值为空时，表示该学生尚未在任何系注册；已经在某一系注册的学生，其系号的取值一定能在系关系的系号属性中找到对应的值。

这一规则用来防止对不存在的数据的引用。

下面的例子说明 R 和 S 可以是同一个关系。

设员工关系模式是：员工（工号，姓名，性别，生日，部门，领导人工号）。在这个模式中，工号是主键，而"领导人工号"是引用同一关系中的工号属性（在员工表中的另外记录）。在输入员工元组时，如果该值为空，表示该员工所在的部门尚无领导；如果有领导，则这里的领导人工号一定也是某个员工工号。这个例子也说明，主键和外键不一定非要用相同属性名不可。

4．用户定义的完整性规则和域完整性规则

在实际数据库应用中，很多数据都有实际的要求。例如：招聘数据库中存有"拟招聘人员名单"表的数据，要求"年龄"在 35 周岁以下（或转换为对生日的要求：某年某月某日之后出生）；"岗位"要求招聘特定"性别"的员工等。再如，在会计帐簿数据库中，每记一笔账，借方金额之和必须与贷方金额之和相等……这样的例子举不胜举。

用户定义的完整性规则：用户根据实际需要对数据库中的数据或者数据间的相互关系可以定义约束条件，所有这些约束构成了用户定义的完整性规则。

在用户定义的完整性规则中，比较重要的一种称为域完整性的约束。关系中每一列的属性都有一个确定的取值范围即域。但即便确定了域（可以看到，在数据库实现时，域对应数据类型的概念），在实际的数据取值时，仍然常常会对取值的范围做进一步的明确和限制。比如在员工表中，"薪金"字段为货币型，但由于有最低工资的约束，所以薪金必须是大于等于 800 取值。所以为防止输入无意义的数据，应该对薪金字段的数据做进一步的限制。再如，"性别"字段虽然是字符类型，但只能取"男"和"女"等。这些用户约束只针对一个属性的取值范围加以限定，不涉及属性间的相互联系。

域完整性规则：用户对于关系中单个属性取值范围定义的约束条件。

关系 DBMS 都提供了完整性约束的实现机制，Access 就提供了自动实现上述完整性的检验功能。在数据库中定义表时，通过定义表的主键自动实现实体完整性约束；通过定义外键和指定参照表自动进行参照完整性检验；在定义每个字段时指定域检验的条件（数据类型、宽度、一个逻辑表达式的检验等），实现域完整性约束。

对于用户定义的其他完整性约束，DBMS 通过"触发器"等机制，由数据库设计者编制完整性检验程序代码，在进行数据更新时自动执行这些程序代码来实现检验。

当数据库刚刚定义完毕时，数据库是满足完整性要求的。当数据库有数据变化时，有可能破坏完整性，而正常情况下数据库的变化只有在发生数据的增加、删除、更改操作时出现。因此，只要有数据更新操作发生，DBMS 就会自动进行完整性检查，凡是会破坏数据库数据完整性的更新都会被自动拒绝。

2.5　关系规范化理论

我们从前面的内容中可以看到，通过 E-R 模型得到的关系模型将各实体分别放在不同关系中，实体间的联系通过外键来实现。由于数据分别存放，因此若要了解完整的信息，就必须对有关联的关系进行自然连接。例如教材管理中部门与员工、教材与出版社就是这样。为何不将这些相关的数据一开始就存放在同一个关系中呢？

将一个系统中的所有数据根据情况存放在不同的关系中，这是关系规范化的要求，即使这些数据是相互关联的。关系规范化理论是数据库设计的指导理论。

在关系规范化理论中，将关系划分为不同的规范层级，并对每一级别规定了不同的判别标准。用来衡量这些层级的概念叫范式（Normal Form，NF）。级别最低的层级为第一范式，记为 1NF。如果有关系 R 满足 1NF 的要求，记为 R ∈ 1NF。

仅达到 1NF 要求的关系在实用中存在许多问题。在 1NF 基础上，通过对关系逐步加上更多的限制，可使它们分别满足 2NF、3NF、BCNF、4NF、5NF 的要求。这一过程就是关系规范化的过程。目前最高范式级别为 5NF。

为弄清楚关系规范化，必须首先了解关系中属性间数据依赖的概念。

1．函数依赖与键

通过全面建立的关系模型，我们已经了解到，在一个关系中，不同的属性具有不同的一些特点。例如，在员工关系中，每个元组的工号都不相同。换言之，当给定一个工号，如果员工关系中有该工号，则一定可以在员工关系中确定唯一的一个元组，同时这个元组中所有其他的属性值也就都确定下来。但是员工关系中的其他属性如姓名、性别、生日等则没有这一特性。

关系内属性间的这种相互关系是由数据的内在本质所决定的，反映这种相互关系的概念是数据依赖。数据依赖有不同种类，其中最重要的是函数依赖。

（1）函数依赖。对于关系中的函数依赖（Function Dependency），定义如下。

设 R（U）是一个关系模式，属性集 U，X、Y 均为 U 的子集。若对于 R（U）上任意一个关系 S，在 S 中不可能有任意的两个元组在 X 中的属性值相等，而在 Y 中的属性值不等，则称 X 函数决定 Y，或称 Y 函数依赖于 X，记为：X→Y。

另一种直观的等价定义是：对于一个关系 S，X、Y 是 S 上的两个属性或属性组，如果对于 X 的每一个取值，都有唯一一个确定的 Y 值与之对应，则称属性（组）X 函数决定属性（组）Y，或称属性（组）Y 函数依赖于属性（组）X。这里，X 是函数依赖的左部，称为决定因素，Y 是函数依赖的右部，称为依赖因素。

根据定义可知，对于关系 S 中任意的属性或属性组 X，如果有 X′⊆X（即 X′是 X 的一部分，或者 X′就是 X 本身），X→X′都是成立的，这种函数依赖被称为平凡的函数依赖。其他的函数依赖称为非平凡的函数依赖。

一般情况下只讨论非平凡函数依赖。

【例 2-12】 以下是一个将学生档案、学习成绩等放在一起的学生信息关系（表 2-36），分析各属性间的函数依赖关系。

表 2-36　　　　　　　　　　　　　　学生信息关系

学号	姓名	性别	生日	所在系	系主任	课程号	课程名	学分	成绩
12102001	刘大新	男	1992/04/10	工商管理	吴勤堂	102004	管理学概论	2	90
12102003	曾晓	女	1993/10/18	工商管理	吴勤堂	102004	管理学概论	2	80
12102003	曾晓	女	1993/10/18	工商管理	吴勤堂	204002	英语	6	75
12102003	曾晓	女	1993/10/18	工商管理	吴勤堂	307101	高等数学	5	91
12204009	吴敏	女	1993/04/20	外语	王达金	204002	英语	6	95
12307010	李艳文	女	1993/04/03	信息管理	何友鸣	307101	高等数学	5	88
12307010	李艳文	女	1993/04/03	信息管理	何友鸣	307010	程序设计	4	84
12307021	王鹏	男	1992/11/23	信息管理	何友鸣	307001	计算机原理	3	86
12307021	王鹏	男	1992/11/23	信息管理	何友鸣	307010	程序设计	4	82
12307021	王鹏	男	1992/11/23	信息管理	何友鸣	307101	高等数学	5	92

在学生信息关系中，确定了学号，就可以决定学生的姓名、性别、生日、所在系以及主任；确定了所在系，就确定了系主任。同样，确定课程号，就确定了课程名，学分；而成绩属性是由（学号，课程号）两个属性决定的，所以有：

学号→（姓名，性别，生日，所在系，系主任）；

所在系→系主任；

课程号→（课程名，学分）；

（学号，课程号）→成绩。

（说明：根据表 2-36 的数据可知，学号和学生姓名、所在学院和院长是一一对应的。但该表的语义并未规定人的姓名一定是不同名的，所以，不能得出姓名→学号，院长→所在学院的结论。另外，由于课程名是人们规定的，如果明确规定不同的课程一定不同名，则可以得出：课程名→课程号。但实际中一般不考虑这样的函数依赖，因为人们在书写或输入课程名时，不一定很严格，有时会简写，这样就可能出现相同的课程在不同的地方文字不同从而被当成不同的课程，这也是为什么信息处理中要使用编号的主要原因。）

（2）键。前面我们已经介绍了关系的候选键和主键的概念。候选键或主键是指能决定一个关系中每个元组的属性或属性组。为了简便，在这里将一个关系的所有候选键都简称为键（Key）。有了函数依赖的概念，可以重新定义键的概念。

定义：设 R（U）是一个关系模式，属性集 U，X 为 U 的子集。若对于 R（U）上任意关系 S，都有 X→U 成立，但对于 X 的任意子集 X'，X'→U 都不成立，则称 X 是 S 的键。

一个关系中键可以不止一个。一个关系中所有键的属性称为关系的主属性，其他的属性为非主属性。

【例 2-13】 对学生信息关系（表 2-36）的分析，试确定其键和列出所有主属性。

根据【例 2-12】的分析可知，没有任何一个属性可以决定所有属性，但将学号、课程号组合起来可以决定所有的属性，如：确定了学号和课程号是（12307021，307001），就决定了其他属性的值（王鹏，男，1992/11/23，信息管理，何友鸣，计算机原理，3，86）。所以该关系的键是（学号，课程号），学号、课程号是主属性。

（3）函数依赖的分类。通过对学生信息关系的分析可知，该关系中，（学号，课程号）是关系的键。即由学号和课程号可以决定其他的属性。但是，考察所有非主属性可以看出，它们并非都依赖于全部主属性，比如姓名、性别等只依赖学号，课程名、学分只依赖课程号。这种只依赖于属性组合中的部分属性的情形被称为部分函数依赖。但成绩属性则必须由学号和课程号加在一起才可以决定，这种情形被称为完全函数依赖。

部分函数依赖的定义：设 S 是关系模式 R（U）上的关系，若在 S 中有 X→Y，并且有 X'是 X 的真子集，X'→Y 也成立（即 Y 只由 X 中的部分属性决定），则称 Y 部分函数依赖于 X，记为 $X \xrightarrow{p} Y$。

完全函数依赖的定义：设 S 是关系模式 R（U）上的关系，若在 S 中有 X→Y，并且对于 X 的任意真子集 X'，X'→Y 都不成立（即 Y 不能由 X 中的任意的部分属性决定），则称 Y 完全函数依赖于 X，记为 $X \xrightarrow{f} Y$。

可以看出，如果一个函数依赖的决定因素是单属性，则这个依赖一定是完全函数依赖。

另外，具体分析学生信息关系的依赖情况，根据语义可以知道，院长属性实际上并不直接依赖于学号，因为一个学院的院长是在该学院任职，当一个学生在该学院注册，函数依赖的意思是通过该学生的学号，可以确定他所在学院的值，从而可以确定院长的值。而假如这个学生不是在这个学院注册，并不影响通过该学院来确定院长的值。因此，说学号决定院长，其实是通过学号确定所在学院，通过所在学院确定院长，这种函数依赖被称为传递的函数依赖。

传递函数依赖的定义：设 S 是关系模式 R（U）上的关系，若在 S 中有 X→Y，Y→Z（不能是平凡的函数依赖），则 X→Z 成立，这种函数依赖被称为传递的函数依赖，记为 $X \xrightarrow{t} Z$。

这样，在学生信息关系中，可以将各种情形的函数依赖表述如下：

（学号、课程号）$\xrightarrow{f}$ 成绩；

（学号、课程号）$\xrightarrow{p}$（姓名，性别，生日，所在学院）；

（学号、课程号）$\xrightarrow{p}$（课程名，学分）；

所在学院 → 院长；

学号 $\xrightarrow{t}$ 院长。

当关系中存在非主属性部分或传递依赖于键时，这样的关系在信息存储和关系操作中存在许多问题，规范化程度低。关系规范化就是通过消去关系中非主属性对键的部分和传递函数依赖，来提高关系的范式层级。

2. 关系范式

（1）1NF。在第 1 章中介绍了关系的几个特点，换言之，一张二维表只有符合了关系的这些特点才能被称为关系。其中最重要的是第一点，即关系中属性是不可再分的。这是二维表称为关系的基本条件，也是 1NF 的基本要求。

定义：如果一个关系 R（U）的所有属性都是不可分的原子属性，则 R∈1NF。

可以看出，表 2-36 所示的学生信息关系是满足 1NF 要求的。

如果一个关系仅达到 1NF，则它在实际应用中会产生很多问题。可以归纳为以下几条。

① 数据冗余度大、修改不便。如在学生信息关系中重复的数据很多，既浪费存储空间也使保持数据的一致性复杂化。假如某学生转学院，则既要修改所在学院属性，又要修改院长属性，易引起数据的不一致。

② 数据插入异常。假定某学生刚刚报到，还未选修课程，由于没有主键值（课程号），根据实体完整性的要求，这名学生的档案信息不能存入学生信息关系中。另外，如果某个学院刚成立，还没有学生，也就没有学号、课程号等数据，那么在学生信息关系中，该学院的信息不能存入（因为学院信息是附属于学生信息的）。一个关系中，发生应该存入的数据而不能存入，称为数据插入异常。

③ 数据删除异常。与数据插入异常对应，假定某学生选修了某课程，数据已存入，但其后他又放弃选修，在删除他选修的课程信息时，由于已没有主键值（课程号），这名学生的档案信息也不能继续存在学生信息关系中，也需删除。同样，如果某学院的已有学生毕业后暂时无学生在读，则删除已毕业学生数据将同时删除掉学院的数据。这种删除无意义的数据导致有意义的数据被删除，称为数据删除异常。

（2）2NF。要解决只达到 1NF 的关系的缺陷必须提高关系规范化的程度。

定义：若关系 R∈1NF，并且在 R 中不存在非主属性对键的部分函数依赖，即它的每一个非主属性都完全函数依赖于键，则 R∈2NF。

要使关系从 1NF 变为 2NF，就要消去 1NF 关系中非主属性对键的部分函数依赖。采用关系分解方法，即将一个 1NF 关系通过投影运算分解为多个 2NF 及以上范式的关系。

【例 2-14】 将学生信息关系（表 2-30）从 1NF 提升为 2NF 及以上范式的关系。

对学生信息关系进行投影运算，依赖于学号的所有非主属性作为一个关系，依赖于课程号的所有非主属性组成另一个关系，保留完全依赖于键的属性组成单独的关系。这样，一个关系变为了 3 个关系：

学生（学号，姓名，性别，生日，所在学院，院长）；

课程（课程号，课程名，学分）；

成绩单（学号，课程号，成绩）。

这 3 个关系中，均不存在部分函数依赖，它们都满足 2NF 的要求。已经证明，这种关系分解属于无损连接分解。所谓关系的无损连接分解，是指关系分解不会丢失原有信息，通过自然连接运算仍能恢复原有关系的所有信息。虽然关系由一个变为三个，学号、课程号在不同关系中重复出现两次，但它们是所谓的连接属性（即在成绩单关系中是外键），在学生档案、课程关系中，数据的冗余度大大降低。

通过对以上 3 个关系的分析，可以发现在学生关系中，所在学院和院长数据仍重复。

比如，某个学院的院长发生了变动，则与之相关的学生元组都要修改。关于学院的插入、删除异常的缺陷仍然没有解决。所以属于 2NF 的关系还存在与 1NF 类似的问题。

（3）3NF。仅仅满足 2NF 的关系在使用时仍有问题。考察【例 2-14】中产生的 3 个关系，可以发现，只有学生关系存在上述问题。它与课程关系、成绩单关系的区别是，学生关系中存在传递的函数依赖，而在其他关系中不存在。

定义：若关系 $R \in 1NF$，并且在 R 中不存在非主属性对键的传递的函数依赖，则 $R \in 3NF$。

可以证明，属于 3NF 的关系一定满足 2NF 的条件。

属于 2NF 的关系，如果消去了非主属性对码的传递函数依赖，则成为属于 3NF 的关系。2NF 升格为 3NF 的方法依然是对关系进行投影分解。

【例 2-15】　将【例 2-14】中产生的关系提升为 3NF 的关系。

由于只有学生关系中存在传递的函数依赖，对学生关系进行投影分解，变为档案关系和学院关系，为保持信息的一致性，引入学院号属性。它们的关系模式是：

档案（学号，姓名，性别，生日，学院号）

学院（学院号，学院，院长）

这种关系分解仍然是无损分解。这样学院、院长的数据在学院关系中只出现一次。如果某个学院换了院长，只需修改学院关系中的一个元组。另外，新建立的学院在学院关系中增加一个元组即可。学生毕业，删除档案和成绩单中有关的数据即可。这样就彻底解决了 1NF 和 2NF 中存在的问题。

因此，从一个仅符合 1NF 的学生信息关系分解为符合 3NF 的 4 个关系，它们的关系模式如下：

① 档案（学号，姓名，性别，生日，学院号）。

② 学院（学院号，学院，院长）。

③ 课程（课程号，课程名，学分）。

④ 成绩单（学号，课程号，成绩）。

除 3NF 外，目前更高级别的范式还有 BCNF、4NF、5NF，这些范式之间是一种包含关系，即高一级的范式一定符合下一级的范式规定。属于 3NF 的关系已经能够满足绝大部分的实际应用。因此，一般要求关系分解到 3NF 即可。

直观地看，1NF 或 2NF 关系的缺陷是在一个关系中存放了多种实体，使得属性间的函数依赖呈现多样性。解决之道是使关系单纯化，采用关系分解的方法，通过投影运算，做到"一表（关系）一主题（实体）"，而实体间的联系通过外键或联系关系来实现。在应用中，需要综合多个关系的信息时通过连接运算来实现。

关系规范化理论是进行数据库设计的指导思想,数据模型的设计应符合规范化的要求。当然,就实用而言,并不是范式层级越高越好。因为高层级范式使得数据库操作时要增加大量连接操作,这降低了数据库的处理速度。因此应根据实际要求来设计数据库,变化小的关系可以适当降低范式要求。但一般来说,数据库中各关系应符合 3NF 的要求。

习 题

一、单项选择题

1. 以下范式中,级别最高的是(　　　)。

    A. 1NF   B. 2NF   C. 3NF   D. BCNF

2. 若关系 $R \in 1NF$,并且在 R 中不存在非主属性对键的传递的函数依赖,则(　　　)。

    A. $R \in 1NF$ B. $R \in 2NF$ C. $R \in 3NF$ D. $R \in BCNF$

3. 如果一个关系 R(U)的所有属性都是不可分的原子属性,则(　　　)。

    A. $R \in 1NF$ B. $R \in 2NF$ C. $R \in 3NF$ D. $R \in BCNF$

4. 已经能够满足绝大部分的实际应用的范式是(一般要求关系分解到此即可)(　　　)。

    A. 1NF   B. 2NF   C. 3NF   D. BCNF

5. 在 E-R 图中,用以表示实体属性的图形符号是(　　　)。

    A. 矩形框   B. 椭圆框   C. 菱形框   D. 三角形框

6. 根据给定的条件将两个关系中的所有元组一一进行比较,符合条件的元组连接组成结果关系的运算是(　　　)。

    A. 投影   B. 自然连接   C. 选择   D. 连接

7. 乘客集与飞机机票集的持有联系属于(　　　)。

    A. 一对一联系   B. 一对多联系   C. 多对一联系   D. 多对多联系

8. 从一个关系的候选键中唯一地挑选出的一个,称为(　　　)。

    A. 外键   B. 内键   C. 候选键   D. 主键

9. 在 E-R 图中,用以表示实体的图形符号是(　　　)。

    A. 矩形框   B. 椭圆框   C. 菱形框   D. 三角形框

10. 在 E-R 图中,用以表示联系的图形符号是(　　　)。

    A. 矩形框   B. 椭圆框   C. 菱形框   D. 三角形框

11. 在给定关系中指定若干属性(列)组成一个新关系的运算是(　　　)。

    A. 投影   B. 自然连接   C. 选择   D. 连接

12. 以下为概念模型的是(　　　)。

    A. 关系模型   B. 层次模型   C. 网状模型   D. 实体联系模型

13. 以下关于关系的选择运算的说法错误的是(　　　)。

    A. 关系的选择运算只有一个运算对象

    B. 关系的选择运算可以有多个运算对象

    C. 运算的结果和原关系具有相同的关系模式

    D. 从一个关系中选取满足条件的元组组成结果关系

14. 从一个关系中选取满足条件的元组组成结果关系的运算是（　　）。

    A. 投影　　　　　　B. 自然连接　　　C. 选择　　　　　D. 连接

15. 航班与乘客的乘载联系属于（　　）。

    A. 一对一联系　　　B. 一对多联系　　C. 多对一联系　　D. 多对多联系

16. 教师与学生的师生联系属于（　　）。

    A. 一对一联系　　　B. 一对多联系　　C. 多对一联系　　D. 多对多联系

17. 学生与课程的选修联系属于（　　）。

    A. 一对一联系　　　B. 一对多联系　　C. 多对一联系　　D. 多对多联系

18. 在关系数据库中，通过连接字段来体现和表达关系，其子表中的连接字段称为（　　）。

    A. 外键　　　　　　B. 内键　　　　　C. 候选键　　　　D. 主键

19. 在关系数据库中，通过连接字段来体现和表达关系，其父表中的连接字段称为（　　）。

    A. 外键　　　　　　B. 内键　　　　　C. 候选键　　　　D. 主键

20. 在一个关系中，可以唯一确定每个元组的属性或属性组，称为（　　）。

    A. 外键　　　　　　B. 内键　　　　　C. 候选键　　　　D. 主键

21. 以下不属于完整的关系模型包括的三要素的是（　　）。

    A. 数据操作　　　　B. 数据约束　　　C. 数据结构　　　D. 数据运算

22. 数据完整性约束规则不包括（　　）。

    A. 实体完整性　　　　　　　　　　B. 参照完整性

    C. 用户定义的完整性　　　　　　　D. 用户使用完整性

23. 以下关于关系的选择运算的说法错误的是（　　）。

    A. 关系的选择运算只有一个运算对象

    B. 运算的结果和原关系具有不同的关系模式

    C. 运算的结果和原关系具有相同的关系模式

    D. 从一个关系中选取满足条件的元组组成结果关系

24. 以下关于关系的选择运算的说法错误的是（　　）。

    A. 关系的选择运算只有一个运算对象

    B. 从一个关系中选取满足条件的属性组成结果关系

    C. 运算的结果和原关系具有相同的关系模式

    D. 从一个关系中选取满足条件的元组组成结果关系

25. 以下关于关系的选择运算的说法错误的是（　　）。

    A. 关系的选择运算只有一个运算对象

    B. 从关系中选取若干个属性组成新的关系

    C. 运算的结果和原关系具有相同的关系模式

    D. 从一个关系中选取满足条件的元组组成结果关系

26. 在关系模型中，规定数据的存储和表示方式的是（　　）。

    A. 数据操作　　　　B. 数据约束　　　C. 数据结构　　　D. 数据运算

27. 在关系模型中，数据的运算和操作是（　　）。

    A. 数据操作　　　　B. 数据约束　　　C. 数据结构　　　D. 数据运算

28. 在关系模型中，对关系中存放的数据进行限制和约束，以保证存放数据的正确性和一致性，这种属性称为（　　　）。

  A. 数据操作   B. 数据约束   C. 数据结构   D. 数据运算

29. 以下不属于完整的关系模型包括的三要素的是（　　　）。

  A. 数据操作   B. 数据约束   C. 数据结构   D. 数据运算

30. 从一个关系的候选键中唯一地挑选出的一个，称为（　　　）。

  A. 外键   B. 内键   C. 候选键   D. 主键

二、填空题

1. 对关系的操作称为＿＿＿＿＿＿＿＿。

2. 完整的描述关系模型包括三个要素，即＿＿＿＿＿＿＿、＿＿＿＿＿＿＿和＿＿＿＿＿＿＿。

3. 每个属性都有一个取值范围的限定，属性的取值范围称为＿＿＿＿＿＿＿＿。

4. 同型实体的集合称为＿＿＿＿＿＿＿。

5. ＿＿＿＿＿＿＿＿指现实世界中任何可相互区别的事物。

6. ＿＿＿＿＿＿＿＿指实体某一方面的特性。

7. 关系中的一列称为关系的一个＿＿＿＿＿＿＿＿，一行称为关系的一个元组。

8. 在一个关系中，可以唯一地确定每个元组的属性或属性组，称为＿＿＿＿＿＿＿＿。

9. 存放在一个关系中的另一个关系的主键称为＿＿＿＿＿＿＿＿。

10. 关系中的一列称为关系的一个属性，一行称为关系的一个＿＿＿＿＿＿＿＿＿＿＿＿＿。

三、问答题

1. 什么是关系？关系和二维表有什么异同？

2. 关系有哪些基本特点？

3. 什么是关系模式（Relation Schema）？

4. 概念设计、逻辑设计、物理设计各有何特点？

5. 设关系 R 与 S 见表 2-37 和表 2-38，写出关系运算 R∪S 的结果（结果以表格的形式给出）。

表 2-37 关系 R

A	B	C
1	1	C1
2	3	C2
2	2	C1

表 2-38 关系 S

A	B	C
2	1	C2
1	1	C1
2	3	C2
2	2	C1

6. 设关系 R 与 S 见表 2-39 和表 2-40，写出关系运算 R∩S 的结果（结果以表格的形式给出）。

表 2-39 关系 R

A	B	c
1	1	c1
2	3	c2
2	2	C1

表 2-40 关系 S

A	B	C
2	1	c2
1	1	c1
2	3	C2
1	2	c2

7. 设关系 R 与 S 见表 2-41 和表 2-42，写出关系运算 R-S 的结果（结果以表格的形式给出）。

表 2-41	关系 R	
A	B	c
1	1	c1
2	3	c2
2	2	C1

表 2-42	关系 S	
A	B	C
2	1	c2
1	1	c1
2	3	C1
1	2	c2

8. 设关系 R 与 S 如表 2-43 和表 2-44，写出关系运算 R×S（笛卡儿积）的结果（结果以表格的形式给出）。

表 2-43	关系 R
A1	A2
1	1
2	3

表 2-44	关系 S	
X	Y	Z
2	1	c2
1	1	c1

9. 已知：每个仓库可以存放多种零件，而每种零件也可在多个仓库中保存，在每个仓库中保存的零件都有库存数量。仓库的属性有仓库号（唯一）、地点和电话号码，零件的属性有零件号（唯一）、名称、规格和单价。请作：

（1）根据上述语义画出 E-R 图；

（2）将 E-R 模型转换成关系模型，要求标注关系的主键和外键。

10. 工厂需要采购多种材料，每种材料可由多个供应商提供。每次采购材料的单价和数量可能不同；材料的属性有材料编号（唯一）、品名和规格；供应商的属性有供应商号（唯一）、名称、地址、电话号码；采购的属性有日期、单价和数量。请作：

（1）根据上述语义画出 E-R 图；

（2）将 E-R 模型转换成关系模型，要求标注关系的主键和外键。

11. 某工厂生产多种产品，每种产品又要使用多种零件；一种零件可能装在各种产品上；每种零件由一种材料制造；每种材料可用于不同零件的制作。有关产品、零件、材料的数据字段如下：

产品：产品号（GNO），产品名（GNA），产品单价（GUP）

零件：零件号（PNO），零件名（PNA），单重（UP）

材料：材料号（MNO），材料名（MNA），计量单位（CU），单价（MUP）

以上各产品需要各零件数为 GQTY，各零件需用的材料数为 PQTY。

请绘制产品、零件、材料的 E-R 图。

第 3 章
Access 数据库

这里介绍当前最为常见的小型关系数据库管理系统 Access 2003 中文版的知识和使用方法。以 Access 2003 为 DBMS 工具，介绍数据库系统设计、实施、应用的相关知识。操作系统环境为 Windows XP。

3.1　Access 概述

Access 是微软（Microsoft）公司 Office 办公套件中重要的组成部分，是目前最流行的桌面数据库管理系统。

我们先简单介绍 Access 的发展经历，然后讲 Access 2003 中文版的安装和工作界面。

1. Access 的发展

我们知道，微软公司以开发微机上的操作系统著称，Windows 操作系统被广泛使用。后来，它又进军办公软件、数据库等其他领域的研制和开发，Office 办公软件包很成功，且不断地升级，像 Word、Excel、PowerPoint 等工具都很流行，后面的 Office 版本中添加了 Access 数据库管理系统。

Office 第 1 版于 1989 年发布。而最早的 Access 1.0 版发布于 1992 年 11 月，这时的操作系统是 Windows 3.0。

起初，Access 并未作为 Office 中的一员出现，而是作为一个单独的软件产品进行销售的。后来，微软公司认为将 Access 捆绑在 Office 中一起发售更为有利。于是，在 1996 年 12 月发布 Office 97 时，Access 开始被捆绑到 Office 中，成为其重要一员。自此直到现在，Access 已是 Office 办公套件中不可缺少的部件。

随着 Windos 操作系统的不断升级，Office 办公软件包也不断地更新，新的版本相继推出，其功能变得日益强大。1999 年 1 月，微软公司发行 Office 2000，2001 年 5 月发行 Office XP（2002）。2002 年 11 月，Office 2003 发行。目前，还有 Office 2007 等版本。

Access 自 1992 年开始发行以来，特别是 1996 年加入 Office 套件后，已成为最流行的桌面 DBMS，应用领域十分广泛。目前，不管是处理公司客户订单数据，还是管理个人通讯录，或者记录和处理大量科研数据，以及作为中小型网站的数据库服务器，人们都在利用 Access 来完成大量数据的管理工作。Access 已成为办公室中不可缺少的数据处理软件之一。

2. Access 的主要特点

作为微机上运行的关系型 DBMS，Access 的界面友好、易学易用、开发简单、访问灵活。其主要特点如下。

（1）强大的数据处理功能。在一个工作组级别的网络环境中，使用 Access 开发的多用户数据库系统具有传统的 XBase（DBase、FoxPro 等的统称）数据库系统所无法实现的客户机/服务器（C/S 结构，Client/Server）结构和相应的数据库安全机制，Access 具备了许多先进的大型数据库管理系统所具备的特征，如事务处理/出错回滚能力等。

（2）可视性好。可以方便地生成各种数据处理对象，利用存储的数据建立窗体和报表。

（3）完善地管理各种数据库对象。具有强大的数据组织、用户管理、安全检查等功能。

（4）作为 Office 套件的一部分，与 Office 其他成员集成，实现无缝链接。

（5）能够利用 Web 检索和发布数据，实现与 Internet 的连接。Access 主要适用于中小型应用系统，或作为客户机/服务器系统中的客户端数据库,也适合作为中小型网站的数据库服务器。

3. Access 的安装

这里以 Access 2003 中文版为例介绍安装方法。后面如不特别说明，都把 Access 2003 中文版简称为 Access。

Access 可随 Office 一起安装，也可以单独安装。

Office 2003 对工作环境的基本要求如下。

（1）硬件要求：Pentium Ⅱ-233 及以上 CPU，最好为 Pentium Ⅲ 或 P4 及以上 CPU；内存最低要求为 64MB，更大才能运转自如；配件有硬盘和光驱；安装时约需要 400～600MB 的剩余硬盘空间。

（2）操作系统：Windows 2000 SP3 以上或 Windows XP 及以上版本，本书设为 Windows XP 简体中文版。

在 Windows XP 下安装 Office 2003 的基本过程如下。

（1）启动计算机，放入 Office 2003 中文版光盘，系统自动进入安装界面。按照屏幕提示，用户进行必要的设置和操作。首先进入"产品密钥"界面，输入产品密钥。单击"下一步"按钮，进入"用户信息"界面，输入用户名、单位等信息，如图 3-1 所示。

（2）单击"下一步"按钮，进入"许可协议"界面。选择"我接受《许可协议》中的条款"。

（3）继续单击"下一步"按钮，进入"安装类型"界面，如图 3-2 所示。

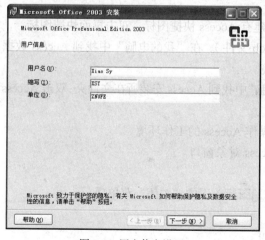

图 3-1　用户信息设置

图 3-2　安装类型与安装位置设定

安装类型共有 4 个选项。若已安装 Office 2000/2002 版，那么选择"典型安装"便可直接升级，否则需先删除旧版的 Office，才能以另外的 3 种选项中的某一种选项进行安装。

如果选择"自定义安装"，则下一步会要求用户在列出的 Office 套件中加以选择。

这里选择"典型安装"。然后设置"安装位置"。安装位置是"C:\Program Files\Microsoft Office\"，这一般是默认位置。用户也可以输入新路径或单击"浏览"按钮自行指定安装位置。

（4）单击"下一步"按钮，进入如图 3-3 所示的"提要"界面，提示典型安装时将要安装到计算机上的 Office 的部件。单击"安装"按钮，进入安装过程，这时屏幕会显示安装进度。

（5）然后提示"安装已完成"，如图 3-4 所示。单击"完成"按钮即完成安装。

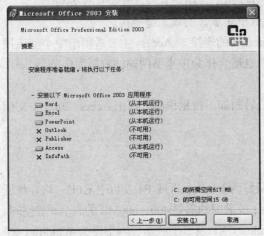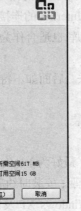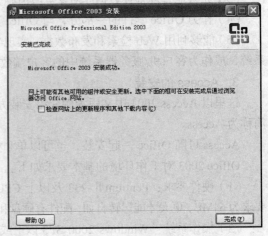

图 3-3　典型安装将要安装的部件　　　　　　　　图 3-4　安装完成

随 Office 一起安装 Access 时，在选择 Office 工具套件时选定 Access 即可，这里不再赘述。

4．启动与退出

Access 的启动和退出与其他 Windows 应用程序类似。

（1）启动。按照 Windows 启动应用程序的一般方法启动 Access。以下任一方法都可启动或进入 Access 环境。

① 通过"开始"菜单的"程序"项。单击"开始"→"所有程序"→"MS Office"→"MS Office Access 2003"。

② 通过桌面的 Access 快捷图标。如果桌面创建有 Access 快捷图标，双击桌面快捷图标。

③ 通过双击与 Access 关联的数据库文件（.mdb 文件）。在"我的电脑"中找到 Access 数据库文件，双击，将自动启动 Access 并进入工作环境。

④ 找到 Access 的系统程序文件双击。"我的电脑"中找到 Access 安装所在文件夹，双击 Access 系统程序。

启动 Access，就进入 Access 程序窗口，这是操作 Access 的工作环境。

（2）退出。退出 Access 前，应关闭所有的 Access 对象窗口。

Access 退出有如下几种方式。

① 单击 Access 主窗口标题栏左端控制菜单（🗗图标）下的"关闭"菜单项。

② 单击窗口右端区按钮。

③ 选择"文件"菜单的"退出"项，单击即可。

④ 也可以同时按 Alt+F4 组合键。

5．Access 工作界面

进入 Access 后，工作界面如图 3-5 所示，包括标题栏、菜单栏、工具栏、任务窗格、状态栏等。主窗口的基本构成如图 3-6 所示。与图 3-5 相比，图 3-6 多了右边的"开始工作"任务窗格。

任务窗格稍后在介绍工具栏时介绍。

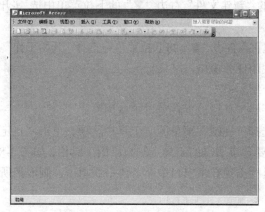

图 3-5　Access 工作界面

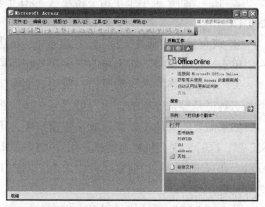

图 3-6　带有"开始工作"任务窗格的 Access 工作界面

可见 Access 窗口是 Windows 风格窗口，布局和操作与 Windows 应用程序都相同。

（1）标题栏：位于窗口顶端，表明窗口代表的程序名称。

Access 主窗口的标题栏会根据不同情况发生变化。当有数据库或其他对象打开时，Access 的窗口由主窗口和其他对象的子窗口组成。当子窗口最大化时，Access 主窗口的标题栏就会提示目前活动的数据库对象的名称。若子窗口没有最大化，则在 Access 主窗口中可以同时容纳和显示多个数据库对象的子窗口。如图 3-7 所示（Access 2003 在数据库存储时，可以选择不同格式。

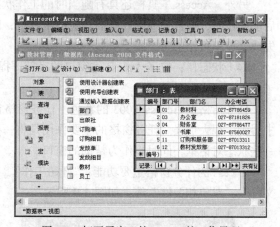

图 3-7　打开子窗口的 Access 的工作界面

存储格式可设置为"Access 2000"或"Access 2002-2003"。在后面的 3.3 节讲到），就是打开"教材管理"数据库以及本数据库中"部门"表后的界面。在主窗口内，对象子窗口也可以最小化。

（2）菜单栏：位于标题栏下面。菜单栏中的菜单项代表了 Access 的主要功能。

菜单系统可以用鼠标操作，也可以用键盘操作。鼠标操作直观简单；键盘操作用"Alt"或"F10"键激活菜单系统，用光标移动键→、←、↑、↓来选择菜单项，"Enter"键确认选中当前菜单项。

"[Alt] + 菜单名后的字母"可直接激活该菜单项；子菜单项后的组合键（Ctrl+?）为直接激活该菜单项功能的快捷键。

菜单项中有"▶"符号表示有下级级联菜单。菜单项中有"…"表示单击该菜单项会弹出对话框。灰色字符的菜单条表示当前不可用。

要注意，菜单栏是当前窗口可以执行的功能集合的显示和操作界面。根据当前打开的活动窗口不同，Access 的菜单会发生变化。由于状态差异，不是所有的菜单条都可以随时执行。灰色的菜单条就是当前不可用的。

（3）工具栏：位于菜单栏下。工具栏的位置和种类可以定制。图 3-5 中显示的是"数据库"工具栏，图 3-6 中显示的是"数据库"工具栏和"任务窗格"。

显示"任务窗格"有以下方法。

① 在"视图"菜单下单击"任务窗格"。

② 在"文件"菜单下单击"新建",再在出现的"新建文件"右边"▼"的下拉菜单中选 "开始工作"。

③ 或直接单击新建图标█,在出现的"新建文件"右边"▼"的下拉菜单中选择"开始工作"。单击"任务窗格"右上角的"×"按钮即可关闭任务窗格。

关于任务窗格的功能和操作,我们后面专门介绍。

工具栏是经常使用的,用户可以有选择的将一些工具栏放置在窗口中备用。

如果需要将其他工具按钮放在主窗口中,可选择"视图"菜单的"工具栏"项,单击"自定义"项,这时出现工具栏对话框,用户可以根据需要选定所需的工具定制自己的工具栏,如图3-8所示。在选定的工具栏前复选框中单击,则该工具栏出现在主窗口中。若再一次单击,则取消所选工具栏。

单击"关闭"█按钮关闭自定义窗口。

另外,Access工具栏还具有随当时的工作状态动态显示或隐藏的特点,当某个数据库对象在启动操作时,会自动弹出或激活相应的工具栏,以方便用户使用;而关闭该对象则工具栏随之消失或变成不可用状态。

(4)状态栏:位于Access主窗口的底部,提示当前Access工作和操作的状态信息。

6. Access 任务窗格

任务窗格是Access 2003的特色。任务窗格首先在Office XP中使用,其功能在Office 2003中得到了很大加强。任务窗格的主要作用是将一些重要功能组织在一起,以取代以前的Office中一些状态对话框,同时也作为帮助的窗口。

Access的任务窗格主要功能:"开始工作"、"帮助"、"文件搜索"、"搜索结果",以及"新建文件"、"对象相关性"等,如图3-9所示。

图 3-8 "工具栏"对话框

图 3-9 Access 任务窗格

"开始工作"界面中,"打开"区会列出最近打开的数据库,用户可以单击某个数据库来直接打开。这个工作用来简化"文件"菜单的"打开"项。最下面的"新建文件..."则与工具栏中的"█(新建)"按钮等效。

7. Access 帮助

任务窗格中的"帮助"项,等同于"帮助"菜单中的"Microsoft Office Access 帮助"项。实际上,善于使用程序系统的帮助功能是一种重要的技巧。

单击"帮助"菜单，如图 3-10 所示。

"Office 助手"是从 Office 97 开始就有的功能，不过，在 Office 2003 中，已经淡化了其作用，这项功能没有直接安装，如果要使用必须明确地指定安装。

对于"示例数据库"项，微软事先设计了几个典型的 Access 数据库，如"罗斯文（Northwind）示例数据库"等，典型安装时会自动安装这些数据库。在这里可单击指定数据库来打开运行数据库。通过分析、学习这些数据库，可以帮助用户较快的熟悉数据库的设计与应用。另外，许多帮助的示例，也是基于这些示例数据库的。

图 3-10 Access 帮助菜单

实际上，Access 任务窗格的重要功能之一，是作为 Access 的帮助界面出现。单击"帮助"菜单下的"Microsoft Office Access 帮助"项，或者单击任务窗格中"开始工作"下拉列表中的"帮助"，进入 Access 帮助界面，如图 3-11（a）所示。图 3-11（b）所示为"帮助"的目录。

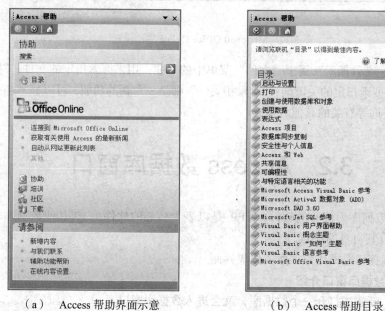

（a） Access 帮助界面示意

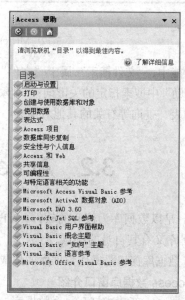

（b） Access 帮助目录

图 3-11 Access 帮助

在 Access 任务窗格中，可以将"Office Online"和搜索输入框放置在操作界面上或者隐藏起来。操作方法是：

在"帮助"菜单中单击"Microsoft Office Access 帮助"菜单项，或者在任务窗格的"开始工作"下拉框中选择"帮助"项，就会在任务窗格中出现帮助的界面。然后单击下部的"请参阅"区中的"在线内容设置..."，弹出"服务选项"对话框，如图 3-12 所示。

接下来，在服务选项对话框中，选定复选框"显示 Microsoft Office Online 的内容链接"，以及其下的复选框，然后关闭并重新启动 Access，则任务窗格的界面就进行了重新设置。

在帮助界面中，如果要查询特定的对象，可以在"搜索"文本框中输入特定对象的关键字，然后单击→按钮搜寻结果。若单击"目录"，则进入如图 3-11（b）所示界面，可以将帮助作为指导手册来阅读。

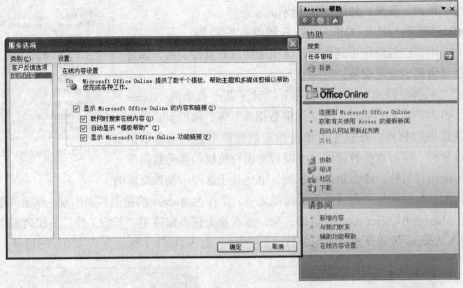

图 3-12　Microsoft Office Online 界面设置

其他功能中，"文件搜索"属于"文件"菜单中的功能，用来搜索指定的文件；"搜索结果"用来在"帮助"中搜索指定的关键词；"对象相关性"则是一个新的功能，可以显示与指定的数据库对象，如表、查询等有关的其他对象。

3.2　Access 数据库窗口

Access 是以数据库为核心的软件（VFP 是以表为核心的软件），与其他数据库软件相比，Access 数据库又有其自身的特点。

Access 数据库窗口是操作数据库的集成界面。

1.　Access 数据库窗口介绍

启动 Access，新建或打开一个数据库，就会进入数据库窗口。

（1）新建数据库。新建一个数据库的方法是：进入 Access 工作界面后，单击"文件"菜单的"新建"项或数据库工具栏 （新建）按钮，启动"新建文件"任务窗格。单击任务窗格中的"空数据库…"项，出现"文件新建数据库"对话框，在"保存位置"框中找到事先定义好的文件路径（如"E:\教材管理系统"），输入文件名（如"教材管理"），如图 3-13 所示，单击"创建"按钮，将创建一个新的数据库，名称为"教材管

图 3-13　新建数据库

理数据库"，在指定的路径（如"E:\教材管理系统"）中将建立教材管理.mdb 文件。

我们在"武汉学院教材管理系统"的教材管理.mdb 数据库中建立了部门、员工等 8 张表，这

时 Access 数据库"教材管理.mdb"的界面如图 3-14 所示。

（2）打开数据库。已经创建的数据库，在以后每次使用时首先要打开数据库。

计算机上对于数据的处理都在内存和 CPU 中进行，"打开"操作的含义，就是将存储在磁盘上的数据库文件载入内存，与内存之间建立数据交换通道。因此，任何文件操作的第一步都是打开。

① 打开数据库的方法。打开一个数据库的方法为：在 Access 中，单击"文件"菜单的"打开"项或工具栏中![]按钮，弹出"打开"对话框，如图 3-15 所示。在"查找范围"下拉框中选定文件路径，选中文件，单击"打开"按钮，打开数据库。

成功地打开某个数据库，窗口将转向图 3-14。

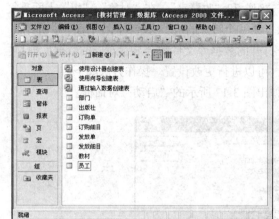

图 3-14　数据库窗口

图 3-15　打开对话框

在操作系统下双击某个数据库文件（.mdb 文件）图标，也可以打开这个数据库。

② 设置文件默认路径。打开文件是经常做的工作。当进入 Access 或其他 Microsoft Office 软件时，打开文件的默认文件夹是"我的文档（My Document）"。一般来说，用户总是将自己的文件放在自己定义的文件夹中。因此，有必要修改文件打开的默认文件夹以提高工作效率。

进入数据库窗口后，单击"工具"菜单的"选项"菜单项，在弹出的"选项"对话框中选择"常规"选项卡，如图 3-16 所示。

在"默认数据库文件夹"文本框中，键入要作为 Access 默认文件夹的路径，如输入"E:\教材管理系统\"，单击"应用"或者"确定"按钮。这样，下次再启动 Access 时，"E:\教材管理系统\"就成为了 Access 的默认文件路径。

（3）关闭数据库。当数据库操作完毕，应及时关闭数据库。

单击"文件"菜单中的"关闭"项，或者单击"教材管理"数据库窗口右上角的关闭按钮![]，即可关闭数据库。若退出 Access，会先自动关闭打开的数据库及对象，然后退出。

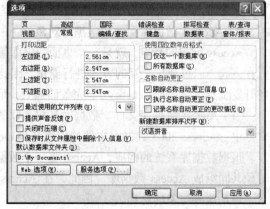

图 3-16　选项对话框

（4）数据库窗口内容。数据库窗口包括上面的当前对象操作命令栏、左部的对象标签栏、右边的当前对象列表窗口组成。

命令栏列出当前对象可以操作的功能按钮。这些按钮会根据对象标签和对象的不同，在文字和含义上也会随着发生变化。例如，如图 3-14 所示，当前对象标签是表，如果选定对象是"部门"，则这时"打开"按钮的作用是显示部门表的数据记录；"设计"按钮是进入表设计界面，可以修改部门表的结构；✖ 按钮是删除部门表。若当前选定对象是"使用设计器创建表"，则"打开"和"设计"都进入表设计界面，而 ✖ 按钮不可用。这时的"新建"按钮用来启动新建表；右边的几个按钮，分别以"大图标"、"小图标"、"列表"、"详细信息"的等不同形式显示对象列表。

　　无论对象标签栏选定的是哪个对象，右边的当前对象列表窗口中，前面几项一般是创建该对象的不同操作方法，后面列出的是已经建立的具体对象列表。

　　对象标签栏除列出数据库的 7 种对象外，还有"组"和"收藏夹"。在"对象"、"组"上面重复单击，则对象标签名可以循环收起或展开。"收藏夹"是一个特殊的组。这些我们在后面一一介绍。

　　（5）数据库窗口的隐藏与显示。一般情况下，打开的数据库文件都会显示对应的数据库窗口。在有些应用中，如果需要将数据库窗口隐藏起来，可以进行更改设置。操作方法如下。

　　在"工具"菜单上，单击"启动"菜单项，弹出图 3-17 所示的"启动"对话框。

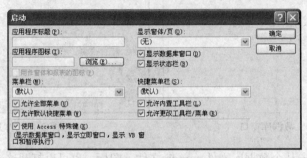

图 3-17　数据库启动设置对话框

　　若要在打开数据库时隐藏数据库窗口，应清除对话框中"显示数据库窗口"复选框，再单击"确定"按钮。这样，下次在打开该数据库文件时，将不再显示相应的数据库窗口。

　　要注意的是，当没有数据库窗口显示时，"工具"菜单上的"启动"菜单项不可用。要想重新显示数据库窗口，可以按"F11"键，这时将重新显示数据库窗口，"启动"菜单项也可以使用。然后在"启动"对话框中选中"显示数据库窗口"复选框，单击"确定"按钮，这样又恢复到原来的样子。

2. Access 数据库文件和数据库对象

　　Access 突出的特点，就是一个桌面数据库管理系统。Access 将开发数据库系统的众多功能集成在一起，以可视化交互的方式进行操作。因此，Access 不仅仅是一个 DBMS，也是数据库系统的开发工具。一方面 Access 功能完备而强大，而另一方面，使用又简单，所以本软件被广泛使用。

　　（1）Access 数据库文件。数据库是相关联的数据的集合。数据库的一切信息都保存在数据库文件中。Access 2003 数据库文件的扩展名是.mdb。

　　根据数据库系统的构成，Access 将一个数据库系统的组成部分分成 7 种数据库对象，这 7 种对象共同组成 Access 数据库。因此，在 Access 中，数据库是一个容器，是其他数据库对象的集合，也是这些对象的总称。

　　（2）Access 数据库对象。我们来观察 Access 的对象。

　　从图 3-14 可见，Access 数据库由 7 个对象组成。这 7 个对象是：表、查询、窗体、报表、页、宏、模块。除页外，其他 6 个对象都保存在数据库文件"教材管理.mdb"中。

　　这 7 个对象的基本作用如下。

①　表（Table）。"表"的作用是对数据库中相关联的数据进行组织、表示，表是实现数据组织、存储和管理的对象，是数据库中数据存储的逻辑单位。

数据库中的所有数据，都是以表为单位进行组织管理的，数据库实质上是由若干个相关联的表组成。表也是查询、窗体、报表、页等对象的数据源，其他对象都是围绕着表对象来实现相应的数据处理功能。因此，表是 Access 数据库的核心和基础。

表自身的结构，是由行和列组成的符合一定要求的二维表。建立一个数据库，首先是定义该数据库需要的各种表。表之间是有关联的，建立表对象，也要定义表之间的关系。

②　查询（Query）。查询是建立在表（或其他查询）之上的、对数据进行运算或处理后的数据视图。

查询对象自身的外在结构与表一致，也是由行、列组成。查询的用途也与表类似，作为其他对象的数据源。但与表不同的是，查询不是独立的数据源，是建立在表的基础上，通过 SQL(查询)语言，对表中的数据进行运算或处理后抽取的符合自身需要的数据视图。因此，查询可以理解为"虚表"，是对表数据的加工和再组织，这种特点改善了数据库中数据的可用性和安全性。

③　窗体（Form）。窗体是实现对数据的格式化处理界面。

我们虽然可以直接操作表，但表的结构和格式往往不满足应用的要求，并且表中的数据往往需要进一步处理。而窗体对象就是用来设计和存储数据的界面（即制作窗体），从这一方面说，窗体是用来作为数据输入/输出的界面。窗体的基本元素是控件，可以设计任何符合应用需要的各种格式的简单、美观的窗体。窗体中可以驱动宏和模块对象，即可以编程，从而随意的处理数据。

④　报表（Report）。报表对象用来实现数据的格式化打印输出的功能。在报表对象中，也可以实现对数据的运算统计处理。

⑤　页（Page）。页提供符合浏览器页面格式的方式对数据进行输入或输出。

页也称为数据页（Data Page）。是 Access 2000 中增加的对象，被 Access 2003 沿用，与窗体功能类似。随着 Internet 的发展，浏览器界面日益流行，页对象能以符合浏览器页面格式的方式，进行数据库中数据的输入/输出。

由于页是在浏览器中显示的，所以应该符合浏览器的规定。浏览器处理的网页（Web Page）分为静态网页和动态网页。静态网页（以及客户端动态网页）的基础语言是 HTML（HyperText Markup Language，超文本标记语言），其存储的网页文件为 HTML 文件。服务器端动态网页有很多设计语言，相应的有不同的文档格式。微软的开发工具主要是 ASP（Active Server Page）。因此，Access 页对象可保存为 HTML 文件或 ASP 文件。

网页设计和数据库网络应用，是目前数据库应用的重要方式，本书在后面的章节将做系统的介绍。

⑥　宏（Macro）。简单地说，"宏"是一系列操作的组合，用来将一些经常性的操作作为一个整体来执行。

宏是一系列操作命令的组合。为了实现某种功能，可能需要将一系列的操作组织起来，作为一个整体来执行。我们事先将实现某种功能的一些操作命令组织好，并命名保存，这就定义了一个宏。宏所使用的命令都是 Access 已经预置好了的，我们按照它们的格式使用即可。

经常性的重复工作使用宏最合适。

⑦　模块（Modular）。"模块"是利用 VBA（VB Application）语言编写的、实现某一特定功能的程序段。

以上 7 种对象共同组成 Access 数据库。这 7 种对象中，表和查询是关于数据组织、管理和表达的，而表更基本，因为数据是通过表来组织和存储的，查询则实现了数据的检索、运算处理和集成。窗体可查看、添加和更新表中的数据；报表以特定的版式分析或打印数据；数据页用来查看、更新或分析来自 Internet 的数据库数据。窗体、数据页、报表实现了数据格式化的输入／输出功能。宏和模块是 Access 数据库的较高级的功能，实现对于数据的复杂操作和运算、处理。

本书将在后面分章节详细介绍这 7 种对象的概念和使用。

当然，开发一个实用数据库系统时，并不一定要同时用到所有这些对象。

（3）Access 的组。从图 3-14 数据库窗口可以看到，在窗口左边 7 个对象的下面，还有一个"组"。

组（Group）是组织管理数据库对象的一种方式。一般情况下，不同的对象放在各自的对象标签下。在实际应用时，往往针对一个应用需要使用多种对象，如表、查询、窗体等，如果定义一个组将一个应用相关的这些对象组合在一起，则管理和应用起来就很方便。此外，还可以将最常使用的窗体和报表创建一个组，这样当单击该组的图标时，这些窗体和报表就会显示在"对象列表"窗口中。

组，由从属于该组的数据库对象的快捷方式组成，向组中添加对象并不更改该对象原来的位置，它们仍然存放在原对象标签处。因此，一个特定对象可以在不同的组中重复出现。从组中删除某个对象，只是删除其快捷方式而不会删除该对象本身。

创建组的操作方法如下。

图 3-18　新建组

在数据库窗口界面中，单击"编辑"菜单"组"下的"新组"菜单项，或者在"对象标签栏"中单击鼠标右键，然后单击"新组"项，弹出如图 3-18 所示"新建组"对话框。在"新组名称"中输入组的名称，就会在数据库窗口中创建一个组，显示在对象标签栏的下部。

创建组的目的是将其他对象的快捷方式组织起来，在该组中表达。

将其他对象放入组的操作方法是：

进入要加入组的对象的界面中。例如要将"员工"表加入到"员工处理"组中，在对象标签栏中选择"表"对象单击，然后，选中"员工"表单击鼠标右键，在出现的如图 3-19 所示的快捷菜单选中"添加到组"菜单项，级联显示的下级菜单中单击"员工处理"，这样员工表的快捷方式就加入到"员工处理"组中。选中"员工处理"组，就可以看到该快捷方式。

从图 3-19 所示的菜单中可以知道，这里也可以创建新组。单击这里的"新组..."菜单项，同样进入"新建组"对话框。不同之处在于，这里在定义新组的同时，会自动将对象快捷方式放入定义的组中。

如果要删除组中某对象快捷方式，进入选定的组中，选中该对象，单击✕按钮即可。如果要删除组，则在对象标签栏中右键单击组，单击"删除"项即可。删除时都会弹出询问对话框，我们按要求回答即可。

（4）Access 收藏夹。在数据库对象标签栏中，组的下面还有"收藏夹"（Favorites）。这里的"收藏夹"是 Access 系统自动定义的一个项目，它与组的功能相同，但不可删除。因此，最常用的一些对象，就可以放在收藏夹中。

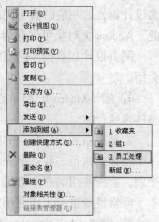

图 3-19　添加到组菜单

3.3　创建 Access 数据库

创建数据库首先要进行规划和设计，然后在 Access 下创建数据库文件，接着创建数据库表对象。后面根据需要，还可创建其他对象。

1. 对数据库的规划与物理设计

一般而言，数据库的建立总是与数据处理系统的开发相连接的。因此，在创建数据库前，应对数据库和数据处理系统进行认真的规划和分析设计。后面我们会看到，使用 Access 不仅仅是建立数据库，同时在做数据处理。

（1）建立数据库应用系统的基本步骤。数据库是其他对象的集合。使用 Access 建立数据库应用系统的基本步骤如下。

① 进行数据库设计，完成数据库模型设计。

② 建立数据库文件，作为整个数据库的容器和工作平台。

③ 建立表、查询，以组织、表达数据。

④ 设计创建窗体、页、报表，作为输入、输出界面。

⑤ 设计宏和模块，以便进行比较复杂的数据处理。在窗体等界面对象中也可以使用宏和模块，以完成比较复杂的功能。

对一个具体系统的开发来说，以上步骤并非都必须要有，但数据库文件和表的创建是必不可少。

（2）建立数据库的一般步骤。创建一个数据库一般有如下步骤。

① 确定建立数据库的目的和主题。这个在概念设计时完成。

② 规划设计数据库。这一步骤在关系模型设计的基础上结合 Access 的要求进行。

在 Access 中，表是数据库最基本的对象，用来记载数据库的全部数据，其他对象是围绕表的处理工具，以实现数据处理的目标。表和其他对象（除页外）都保存在数据库文件 .mdb 中。

在 Access 中，关系被称为表（Table），一个数据库内有若干个表。每个表都有唯一的表名。表中的行为记录，对应关系的元组；表中的列为字段，对应关系的属性。字段的取值范围由数据类型（Data Type）确定，并根据需要加上相应的约束。

一个表一般都有一个主键。有关联的表通过外键与对应的主键表发生关系。

规划数据库包括以下内容。

确定数据库文件名，以及数据库文件存放的位置，即磁盘和文件夹。

给每个表命名，同时确定表中每个字段的字段名、类型、宽度，即设计表的结构。指明表的主键、字段约束。

指定外键，明确各表之间的关系。

③ 启动 Access，完成数据库文件和表的创建。这一步骤属于数据库设计中的物理设计，要确定数据库文件名、表的字段结构以及表之间的关系。

（3）创建数据库文件举例。以下我们以"武汉学院教材管理系统"为例，按照 Access 方式完成教材管理数据库的建立。

数据库文件名：教材管理。

数据库文件存放的位置：设在 E:盘上的"教材管理系统"文件夹中，即路径为"E:\ 教材管理系统"。

在规划数据库的基础上，通过操作 Access 来建立计算机上的物理数据库。

【例 3-1】 在 E 盘上的"教材管理系统"文件夹中创建"武汉学院教材管理系统"的数据库文件：教材管理.mdb 文件。

确定数据库文件存放在"E:\教材管理系统\"路径下，数据库文件"教材管理.mdb"。

首先在 E 盘上建立"教材管理系统"文件夹，然后启动 Access。

在 Access 窗口主菜单中单击"文件"菜单下的"新建"项，或直接单击数据库工具栏 ▢（新建）按钮，启动"新建文件"任务窗格，如图 3-20 所示。在"新建文件"任务窗格中单击"空数据库..."，出现"文件新建数据库"对话框。

在"文件新建数据库"对话框上方的"保存位置"框中找到"E:\教材管理系统"。

在"文件新建数据库"对话框下面的"文件名:"框中输入文件名"教材管理"。

接下来单击"创建"按钮，这样就建立了"教材管理"空数据库，如图 3-21 所示。在教材管理数据库窗口，可以创建其他数据库对象，这些对象的创建，我们在后面各章讲到。

以下我们介绍模板使用向导创建数据库的过程。

图 3-20 "新建文件"任务窗格

在图 3-20 所示"新建文件"任务窗格中单击"本机上的模板"，弹出"模板"对话框，如图 3-22 所示。

图 3-21 教材管理数据库窗口

图 3-22 本机安装的模板

选中所需要的模板，如"订单"，单击"确定"按钮，弹出"文件新建数据库"对话框，确定文件位置和文件名，设文件取名为"新订单.mdb"，单击"确定"按钮。

这时将建立新的"新订单"数据库，弹出新订单数据库文件窗口，以及数据库向导对话框，如图 3-23 所示。

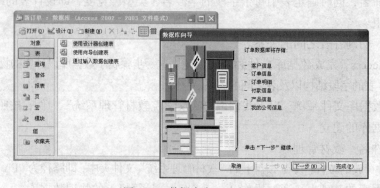

图 3-23 数据库窗口及向导

　　数据库向导不仅创建数据库文件，还要进一步按照模板类型的特点，创建必要的表等数据库对象。单击"下一步"按钮，弹出如图 3-24 的"数据库向导"对话框。

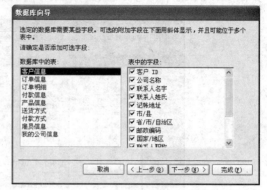

　　在"数据库向导"对话框中，"数据库中的表"列出了在"新订单"数据库中将产生的表，右边对应列出各表将要存储的字段。用户根据需要，可以对字段进行设置，只有斜体表示的字段才能选择，其他字段都是必须选定的。

　　然后，用户可以依次单击"下一步"按钮，选定和设置向导提示的"屏幕样式"、"打印报表样式"、"数据库标题和图片"等，最后单击"完成"按钮，整个数据库创建完成。

　　用户使用数据库向导和模板可以简化一些数据

图 3-24　数据库窗口及向导

库操作，但前提是用户必须很熟悉模板的结构，并且模板与自己要建立的数据库有很高的相似性，否则，模板建立的数据库需要大量修改，不一定能提高操作效率。所以，我们暂时不提倡使用模板创建数据库。

　　（4）创建数据库表对象和其他对象。表（Table）对象是数据库中最基本和最重要的对象，是其他对象的基础。

　　可以在建立数据库文件后立即开始创建表对象，也可以以后随时创建。若在以后创建表，首先必须先在 Access 中打开数据库文件。打开操作我们在前面已讲到。

　　数据库中的表对象的知识和创建方法，我们在下一章专门介绍。

　　（5）关闭。通过以上的操作，就创建了教材管理数据库文件。

　　当数据库暂时不使用时，应及时关闭数据库。关闭方法我们在前面已作介绍。

2．Access 数据库存储

　　Access 数据库能拥有的 7 种对象如表、查询、窗体等（见图 3-21），都是逻辑概念，在 Access 中并没有与之对应的存储文件。这 7 种对象中，除页对象外，其他 6 种对象都保存在数据库文件中。

　　页以网页的形式保存。

　　因此，不考虑页的存储时，Access 数据库只有一个数据库文件，其扩展名是".mdb"。这种存储模式，提高了数据库的易用性和安全性，用户在建立和使用各种对象时无须考虑对象的存储位置和格式。

　　在数据库存储时，可以选择不同格式。使用"工具"菜单"选项"命令打开"选项"对话框，如图 3-25 所示。在此框中的"高级"选项卡上"默认文件格式"可设置为"Access 2000"或"Access 2002-2003"，如图 3-26 所示。

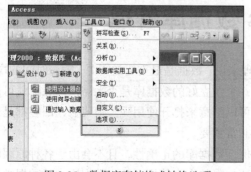

图 3-25　数据库存储格式转换选项

图 3-26　数据库存储格式转换设置

但这样的设置只是对后面创建的.mdb 文件有效，而对现有的文件格式无效。

现有的文件格式可以用"工具"菜单"数据库实用工具"中"转换数据库"子命令进行转换，如图 3-27 所示。

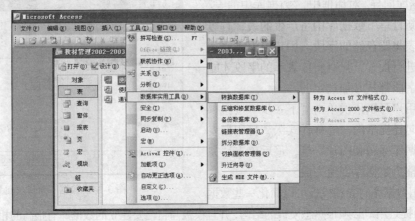

图 3-27   现有文件格式的转换

一般从低版本向高版本转换，如 Access 2000 转换为 Access 2002/2003 时，系统将有如图 3-28 所示提示；而从高版本向低版本转换，如 Access 2002/2003 转换为 Access 2000，系统将有如图 3-29 所示提示。

图 3-28   从 Access 2000 转换为 Access 2002/2003 的系统提示

图 3-29   从 Access 2002/2003 转换为 Access 2000 的系统提示

3.4   Access 数据库管理

数据库是数据集中存储的地方。对于信息处理来说，数据是最重要的资源，随着时间的增加，数据库中存储的数据越来越多。在实际情况下，一个建立好的数据库是否无需任何保障就可以毫无问题地一直使用下去呢？数据库是否任何人都可以随意来打开使用呢？很明显，回答都是否定的。因此，对于数据库的完整性和安全性的管理非常重要。

数据库的完整性是指在任何情况下，都能够保证数据库的正确性，且不会由于各种原因而受到损坏。数据库的安全性指数据库应该由具有合法权限的人来使用，防止数据库中的数据被非法泄露、更改和破坏。Access 提供了必要的方法来保证数据库的完整性和安全性。

1．完整性管理

（1）数据库的备份与恢复。对于数据库中数据的完整性保护，最简单和有效的方法是进行备份。备份即将数据库文件在另外一个地方保存一份副本。当数据库由于故障或人为原因被破坏后，将副本恢复即可。不过要注意，一般的事务数据库，其中的数据经常在变化，例如银行储户管理数据库，每天都有很大变化，所以，数据库备份不是一次性而是经常的和长期的。

对于大型数据库系统，应该有很完善的备份恢复策略和机制。Access 数据库一般是中小型数据库，因此备份和恢复比较简单。

最简单的方法，当然是利用操作系统（Windows）的文件拷贝功能。用户可以在数据库修改后，立即将数据库文件拷贝到另外一个地方存储。若当前数据库被破坏，再通过拷贝将备份文件恢复即可。

另外，Access 也提供了备份和恢复数据库的方法。

【例 3-2】　备份教材管理数据库。

打开"教材管理"数据库，在其窗口中关闭其他数据库对象。单击"文件"菜单中"备份数据库"菜单命令，如图 3-30 所示，弹出如图 3-31 所示"备份"对话框。

图 3-30　备份数据库

在"保存位置"下拉框中找到事先定义好的备份数据库的文件夹。一般这个位置不应与当前数据库文件在同一个磁盘上。注意备份文件自动命名时，在原数据库文件名上加上了日期。如果同一日期有多次备份，则自动命名会再加上序号。用户可以自己命名备份文件，如果与以前的文件重名，则将会覆盖以前的文件。

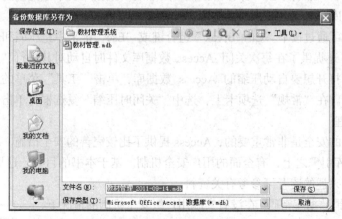

图 3-31　备份数据库对话框

当需要使用备份的数据库文件恢复还原数据库时，将备份副本拷贝到数据库文件夹。如果需要改名，重新命名文件即可。

如果用户只需要备份数据库中的特定对象，如表、报表等，可以在备份文件夹下先创建一个空的数据库，然后通过导入/导出功能，将需要备份的对象导入到备份数据库即可。导入/导出方法见后面的章节。

（2）压缩和修复数据库。随着数据库不断的操作，数据和数据库对象不断的增加、删除，Access 的数据库文件可能被保存在磁盘的不同区间，形成"碎片"，Windows 系统有碎片整理工具，Access 也提供了"压缩数据库"工具来实现相应功能。

另外，虽然不常见，但如果在数据库使用期间发生掉电、死机等故障，Access 数据库可能会受到破坏，因此需要"修复数据库"工具。Access 将这两种功能集成在一起。

因此，为确保实现最佳性能，应该定期进行"压缩/修复数据库"操作。

"压缩/修复数据库"操作的步骤如下。

① 首先关闭要处理的数据库，但不能退出 Access。

② 鼠标移向"工具"菜单上的"数据库实用工具"菜单项，然后单击"压缩和修复数据库"命令，弹出如图 3-32 所示的对话框。

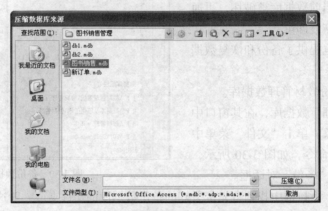

图 3-32　"压缩数据库来源"对话框

③ 选中数据库文件，单击"压缩"按钮，弹出"将数据库压缩为"对话框，要求用户输入压缩后保存的新文件名，然后单击"保存"按钮，压缩后的数据库就单独完整的保存在磁盘上。如果用户使用原数据库库名，则原来的数据库文件将被替换。

在操作过程中可通过按下"Ctrl+Break"组合键或"Esc"键来中止压缩和修复过程。

另外，Access 还提供了在每次关闭 Access 数据库文件时自动对其进行"压缩和修复"的功能。设置方法为：打开想要自动压缩的 Access 数据库，单击"工具"菜单的"选项"命令，弹出"选项"对话框。在"常规"选项卡上，选中"关闭时压缩"复选框，单击"确定"按钮。

2. 安全性管理

数据库中数据的安全是非常重要的，Access 提供了比较完善的安全措施。Access 的安全模型是建立在 Jet 数据库引擎之上，有全面的用户安全机制。基于本书的目标，这里没有深入探讨 Jet 用户安全模型，感兴趣的读者可参考有关资料。

（1）设置与撤销数据库密码。在没有实施用户级安全机制的情况下，数据库打开后，任何用户都可以随意的使用。通过为数据库设置密码，保证只有知道密码的用户才可以打开。

为数据库设置密码的操作如下。

① 在 Access 中以独占的方式打开数据库。单击工具栏中的"打开"按钮，弹出"打开"对话框（见图 3-33），确定文件位置并选中文件，

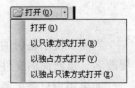

图 3-33　打开方式

单击"以独占方式打开"。

② 单击"工具"菜单 "安全"命令中"设置数据库密码"子命令，弹出"设置数据库密码"对话框，如图 3-34 所示。在"密码"文本框中输入密码，然后在"验证"文本框中重复输入相同的密码，然后单击"确定"按钮。这样就为当前数据库设置了密码。

需要注意，密码可包含字母、数字、空格和特别符号的任意组合，最长为 15 个字符。密码是区分大小写的，如果定义密码时混合使用了大小写字母，用户输入密码时的大小写形式必须与定义时完全一致。如果忘记密码，将无法打开受密码保护的文件。

密码有所谓"强密码"、"弱密码"之分。同时使用包含大小写字母、数字和符号的为强密码。弱密码不混合使用这些元素。例如，强密码：Y6dh!et5。弱密码：xiaosy88。

一般情况下，可以定义便于记忆的强密码，并将密码记下并保存在安全的位置。

③ 定义了密码的数据库在打开时，首先要求输入密码，在如图 3-35 所示的对话框中输入密码。只有密码正确才能打开数据库文件。

④ 如果用户想撤销已经定义了密码的数据库中的密码，必须以独占方式打开该数据库，然后单击"工具"菜单 "安全"命令中"撤销数据库密码"子命令，弹出"撤销数据库密码"对话框，如图 3-36 所示。输入正确的密码，单击"确定"按钮，即撤销生效。

　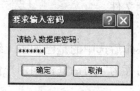　

图 3-34　设置数据库密码　　　　图 3-35　输入密码　　　　图 3-36　撤销数据库密码

（2）MDE 文件。MDE 文件是 Access 提供的对.mdb 数据库文件进行转换的一种存储格式。采用 MDE 文件存储 Access 数据库，将删除所有可编辑的源代码并且压缩原来的数据库，MDE 数据库文件占用的存储空间较少，优化内存使用。采用 MDE 文件的安全作用包括：

防止在"设计"视图中查看、修改或创建窗体、报表、页和模块对象；

防止增加、删除和更改对对象或数据库的引用；

防止更改程序代码，或者通过"选项"对话框更改数据库的 VBA 项目名称；

防止导入/导出窗体、报表、页或模块。

要完成这些被禁止的功能，都只能在源.mdb 文件中进行。

另外，要注意，在 Access 2003 中转换 MDE 文件时，源.mdb 文件必须使用"Access 2002-03"文件存储格式，转换的 MDE 文件不可以在将来 Access 的升级版本中使用。

将.mdb 数据库文件转换为 MDE 文件的操作步骤如下。

① 打开数据库的.mdb 文件，如果该数据库是 Access 2000 格式，必须使用"工具"菜单的"数据库实用工具"命令中的"转换数据库"子命令来转换文件格式。

② 单击"工具"菜单的"数据库实用工具"命令中"生成 MDE 文件"子命令。弹出"将 MDE 保存为"对话框，用户在该对话框中选择要生成的 MDE 文件的保存路径，并给文件命名，单击"保存"按钮。

这样，就生成了 MDE 文件。可以发现，原来的.mdb 文件已经进行了压缩。

将数据库的.mdb 文件删除或移走，在 Access 中打开和使用 MDE 文件，可以看到上述的保护功能就开始发挥作用。

如果用户不需要 MDE 数据库文件，删除该文件即可。

（3）数据库加密与解密（编码与解码）。Access 数据库在存储时依照一定的内部格式，如果不希望被其他人使用一些工具进行分析处理，可以对数据库文件加密，加密后数据库文件将以乱码存储。在加密同时会对源数据库文件进行压缩重整。加密的操作步骤如下。

① 启动 Access，但不打开数据库文件。

② 单击"工具"菜单的"安全"命令的"编码/解码数据库"子命令，弹出"编码/解码数据库"对话框，如图 3-37 所示。选择要加密的文件，单击"确定"按钮。

③ 弹出"数据库编码后另存为"对话框。这时用户可以选择保存文件的路径并对加密后的文件命名保存。如果用户使用原文件名，加密后的文件将覆盖原文件。若不同名，则在加密产生新文件的同时对原文件进行压缩。

加密后的文件可以象其他数据库文件一样的使用。

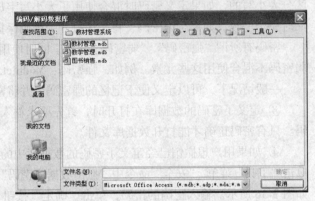

图 3-37　编码/解码数据库对话框

如果用户按照上述第①、②步操作后选中的是已加密（编码）文件，Access 将执行解密（解码）动作，会弹出"数据库解码后另存为"对话框询问用户保存解码数据库的信息，然后执行解密（解码）操作。

3.5　Access 数据库分析

数据库在运行过程中有时候不能达到预期目标，可以通过对数据库的分析进行最佳化的调整。Access 提供了三大分析工具，分别是"文档管理器"、"表分析向导"和"性能分析器"，辅助数据库的分析与调整。这些工具要结合数据库的各种对象一起使用。

1. 文档管理器

"文档管理器"用来对数据库及数据库对象等进行管理，分析对象的设计及定义，并能够生成详细的文档，供用户分析。这是一个比较有用的工具。

"文档管理器"的操作方法如下。

在 Access 主界面，单击"工具"菜单下的"分析"命令，在出现的级联菜单中单击"文档管理器"子命令，如图 3-38 所示，启动"文档管理器"对话框。除了"页"对象外，数据库及其他 6 种对象都各自构成一个选项卡。如图 3-38 所示，是"当前数据库"选项卡。

如果想了解数据库的有关属性，选中"属性"复选框，然后单击"确定"按钮。这时将进入"对象定义"界面，并提供 Word 文档的打印预览视图，用户可打印该分析文档。

图 3-38　文档管理器对话框

若用户选择"表"选项卡，这时可以对表分析其设计。对于表的分析文档的项目内容，可以通过单击"选项"按钮进入"打印表定义"对话框进行设置。

"文档管理器"与"表分析向导"及"性能分析器"共同组成 Access 的三大分析工具。

2．表分析向导

在关系数据库中，规范化理论是指导数据库设计的基本理论。不合适的数据库设计将造成数据的冗余度高、性能降低。如果在设计数据库的表时没有进行细致的分析和合理的设计，可能在一个表中重复的数据会比较多，"表分析向导"就是针对数据库设计中表设计的合理性进行分析并提出意见的工具，它会根据分析的结果采用拆分的方法将一个表分解为多个表来降低表的重复度。因此，掌握规范化理论对于表的设计是极为重要的。

在"工具"菜单的"分析"命令中单击"表"子命令，就可以启动"表分析向导"，按照向导的指引进行必要选择或设置即可。

该工具的使用是在创建了表，并且对表输入了数据记录（实表）之后才有效。

3．性能分析器

性能分析器提供对当前数据库及其对象的分析及优化性能的建议，供用户参考。

【例 3-3】　对教材管理数据库的有关表进行性能分析。

进入教材管理数据库窗口。单击"工具"菜单的"分析"菜单命令下"性能"子命令，如图 3-39 所示，弹出如图 3-40 所示的"性能分析器"对话框。

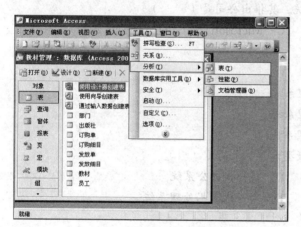

图 3-39　选择性能分析器

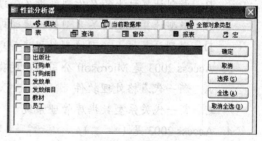

图 3-40　性能分析器对话框

对话框中包括了数据库、表、查询等几种可以分析的数据库及对象的选项卡。在对话框的"表"选项卡中选中"教材"复选框（如果想同时查看多个表的设计性能，可以选多个表）。单击"确定"按钮。弹出如图 3-41 所示的"性能分析器"对话框，对选中的对象进行性能分析，并提出建议。

在对话框中，分别使用不同的图标符号代表不同的分析结果及不同的处理建议或意见，用户可以根据性能分析器的结果结合数据库的实际对数据库进行必要的调整。

在本例中，性能分析器根据对现有"教材"表的数据提出了 3 条认为影响数据库性能的意见，都是关于数据类型的。但是由于"教材"表在设计时已经分析了确定各字段数据类型的原因（参见后面有关章节），因此在这里不对"教材"表的结构进行调整。

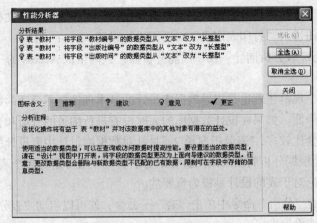

图 3-41　对教材表进行性能分析

习　题

一、单项选择题

1. Access 是新一代关系型数据库管理系统，其推出公司是（　　）。

A. IBM 公司　　　　B. Sun 公司　　　　C. Microsoft 公司　D. Appear 公司

2. Access 2003 是（　　）。

A. 大型数据库管理系统

B. 微型计算机上的层次型数据库管理系统

C. 微型计算机上的关系型数据库管理系统

D. 微型计算机上的网络型数据库管理系统

3. Access 2003 是 Microsoft 公司推出的微型计算机上的（　　）。

A. 新一代表格处理软件　　　　　　B. 新一代办公系统

C. 新一代关系型数据库管理系统　　D. 新一代数据处理系统

4. Access 2003 是（　　）。

A. 大型数据库管理系统

B. 新一代办公系统

C. 微型计算机上的关系型数据库管理系统

D. 新一代数据处理系统

5. 在使用 Access 时，如果要退出系统，以下操作中正确的是（　　）。

A. 在命令窗口中输入命令 CLEAR　　B. 选择"文件"菜单的"关闭"项

C. 选择"文件"菜单的"退出"项　　D. 在命令窗口中输入命令 CANCEL

二、填空题

1. Access 2003 在数据库存储时，可以选择不同格式。存储格式可设置为_____或

_____。

2. Access 是以_____为核心的软件，_____是 Access 数据库的核心和基础。

3. Access 数据库由 7 个对象组成。这 7 个对象是：表、查询、窗体、报表、页、宏、_____。

除_____外，其他 6 个对象都保存在数据库文件 ".mdb" 中。

4. _____对象是数据库中最基本和最重要的对象，是其他对象的基础。

5. 掌握_____理论对于表的设计是极为重要的。

6. "文件搜索" 属于_____菜单中的功能，用来搜索指定的文件。

7. 启动 Access，新建或打开一个数据库，就会进入_____。

三、问答题

1. Access 是什么套装软件中的一部分？其主要功能是什么？

2. 如何启动和退出 Access？

3. Access 的任务窗格有什么主要功能？

4. 简述新建一个数据库的方法。

5. 如何设置文件默认路径？

6. Access 数据库有几种数据库对象？每种对象的基本作用是什么？

7. Access 数据库如何存储？

8. 什么是组？组的主要作用是什么？如何定义组？

9. 规划数据库包括哪些内容？

10. 为什么要进行数据库备份？简述备份 Access 数据库的几种方法及其主要操作过程。

11. Access 数据库的压缩修复功能的含义是什么？简述其基本操作方法。

12. 设置 Access 数据库密码的用途是什么？怎样为 Access 数据库设置密码？

13. MDE 文件的作用是什么？如何生成？

14. Access 有哪几种性能分析工具？它们的主要作用是什么？

实　验　题

在机器上完成以下关于本章的综合实验操作。

请在 D：盘 "教材系统" 文件夹下建立教材管理数据库（教材管理.mdb），存储格式为 Access 2000，再以 Access 2002-2003 格式文件保存为教材管理 1.mdb。然后，把教材管理 1.mdb 文件设置密码 YM9481h，试用密码打开，然后撤销密码并送入 "高校教材" 组。接着，为教材管理 1.mdb 建立 MDE 文件，名为教材管理 1MDE 存盘。最后，对教材管理 1.mdb 进行加密和解密操作。

第4章
表对象

第 3 章我们曾介绍 Access 数据库由 7 个对象组成。这 7 个对象是：表、查询、窗体、报表、页、宏、模块。除页外，其他 6 个对象都保存在数据库文件.mdb 中。

从本章开始的以下各章，我们逐一介绍这 7 个对象的意义和用法。

我们首先介绍数据库中 7 个对象里最基本和最重要的对象——表（Table）对象。

因为数据库中的所有数据，都是以表为单位进行组织管理的，所以数据库实质上是由若干个相关联的表组成。表也是查询、窗体、报表、页等对象的数据源，其他对象都是围绕着表对象来实现相应的数据处理功能的，因此，表是 Access 数据库的核心和基础。

4.1 表的结构与数据类型

表对象是数据库中最基本和最重要的对象，是其他对象的基础。Access 是基于关系数据模型的，表就对应于关系模型中的关系。

1. 表的结构

表是数据库中唯一的组织数据存储的对象。当建立了一个数据库文件后，紧接着就应该建立这个数据库中的表对象。

（1）认识 Access 的表。对于 Access 的表，首先必须对它的结构有完整和深入的理解，如图 4-1 所示。

① 表名：一个数据库内可有若干个表，每个表都有唯一的名字，即表名。如出版社、教材。

② 数据类型、记录和字段：表是满足一定要求的由行和列组成的二维表，表中的行称为记录（Record），列称为字段（Field）。

表中所有的记录都具有相同的字段结构，表中的每一列字段都具有唯一的取值集合，也就是数据类型。

③ 主键：主键的概念我们在第 1 章曾介绍过。一般来说，表的每个记录都是独一无二的，也就是说记录不重复。为此，表中要指定用来区分各记录的标识，称为表的主键（Primary Key）或主码。主键是一个字段或者多个字段的组合。一个表主键的取值是绝不重复的。如教材表的主键是"教材编号"，员工表的主键是"工号"。同时，定义了主键的关系中，不允许任何元组的主键属性值为空值（NULL）。

④ 外键：外键的概念我们在第 1 章也曾介绍过。一个数据库中多个表之间通常是有关系的。一个表的字段在另外一个表中是主键，作为将两个表关联起来的字段，称为外键（Foreign Key）。

外键与主键之间，必须满足参照完整性的要求。如教材表中，"出版社编号"就是外键，对应出版社表的主键。

图 4-1　表对象示意

整个教材管理数据库 8 个表的字段构成及相互之间的关系，如图 4-2 所示。

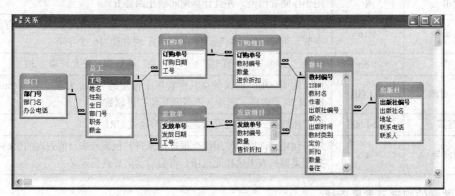

图 4-2　表的字段构成及表之间的关系

⑤ 字段的取值：表中字段的取值，必须符合事先指定的数据类型的规定，另外，如果用户还有其他要求，可以对字段进行专门的约束，如是否可以取空值（Null）、是否必须满足特定条件等。

（2）数据类型。数据类型是数据处理的重要概念。DBMS 事先将所有的数据进行分类，一个 DBMS 的数据类型的多少是该 DBMS 功能强弱的重要指标，不同的 DBMS 在数据类型的规定上各有不同。在 Access 中创建表时，可以选择的数据类型如图 4-3 所示。

数据类型规定了每一类数据的取值范围、表达方式和运算种类。每个在数据库中使用的数据都应该有明确的数据类型。因此，定义表时每个字段都要指出它的类型。有一些数据，比如员工表中的"工号"，可以归属到不同的类型中，既可以指定其为"文本型"，也可以指定为"数字型"，因为它是全数字编号。这样的数据到底应该指定为哪种类型，就要根据它自身的用途和特点来确定。

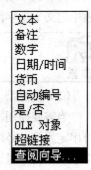

图 4-3　数据类型

因此，要想最合理的管理数据，就要深入理解数据类型的意义和规定。在 Access 中关于数据类型规定的说明如表 4-1 所示。其中，数字类型可进一步细分为不同的子类型。不特别指明，存储空间以字节为单位。

表 4-1　　　　　　　　　　　　　　　　数据类型

数据类型名		存储空间	说明
文本		0～255	处理文本数据，可由任意字符组成。在表中由用户定义长度
备注		0～65 536	用于长文本，例如注释或说明
数字	字节	1	在表中定义字段时首先定义为数字，然后在"字段大小"属性中进一步定义具体的数字类型。各类型数值的取值范围如下： 字节：0～255，是 0 和正数； 整型：−32768～32767； 长整型：−2147483648～2147483647； 单精度：$-3.4 \times 10^{38} \sim 3.4 \times 10^{38}$； 双精度：$-1.797 \times 10^{308} \sim 1.797 \times 10^{308}$； 同步复制 ID：自动； 小数：1～28 位数，其中小数位 0～15 位
	整型	2	
	长整型	4	
	单精度	4	
	双精度	8	
	同步复制	16	
	小数	8	
日期/时间		8	用于日期和时间
货币		8	用于存储货币值，并且计算期间禁止四舍五入
自动编号		4/16	用于在表中自动插入唯一顺序（每次递增 1）或随机编号。一般存储为 4 个字节，用于"同步复制 ID"（GUID）时存储 16 个字节
是/否		1 bit	用于"是/否"、"真/假"、"开/关"等数据。不允许取 Null 值
OLE 对象		≤1 GB	用于使用 OLE 协议的其他程序中创建的 OLE 对象（如 Word 文档、Excel 电子表格、图片、声音或其他二进制数据）
超链接		≤64 000	用于超链接。超链接可以是 UNC 路径或 URL
查阅向导		4	用于创建允许用户使用组合框选择来自其他表或来自值列表的值的字段。在数据类型列表中选择此选项，将会启动向导进行定义

2. 数据的规定及常量表达

各数据类型都规定了数据的取值范围、表达方式和运算种类。在数据操作和运算中直接使用的确定的数据值称为常量。不同类型的数据的常量有不同的格式。以下我们一一介绍。

（1）文本型。文本型用来处理文本字符信息，可以由任意的字母、数字及其他字符组成。在表中定义文本字段时，长度以字节为单位，最多 255 字节。每一个文本字段的字节数由用户定义。

注意　　　一个中文字符占 2 个字节。

（2）备注型。备注型也是文本，主要用于在表中存储长度差别大或者大段文字的字段。

当需要使用文本值常量时，必须用 ASCII 的单引号或双引号括起来。单引号或双引号称为字符串定界符，必须成对出现。例如，要查找员工表中是否有"陈娟"这个人时，"陈娟"就是一个文本或字符常量，必须用单引号或双引号括起来。

（3）数字型和货币型。数字型和货币型数据都是数值，由 0～9、小数点、正负号等组成，注意其中不能有除 E 以外的其他字符。

数字型又进一步分为字节、整型、长整型、单精度型、双精度型、小数等，不同子类型的取值范围和精度有区别。

货币型用于表达货币。

数值在常量表达时有普通表示法和科学计数法。普通表示如：123，-3456.75 等。科学计数法用 E 表示指数，如 1.345×10^{32} 表示为：1.345E+32 等。数值和货币值在显示时可以设置不同的显示格式。

（4）自动编号型。自动编号型相当于长整型，一般只在表中应用。用于创建可以在添加记录后自动输入唯一编号的字段，如顺序号的字段。在为记录自动生成编号之后，就不能进行删除或更改。很多时候自动编号型字段作为表的主键出现。

自动编号字段可以有 3 种类型的编号方式。

① 每次增加固定值的顺序编号。最常见的"自动编号"方式为每次增加 1，生成顺序号。

② 随机自动编号。将生成随机编号，且该编号对表中的每一条记录都是唯一的。

③ 同步复制 ID（也称作 GUIDs，全局唯一标识符）。这种自动编号方式一般用于数据库的同步复制，可以为同步副本生成唯一的标识符。所谓数据库同步复制，是指建立 Access 数据库的两个或更多特殊副本的过程。副本可以同步化，即一个副本中数据的更改，均被送到其他副本中。

（5）日期/时间型。可以同时表达日期和时间，也可以单独表示日期或时间数据。日期、时间或日期时间的常量表示要用"#"作为标识符。

如 2012 年 2 月 8 日表示为：#2012-2-8#；

晚上 8 点 8 分 0 秒表示为：#20：8：0#。其中 0 秒可以省略；

日期和时间两者合起来，表示为：#2012-2-8 20：8#。

日期时间之间用空格隔开。

实际上，日期时间型数据在显示的时候，可以设置多种格式，如日期的间隔符号还可以用"/"表示：#2012/2/8#。

（6）是/否型。即逻辑型。用于表达具有真或假的逻辑值，或者是相对两个值。作为逻辑值的常量，可以取的值有：true 与 false、on 与 off、yes 与 no 等。这几组值在存储时实际上都只存一位。True、on、yes 存储的值是-1，false、off 与 no 存储的值为 0。

（7）OLE 对象型。用于存放多媒体信息，如图片、声音、文档等。例如，要将员工的照片存储，要将某个 Microsoft Word 文档整个存储，就要使用 OLE 对象。

在应用中若要显示 OLE 对象，可以在界面对象如窗体或报表中使用合适的控件。

（8）超链接型。用于存放超链接地址。定义的超链接地址最多可以有四部分，各部分间用数字符号"#"分隔，含义是：显示文本#地址#子地址#屏幕提示。

下面的例 4-1 中包含"显示文本"、"地址"和"屏幕提示"，省略了"子地址"，但用于子地址的分隔符#不能省略。

【例 4-1】 北京奥运官网#http://www.beijing2008.cn/##第 29 届奥运会。

若超链接字段中存放上述地址，字段中将显示"北京奥运官网"；将鼠标指向该字段时屏幕会提示"第 29 届奥运会"。单击，将进入 http://www.beijing2008.cn/网站。

（9）查阅向导。"查阅向导"不是一种独立的数据类型，是应用于"文本"、"数字"、"是/否" 3 种类型的辅助工具。当表中定义"查阅向导"字段时，就会自动弹出一个向导，由用户设置查阅列表。查阅列表是将来输入记录的字段值时，供用户参考的内容，可以从表中选择一个值的列表，它能起到提示的作用。

关于数据类型的进一步应用和数据的运算，在以下章节中有更多的阐述。

4.2 创建表对象

创建表对象的基本步骤包括：表的物理设计；在 DBMS(Access)中定义表对象；输入数据记录。

1. 表的物理设计

规划设计数据库中的各张表。这一步骤是在关系模型设计的基础上结合 Access 的要求进行的，即设计表的结构。包括以下内容。

① 在 Access 中，关系被称为表（Table），一个数据库内有若干个表。

② 每个表都有唯一的表名。

③ 表中的行为记录，对应关系的元组；表中的列为字段，对应关系的属性。

④ 字段的取值范围由数据类型（Data Type）确定，并根据需要加上相应的约束。

⑤ 一个表一般都有一个主键。有关联的表通过外键与对应的主键表发生关系。

⑥ 根据实际应用系统来确定数据库文件名，以及数据库文件存放的位置，即磁盘和文件夹。

⑦ 根据实际应用系统来给每个表命名，同时确定表中每个字段的字段名、类型、宽度等。

⑧ 指明表的主键、字段约束。

⑨ 指定外键，明确各表之间的关系。

为了便于管理，一般都采用表格形式将每个表的设计表示出来。

以下我们以"武汉学院教材管理系统"为例，按照 Access 方式来设计数据库及其表对象的结构。这里先给出设计结果，然后在讲解其含意。

【例 4-2】 对"武汉学院教材管理系统"进行数据库及其表对象设计。

数据库文件名：教材管理。

数据库中各表名：部门、员工、出版社、教材、订购单、订购细目、发放单、发放细目。

各表结构及表的关系的设计，如表 4-2～表 4-9 所示。

表 4-2　　　　　　　　　　部门 结构

字段名	类型	宽度	小数位	主键/索引	参照表	约束	Null 值
部门号	文本型	2		↑（主）			
部门名	文本型	20					
办公电话	文本型	18					√

表 4-3　　　　　　　　　　员工 结构

字段名	类型	宽度	小数位	主键/索引	参照表	约束	Null 值
工号	文本型	4		↑（主）			
姓名	文本型	10					
性别	文本型	2				男或女	
生日	日期/时间型						
部门号	文本型	2		↑	部门		√
职务	文本型	10					√
薪金	货币型					≥800	

表 4-4 出版社 结构

字段名	类型	宽度	小数位	主键/索引	参照表	约束	Null 值
出版社编号	文本型	4		↑（主）			
出版社名	文本型	26					
地址	文本型	40					
联系电话	文本型	18					√
联系人	文本型	10					√

表 4-5 教材 结构

字段名	类型	宽度	小数位	主键/索引	参照表	约束	Null 值
教材编号	文本型	13		↑（主）			
ISBN	文本型	22					
教材名	文本型	60					
作者	文本型	30					
出版社编号	文本型	4			出版社		
版次	字节型					≥1	
出版时间	文本型	7					
教材类别	文本型	12					
定价	货币型		2			>0	
折扣	单精度型		3				√
数量	整型					≥0	
备注	备注型						√

表 4-6 订购单 结构

字段名	类型	宽度	小数位	主键/索引	参照表	约束	Null 值
订购单号	自动编号型	10		↑（主）			
订购日期	日期/时间型						
工号	文本型	4			员工		

表 4-7 订购细目 结构

字段名	类型	宽度	小数位	主键/索引	参照表	约束	Null 值
订购单号	长整型			↑	进书单		
教材编号	文本型	13			图书		
数量	整型						
进价折扣	单精度型		3			0.0~1	√

表 4-8 发放单 结构

字段名	类型	宽度	小数位	主键/索引	参照表	约束	Null 值
发放单号	自动编号型	10		↑（主）			
发放日期	日期/时间型						
工号	文本型	4			员工		

表 4-9 发放细目 结构

字段名	类型	宽度	小数位	主键/索引	参照表	约束	Null 值
发放单号	长整型			↑	售书单		
教材编号	文本型	13			图书		
数量	整型						
售价折扣	单精度型		3			0.0～1	√

2. 创建表对象

选定一个数据库管理系统 DBMS，这里指的是 Access。

启动 Access，可以在建立数据库文件后立即开始创建表对象，也可以以后随时创建。若在以后创建表，首先必须先在 Access 中打开数据库文件。打开数据库的操作我们在第 3 章已讲到。

现在我们打开相应的数据库，这里的数据库指的是上一章创建的数据库：教材管理. mdb（第 3 章 3.3 节的【例 3-1】）。然后完成这个数据库文件中表对象的创建。

在 Access 下，做表的所有字段的定义，包括指定各字段的名称、数据类型，以及进一步的字段属性细节描述，确定各字段是否有有效性的约束。接着指定表的主键、索引等。然后给表命名保存。如果新定义的表和其他表之间有关系，还要建立表之间的关系。这些都是创建表的结构。

3. 录入记录

创建表的结构后，就要给表输入数据记录。每一条记录所输入的数据必须满足所有对于表的约束。稍后，我们用具体实例来说明以上操作方法。

基于以上内容进行以下几点说明。

在数据库窗口（这里是教材管理.mdb）的表对象模式下单击"新建"按钮，弹出"新建表"对话框，由用户来选择创建表的方法。如图 4-4 所示。Access 对于表的创建提供了 5 种可视化的方法，分别是：数据表视图创建、设计视图创建、表向导创建、导入表创建、链接表创建。

在数据库窗口的表对象模式下，右边的表对象列表窗口的前三项也是表的创建方法，不过这 3 种方法实际是 5 种新建表方法中的前 3 种的对应，具体是：第一项"使用设计器创建表"对应于"设计视图"；第二项"使用向导创建表"对应于"表向导"；第三项"通过输入数据创建表"对应于"数据表视图"。

选定某种方法，双击就启动相应的创建过程。

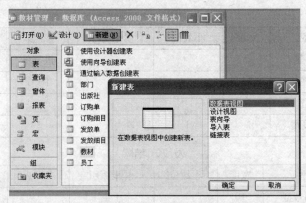

图 4-4　在数据库窗口打开新建表对话框

在库和表的创建过程中，用户需要给库、表和表的字段命名。数据库名的命名规则遵循操作系统的文件名命名规则；Access 对于表名、字段名和控件名等对象的命名制定了相应的规则。这些命名规则如下：

名称长度最多不超过 64 个字符，名称中可以包含字母、汉字、数字、空格及特殊的字符（除句号（.）、感叹号（!）、重音符号（'）和方括号（[ ]）之外）的任意组合，但不能包含控制字符（ASCII 值为 0 到 31 的 32 个控制符）。首字符不能以空格开头。

在 Access 项目中，表、视图或存储过程的名称中不能包括双引号（""）。

在命名时要注意，虽然字段、控件和对象名等名称中可以包含空格，也可以用非字母、汉字开头，但是由于 Access 数据库有时候要在 VBA（Visual Basic for Applications）程序或其他语言设计的程序中使用，或者要导出为其他 DBMS 的数据库，而其他 DBMS 的命名要更严格，这样，在这些应用中就会出现名称错误。

因此，一般情况下，命名的基本原则要求是：以字母或汉字开头，由字母、汉字、数字以及下划线等少数几个特殊符号组成，不超过一定的长度。

还有一点，为字段、控件或对象命名时，最好确保新名称不要和 Access 保留字相同。所谓 Access 保留字，就是 Access 自己保留使用的词汇，这些词汇不向用户开放，它们有它们特殊的意义，如 OLE 是数据类型，NOT 是逻辑运算符，LIKE 是特殊运算符，Date 是日期函数等。若将保留字作为对象名，一方面，会造成意义表述的混淆，另一方面，有时候会发生系统处理的错误。例如词汇"name"，是控件的一个属性名，如果有对象也命名为"name"，那么在引用时就可能出现系统理解错误，而达不到预期的结果。

4.3　创　建　表

在 Access 下创建表有几种方法，以下分别介绍。从中我们可以看出它们的各自特点。

1. 使用设计视图创建表

使用设计视图创建表是表的最主要创建的方法之一。

这种方法在实际操作前，用户应该完成整个数据库的物理结构设计，如第 3 章所介绍的教材管理数据库的物理设计，以及本章 4.2 节所介绍的教材管理数据库中各表的物理设计。

（1）创建表的基本过程。使用设计视图创建表的基本步骤如下。

① 打开数据库窗口，选择"表"对象标签。

② 单击"新建"按钮，弹出"新建表"对话框，如图 4-4 所示。

③ 选择"设计视图"，单击"确定"按钮，启动表设计视图。

④ 定义各字段的名称、数据类型，设置字段属性等。

⑤ 定义主键、索引（见图 4-5），设置表的属性。

⑥ 对表命名保存。

另外一种进入表设计视图的方法，是在数据库窗口的表对象列表窗口的右边，直接双击上面第一项"使用设计器创建表"，同样可以启动表设计视图。

【例 4-3】　通过设计视图创建教材管理数据库中的"教材"表。

启动教材管理数据库窗口，进入新建表的设计视图。

根据事先完成的物理设计，依次在字段名称栏中输入教材表的字段，选择合适的数据类型，并在各字段的"字段属性"部分做进一步的设置。如图 4-5 所示。

在表结构的定义时，应该对设计视图的各项有清楚的了解。

设计视图分为上下两部分。上部分定义字段名、数据类型，并对字段进行说明。下部分用来对各字段属性进行详细设置，不同数据类型的字段属性有一些差异。

给字段选择数据类型时，有一些字段只有一种选择，但有些字段可以有多种选择，多种选择时，要根据该字段要存放的数据的处理特点加以选择。

在确定字段的数据类型后，就要在下部分的"字段属性"栏对该字段做进一步设置。

下部分的"字段属性"部分有两个选项卡："常规"和"查阅"。

"常规"选项卡用于设置属性。对于每个字段的"字段属性"，由于数据类型不同，需要设置的

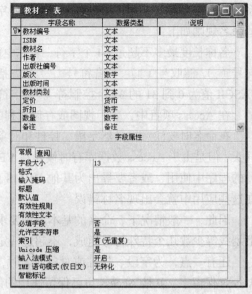

图 4-5　创建表的设计视图

属性也有差别，有些属性对每类字段都有，有些属性只针对特定的字段。表 4-10 所示为"字段属性"的主要选项以及有关的说明。部分属性后面有进一步的应用说明。

"查阅"选项卡是只应用于"文本"、"数字"、"是/否" 3 种数据类型的辅助工具，用来定义当有"查阅向导"时作为提示的控件类别，用户可以从"文本框"、"组合框"、"列表框"（是/否型字段使用"复选框"）指定控件。

表 4-10　　　　　　　　　　　　　　　字段属性

属性项	设置说明
字段大小	定义文本型长度、数字型的子类型、自动编号的子类型
格式	定义数据的显示格式和打印格式
输入掩码	定义数据的输入格式
小数位数	定义数字型和货币型数值的小数位数
标题	在数据表视图、窗体和报表中替代字段名显示
默认值	指定字段的默认取值
有效性规则	定义对于字段存放数据的检验约束规则，由一个逻辑表达式描述约束规则
有效性文本	当字段输入或更改的数据没有通过检验时，要提示的文本信息
必填字段	"是"(非 NULL)或"否"（NULL）选择，指定字段是否必须有数据输入
索引	指定是否建立单一字段索引。可选择无索引、可重复索引、不可重复索引
允许空字符串	对于文本、备注、超链接类型字段，是否允许输入长度为 0 的字符串
Unicode 压缩	对于文本、备注、超链接类型字段，是否进行 Unicode 压缩
新值	只用于自动编号型，指定新的值产生的方式：递增或随机
输入法模式	定义焦点移至字段时，是否开启输入法
智能标识	定义智能标识。是否型和 OLE 对象没有智能标识

第一个字段"教材编号"是每种教材唯一的编码，起标识和区分各种教材的作用。"教材编号"

全部由数字组成，因此，可以定义为数字型或文本型。考虑到"教材编号"不需要做算术运算，并且编码一般是分层设计，因此这里定义为文本型。根据最长编码长度，定义其"字段大小"为 13。

"ISBN"、"教材名"、"作者"、"出版社编号"、"教材类别"等，都定义为文本型，字段大小根据各自实际取值的最大长度定义。"出版社编号"是外键，必须与对应的主键在类型和大小上一致。根据设计，这些字段都不允许取 NULL 值。

"必填字段"属性项为"是"时，表示不允许 NULL；"允许空字符串"属性项为"是"时表示允许零长度字符串（""），零长度字符串是双引号中无任何字符，它与 NULL 不同。马上要讲到的主键字段（如图 4-5 中的"教材编号"）不允许取 NULL 值（主键的值不可重复，也不可为空（Null））。

"出版时间"虽然表示日期，但一般以月份为单位，所以不能采用日期型，只能采用文本。其格式为"××××.××"，长度为 7 位。

"版次"、"折扣"、"数量"都是数值，定义为数字型。由于"版次"字段是不太大的自然数，因此定义为字节型，从 1 开始；"数量"字段是较大一些的整数，定义为整型，但不能为负数；"折扣"字段存放百分比，是小数，可以定义为单精度型或小数型，允许取 NULL 值。

"定价"定义为货币型，且大于 0。关于取值的约束在有效规则中定义逻辑表达式实现，如">0"。

"备注"用来存储关于图书的说明文字信息，文字的长度无法事先确定，且可能超过 255 个字符，因此采用"备注型"。允许取 NULL 值。

这样，依次在设计视图中设置，完成字段定义。

然后，定义主键。单击"教材编号"字段，然后单击"表设计"工具栏中的主键 🔑 按钮，在表设计器中最左边的"字段选择器"上出现主键图标。

单击存盘 🔳 按钮，弹出"另存为"对话框，在表名称框中输入"教材"，单击"确定"按钮。这样，教材表的结构就建立起来了。

（2）主键和索引。主键是表中最重要概念之一。主键有以下几个作用和特点：

① 唯一标识每条记录，因此作为主键的字段不允许有重复值和取 NULL 值；

② 建立与其他表的关系必须定义主键，主键对应关系表的外键，两者必须一致；

③ 定义主键将自动建立一个索引，可以提高表的处理速度。

每个表在理论上都可以定义主键。在 Access 中，最好为创建的每一个表定义一个主键。一个表最多只能有一个主键。主键可以由一个或几个字段组成。定义主键的目的就是要保证表中的所有记录都是唯一可识别的。如果表中没有单一的字段能够使记录具有唯一性，那么可以使用多个字段的组合使记录具有唯一性，或者特别增加一个记录 ID（记录号）字段。

当建立新表的时候，如果用户没有自己定义主键的话，Access 在保存表时会弹出提示框以询问是否要建立主键，如图 4-6 所示。若单击"是"按钮，Access 将自动为表建立一个 ID 字段并将其定义为主键。该主键具有"自动编号"数据类型。对于每条记录，Access 将在该主键字段中自动设置一个连续数字（记录号）。

图 4-6　定义表的主键提示对话框

在表中建立主键的基本操作在【例 4-3】已有体现。基本步骤是在"表设计视图"中，先选择字段，然后单击主键❓按钮或者从"编辑"菜单中选择"主键"菜单项。

当建立主键的是多个字段（多个字段的组合）时，操作步骤如下。

按住"ctrl"键，依次单击要建立主键的字段选择器（最左边一列），选中所有主键字段，然后单击❓按钮或者"编辑"菜单的"主键"菜单项。

这样，Access 即在表中根据指定的字段建立了主键。其标志是在主键的字段选择器上显示有一把钥匙。

主键也是一种数据约束。主键实现了数据库中数据实体完整性的功能，同时是参照完整性中被参照的对象。在 Access 中，定义一个主键，同时也是在主键字段上自动建立了一个"无重复"索引。

以下介绍 15 个字段属性。

关于索引【字段属性之 1】

"索引"是一个字段属性。给字段定义索引有两个基本作用：

第一是利用索引可以实现一些特定的功能，如主键就是一个索引；

第二是建立索引可以明显提高查询效率，更快的处理数据。

当一个表中建立了索引，Access 就会将索引信息保存在数据库文件中专门的位置。一个表可以定义多个索引。索引中保存每个索引的名称、定义索引的字段项和各索引字段所在的对应记录编号。索引本身在保存时会按照索引项值的从小到大即升序（Ascending）或从大到小即降序（Descending）的顺序排列，但索引并不改变表记录的存储顺序。索引存储的结构示意如图 4-7 所示。

由于索引字段是有序存放，当查询该字段时，就可以在索引中进行，这比没有索引的字段只能在表中查询就会快很多。由于数据库最主要的操作是查询，因此，索引对于提高数据库操作速度是非常重要和不可缺少的手段。但要注意，索引会降低数据更新操作的性能，因为修改记录时，如果修改的数据涉及到索引字段，Access 会自动的同时修改索引，这样就增加了额外的处理时间，所以对于更新操作多的字段，要避免建立索引。

索引名称 1		……	索引名称 m	
索引项 1	物理记录	……	索引项 m	物理记录
索引值 1	对应记录 1		索引值 1	对应记录 1
索引值 2	对应记录 2	……	索引值 2	对应记录 2
……	……		……	……
索引值 n	对应记录 n		索引值 n	对应记录 n

图 4-7 索引存储示意

在建立索引时，Access 分为"有重复"和"无重复"索引。"无重复"索引的意思就是建立索引的字段是不允许有重复值的。当用户希望不允许某个字段取重复值时，就可以在该字段上建立"无重复"索引。比如"教材编号"，应该建立无重复索引。

在 Access 中，可以为一个字段建立索引，也可以将多个字段组合起来建立索引。

① 建立单字段索引。进入该表的设计视图，选中要建索引的字段，在"字段属性"的"索引"栏下选择"有（有重复）"或者"有（无重复）"即可。"有重复"索引字段允许重复取值。"无重复"索引字段的值都是唯一的，如果在建立索引时已有记录，但不同记录的该字段数据有重复，则不可再建立"无重复"索引，除非先删掉重复的数据。

② 建立多字段索引。进入表的设计视图，然后单击"表设计"工具栏上的"索引📝"按钮或从"视图"菜单中选择"索引"菜单项，弹出"索引"对话框。将鼠标定位到"索引"窗口的

"索引名称"列第一个空白栏中，键入多字段索引的名称，然后在同一行的"字段名称"列的组合框中选择第 1 索引字段，在"排序次序"列中选择"升序"或"降序"；在紧接下面的行中，分别在"字段名称"列和"排序次序"列中选择第 2 索引字段和次序、第 3 索引字段和次序、……直到字段设置完毕为止。最后设置索引的有关属性。

【例 4-4】　在"教材"表中为"教材类别"和"出版时间"创建多字段索引。

在"教材"的表设计视图中单击"表设计"工具栏上的"索引 📝"按钮，弹出如图 4-8 所示的图书表的"索引"对话框。

在"索引名称"中输入该索引的名称。索引名称最好能够反映索引的字段特征，这里定为"类别与时间"。然后在"字段名称"中依次选择"教材类别"、"出版时间"，并分别设置排序次序为"升序"和降序，以保证时间从大往小排序。

这个索引不是主索引。因为"教材类别"和"出版时间"两项合起来，可能会有重复值，所以也不能定义为唯一索引（即无重复索引）。

然后单击 ⊠ 按钮关闭窗口。当退出表设计视图时，Access 会要求保存。这样，索引就建立起来了。

这个"索引"对话框中还可以定义主键索引、单字段索引；可以定义索引为"有重复"索引和"无重复"索引。所以主键也可以通过这个窗口定义。

删除主键的操作方法如下。

在表设计视图中选中主键字段，多字段按住"Ctrl"键依次选中，然后单击"表设计"工具栏的 🗝 按钮或者"编辑"菜单的"主键"菜单项，即取消主键的定义。

要特别注意，如果主键被其他建立了关系的表作为外键来联系，则无法删除，除非取消这种联系。

删除索引的操作方法如下。

删除单字段索引直接在表设计视图中进行。选中建立了索引的字段，然后在"字段属性"的索引栏中选择"无"，然后保存，索引即被删除。

删除多字段索引，首先进入"索引"对话框，按住"Shift"键，依次单击选中索引行，再单击右键，单击"删除行"菜单命令，如图 4-9 所示。或者在选中字段后直接按"Delete"键，也可以删除。关闭对话框，保存，索引就被删除了。

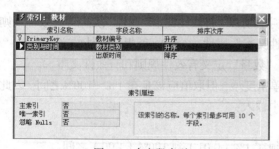

图 4-8　多字段索引

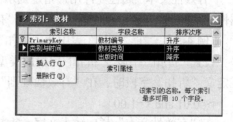

图 4-9　删除多字段索引

也可以通过"索引"对话框删除主键和单索引，操作方法类似。

另外，在"索引"对话框中还可以修改已经定义的索引，在其中增加索引字段或减少索引字段。

（3）约束属性的定义。为了保证数据库中数据的正确性和完整性，关系数据库中采用了多种数据完整性约束规则。实体完整性通过主键来实现，参照完整性通过建立表的关系来实现，而其他由用户定义的完整性约束，是在 Access 表定义时，通过多种字段属性来实施，与之相关的字段属性有"默认值"、"有效性规则"、"有效性文本"、"必填字段"、"允许空字符串"等。"索引"属性也有约束的功能。

①"默认值"属性【字段属性之 2】。除了"自动编号"和"OLE 对象"类型以外，其他类型的字段都可以在定义表时定义一个默认值。默认值是与字段的数据类型相匹配的任何值。如果用户不定义，有些类型自动有一个默认值，如"数字"和"货币"型字段"默认值"属性设置为 0，"文本"和"备注"型字段设置为 Null（空）。

使用默认值的作用，第一，提高输入数据的速度。当某个字段的取值经常出现同一个值时，就可以将这个值定义为默认值，那么在输入新的记录时就可以省去输入，它会自动加入到记录中。第二，用于减少操作的错误，提高数据的完整性与正确性。当有些字段不允许无值时，默认值就可以帮助用户减少错误。

例如，在"员工"表中，如果女性比男性多，那么可以为"性别"字段设置"默认值"属性"女"。这样，当添加新记录时，如果是女员工，对于"性别"字段可直接回车通过，加快了输入速度。

②"必填字段"属性【字段属性之 3】。"必填字段"属性规定字段中是否允许有 Null 值。如果数据必须被输入到字段中，即不允许有 Null 值，则应设置"必填字段"属性值为"是"。

"必填字段"属性值是一个逻辑值，默认值为"否"。

③"允许空字符串"属性【字段属性之 4】。该属性针对"文本"、"备注"和"超链接"等类型字段，是否允许空字符串（""）输入。所谓空字符串是长度为 0 的字符串。要注意应把空字符串（""）和 Null 值区别开。

"允许空字符串"属性值是一个逻辑值，默认值为"否"。

④"有效性规则"和"有效性文本"属性【字段属性之 5、6】。"有效性规则"属性允许用户定义一个表达式来限定将要存入字段的值。这个表达式是一个逻辑表达式，一般情况下，由比较运算符和比较值构成，默认用当前字段进行比较。如果"有效性规则"属性没有包括运算符，Access 默认运算符是"="。多个比较关系表达式可以通过逻辑运算符连接，构成较复杂的有效性规则。

定义"有效性规则"，可以直接输入表达式，也可以使用 Access 的"表达式生成器"。

当定义了一个有效性规则后，用户针对该字段的每一个输入值或修改值都会带入表达式中运算，只有运算结果为"true"的值才能够存入字段；如果运算结果为"false"，界面上将弹出一个提示对话框提示输入错误，并要求重新输入。

"有效性文本"属性允许用户指定提示的文字。所以"有效性文本"属性只是与"有效性规则"属性配套使用。当然，如果用户不定义"有效性文本"属性，Access 就提示默认的文本。

【例 4-5】 在"教材"表中为"折扣"和"数量"定义有效性规则和有效性文本。

设置"折扣"字段。"折扣"字段的类型是单精度型，但取值应该是在 1%～100%之间。因此，在定义"折扣"字段时，在"有效性规则"栏中输入：

>=0.01 and <=1.00

在"有效性文本"栏中输入文字：折扣必须在 1%（0.01）到 100%（1.00）之间。

设置"数量"字段。书的数量是整数，这里的类型是整型。但数量不能为负数。所以"有效性规则"应该是：>=0。"有效性文本"可输入文字：存书数量不能为负数。

除了直接输入外，还可以采用"表达式生成器"。以"折扣"字段为例。在"教材"表设计视图中选中"折扣"字段，在"字段属性"的"有效性规则"栏右边单击▣按钮，弹出"表达式生成器"对话框，如图 4-10 所示。

在左上的文本框中输入：>=0.01 and <=1.00。

其中，运算符可以单击相应按钮输入。然后单击"确定"按钮，设置完成。

（4）"字段大小"属性【字段属性之 7】。在 Access 中，很多数据类型的存储空间大小是固定的，可以在字段定义时由用户定义或选择"字段大小"属性的数据类型，包括"文本"、"数字"或"自动编号"类型。

"文本"类型字段的长度最长可达 255 个字符，默认长度为 50 个字符。对于默认长度，用户可以更改。使用 Access 数据库的重要工具"选项"对话框可以完成这项更改。

"选项"对话框用来对 Access 数据库的很多特性或参数进行设置，启动该对话框的方法是：在数据库窗口下，单击"工具"菜单的"选项"菜单项，然后根据需要选择不同的选项卡，如图 4-11 所示。

如果要修改"文本"类型字段的默认长度，在图 4-11 的"选项"对话框中，将文本框中的"50"修改即可。

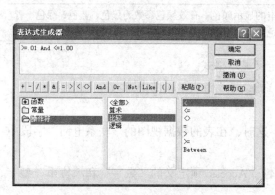

图 4-10　表达式生成器

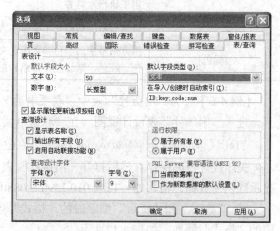

图 4-11　"选项"对话框

对于"数字"类型，"字段大小"属性有字节、整型、长整型等 7 个选项，其名称、大小如表 4-1 所示。默认类型是"长整型"。也可以在如图 4-11 所示的"选项"对话框的"表/查询"选项卡下更改。

对于"自动编号"类型，"字段大小"属性可以设置为"长整型"或"同步复制 ID"。

"字段大小"属性值的选择应根据实际需要而定，但应尽量设置尽可能小的"字段大小"属性值。因为较小的字段运行速度较快，并且节约存储空间。

（5）"格式"属性【字段属性之 8】。当用户打开表，就可以查看整个表的数据记录。每个字段的数据都有一个显示的格式，这个格式是 Access 为各类型数据预先定义的，也就是数据的默认格式。但不同的用户有不同的显示要求，因此，提供"格式"属性用于定义字段数据的显示和打印格式，允许用户为某些数据类型的字段自定义"格式"属性。"格式"属性适用于"文本"、"备注"、"数字"、"货币"、"日期/时间"和"是/否"等数据类型。Access 为设置"格式"属性提供了特殊的格式化字符，不同的字符代表不同的显示格式。

设置"格式"属性只影响到数据的显示格式而不会影响数据的输入和存储。

① "文本"和"备注"型字段的"格式"属性。"文本"和"备注"数据类型字段的自定义"格式"属性最多由两部分组成，各部分之间需用分号分隔。第一部分用于定义文本的显示格式，第二部分用于定义空字符串及 Null 值的显示格式。表 4-11 所示为"文本"和"备注"型字段可用的格式字符。

表 4-11   "文本"和"备注"型字段的格式字符

格式化字符	用途
@	字符占位符。用于在该位置显示任意可用字符或空格
&	字符占位符。用于在该位置显示任意可用字符。如果没有可用字符要显示,Access 将忽略该占位符
<	使所有字符显示为小写
>	使所有字符显示为大写
-、+、·$、()、空格	可以在"格式"属性中的任何位置使用这些字符,并且将这些字符原文照印
"文本"	可以在"格式"属性中的任何位置使用双引号括起来的文本。文本原文照印
\	将其后跟随的第一个字符原文照印
!	用于执行左对齐
*	将其后跟随的第一个字符作为填充字符
[颜色]	用方括号中的颜色参数指定文本的显示颜色。有效颜色参数为黑色、蓝色、绿色、青色、红色、紫红色、黄色和白色。颜色参数必须与其他字符一起使用

【例 4-6】 为"出版社"表中"联系电话"定义显示格式。

进入"出版社"表设计视图,在"联系电话"字段的"格式"属性中输入:

"Tel"(@@@)@@@@@-@@@@[红色]

关闭设计视图保存。然后打开"出版社"表。这时,在表的数据视图的"联系电话"字段中显示红色的数据,格式如:Tel(010)6466-0880。

② "数字"和"货币"型字段的"格式"属性。Access 预定义的"数字"和"货币"型字段的"格式"属性,如表 4-12 所示。

表 4-12   "数字"和"货币"型字段预定义的"格式"属性

格式类型	输入数字	显示数字	定义格式
常规数字	87654.321	87654.321	######.###
货币	876543.21	￥876 543.21	￥#,##0.00
欧元	876543.21	€876 543.21	€#,##0.00
固定	87654.32	87 654.32	######.##
标准	87654.32	87 654.32	###,###.##
百分比	0.876	87.6%	###.##%
科学记数	87654.32	8.765432E+04	#.####E+00

如果没有为数值或货币值指定"格式"属性,Access 便以"常规数字"格式显示数值,以"货币"格式显示货币值。

用户若自定义"格式"属性,自定义"格式"属性最多可以由四部分组成,各部分之间需用分号分隔。第一部分用于定义正数的显示格式,第二部分用于定义负数的显示格式,第三部分用于定义零值的显示格式,第四部分用于定义 Null 值的显示格式。

表 4-13 所示为"数字"和"货币"数据类型字段的格式字符。

表 4-13　　　　　　　　　　　"数字"和"货币"型字段的格式字符

格式化字符	用途
.	用来显示放置小数点的位置
,	用来显示千位分隔符的位置
0	数字占位符。如果在这个位置没有数字输入，则 Access 显示 0
#	数字占位符。如果在这个位置没有数字输入，则 Access 忽略该数字占位符
-、+、$、（）、空格	可以在"格式"属性中的任何位置使用这些字符并且将这些字符原文照印
" 文本 "	可以在"格式"属性中的任何位置使用双引号括起来的文本并且原文照印
\	将其后跟随的第一个字符原文照印
*	将其后跟随的第一个字符作为填充字符
%	将数值乘以 100，并在数值尾部添加百分号
!	用于执行左对齐
E-或 e-	用科学记数法显示数字。在负指数前显示一个负号，在正指数前不显示正号。它必须同其他格式化字符一起使用。例如：0.00E-00
E+或 e+	用科学记数法显示数字。在负指数前显示一个负号，在正指数前显示正号。它必须同其他格式化字符一起使用。例如：0.00E+00
［颜色］	用方括号中的颜色参数指定显示颜色。有效颜色参数为：黑色、蓝色、绿色、青色、红色、紫红色、黄色和白色。颜色参数必须与其他字符一起使用

【例 4-7】　为"教材"表中"折扣"定义百分比和红色显示格式。

进入"教材"表设计视图，在"折扣"字段的"格式"属性中输入：#.#%[红色]。

③　"日期/时间"型字段的"格式"属性。Access 为"日期/时间"型字段预定义了 7 种"格式"属性，如表 4-14 所示。

表 4-14　　　　　　　　　　"日期/时间"型字段预定义的"格式"属性

格式类型	显示格式	说明
常规日期	2008-8-18 18:30:36	前半部分显示日期，后半部分显示时间。如果只输入了时间没有输入日期，那么只显示时间；反之，只显示日期
长日期	2008 年 8 月 18 日	与 Windows 控制面板的"长日期"格式设置相同
中日期	08-08-18	以 yy-mm-dd 形式显示日期
短日期	2008-8-18	与 Windows 控制面板"短日期"设置相同
长时间	18:30:36	与 Windows 控制面板的"长时间"设置相同
中时间	下午 6:30	把时间显示为小时和分钟，并以 12 小时时钟方式计数
短时间	18:30	把时间显示为小时和分钟，并以 24 小时时钟方式计数

如果没有为"日期/时间"型字段设置"格式"属性，Access 将以"常规日期"格式显示日期/时间值。

若用户自定义"日期/时间"型字段的"格式"属性，自定义"格式"属性最多可由两部分组成，它们之间需用分号分隔。第一部分用于定义日期/时间的显示格式，第二部分用于定义 Null 值的显示格式。表 4-15 所示为"日期/时间"型字段的格式字符。

表 4-15   "日期/时间" 型字段的格式字符

格式化字符	说明
:	时间分隔符
/	日期分隔符
c	用于显示常规日期格式
d	用于把某天显示成一位或两位数字
dd	用于把某天显示成固定的两位数字
ddd	显示星期的英文缩写（Sun～Sat）
dddd	显示星期的英文全称（sunday～Saturday）
ddddd	用于显示 "短日期" 格式
dddddd	用于显示 "长日期" 格式
w	用于显示星期中的日（1～7）
ww	用于显示年中的星期（1～53）
m	把月份显示成一位或两位数字
mm	把月份显示成固定的两位数字
mmm	显示月份的英文缩写（Jan～Dec）
mmmm	显示月份的英文全称（January～December）
q	用于显示季节（1～4）
y	用于显示年中的天数（1～366）
yy	用于显示年号后两位数（01～99）
yyyy	用于显示完整年号（0100～9999）
h	把小时显示成一位或两位数字
hh	把小时显示成固定的两位数字
n	把分钟显示成一位或两位数字
nn	把分钟显示成固定的两位数字
s	把秒显示成一位或两位数字
ss	把秒显示成固定的两位数字
tttt	用于显示 "长时间" 格式
AM/PM、am/pm	用适当的 AM/PM 或 am/pm 显示 12 小时制时钟值
A/P、a/p	用适当的 A/P 或 a/p 显示 12 小时制时钟值
AMPM	采用 Windows 控制面板的 12 小时时钟格式
-、+、$、（ ）、空格	可以在 "格式" 属性中的任何位置使用这些字符并且将这些字符原文照印
" 文本 "	可以在 "格式" 属性中的任何位置使用双引号括起来的文本并且原文照印
\	将其后跟随的第一个字符原文照印
!	用于执行左对齐
*	将其后跟随的第一个字符作为填充字符
［颜色］	用方括号中的颜色参数指定文本的显示颜色。有效颜色参数为黑色、蓝色、绿色、青色、红色、紫红色、黄色和白色。颜色参数必须与其他字符一起使用

【例 4-8】 将"员工"表中"生日"定义为长日期并以红色显示。

进入"员工"表设计视图，在"生日"字段的"格式"属性中输入：dddddd[红色] 。

④ "是/否"型字段的"格式"属性。Access 为"是/否"数据类型字段预定义了 3 种"格式"属性，如表 4-16 所示。

表 4-16   "是/否"型字段预定义的"格式"属性

格式类型	显示格式	说明
是/否	Yes/No	系统默认设置。Access 在字段内部将"Yes"存储为-1，"No"存储为 0
真/假	True/False	Access 在字段内部将"True"存储为-1，"False"存储为 0
开/关	On/Off	Access 在字段内部将"On"存储为-1，"Off"存储为 0

Access 还允许用户自定义"是/否"型字段的"格式"属性。自定义的"格式"属性最多可以由三部分组成，它们之间用分号分隔。第一部分空缺；第二部分用于定义逻辑"真"的显示格式，通常为逻辑真值指定一个包括在双引号中的字符串（可以含有[颜色]格式字符）；第三部分用于定义逻辑"假"的显示格式，通常为逻辑假值指定一个包括在双引号中的字符串（可以含有[颜色]格式字符）。

【例 4-9】 有些表中对于人的"性别"字段定义为"是/否"型，"Yes"代表"男"，"No"代表"女"。为了直观显示"男"、"女"，可为"性别"字段设置如下"格式"属性：

"男"[蓝色]；"女"[绿色]

这样，数据表窗口中可以看到用蓝色显示的"男"，用绿色显示的"女"。

（6）"输入掩码"属性【字段属性之 9】。"输入掩码"属性可用于"文本"、"数字"、"货币"、"日期/时间"、"是/否"、"超链接"等类型。定义"输入掩码"属性有两个作用：

① 定义数据的输入格式；

② 输入数据的某一位上允许输入的数据类型。

如果某个字段同时定义了"输入掩码"和"格式"属性，那么在为该字段输入数据时，"输入掩码"属性生效；在显示该字段数据时，"格式"属性生效。

"输入掩码"属性最多由三部分组成，各部分之间用分号分隔。第一部分定义数据的输入格式。第二部分定义是否按显示方式在表中存储数据。若设置为 0，则按显示方式存储；若设置为 1 或将第二部分空缺，则只存储输入的数据。第三部分定义一个占位符以显示数据输入的位置。用户可以定义一个单一字符作为占位符，默认占位符是一个下划线。

表 4-17 所示为用于设置"输入掩码"属性的输入掩码字符。

表 4-17   输入掩码字符

输入掩码	说明
0	数字占位符。必须输入数字（0～9）到该位置，不允许输入"+"和"−"符号
9	数字占位符。数字（0～9）或空格可以输入到该位置，不允许输入"+"和"−"符号。如果在该位置没有输入任何数字或空格，Access 将忽略该占位符
#	数字占位符。数字、空格、"+"和"−"符号都可以输入到该位置。如果在该位置没有输入任何数字，Access 认为输入的是空格
L	字母占位符。必须输入字母到该位置
?	字母占位符。字母能够输入到该位置。如果在该位置没有输入任何字母，Access 将忽略该占位符
A	字母数字占位符。字必须输入母或数字到该位置

输入掩码	说明
a	字母数字占位符。字母或数字能够输入到该位置。如果在该位置没有输入任何字母或数字，Access
&	字符占位符。必须输入字符或空格到该位置
C	字符占位符。字符或空格能够输入到该位置。如果在该位置没有输入任何字符，Access 将忽略该
.	小数点占位符
,	千位分隔符
:	时间分隔符
/	日期分隔符
<	将所有字符转换成小写
>	将所有字符转换成大写
!	使"输入掩码"从右到左显示。可以在"输入掩码"的任何位置上放置惊叹号
\	用来显示其后跟随的第一个字符
" Text "	可以在"输入掩码"属性中任何位置使用双引号括起来的文本并且原文照印

【例 4-10】 为"出版社"表的"出版社编号"字段定义"输入掩码"属性。

"出版社编号"是全数字文本型字段，位数固定。所以在"出版社编号"的"输入掩码"属性栏输入：9999。表示必须输入共四位只能由 0～9 的数字组成。

除了可以使用表 4-17 列出的输入掩码字符自定义"输入掩码"属性以外，Access 还提供了"输入掩码向导"引导用户定义"输入掩码"属性。单击"输入掩码"属性栏右边的 ··· 按钮即启动"输入掩码向导"，最终定义的效果与手动定义相同。

（7）其他字段属性的使用。

① "标题"属性【字段属性之 10】。"标题"属性是一个辅助性属性。当在数据表视图、报表或窗体等界面中需要显示字段时，直接显示的字段标题就是字段名。如果用户觉得字段名不醒目或不明确，希望用其他文本来标示字段，如"员工"表中的字段名"工号"应显示"职工编号"为好，这可以通过定义"标题"属性来实现。用户输入的"标题"属性的文本（职工编号）将在显示字段名（工号）的地方代替字段名。

在实际应用中，一般使用英文或拼音定义字段，这样方便快捷；然后定义"标题"属性用汉字来辅助显示，这样直观醒目。

② "小数位数"属性【字段属性之 11】。"小数位数"属性仅对"数字"和"货币"型字段有效。小数位的数目为 0～15，这取决于"数字"或"货币"型字段的大小。

对于"字段大小"属性为"字节"、"整型"或"长整型"字段，"小数位数"属性值为 0。对于"字段大小"属性为"单精度型"字段，"小数位数"属性值可以设置为 0～7 位小数。对于"字段大小"属性为"双精度型"字段，"小数位数"属性值可以设置为 0～15 位小数。

如果用户将某个字段的数据类型定义为"货币"，或在该字段的"格式"属性中使用了预定义的货币格式，则小数位数固定为两位。但是用户可以更改这一设置，在"小数位数"属性中输入不同的值即可。

③ "新值"属性【字段属性之 12】。"新值"属性用于指定在表中添加新记录时，"自动编号"型字段的递增方式。用户可以将"新值"属性设置为"递增"，这样，当在表中每增加一条记录，该"自

动编号"型字段值就加 1；也可以将"新值"属性设置为"随机"，这样，每增加一条记录，该"自动编号"型字段值被指定为一个随机数。

④ "输入法模式"属性【字段属性之 13】。"输入法模式"属性仅适用于"文本"、"备注"、"日期/时间"型字段，用于定义当焦点移至字段时是否开启输入法。

⑤ "Unicode 压缩"属性【字段属性之 14】。"Unicode 压缩"属性用于定义是否允许对"文本"、"备注"和"超链接"型字段进行 Unicode 压缩。

Unicode 是一个字符编码方案，该方案使用两个字节编码代表一个字符。因此它比使用一个字节代表一个字符的编码方案（如 ASCII 码）需要更多的存储空间。为了弥补 Unicode 字符编码方案所造成的存储空间开销过大，尽可能少地占用存储空间，可以将"Unicode 压缩"属性设置为"是"（对 Unicode 字符编码进行压缩）。"Unicode 压缩"属性值是一个逻辑值，默认值为"是"。

以上我们介绍了 14 个字段属性的使用：（1）索引属性；（2）约束属性中的"默认值"属性；（3）"必填字段"属性；（4）"允许空字符串"属性；（5）"有效性规则"属性；（6）"有效性文本"属性；（7）"字段大小"属性；（8）"格式"属性；（9）"输入掩码"属性；（10）"标题"属性；（11）"小数位数"属性；（12）"新值"属性；（13）"输入法模式"属性和（14）"Unicode 压缩"属性。

（8）"查阅"选项卡与"显示控件"属性【字段属性之 15】。除了上述 14 个字段属性以外，Access 还在字段属性区域的"查阅"选项卡中设置了"显示控件"属性。该属性仅适用于"文本"、"是/否"和"数字"型字段。"显示控件"属性用于设置这 3 类字段的显示方式，即将这 3 种字段与何种显示控件绑定以显示其中的数据。表 4-18 所示为这 3 种数据类型所拥有的显示控件属性值。

表 4-18　　　　　　　　　　　　　　"显示控件"属性值

显示控件	文本框	复选框	列表框	组合框
文本	√（默认）		√	√
是/否	√	√（默认）		√
数字	√（默认）		√	√

从表 4-18 中可以看出，"文本"和"数字"型字段，可以与"文本框"、"列表框"和"组合框"控件绑定，默认控件是"文本框"；"是/否"型字段，可以与"文本框"、"复选框"和"组合框"控件绑定，默认控件是"复选框"。至于要将某个字段与何种控件绑定，主要应从方便使用的角度去考虑。

使用文本框，用户只能在这个文本框中输入数据，但对于一些字段，它的数据可能是在一个限定的值集合中取值，这样，就可以采用其他列表框等其他控件辅助输入。

【例 4-11】　为"员工"表的"性别"字段定义"男、女"值集合的列表框控件绑定。

性别字段只在"男"、"女"两个值上取值。进入"员工"表的设计视图，选中"性别"字段，单击"查阅"选项卡，如图 4-12 所示。

设置"显示控件"栏。包括文本框、列表框、组合框。选择"列表框"。

设置"行来源类型"。包括"表/查询"、"值列表"、"字段列表"。选择"值列表"。

设置"行来源"。由于行来源类型是"值列表"，在这里输入取值集合："男"，"女"。

保存表设计。在数据库窗口双击"员工"表，或选中"员工"表后单击"打开"按钮，进入"员工"表的"数据表"视图。那么，在输入或修改记录时，在"性别"字段将自动显示"值列表"，用户只能在列出的值中选择，如图 4-13 所示。这样就具有提高输入效率和避免输入错误的作用。

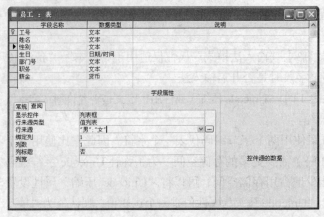

图 4-12 字段属性的"查阅"选项卡　　　　图 4-13 绑定了"显示控件"的数据表视图

【例 4-12】　为"发放单"表的"工号"字段定义显示控件绑定。

"发放单"表的"工号"字段是一个外键，只能在"员工"表列出的工号中取值。为了提高输入速度和避免输入错误，可以利用查阅属性将"工号"与"员工"表的"工号"字段绑定，当输入"售书单"数据时，对"工号"字段进行限定和提示。

操作步骤如下。

① 进入"发放单"表的设计视图，选择"工号"字段。

② 选择"查阅"选项卡，并将"显示控件"属性设置为"组合框"。

③ 将"行来源类型"属性设置为"表/查询"。

④ 将"行来源"属性设置为"员工"。

⑤ 将"绑定列"属性设为 1。该列将对应"员工"表的第 1 列工号。

⑥ 将"列数"属性定为 2。这样，在"数据表"视图中显示两列，为此，要定义"列宽"属性，由于工号只有 4 位，这里定义为 1，单位为 cm。

保存表设计，至此，完成了将"工号"字段与"组合框"控件的绑定工作，并且组合框中的选项是"员工"表的"工号"字段中的数据。

在"发放单"的"数据表"视图中，可以看到，当进入"工号"字段，可以在"组合框"中下拉出"员工"表的"工号"和"姓名"两列字段，如图 4-14 所示。在输入或修改时，可以选择一个工号，这样，既不需要用键盘输入，也不会出错。

这里存在的不足是，"发放单"表的"工号"字段绑定了所有的员工，而实际上需要绑定的只是职务为"总库长"的员工，因此最好能够先从"员工"表中筛选出"总库长"，然后再绑定。这种功能，可以通过"查询"来实现。我们在第5 章介绍有关内容。

图 4-14 绑定"组合框"的数据表视图

在表设计时，"查阅向导"型字段与上述操作方法类似，也可与控件绑定来限制数据的显示和选择输入。

（9）表属性的设置与应用。当表的所有字段设置完成后，有时候需要对整个表进行设置，该设置在"表属性"对话框中进行。在表"设计"视图中单击"表设计"工具栏的"属性"按钮，弹出如图 4-15 的"表属性"对话框。

"表属性"对话框各栏的基本意义和用途如下。

"说明"栏可以填写对表的有关说明性文字。

"默认视图"是在表对象窗口中双击该表时，默认的显示视图，一般是直接显示该表所有记录的"数据表"。另外，在这里可以更改默认视图。用户可以在下拉框中选择"数据透视表"或"数据透视图"。这两种界面是表的另外的显示界面。当进入"数据表"视图后，也可以通过工具栏的第 1 个"视图选择"按钮在这 3 种界面和"表设计"视图之间选择。

图 4-15　"表属性"对话框

"有效性规则"和"有效性文本"栏与字段属性基本类似，有一点区别是：字段属性定义的只针对一个字段，而如果要对字段间的有效性进行检验，就必须在这里设置。所有这里的"有效性规则"可以引用表的任何字段。

"筛选"和"排序依据"栏，用于对表显示记录时进行限定，这方面的内容在本章后面 4.5 节中介绍。

与"子数据表"有关的栏目请参看下一节即 4.4 节"表之间的关系"中的内容。

与"链接"有关的栏目参见有关"链接表"的内容。

"方向"栏是设置"数据表"视图等显示界面中，字段显示的位置是从视图的"从左向右"还是"从右向左"。

2. 使用表向导创建表

使用"表向导"创建表的过程比较简单和固定，按照这种方式建立的表不一定合乎用户的要求，一般是根据表向导建立表之后，再依实际需要进行修改和调整。

使用"表向导"创建表的步骤如下。

① 进入数据库窗口即打开数据库，在数据库窗口中选中"表"对象标签。

② 单击"新建"按钮，弹出"新建表"对话框。

③ 选择"表向导"，单击"确定"按钮，启动"表向导"对话框。

④ 在"表向导"对话框中列出了许多示例表，这些示例表分为"商务"和"个人"两大类。用户应该根据建立表的目标，选择最接近目标的类别和示例表，然后选择中间"示例字段"栏中合适的字段，单击 > 按钮，将选中的字段放置到右边列出的"新表中的字段"栏中。如果整个表的字段都合适（或者大多数合适），可以单击 >> 按钮一次性将所有示例表的字段放入，如图 4-16 所示。

实际操作中，进入图 4-4 后，直接在表的对象窗口（右边）中双击"使用向导创建表"，同样启动"表向导"视图，直接进入图 4-16 所示的表向导对话框 1。

对于不合适的字段，可以进入"新表中的字段"栏中选中，然后单击 < 按钮取走。

⑤ 对于加入到新表的字段，如果觉得字段名不合适，可以在"新表中的字段"栏中选中，然后单击"重命名字段"按钮，弹出"重命名字段"对话框，重新命名。

⑥ 单击"下一步"按钮，进入"表向导"对话框 2，如图 4-17 所示。在"请指定表的名称"文本框中为本表命名，然后确定表的主键产生方式。

如选择"不，让我自己设置主键"，然后单击"下一步"按钮，进入图 4-18 所示的"表向导"对话框 3。

如选择"是，帮我设置一个主键"，"向导"将自动建立一个"自动编号"字段作为表的主键。单击"下一步"按钮，直接进入图 4-19 的表向导对话框 4。

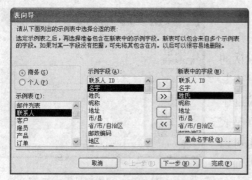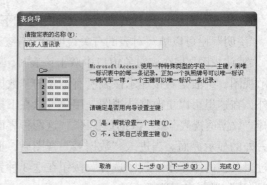

图 4-16　表向导对话框 1　　　　　　　　图 4-17　表向导对话框 2

⑦ 在图 4-18 表的向导对话框 3 上面的文本框右边的下拉框中选择作为主键的字段，然后从三个单选项中选择主键取值的方式。如果是用户输入由文本组成的编码，则选择第三个单选按钮。单击"下一步"按钮，进入表向导对话框 4，如图 4-19 所示。

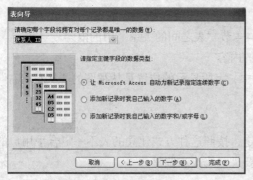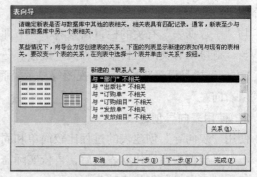

图 4-18　表向导对话框 3　　　　　　　　图 4-19　表向导对话框 4

⑧ 图 4-19 表向导对话框 4，用于设置新表和其他表的关系。如果新表和其他已建立表发生关系，首先在列表框中选择有关系的表，然后单击"关系"按钮，进入第 5 个表向导的"关系"对话框，如图 4-20 所示；否则，不选择有关系的表，也不单击"关系"按钮，而直接单击"下一步"按钮，进入表向导对话框 6，如图 4-21 所示。

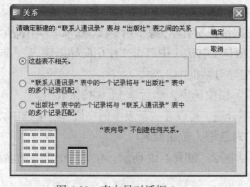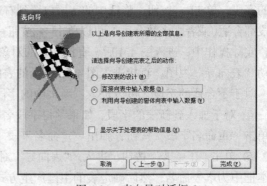

图 4-20　表向导对话框 5　　　　　　　　图 4-21　表向导对话框 6

⑨ 选择了有关系的表如"出版社"表，在图 4-20 表向导对话框 5 中，列出了 3 个单选按钮。分别是无关系和两个表分别为 $1:n$ 的父子表。这时要根据实际情况进行选择，然后单击"确定"按钮，进入表向导对话框 6，如图 4-21 所示。

⑩ "表向导"已经设置完毕，最后选择表建立后的动作，如图 4-21 中列出 3 个单选项供用户选择：修改表的设计、直接输入记录或利用向导创建的窗体向表中输入记录。

在图 4-21 所示画面中，单击"完成"按钮，根据向导创建表的工作就完成了。然后按照最后用户选择的单选项做进一步处理。

一般而言，向导方式创建的表都需要进一步修改。但向导操作相对简单，因此，用户可以使用向导作为初始建立表的学习方式。

3. 使用数据表视图创建表

上述两种创建表的方式都是先建立表的结构，然后输入数据记录。Access 还提供了另外一种方式，由于表是行列二维结构，因此根据输入到二维表的数据来创建表，这就是"数据表"视图创建表方法。

所谓"数据表"视图是以行列格式显示来自表或查询的数据的窗口。在"数据表"视图中，可以编辑字段、添加和删除数据，以及搜索数据。这种方式的基本步骤如下：

① 进入数据库窗口，在数据库窗口中选中表对象标签；

② 单击"新建"按钮，弹出"新建表"对话框，如图 4-4 所示；

③ 选择"数据表视图"，单击"确定"按钮，启动"数据表视图"，如图 4-22 所示。

图 4-22　数据表视图

实际操作中，进入图 4-4 后，直接在表的对象窗口（右边）中双击"通过输入数据创建表"，同样启动可"表向导"视图，直接进入图 4-22 所示的数据表视图。

④ 直接在"数据表"视图中象填表格一样输入数据。用户可以对字段定义名称。输入完毕后对表命名保存（一般不用默认表名表 1、表 2 等）。然后 Access 会询问是否建立主键。用户确定建或者不建。

Access 会根据输入的数据自动选择各字段的数据类型和字段属性。这样，一个表就建立起来了。然后用户可以进入设计视图进行表结构的修改。

以下我们举例说明操作过程。

【例 4-13】 使用"数据表"视图方式创建"读者信息"表，包括读者编号、姓名、性别、生日、工作单位、联系电话等字段，部分字段可以不填值。

在数据库窗口中双击"通过输入数据创建表"，启动"数据表"视图，如图 4-22 所示。由于本例只有 6 个字段，在"字段 7"上单击鼠标右键，弹出如图 4-23 所示的快捷菜单。单击"删除列"菜单项，删除"字段 7"。依次删除"字段 8"、"字段 9"、"字段 10"。

图 4-23　快捷菜单

在"字段 1"上单击鼠标右键，在快捷菜单中单击"重命名列"，修改"字段 1"的名称为"编号"。

也可以先选中"字段 1"然后再单击"字段 1"的名称来重命名。依次修改字段名称为"姓名"、"性别"、"生日"、"工作单位"、"联系电话"。

在表中，根据实际情况输入读者的数据记录，没有值的就不输入。输入完毕，关闭窗口，Access 询问是否保存表，选择"是"，然后 Access 弹出"另存为"对话框，用户输入表的名称"读者信息"。然后"确定"保存。

Access 询问是否"创建主键"？回答"是"，Access 会自动添加一个"id"自增型字段作为主键。如果用户要自己定义主键，回答"否"。

表建立后，进入表的设计视图，再进一步调整表的结构。

4. 使用导入表创建表

在计算机上，以二维表格形式保存数据的软件很多，其他的数据库系统、电子表格等，这些二维表都可以转换成为 Access 数据库中的表。Access 提供"导入表"方式创建表的功能，从而可以充分利用其他系统产生的数据。

"导入表"方式创建表的基本步骤如下：

① 进入数据库窗口的表对象窗口界面；

② 单击工具栏"新建"按钮，弹出如图 4-4 所示的"新建表"对话框；

③ 在"新建表"对话框中选择第 4 项"导入表"，单击"确定"按钮，弹出"导入"对话框，如图 4-24 所示。

在"查找范围"中确定导入文件的位置。在"文件类型"中选择要导入的文件的类型，可以是其他 Access 数据库中的表，也可以是其他数据库系统如 FoxPro 等中的表，也可以是 Excel 等电子表格或文本文件。确定文件后，单击"导入"按钮。

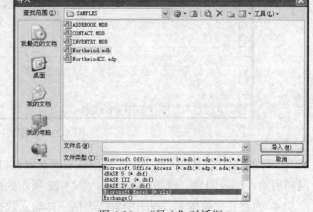

图 4-24　"导入"对话框

④ 如果是 Access 数据库，弹出所有对象的列表窗口，用户选中要导入的对象，选择"确定"并单击，该对象就被导入到当前数据库中。

如果是其他类型的文档，做必要的设置后用同样的方法导入到当前数据库中。

当对象被导入后，就与源对象之间没有任何关系了。导入的 Access 表与源表是相互独立的，源对象的更新对导入后的对象也没有任何影响。

5. 使用链接表创建表

"链接表"是 Access 提供的另外一种利用已有数据创建表的方法。

使用链接表创建表与导入表方式不同之处在于，这种方式创建的表与源表之间保持紧密联系，源表的任何更新都及时反应在创建表中。事实上，"链接表"方式创建的 Access 表并不保存表的数据记录。当数据库中打开表时，Access 就会建立与源表的链接通道，获取源表的当前数据。所以"链接表"方式能够反映源表的任何变化。如果源表被删除或移走，则链接表也无法使用。

"链接表"创建表的基本步骤如下。

① 进入数据库窗口的表对象窗口界面。

② 单击工具栏"新建"按钮，弹出如图 4-4 所示的"新建表"对话框。

③ 在"新建表"对话框中选择最后一项"链接表",单击"确定"按钮,弹出"链接"对话框。本对话框与"导入"对话框基本相同。

在"查找范围"中确定链接文件的位置。在"文件类型"中选择要链接的文件类型。要链接的文件可以是其他 Access 数据库中的表,也可以是其他数据库系统如 FoxPro 等的表,也可以是 Excel 等电子表格和文本文件。确定文件后,单击"链接"按钮。

④ 如果是 Access 数据库,弹出所有表对象的列表窗口,用户选中要链接的表,单击"确定"按钮,该表就被链接到当前数据库中。这时在表对象窗口中,链接表的前面有链接标识➡。

如果是其他类型的文档,做必要的设置后用同样的方法链接到当前数据库中。

当链接表创建后,对链接表的操作都会转换成对源表的操作。所以,有一些操作将不能够完成。

在需要使用其他系统的数据时,"导入表"或"链接表"是很有用的方式。

4.4　表之间的关系

按照关系数据库理论,一个数据库中的表应该尽量只存放一种实体的数据,不同表之间通过主键和外键进行联系,这样数据的冗余最小。按照这样的模式设计数据库,在一个数据库中就会有多个表,这些表之间有很多是有关系的。

表之间建立关系之后,主键和外键应该满足参照完整性规则的约束。因此,数据库的建立,不仅仅是定义表,还要定义表之间的关系,使其满足完整性的要求。

在两个要建立关系的表之间,作为被引用的主键的表,决定了数据的取值范围,被称为父表;父表中主键对应的、作为外键所涉及的表,只能在父表主键已有值的范围内取值,这个表被称为子表。参照完整性就是对建立了父子关系的表之间实施的数据一致性的约束。

例如,"教材管理"数据库中,"出版社"表和"教材"表都有"出版社编号"字段,但两者地位不同,"出版社"表的"出版社编号"字段是主键字段,它规定数据库中使用的所有出版社的编号的取值集合;"教材"表的"出版社编号"是外键,只能在"出版社"表中已经出现的编号集合中取值。这就是参照完整性的基本内容。

只有建立了关系的表才能够实现这种完整性,Access 提供了建立关系的方法。在 Access 中,除主键外,无重复(唯一)索引也可以有相同的功能。

1. 建立表间关系

根据父表和子表中相关联字段的对应关系,表之间关系可以分为两种:一对一关系和一对多关系。

① 一对一关系。在这种关系中,父表中的每一条记录最多只与子表中的一条记录相关联。在实际工作中,一对一关系使用得很少,因为存在一对一关系的两个表可以简单地合并为一个表。

若要在两个表之间建立一对一关系,父表和子表发生关联的字段都必须是主键或无重复索引字段。

② 一对多关系。这是最普通和常见的关系。在这种关系中,父表中的每一条记录都可以与子表中的多条记录相关联。但子表的记录只能与父表的一条记录相关联。

若要在两个表之间建立一对多关系,父表必须对关联字段建立主键或无重复索引。

关系表之间的关联字段,可以不同名,但必须在数据类型和字段属性设置上相同。

以下我们以实例来介绍数据库中的表之间的关系的建立。

【例 4-14】　根据数据库的设计,建立"教材管理"数据库中表之间的关系。

进入"教材管理"数据库窗口的表对象标签界面,单击"数据库"工具栏的关系 按钮,或者"工具"菜单的"关系"菜单项,都会进入"关系"窗口,同时出现"显示表"对话框。如果未出现"显示表"对话框,则在"关系"窗口中单击鼠标右键,在弹出菜单中单击"显示表"菜单项,就会弹出"显示表"对话框,如图 4-25 所示。

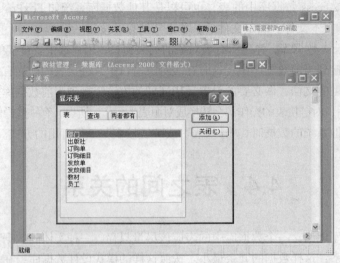

图 4-25 "关系"窗口与"显示表"对话框

由于每个表都与其他一个或多个表有关系,因此在"显示表"对话框中选中表,并单击"添加"按钮依次将各表添加到"关系"窗口。最后关闭"显示表"对话框。

为了便于操作,应为各表在"关系"窗口中安排合适的位置。

对于要建立关系的父表和子表,从父表中选中主键或无重复索引字段并拖动到子表对应的外键字段上,这时就会弹出"编辑关系"对话框。例如,将"部门"表的"部门号"拖到"员工"表"部门号",弹出如图 4-26 所示的对话框。

在"编辑关系"对话框中,左边的表是父表,右边的相关表是子表。下拉框中列出发生关联的字段,关系类型是"一对多"。

要全面实现"参照完整性",共包含以下几个内容。

① 子表"输入/更新"参照完整性。选中"实施参照完整性"前的复选框。这样,在子表中添加或更新数据时,Access 将检验子表新加入的与主键有关的外键值

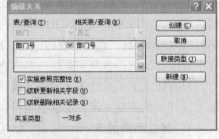

图 4-26 "编辑关系"对话框

是否满足参照完整性。如果外键值没有与之对应的主键值,Access 将拒绝添加或更新数据。

② 级联更新相关字段。在选中"实施参照完整性"复选框的前提下,可选该复选框。含义是,当父表修改主键值时,如果子表中的外键有对应值,外键的对应值将自动级联更新。

如果不选该复选框,那么当父表修改主键值而子表中的外键有对应值时,Access 会拒绝修改主键值。

③ 级联删除相关记录。在选中"实施参照完整性"复选框的前提下,可选该复选框。含义是,当父表删除主键值时,如果子表中的外键有对应值,外键所在的记录将自动级联删除。

如果不选该复选框,那么当父表修改主键值而子表中的外键有对应值,则 Access 拒绝修改主键值。

设置完毕后,单击"创建"按钮,就建立了"部门"表和"员工"表之间的关系。

上述的 3 个复选框如果都不选,虽然在"关系"窗口中也会建立两个表之间的关系连线,但

Access 将不会检验输入的记录，即不实施强制的参照约束。

按照以上类似的操作方法，依次建立有关联的表的关系。这样，整个数据库的全部关系就建立起来了。在以后数据库操作中，Access 将按照用户设置来严格实施参照完整性。

由于完整性约束与数据库数据的完整和正确息息相关，因此，用户应该在创建数据库时预先设计好所有的完整性约束要求，然后首先在定义表时，同时定义主键、约束和有效性规则规则、外键和参照完整性。这样，当输入数据记录时，所有设置的规则将发挥作用，最大限度地保证数据的完整和正确。否则，如果先输入数据记录，然后再设置完整性约束时，有可能有数据不满足这些约束，从而使得约束不能够实施。

2. 对关系的编辑

已经建立了关系的数据库，如果需要，可以对关系进行修改和维护。在编辑关系时，可以使用"关系"工具栏。"关系"工具栏在启动"关系"窗口后会自动打开，用户也可以利用"视图"菜单的"工具栏"菜单项进行手动打开。

（1）"关系"窗口中隐藏或显示表。在"关系"窗口中，当表很多时，可以隐藏一些表和关系的显示以突出其他表和关系。在需要隐藏的表上单击鼠标右键，在弹出菜单（见图 4-27）上单击"隐藏表"菜单项，被选中的表及其关系都会从"关系"窗口中消失。

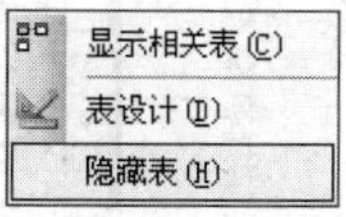

对于隐藏的表及其关系，可以在"关系"窗口中重新显示。

选中某个表，单击鼠标右键，在如图 4-27 所示菜单中单击"显示相关表"菜单项，或者单击"关系"工具栏的"显示直接关系"按钮，Access 将显示与该表建立了关系而被隐藏的表和关系。

图 4-27　快捷菜单

另外，单击"关系"工具栏的"显示所有关系"按钮，将被隐藏的所有表及其关系都重新显示在"关系"窗口中。

（2）添加或删除表。如果有新的表需要加入到"关系"窗口中，操作如下：

在"关系"窗口的空白处单击鼠标右键，在弹出菜单中单击"显示"表，或者单击"关系"工具栏"显示表"按钮，弹出如图 4-25 所示的"显示表"对话框，用户可以将需要加入的表选中，单击"添加"按钮。

这种操作可以使用户根据需要增加新的关系。

对于在"关系"窗口中不需要的表，选中，按"Delete"键即可。要注意的是，有关系的父表是不能被删除的，必须先删除关系；删除有关系的子表将同时删除关系。

（3）修改或删除已建立关系。在"关系"窗口中，选中某个关系连线单击鼠标右键，弹出如图 4-28 所示的菜单。单击"编辑关系"菜单项，启动如图 4-26 的"编辑关系"对话框，用户可以对已建立关系进行编辑修改；如果单击"删除"菜单，Access 将弹出对话框询问是否永久删除选中的关系，回答"是"将删除已经建立的关系。

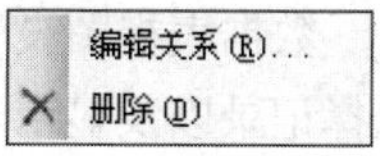

图 4-28　编辑关系菜单

另外，单击关系连线选中关系，然后按"Delete"键也可删除该关系；双击某个关系的连线，Access 也将启动"编辑关系"对话框，用户可编辑修改已有的关系。

4.5　表的操作

建立表的目的是为了表达和保存数据记录。当表建立后，就可以对表进行各种操作，利用表，达到保存、管理和使用数据的目的。

在 Access 数据库中，"数据表视图"是用户操作表的主要界面，可以随时输入记录，或编辑、浏览表中已有的记录，还可以查找和替换记录以及对记录进行排序和筛选。数据表视图是可格式化的，用户可以根据需要改变记录的显示方式，如改变记录的字体、字形及字号，调整字段显示次序，隐藏或冻结字段等。

"数据表视图"和"表设计视图"可以相互切换。在视图窗口的标题栏单击鼠标右键，就可以通过快捷菜单进行切换。当然也可以使用工具栏的"视图"菜单项下的"设计视图"和"数据表视图"进行切换。

1. 表记录的输入

在 Access 数据库中，用户定义了表结构后，就可以随时通过"数据表视图"输入记录。

如图 4-29 所示为"教材"表的数据表视图。在"教材管理"数据库窗口的表对象界面，双击"教材"表，或者选中"教材"表，然后单击"打开"按钮，就可以启动该窗口。

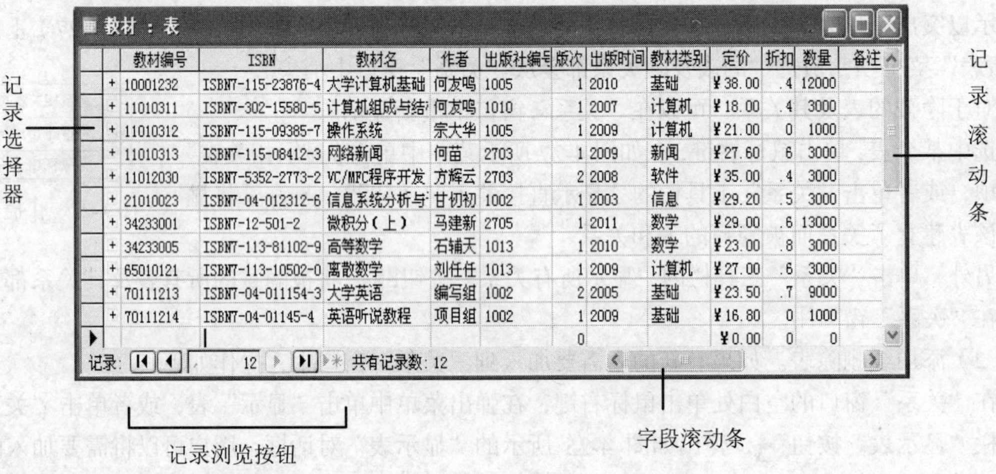

记录选择器

记录滚动条

	教材编号	ISBN	教材名	作者	出版社编号	版次	出版时间	教材类别	定价	折扣	数量	备注
+	10001232	ISBN7-115-23876-4	大学计算机基础	何友鸣	1005	1	2010	基础	¥38.00	.4	12000	
+	11010311	ISBN7-302-15580-5	计算机组成与结	何友鸣	1010	1	2007	计算机	¥18.00	.4	3000	
+	11010312	ISBN7-115-09385-7	操作系统	宗大华	1005	1	2009	计算机	¥21.00	0	1000	
+	11010313	ISBN7-115-08412-3	网络新闻	何苗	2703	1	2009	新闻	¥27.60	6	3000	
+	11012030	ISBN7-5352-2773-2	VC/MFC程序开发	方辉云	2703	2	2008	软件	¥35.00	.4	3000	
+	21010023	ISBN7-04-012312-6	信息系统分析与	甘仞初	1002	1	2003	信息	¥29.20	.5	3000	
+	34233001	ISBN7-12-501-2	微积分（上）	马建新	2705	1	2011	数学	¥29.00	.6	13000	
+	34233005	ISBN7-113-81102-9	高等数学	石puce天	1013	1	2010	数学	¥23.00	.8	3000	
+	65010121	ISBN7-113-10502-0	离散数学	刘任任	1013	1	2009	计算机	¥27.00	.8	3000	
+	70111213	ISBN7-04-011154-3	大学英语	编写组	1002	2	2005	基础	¥23.50	.7	9000	
+	70111214	ISBN7-04-01145-4	英语听说教程	项目组	1002	1	2009	基础	¥16.80	0	1000	
									¥0.00	0	0	

记录：[◄◄][◄] 12 [►][►►][►*] 共有记录数：12

记录浏览按钮

字段滚动条

图 4-29 教材表视图界面

在数据表视图中，每一行显示一条记录，每列头部显示字段名。如果定义表时为字段设置了"标题"属性，那么"标题"属性的值将替换字段名。

数据表视图设置有记录选择器、记录滚动条、字段滚动条和记录浏览按钮。记录选择器用于选择记录以及显示当前记录的工作状态。记录滚动条用于滚动显示未出现在视图中的其他记录。字段滚动条用于滚动显示未出现的其他字段。记录浏览按钮包含 6 个控件（首记录、上一记录、记录号框、下一记录、尾记录、新记录），用于移动指定当前记录。

在数据表视图最左边的记录选择器上可看到 3 种不同的标记，"当前记录"标记"▶"指明该行记录为当前记录；"编辑记录"标记"ℐ"表明当前记录正在进行编辑；"新记录"标记"✳"指明用户要输入新记录应在该行实施。

在数据表视图中，如果打开的表与其他表存在一对多的表间关系，Access 将会在数据表视图中为每条记录在第一个字段的左边设置一个展开指示器（＋）号，单击（＋）号可以展开显示与该记录相关的子表记录。在 Access 中，这种多级显示相关记录的形式可以嵌套，最多可以设置 8 级嵌套。

在数据表视图中，若要为表添加新记录，应首先单击工具栏上的"新记录"按钮或直接单击数据表视图中的"新记录"按钮，Access 即将光标定位在新记录行上。新记录行的记录选择器上显示有"新记录"标记"＊"，一旦用户开始输入新记录，记录选择器上将变成显示"编辑记录"标记，直到输入完新记录光标移动到下一行。

以下我们举例说明。

【例 4-15】　为"教材管理"数据库的"教材"表输入记录。

进入"教材"表的"数据表视图"，将光标定位在"新记录"标记所在的记录，然后根据不同字段，输入相应的记录值即可。

若要输入多条记录，每输入完毕一条记录，直接下移就可以继续输入。

输入完毕，关闭窗口保存，或者单击工具栏的"保存"按钮。

在实际应用 Access 数据库时，要存入表的数据都是实际发生的数据。对于实际应用来说，数据的正确性和界面友好（符合用户的习惯格式）是很重要的。所以 Access 应用系统一般会根据实际来设计符合用户习惯的输入界面，同时还要进行输入检验，保证数据输入的正确，提高输入速度，这个功能由 Access 的窗体对象实现。关于窗体，我们将在第 6 章介绍。

由于 Access 本身的设计特点就是可视化、易于交互操作，所以很多用户会直接操作"数据表视图"，本章前面介绍的"查阅显示控件"就是输入记录时非常重要的一种手段。比如，"教材"表设计时，用户就可以对"出版社编号"字段设置显示控件为组合框并绑定"出版社"表的"出版社编号"和"出版社名"字段；"教材类别"字段可以设置显示控件为列表框并绑定一组事先规定好的教材类别值集合，当然也可以设计"教材类别"为"查阅向导"型字段，将实现相同的功能。

对于其他字段，尽量设置 "输入掩码"、"有效性规则"、"默认值"等属性，将极大的提高输入速度和正确性。

如果输入的记录值中有外键字段，必须注意字段值要满足参照完整性约束。

另外，如果表设计时有"OLE 对象"型字段，处理字段值的基本方法如下。

作为"OLE 对象"型字段，可以存储的对象非常多。例如，在"教材"表中增加"教材封面"字段，这是一幅图片；增加"教材简介"字段，可能是一篇 Word 文档；增加"电子课件"，可能是 PPT 文档，这些都可以是"OLE 对象"型字段。

输入"OLE 对象"的值有两种方法。

第一种方法是：首先利用"剪切"或"复制"将对象放置在"剪贴板"中，然后，在输入记录上的"OLE 对象"字段上单击鼠标右键，弹出快捷菜单，单击"粘贴"菜单命令，该对象就保存在表中。这种方法对于图片比较适合。

第二种方法是：在输入记录上的"OLE 对象"字段上单击鼠标右键，弹出快捷菜单，单击"插入对象"菜单命令，弹出如图 4-30 所示的对话框。

对话框左边有两个单选按钮："新建"和"由文件创建"。选中"由文件创建"，将变换为如图 4-31 所示的对话框。

如果选"新建"按钮，在中间的"对象类型"列表中选择要建立的对象，单击"确定"按钮，Access 将自动启动与该对象有关的程序来创建一个新对象。

如选择"Microsoft Excel 工作表"，Access 将自动启动 Excel 程序，这时用户可以创建一个 Excel 电子表，退出 Excel 时，这个电子表就保存在 Access 表的当前记录中了。

如果选"由文件创建"按钮，意思就是该对象已经作为文件存储在磁盘上。确定该文件路径和文件名，单击"确定"按钮，该文件就作为一个"包"存储到 Access 表记录中。

如果选择"链接"复选框，则 Access 采用链接方式存储该"包"对象。

对于所有"OLE 对象"值的显示或处理，都使用创建和处理该对象的程序。

图 4-30　新建对象对话框

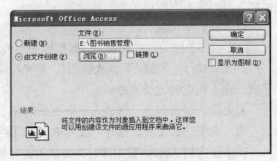

图 4-31　文件创建对象界面

2. 表记录的修改和删除

对于实际应用的数据库系统来说，存储于表中的记录，都是实际业务或管理数据的体现。由于实际情况经常变化，所以相应的数据也不断改变。Access 允许用户修改和删除表中的数据。

对于数据记录的修改或删除，与记录输入类似，"数据表视图"是主要的操作界面。

在数据表视图中，对于要处理的数据，用户必须首先选择它，然后才能进行编辑修改。

（1）用新值替换某一字段中的旧值或删除旧值。首先将光标指向该字段的左侧，此时光标变为✛字形，单击鼠标选择整个字段值。此时键入新值即可替换原有旧值或按"Delete"键删除整个字段值。

（2）替换或删除字段中的某一个字。将光标放置在该字上，双击选择该字，被选择的字被高亮显示。此时键入新值即可替换原有字或按"Delete"键删除该字。

（3）替换或删除字段中的某一部分数据。将光标放置在该部分数据的起始位置，然后拖曳鼠标选择该部分数据。键入新值即可替换原有数据或按"Delete"键删除。

（4）要在字段中插入数据。将光标定位在插入位置，进入插入模式。键入的新值被插入，其后的所有字符均右移。按"Backspace"键将删除光标左边的字符，"Delete"键删除光标右边的字符。

在开始编辑修改记录时，该记录最左边的记录选择器上出现笔形"编辑记录"标记；直到编辑修改完该记录并将该记录写入表中，"编辑记录"标记才会消失。

（5）输入字段值时，单击"编辑"菜单中"撤销键入"命令，或单击工具栏上的"撤销键入"按钮，可以取消当前输入。"撤销键入"命令也可以取消对前面字段值的修改、取消对未经保存的当前记录的全部修改，还可以撤销本次操作的已保存的修改。

（6）也可以使用"Esc"键来取消对记录的编辑修改。按一次"Esc"键可以取消最近一次的编辑修改；连续按两次"Esc"键将取消对当前记录的全部修改。

在编辑修改记录时，可以通过"选项"对话框设置控制键的工作方式。单击"工具"菜单的"选项"菜单命令，弹出"选项"对话框，选择"键盘"选项卡，如图 4-32 所示。

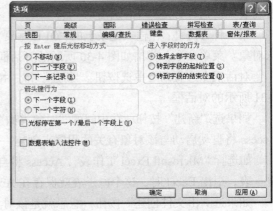

图 4-32　"选项"对话框

在"选项"对话框中，用户可以根据需要对光标、光标键（"→"或"←"键）、"Enter"键的使用方式进行设置。

3. 对表的其他操作

创建表和输入记录并维护，为数据库应用奠定了基础。对于表的进一步操作，主要包括浏览数据记录，对记录的查找、排序、筛选，以及修改表的结构，乃至删除表。

（1）表记录的浏览显示及外观格式设置。"数据表"视图是浏览表的基本界面。在"数据表"视图中可以显示相关表的记录、可以设置多种显示记录的外观格式。

① 主子表展开或折叠浏览。作为关系的父表，在浏览时如果想同时了解被其他表的引用情况，可以在"数据表"视图中单击记录左侧的展开指示器（＋）查看相关的子表。有多个子表时需要选择查看的子表。

【例 4-16】 浏览"出版社"表记录并查看其出版教材的子表数据。

启动"出版社"表的数据表视图，单击展开指示器（＋），就可以看到当前记录的出版社对应的"教材"表的数据，如图 4-33 所示。

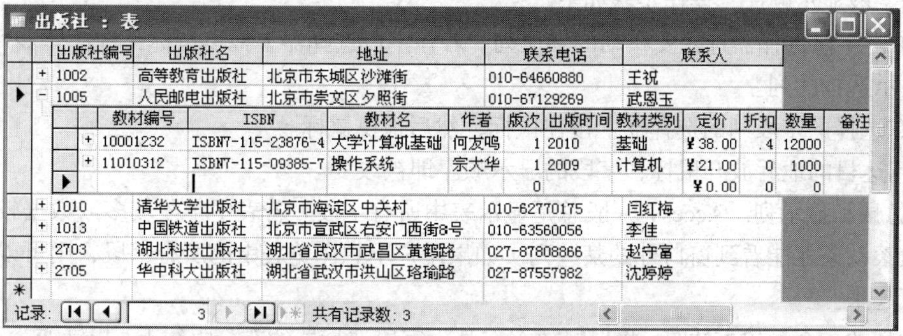

图 4-33 父子表数据表视图显示

依次单击（＋），将分别展开子表数据。单击折叠指示器（－），将收起已展开子表数据，同时（－）号变成（＋）。

若要展开当前拥有焦点的数据表或子数据表的全部子数据表，可指向"格式"菜单的"子数据表"菜单命令，然后单击"全部展开"项；单击"全部折叠"项则全部收起已展开的子表。

如果要展开"教材"表及其子表，因为有"发放细目"和"订购细目"作为其子表，因此，Access 将弹出如图 4-34 所示的"插入子数据表"对话框，用户选择确定想要显示的子表。

② 改变"数据表"视图列宽和行高。在"数据表"视图中，Access 通常以默认的列宽和行高来显示所有的列和行。用户可根据需要调整列宽和行高。

图 4-34 插入子数据表对话框

调整列宽或行高的一种方法是，把鼠标指针放置在"数据表"视图顶部字段选择器分隔线上，指针变成双箭头，拖曳鼠标即可任意调整字段列宽度。同样，把鼠标指针放置在左侧记录选择器分隔线上，指针变成双箭头，拖曳鼠标即可调整记录行的高度。

使用鼠标调整列宽或行高操作方便，但精度不高。若要精确调整列宽，操作步骤如下。

a. 首先选择想改变列宽的字段，将光标定位在该字段的任一记录上。

b. 单击"格式"菜单的"列宽"命令，弹出"列宽"对话框，如图 4-35 所示。

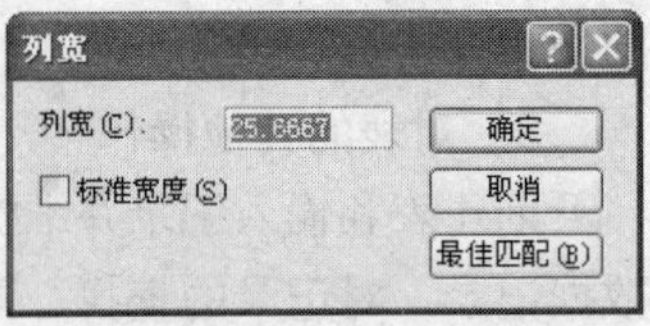

c. 在"列宽"对话框的"列宽"文本框中键入新的列宽值。

d. 单击"确定"按钮，Access 将精确调整列宽。

图 4-35　数据表视图列宽设置

在"列宽"对话框中，如果选中"标准宽度"复选框，Access 将把该列设置为默认的宽度。如果单击"最佳匹配"按钮，Access 就会把宽度设置成适合该字段列最大显示数据长度的列宽。

精确调整行高的操作步骤与精确调整列宽类似，先定位要修改高度的记录，然后单击"格式"菜单的"行高"命令，弹出"行高"对话框，如图 4-36 所示。在对话框中进行设置并确定即可。

图 4-36　数据表视图行高设置

③ 重新编排列的显示次序。在"数据表"视图中，从左到右显示字段的默认顺序是表设计视图中定义字段的顺序。用户可以重新编排，改变字段显示顺序。

改变字段显示顺序，操作步骤如下。

a. 单击字段选择器选择要移动的字段列。若在字段选择器上拖曳鼠标，将选择多列。Access 以高亮显示选择的列。

b. 在选择的字段列的选择器上按住鼠标，然后拖曳鼠标。

c. 到达目的地后放开鼠标，字段的显示顺序即被改变。

④ 隐藏和显示列。Access 一般总是显示表中所有字段。若表中字段较多或数据较长，则要单击字段滚动条才能看到窗口外的某些列。如果用户不想浏览表中的所有字段，则可以把一些字段列隐藏起来。

隐藏列的一个简单方法是，将鼠标放置在某一字段选择器的右分隔线上，指针变为双向箭头，然后向左拖曳鼠标到该字段的左分隔线处，放开鼠标，该列即消失。

也可以首先选择要隐藏的一列或多列，然后单击"格式"菜单的"隐藏列"命令，Access 将隐藏所选择的列。

被隐藏的列并没有从表中删除，只是在"数据表"视图中暂时不显示而已，用户可以随时单击"格式"菜单的"取消隐藏列"命令来再现被隐藏的列。

⑤ 冻结列。当记录比较长时，"数据表"视图只能显示记录的一部分。需要单击字段滚动条来浏览或编辑记录的其余部分，但这样做又会隐藏起记录的另一部分。有时候用户需要某些字段列总是保留在当前窗口上。采取"冻结列"方式可以做到这一点。

操作方法是，首先选择要冻结的一列或连续的多列（不连续的多列可以先重新排列），然后单击"格式"菜单的"冻结列"命令，Access 即把选择的列移到窗口最左边并冻结它们，冻结的列始终以深色显示。当单击字段滚动条向右或向左滚动记录时，被冻结的列始终固定显示在最左边。

单击"格式"菜单的"取消对所有列的冻结"命令，将释放所有冻结列。

⑥ 选择字体、字形、字号。对于"数据表"视图显示的字体、字形及字号，用户可以重新设置，步骤如下。

a. 单击"格式"菜单的"字体"命令，弹出"字体"对话框。

b. 在"字体"对话框中选择适当的选项。其中，"字体"列表框用来选择字体，该列表框列出了 Windows 系统中设置的所有字体。"字形"列表框用来选择字形，例如斜体字。"字号"列表框用来设置字体的大小，默认"小五"号字，如图 4-37 所示。

选中"下划线"复选框，在"数据表"视图中将为所有字符添加下划线；设置"颜色"组合框，可以改变当前输出的字体的颜色。

c. 单击"确定"按钮，Access 即重新设置"数据表"视图的字体、字形、字号以及下划线、颜色等外观样式。

⑦ 设置网格线、立体显示效果。在"数据表"视图中，通常在行和列之间有网格线，采用平面显示，构成了直观的二维平面表格。

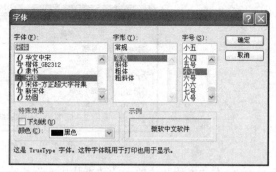

图 4-37　"字体"对话框

Access 允许用户重新设置或隐藏网格线、设置立体显示效果，操作步骤如下。

a. 单击"格式"菜单的"数据表"命令，弹出"设置数据表格式"对话框。

b. 在"设置数据表格式"对话框中，选择适当的选项，如图 4-38 所示。

c. 单击"确定"按钮，"数据表"视图即以被重新设定的格式外观来显示。

在"设置数据表格式"对话框中，当选择了"平面"单选项以后，可以通过选择"水平方向"和"垂直方向"复选框来控制是否在数据表视图中显示水平或垂直网格线。

"背景颜色"组合框可以控制数据表视图的背景颜色。"网格线颜色"组合框可以控制网格线的颜色。"边框和线条样式"组合框可以控制"数据表边框"、"水平网格线"、"垂直网格线"的线型。

在对话框中，选择"凸起"或"凹陷"单选项，数据表视图就以三维立体效果显示。

图 4-38　"设置数据表格式"对话框

（2）表的打印输出。如果想直接打印表中的记录，可以在数据库的表对象窗口中，在要打印的表上单击鼠标右键，在弹出菜单中选择"打印"命令。

要进行打印，应该有打印设备与计算机相连。打印的格式是数据表的基本格式，如果希望查看打印效果，可以在弹出菜单中单击"打印预览"命令，这时，将在预览窗口中看到将要打印的数据表。

（3）记录数据的查找和替换。数据库实际应用时，往往会存储非常多的数据记录。如一段时间内书店的图书销售记录会数以万计。这时，要在"数据表"视图中查找特定的记录就不是一件容易的事情。

为了快速查找指定的记录，Access 提供了"查找"功能。另外，与查找功能相关联的，有时需要在"数据表"视图中批量修改某类数据，Access 提供了快速替换数据的"替换"功能。

从大量记录中查找指定记录，事先一定有标识记录的特征值，如在"图书"表中查找特定的作者，作者姓名就是特征值。查找就是通过特征值来完成。

操作的基本步骤如下。

① 进入"数据表"视图，选择特征值所在的字段。

② 单击"编辑"菜单的"查找"命令，或者单击工具栏"查找"按钮，弹出"查找和替换"对话框，如图 4-39 所示。

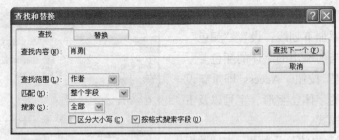

图 4-39　"查找与替换"对话框

③ 在"查找"选项卡的"查找内容"组合框中键入查找特征值，然后设置"查找范围"、"匹配"模式、"搜索"范围等。

④ 单击"查找下一个"按钮，Access 从当前记录处开始查找。如果找到要找的数据，Access 将高亮显示该数据。

若继续单击"查找下一个"按钮，Access 将重复查找动作。若没有找到匹配的数据，Access 提示已搜索完毕。单击"取消"按钮退出查找。

在输入查找的特征值时，可以使用通配符来描述要查找的数据。其中，用"*"匹配任意长度的未知字符串，用"?"匹配任意一个未知字符，用"#"匹配任意一个未知数字。

"查找范围"组合框用于确定数据的查找范围。该组合框有两个选项：当前选择的字段、整个表，即所有字段。

"匹配"组合框包含有 3 个选项，默认设置为"整个字段"选项，该选项规定要查找的数据必须匹配字段值的全部数据。"字段任何部分"选项规定要查找的数据只需匹配字段值的一部分即可。"字段开头"选项规定要查找的数据只需匹配字段值的开始部分即可。

"搜索"组合框包含有 3 个选项，用于确定数据的查找方向。默认设置为"全部"，若选择了"全部"选项，Access 在所有记录中查找。若选择"向上"选项，Access 从当前记录开始向上查找；若选择"向下"选项，Access 从当前记录开始向下查找。

"区分大小写"复选框用于确定查找记录时是否区分大小写。

"按格式搜索字段"复选框用于确定查找是否按数据的显示格式进行。需要注意的是，使用"按格式搜索字段"可能降低查找速度。

"查找和替换"对话框的"替换"选项卡中，增加了"替换为"组合框，用于在查找的基础上将找到的内容自动替换为"替换为"组合框中输入的数据。

"替换"选项卡中增加了"全部替换"按钮，单击该按钮，将会自动将表中查找范围内所有匹配查找特征值的数据自动替换为"替换为"组合框中输入的值。这种功能特别适用于同一数据的批量修改。

（4）排序和筛选。在"数据表"视图中，可以对记录进行排序，即根据指定字段值的大小顺序重新显示记录；也可以对记录进行筛选，即仅将满足给定条件的记录显示在数据表视图中。

① 排序记录。在进入"数据表"视图时，Access 一般是以表中定义的主键值升序方式排序显示记录。如果表中没有定义主键，将按照记录在表中输入时的物理顺序显示记录。如果用户需要改变记录的显示顺序，可在"数据"表视图中对记录进行排序。

在"数据表"视图中，选择用来排序的字段，单击"升序"按钮 或者"降序"按钮 ，记录的显示将该字段值的"升序"或"降序"方式排序。选择"记录"菜单中的"排序"命令也可以实现相同的功能。

若一次选择了相邻的几个字段（如果不相邻，可通过调整字段使它们邻接），使用"升序"或

"降序"按钮，记录将依这几个字段从左至右的优先级，按照值的升序或降序排序。

如果根据几个字段的组合对记录进行排序，但这几个字段的排序方式不一致，则必须使用"记录"菜单的"筛选"命令中"高级筛选/排序"子命令。操作步骤如下。

a. 打开表的数据表视图。

b. 选择"记录"菜单→"筛选"命令→"高级筛选/排序"子命令单击，弹出"筛选"窗口，如图 4-40 所示是"教材"表的筛选窗口，同时"记录"菜单变为"筛选"菜单。筛选窗口分为上下两部分。上面部分是表输入区，用于显示当前表；下面部分叫做 QBE（Query By Example）设计网格，用于为排序或筛选指定字段、设置排序方式和筛选条件。

图 4-40　筛选设置窗口

c. 在 QBE 网格"字段"栏的下拉框中指定要排序的字段。

d. 每选择一个排序字段后，就指定该字段的排序方式（升序或降序）。

e. 重复第 c、d 步操作，以指定多个字段的组合来进行排序。设置的字段依次称为第一排序字段、第二排序字段……

f. 单击"筛选"菜单的"应用筛选/排序"命令，Access 即根据指定字段的组合对记录进行复杂排序。只有在上一排序字段值不分大小时，下一排序字段才发挥作用。

② 筛选记录。在"数据表"视图中，通常是显示所有记录。"筛选记录"功能实现在"数据表"视图中只显示满足给定条件的记录。

对记录进行筛选的操作与对记录进行多字段排序的操作相似。基本方法是：

在"筛选"窗口中指定参与筛选的字段，接着将筛选条件输入到 QBE 网格中的"条件"行和"或"行中。

Access 规定：在"条件"行和"或"行中，在同一行中设置的多个筛选条件，它们之间存在逻辑"与"的关系。在不同行中设置的多个筛选条件，它们之间存在逻辑"或"的关系。如果需要，可以同时设置排序。也可以设置字段只排序不参与筛选。

设置完毕，单击"筛选"菜单的"应用筛选/排序"命令，Access 即根据设置筛选条件进行组合筛选，若同时设置有排序，则在筛选的基础上按排序设置显示数据表。

在"数据表"视图内，若要取消筛选，单击"记录"菜单的"取消筛选/排序"命令，Access 将重新显示该表中的所有记录。

（5）表结构修改和表的删除。表在使用过程中，可以随时修改表的结构。但要注意，由于表中已经保存了数据记录，与其他表可能已经建立了关系，所以修改表结构可能会受到一定的限制。

在"表设计"视图中修改结构定义，可以进行的修改操作包括：添加、删除字段，修改字段的定义，移动字段重排顺序，添加、取消或更改主键字段等。

如图 4-41 所示是"部门"表的设计视图。在左侧的字段选定器上单击鼠标右键，弹出快捷菜单。

单击"删除行"命令，将从表中删除当前选择的字段。如果删除的字段被关系表引用，那么 Access 提示删除前必须先解除关系，否则将不允许删除。

要增加新的字段，可以直接在最后一个字段的后面空白处输入新的字段，也可以在快捷菜单中单击"插入行"命令，先插入一个空行，然后在其中输入新字段的定义。要注意的是，如果不是空表，则表中存在的记录中其他字段有值，新定义的字段就不能定义 "必填字段"属性为"是"，否则，Access 提示检验通不过信息。

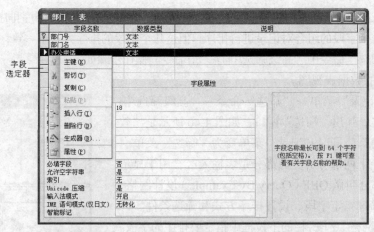

图 4-41 "表设计"视图中修改表结构定义

用鼠标按住某个字段的字段选定器拖曳，可以改变字段的排列次序，那么在"数据表"视图中字段列的位置顺序也会更改。

选定某个字段，可以更改其字段名称、数据类型、字段属性。但要注意，若该字段已经有数据在表中，那么修改字段定义可能引起已有数据与新定义的冲突。

选中"主键"字段，单击工具栏"主键"按钮，可以取消已有主键，但若主键被关系表引用，则不可取消，除非先解除该关系。如果表之前没有定义主键，可以选中某个字段，单击工具栏"主键"按钮定义主键。前提是，选定的字段没有重复值。

对于表结构的修改，必须保存才能生效。退出"表设计"视图时 Access 会提示保存。

当某个表不再需要时，应及时删除表。在数据库窗口中，选定某个表，单击"删除"按钮✕，或者按"Delete"键，将从数据库中删除表。这种删除是不可恢复的永久删除，删除时 Access 会提示。但要注意，若该表在关系中被其他表引用，必须先解除关系。

习　题

一、填空题

1. 文本型的长度以字节为单位，最多_____字节。

2. 当需要使用文本值常量时，必须用 ASCII 的_____或_____括起来。单引号或双引号称为字符串定界符，必须成对出现。

3. 日期、时间或日期时间的常量表示要用_____作为标识符。

4. 是/否型可以取的值有：true 与 false、on 与 off、yes 与 no 等。这几组值在存储时实际上都只存一位。True、on、yes 存储的值是_____，false、off 与 no 存储的值为_____。

5. 要将某个 Microsoft Word 文档整个存储，就要使用_____。

6. 字段属性中的格式是定义数据的_____和_____。

7. 字段属性中的输入掩码是定义数据的_____。

8. 字段属性中的小数位数是定义_____和_____数值的小数位数。

9. 字段属性中的智能标识对_____和_____无效。

10. 字段属性中的新值只用于_____。

11. 主键实现了数据库中数据_____的功能，同时是参照完整性中被参照的对象。

12. 在 Access 中，定义一个主键，同时也是在主键字段上自动建立了一个_____。

13. 由于数据库最主要的操作是查询，因此，_____对于提高数据库操作速度是非常重要和不可缺少的手段。

14. 若要在两个表之间建立一对一的关系，父表和子表发生关联的字段都必须是_____或_____。

15. 若要在两个表之间建立一对多的关系，父表必须对关联字段建立_____或_____。

16. 关系表之间的关联字段，可以不同名，但必须在_____和_____设置上相同。

17. 表中的一行称为_____，对应关系中的一个_____。

18. 表中的一列称为_____，对应关系中的一个_____。

二、名词解释

1. 表的主键（Primary Key）
2. 外键（Foreign Key）
3. 是/否型
4. OLE 对象型

三、问答题

1. 简述 Access 数据库中表的基本结构。
2. 数据类型作用有哪些？试举几种常用的数据类型及其常量表示。
3. Access 数据库中有哪几种创建表的方法？简述各种建表方法的特点。
4. 何谓 Access 保留字？举例说明。
5. 自动编号字段有哪些类型的编号方式？
6. 如果将 Access 保留字作为对象名使用，将会产生什么后果？
7. Access 对于表名、字段名和控件名等对象的命名制定了相应的命名规则。请简述命名规则。
8. Access 命名的基本原则要求是什么？
9. 简述主键的作用和特点。
10. 如何定义单个或多个字段的主键？
11. 给字段定义索引有哪些作用？
12. 为什么说索引会降低数据更新操作的性能？
13. 如何兼容单字段和多字段索引？
14. 如何删除主键？
15. 如何删除索引？
16. 建立表时，如何定义默认值？使用默认值有何作用？

实 验 题

本章的综合实验：请在机器上完成以下操作。

请在"D:\教学"下建立数据库教学管理.mdb，如图 4-42 所示。然后建立成绩、课程、学生、学院和专业 5 张表，如图 4-43 所示。表的结构如表 4-19～表 4-23 所示。

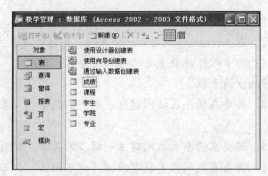

图 4-42   "D：\教学"下建立教学管理.mdb   图 4-43   教学管理.mdb 有 5 张表

表 4-19   成绩表

键	字段名	类　型	宽度	说明
	学号	文本	8	
	课程号	文本	8	
	成绩	数字		单精度型，小数位 1，有效性规则>=0 and <=100

表 4-20   课程表

键	字段名	类型	宽度	说明
主键	课程号	文本	8	建无重复索引
	课程名	文本	24	
	学分	数字	字节	小数位自动
	学院号	文本	2	

表 4-21   学生表

键	字段名	类型	宽度	说明
主键	学号	文本	8	建无重复索引
	姓名	文本	8	
	性别	文本	2	='男' or ='女'
	生日	日期/时间		
	民族	文本	2	255
	籍贯	文本		255
	专业号	文本		4
	简历	备注		非必填字段
	登记照	OLE 对象		非必填字段

表 4-22   学院表

键	字段名	类型	宽度	说明
主键	学院号	文本	2	建无重复索引
	学院名	文本	16	
	院长	文本	8	

表 4-23　　　　　　　　　　　专业表

键	字段名	类型	宽度	说明
主键	专业号	文本	4	建无重复索引
	专业	文本	16	
	专业类别	文本	8	建有重复索引
	学院号	文本	2	

请对每张表录入至少 10 条以上的不同记录，内容自拟。然后建立关系：如图 4-44 所示（注意对每张表进行主键指定和建立索引）。

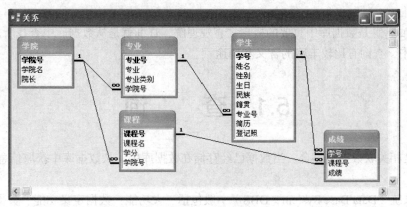

图 4-44　建立表间的关系

接下来，对这 5 张表都在"表属性"对话框的"说明"栏填写对表的有关说明性文字：

成绩表：记录各学号的各个课程号的成绩；

课程表：记录课程号、课程名、学分和学院号；

学生表：记录学生档案；

学院表：记录学院号、学院名和院长姓名；

专业表：记录专业号、专业名称、专业类别和所属学院号。

再对"数据表"视图显示的字体、字形及字号进行重新设置。

对成绩表的成绩降序排序。

修改某表记录、字段或删除某表。

第5章
查询对象与 SQL 语言

查询（Query）是数据库中重要的概念。直观理解，查询就是从数据库中查找所需要的数据。但在 Access 中，查询有比较丰富的含义和用途。

5.1 查　　询

数据库是相关联数据的集合。当数据已经存储在数据库中，从数据库中获取信息就成为最主要的工作。

数据库系统（Data Base System，DBS）一般包括三大功能：数据定义功能、数据操作功能、数据控制功能。要表达并实施数据库操作，必须使用数据库操作语言。关系数据库中进行数据操作的语言是结构化查询语言 SQL（Structured Query Language）。

1. 查询概念

在 Access 中，完成数据组织存储的，是表，实现数据库操作功能的，就是"查询"。查询是关于数据库操作的概念，查询以表为基础。

Access 数据库将查询分为"选择查询"和"动作查询"两大类。用户使用选择查询来从指定表中获取满足给定条件的记录；用户使用动作查询来从指定表中筛选记录以生成一个新表，或者对指定表进行记录的更新、添加或删除等操作。

Access 的"选择查询"有两种基本用法：一是根据条件，从数据库中查找满足条件的数据，并进行运算处理。二是对数据库进行重新组织，以支持用户的不同应用。

一般的 DBMS 都提供两种应用：第一种应用称为查询；第二种应用以查询为基础来实现，称为视图（View）。

在 Access 中，这两种应用都称为查询。

一般的 DBMS 在执行一个查询后，会得到一个查询结果数据集，这个数据集也是二维表，但数据库中并不将这个数据集（表）保存。Access 可以命名保存查询的定义，这就得到数据库的查询对象。查询对象可以反复执行，查询结果总是反映表中最新的数据。查询所对应的结果数据集被称为"虚表"，是一个动态的数据集。

2. 应用查询

应用查询的基本步骤如下。

（1）设计定义查询。

（2）运行查询，获得查询结果集。这个结果集与表的结构一致。

（3）如果需要重复或在其他地方使用这个查询的结果，就将查询命名保存，这就得到一个查询对象。以后打开查询对象，就会立即执行查询并获得新的结果。因此，查询对象总与表中的数据保持同步。如果不保存查询命名，则查询和结果集都将消失。

3. 查询设计

（1）查询设计视图。在 Access 数据库窗口中，选择"查询"对象，出现查询对象列表窗口，如图 5-1 所示。查询对象列表窗口提供建立查询的基本操作有两种："在设计视图中创建查询"和"使用向导创建查询"。

在查询对象列表窗口中选取第一种"在设计视图中创建查询"，然后单击上面的"新建"按钮，弹出如图 5-2 所示的"新建查询"对话框，本框右边提供了 5 项新建查询项目，除第 1 项是设计视图外，后面 4 项都是查询向导。

在查询对象列表窗口中选取第二种"使用向导创建查询"，双击"使用向导创建查询"，同样弹出如图 5-2 所示的"新建查询"对话框。这时选择第 2 项"简单查询向导"并单击"确定"按钮，将进入"简单查询向导"界面。

无论使用哪种向导方式，只要理解了查询的含义及设计视图的操作方法，都是比较简单的，按照向导的引导一步步操作，做简单的选择或设置即可。

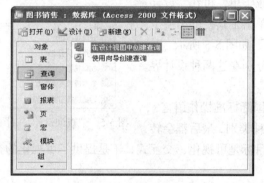

图 5-1　数据库窗口的查询标签界面

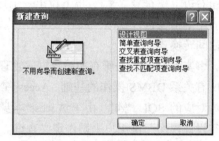

图 5-2　"新建查询"对话框

在如图 5-1 所示中选取"在设计视图中创建查询"，之后，再单击上面的"新建"按钮，在出现的图 5-2"新建查询"窗口中选择第 1 项"设计视图"然后单击"确定"按钮，就会进入如图 5-3 所示的查询的设计视图；或者在图 5-1 中双击"在设计视图中创建查询"，也会进入如图 5-3 所示的查询设计视图。

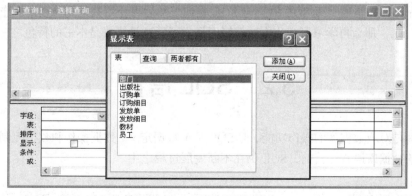

图 5-3　查询的设计视图

关闭"显示表"窗口，在进行查询设计时，系统菜单将出现"查询"菜单，同时会出现"查询设计"工具栏。"查询"菜单的内容如图 5-4 所示，菜单中列出了不同的查询操作类别。

进入 Access 查询的设计视图后，"查询"菜单之下标出了 8 种查询：选择查询、交叉表查询、生成表查询、更新查询、追加查询、删除查询、SQL 特定查询和参数查询。

图 5-4   "查询"菜单

Access 查询的 5 种类别为：选择查询、交叉表查询、参数查询、动作（操作）查询和 SQL 查询。其中动作查询包括生成表查询、更新查询、追加查询和删除查询。

这些查询类别只是查询功能上的划分。除"SQL 特定查询"外，大都是通过查询的"设计视图"进行可视化的交互操作来完成查询任务。

（2）SQL 视图。除"设计视图"以外，还有一种非常重要的查询设计方法，就是通过"SQL 视图"来完成。"SQL 视图"窗口是一个如同记事本的文本编辑器，在"SQL 视图"中，以命令行方式输入 SQL 语句来表达查询，然后执行 SQL 语句以实现查询的目标。

通过"查询设计"工具栏第 1 个"SQL"下拉菜单，可在"设计视图"和"SQL 视图"之间转换。进入查询后，单击工具栏的第一个按钮右边下拉符号"▼"，将下拉出一个选择列表，如图 5-5 所示。在列表中单击"设计视图"或者"SQL 视图"，将分别在这两种设计界面之间转换。

图 5-5   "查询设计"视图

事实上，SQL 是所有关系数据库管理系统的国际标准操作语言，是所有关系 DBMS 操作的基础。Access 查询的 5 种类别，最后都会转化为对应的 SQL 语句。由于 Access 本身的设计目标是可视化、交互式，于是提供了可视化的查询"设计视图"供用户来操作定义查询。

可视化操作虽然直观，无需写语句，但对于一些复杂的功能，学习起来是比较困难的。反之，如果用户理解了 SQL 语言，再来看其他的定义查询方法，就一目了然了。

一般专业人员习惯于直接使用 SQL。大部分 DBMS 都提供完善的工具供用户直接编辑操作 SQL 语句。Access 的"SQL 视图"相当于是 SQL 工具，但是，由于 Access 可视化特点，重点放在交互的操作界面上，因此这个 SQL 工具很简单，与其他 DBMS 相比，并不是很好用。

有很多教材是先讲 Access 的几种可视化查询，然后介绍 SQL 查询。为了使读者深入理解查询，我们首先比较完整地介绍 SQL 语言与 SQL 查询，然后再介绍其他几种查询操作。如果读者完全掌握了 SQL，那么再学习可视化方法就轻而易举了。这种模式是本书的特色之一。

5.2   SQL 语言

虽然查询是对应数据库的操作功能，但 SQL 是集数据定义、数据操作和数据控制功能于一身的功能完善的数据库语言。目前，SQL 仍在不断发展过程之中。

1. 概述

结构化查询语言 SQL（Structured Query Language）的前身是 SQUARE 语言，是高级的非过

程化编程语言，是沟通数据库服务器和客户端的重要工具。

　　SQL 语言结构简洁、功能强大、简单易学，所以自 IBM 公司 1981 年推出以来，得到了广泛的应用。如今无论是像 Oracle、Sybase、DB2、Informix、SQL Server 这些大型的数据库管理系统，还是像 Visual Foxpro、PowerBuilder 这些 PC 机上常用的数据库开发系统，支持 SQL 语言作为查询语言。

　　（1）两种使用方式。SQL 既是独立（自主）式语言，能够独立执行，也是嵌入式语言，可以嵌入程序中使用。SQL 以同一种语法格式提供两种使用方式，使得 SQL 具有极大的灵活性，也便于学习。

　　① 独立使用方式。在数据库环境下用户直接输入 SQL 命令并立即执行。这种使用方式可立即看到操作结果，对测试、维护数据库也极为方便。也适合初学者学习 SQL。

　　② 嵌入使用方式。将 SQL 命令嵌入到高级语言程序中，作为程序的一部分来使用。SQL 仅是数据库处理语言，缺少数据输入/输出格式控制、缺少复杂的数据运算功能，也没有生成窗体和报表的功能，在许多信息系统中必须将 SQL 和其他高级语言如 C 语言、VB 语言等结合起来，将 SQL 查询结果由程序进一步处理，从而实现用户所需的各种要求。

　　（2）主要特点如下。

　　① 高度非过程化，是面向问题的描述性语言。用户只需将需要完成的问题描述清楚，具体处理细节由 DBMS 自动完成。即用户只需表达"做什么"，不用管"怎么做"。

　　② 面向表，运算的对象和结果都是表。

　　③ 表达简洁，使用词汇少，便于学习。SQL 定义和操作功能使用的命令动词只有：CREATE、ALTER、DROP、INSERT、UPDATE、DELETE 和 SELECT 这么几个。

　　④ 独立式和嵌入式的使用方式，方便灵活。

　　⑤ 功能完善和强大，集数据定义、数据操纵和数据控制功能于一身。

　　⑥ 所有关系数据库系统都支持，具有较好的可移植性。

　　总之，SQL 已经成为当前和将来 DBMS 应用和发展的基础。

2．Access 的 SQL 查询界面

　　SQL 的基本工作方式是命令行方式。Access 没有提供独立的 SQL 工具，可以将查询设计视图之一的"SQL 视图"作为一般的 SQL 工具使用。该工具功能有限，一次只能编辑处理一条 SQL 语句，并且除错误定位和提示外，没有提供其他任何辅助性的功能。

　　"SQL 视图"本来是与"设计视图"对应的一种界面，Access 的本意是在设计视图中进行交互定义查询时，可以给用户查看对应的 SQL 语句，所以要进入"SQL 视图"，首先要进入查询的"设计视图"。

　　在图 5-1 所示的数据库窗口中双击"在设计视图中创建查询"，或者先选中"在设计视图中创建查询"项，再单击"新建"按钮，然后在图 5-2 所示的"新建查询"对话框中选中"设计视图"并单击"确定"按钮，都将进入查询的"设计视图"下的"选择查询"窗口界面，如图 5-3 所示。

　　SQL 语句无需事先打开表，所以直接单击"关闭"按钮关闭"显示表"对话框。这时在 Access 窗口主菜单下的常用工具栏最左边出现 SQL 按钮（第 1 项），该按钮右边带有下拉符号"▼"，如图 5-6 所示。单击"SQL"按钮，在出现的列表中单击"SQL 视图"，这时，屏幕的界面就转换为"SQL 视图"的命令行界面，如图 5-7 所示。

　　这是一个文本编辑器，编辑方法与"记事本"等相似。用户在这个窗口中可以完成：

图 5-6　SQL 按钮

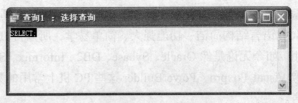

图 5-7　查询的 SQL 视图窗口

① 输入、编辑 SQL 语句；

② 运行 SQL 语句并查看查询结果；

③ 保存 SQL 语句为查询对象；

④ 在"SQL 视图"和"设计视图"之间转换界面。

这个窗口只能使用 SQL 命令语句。包括定义命令：CREATE、ALTER、DROP；查询命令：SELECT；更新命令：INSERT、UPDATE、DELETE。

【例 5-1】　使用 SELECT 语句显示"Hello，SQL!"，运行、保存。

在"SQL 视图"窗口中输入：SELECT "Hello，SQL!" AS 显示；

然后，单击工具栏中的运行 按钮，或者在"查询"菜单中单击"运行"命令，SQL 视图界面就会变成查询结果的显示界面，如图 5-8 所示。

Access 的 SQL 语句都以"；"作为结束标志，执行结果以表格形式显示。

然后，在标题栏单击鼠标右键，在弹出菜单中单击"SQL 视图"，或者单击"查询"工具栏视图列表框中的"SQL 视图"，又回到"SQL 视图"的设计界面，如图 5-9 所示。

图 5-8　SQL 查询的结果显示界面

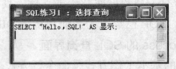

图 5-9　SQL 视图的设计界面

单击工具栏的存储 按钮，或者"文件"菜单中的"另存为"菜单项，弹出如图 5-10 所示的"另存为"对话框。在文本框中输入"SQL 练习 1"，保存类型选择为"查询"，单击"确定"按钮，这样，就会在数据库窗口中产生一个"SQL 练习 1"的查询对象，如图 5-11 所示。

图 5-10　SQL 查询的保存

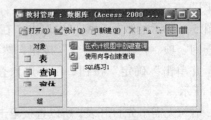

图 5-11　查询对象

以后，在数据库窗口的查询对象界面中双击"SQL 练习 1"，就会直接运行这个查询。若选中"SQL 练习 1"，然后单击"设计"命令，就会进入"SQL 视图"窗口，并打开保存的"SQL 练习1"的文本，可以编辑修改。

后面我们还可以看到，SQL 的 SELECT 语句，不仅仅是数据库的查询语句，也可以作为表达式的运算和结果显示命令。

对于"SQL 窗口"中的命令，用户也可以直接将其剪切放在另外的文本文件中保存。

3. Access SQL 数据运算

在数据库的查询和数据处理中，经常要对各种类型的数据进行运算，不同类型的数据运算方式和表达各不相同。在 Access 中，由运算符和运算对象组成的运算式称为表达式。运算对象包括常量、输入参数、表中的字段等，运算符包括一般运算和函数运算。可以通过以下的语句来查看表达式运算的结果。

【语法】 SELECT ＜表达式＞[AS ＜名称＞] [, ＜表达式＞ ...]

在 SQL 视图窗口中输入语句和运算表达式，然后运行，将在同一个窗口中以表格的形式显示运算结果。＜名称＞用来命名结果的列名，如果缺省，由 Access 自动命名 Expr1000、Expr1001 等。

（1）语法辅助符号。在介绍命令语句的语法中使用了一些辅助性的符号，这些符号不是语句本身的一部分，而是语法的说明。在本书后面介绍有关语句语法时，会经常用到这些符号，它们的含义如下。

[ ]：表示被括起来的部分是可选部分。

＜＞：表示被括起来的部分必须由用户定义。

|：表示两项或多项必选其一。

…：表示 … 前的项目可重复。

语法中直接写出的词汇是 Access 命令中的保留字，大小写等同。

（2）运算符。Access 事先规定了各类型数据运算的运算符。

① 数字运算符。数字运算符用来对数字型或货币型数据进行运算，运算的结果也是数字型数据或货币型数据。表 5-1 中列出了各类数字运算符以及它们的优先级。

表 5-1　　　　　　　　　　　　　数字运算符及其优先级

优先级	运算符	说明	优先级	运算符	说明
1	( )	内部子表达式	4	*、/	乘、除运算
2	+、-	正、负号	5	mod	求余数运算
3	^	乘方运算	6	+、-	加、减运算

② 文本运算符。或称字符串运算符。普通的文本运算符是："&"或者"+"，两者完全等价。其运算功能是将两个字符串联接成一个字符串。其他文本运算使用函数。

③ 日期时间运算符。普通的日期时间运算符只有"+"和"-"。它们的运算功能如表 5-2 所示。

表 5-2　　　　　　　　　　　　　日期和日期时间运算

格式	结果及类型
＜日期＞+＜n＞ 或 ＜日期＞-＜n＞	日期时间型，给定日期 n 天后或 n 天前的日期
＜日期＞-＜日期＞	数字型，两个指定日期相差的天数
＜日期时间＞+＜n＞ 或 ＜日期时间＞-＜n＞	日期时间型，给定日期时间 n 秒后或 n 秒前的日期时间
＜日期时间＞-＜日期时间＞	数字型，两个指定日期时间之间相差的秒数

④ 比较测试运算符。同类型数据可以进行比较测试运算。可以进行比较运算的数据类型有：文本型、数字型、货币型、日期时间型、是否型等。运算符如表 5-3 所示，运算结果为是否型，即 true 或 false。由于 Access 中用 0 表示 false，-1 表示 true，所以运算结果为 0 或-1。

表 5-3　　　　　　　　　　　　　　　比较测试运算符

运算符	说明	运算符	说明
<	小于	BETWEEN…AND…	范围判断
<=	小于等于	[NOT] LIKE	文本数据的模式匹配
>	大于	IS [NOT] NULL	是否空值
>=	大于等于	[NOT] IN	元素属于集合运算
=	等于	EXISTS	是否存在测试（只用在表查询中）
<>	不等于		

文本型数据比较大小时，两个字符串逐位按照字符的机内编码从前到后比较，只要有一个字符分出大小，即整个串就分出大小而停止比较。

日期型按照年、月、日的大小区分，数值越大的日期越大。

是否型只要两个值：true 和 false，true 小于 false。

"BETWEEN x1 AND x2"，x1 为范围起点，x2 为终点。范围运算包含起点和终点。在范围内的结果为是，不在范围内的结果为否。

例如在学生表中测试学生的出生日期是否为 1990~1991 之间：

SELECT 学号，姓名，性别

FROM 学生

WHERE 出生日期 BETWEEN #1990-1-1# AND #1991-12-31#；

LIKE 运算用来对数据进行通配比较，通常用于字符型数据类型。通配符为"*"和"?"（ANSI SQL 为"%"和"_"）。

如测试姓李的学生：WHERE 姓名 LIKE "李*"；（双引号与单引号等同）

测试姓名的第二个字为"金"的学生：WHERE 姓名 LIKE "? 金*"；

对于空值判断，不能用等于或不等于 NULL，只能用 IS NULL 或 IS NOT NULL。

如测试学生姓名是否为空值：WHERE 姓名 IS NULL；

测试学生姓名是否不为空值：WHERE 姓名 IS NOT NULL；

IN 运算相当于集合的属于运算，用括号将全部集合元素列出，看要比较的数据是否属于该集合中的元素。

如测试某员工的职务是否为会计或推销员：WHERE 职务 IN （"会计"，"推销员"）；

EXISTS 用于判断查询的结果集合中是否有值。

⑤ 逻辑运算符。逻辑运算是指针对是否型值 true 或 false 的运算，运算结果仍为一个是否型的值。这种运算最早由布尔（Boolean）提出，所以逻辑运算又称为布尔运算。逻辑运算符主要包括：求反运算 NOT、与运算 AND、或运算 OR、异或运算 XOR 等。

其中，NOT 是一元运算或一目运算，即只有一个运算对象；其他都是二元运算或二目运算。运算的优先级是：

NOT → AND → OR → XOR。可以使用括号改变运算顺序。

逻辑运算的规则及结果如表 5-4 所示。在表中，a、b 是代表两个具有逻辑值数据的符号。

表 5-4　　　　　　　　　　　　　　　　　逻辑运算

a	b	NOT a	a AND b	a OR b	a XOR b
true	true	false	true	true	false
true	false	false	false	true	true
false	true	true	false	true	true
false	false	true	false	false	false

上述不同的运算可以组合在一起进行混合运算。当多种运算混合时，一般是先进行文本、数字、日期时间的运算，再进行比较测试运算，最后进行逻辑运算。

二目运算时，AND 必须同时满足两个条件，如：WHERE 性别='女' AND 班级号=3；

OR 满足一个条件即可，如：WHERE 成绩< 60 OR 成绩>90；

（3）函数。Access SQL 除普通运算符表达的运算外，大量的运算通过函数的形式实现。Access 设计了大量各种类型的函数，使运算功能非常强大。

函数包括函数名、自变量和函数值 3 个要素。函数基本格式是：

函数名（[自变量]）

函数名标识函数的功能；自变量是需要传递给函数的参数，写在括号内，一般是表达式。有的函数无需自变量，称为哑参。缺省自变量时，括号仍要保留。有的函数可以有多个自变量，这时，变量之间要用逗号分隔。

函数的运算结果就是函数值。

表 5-5 列出了 Access 中常用的一些函数。

表 5-5　　　　　　　　　　　　　　　　Access 常用函数

类别	函数	返回值
数字函数	ABS（数值）	求绝对值
	INT（数值）	对数值进行取整
	SIN（数值）	求正弦函数值，自变量以弧度为单位
	EXP（数值）	求以 e 为底的指数
文本函数	ASC（文本表达式）	返回文本表达式最左端字符的 ASCII 码
	CHAR（整数表达式）	返回整数表示的 ASCII 码对应的字符
	LTRIM（文本表达式）	把文本字符串头部的空格去掉
	TRIM（文本表达式）	把文本字符串尾部的空格去掉
	LEFT（文本表达式，数值）	从文本的左边取出指定位数的子字符串
	RIGHT（文本表达式，数值）	从文本的右边取出指定位数的子字符串
	MID（文本表达式，[数值 1[，数值 2]]）	从文本中指定的起点取出指定位数的子字符串。数值 1 指定起点，数值 2 指定位数
	LEN（文本表达式）	求出文本字符串的字符个数
日期时间函数	DATE（）	返回系统当天的日期
	TIME（）	返回系统当时的时间
	DAY（日期表达式）	返回 1～31 之间的整数，代表月中的日期
	HOUR（时间表达式）	返回 0～23 之间的整数，表示一天中某个小时
	NOW（）	返回当时系统的日期和时间值

续表

类别	函数	返回值
转换函数	STR(数值,[长度,[小数位]])	把数值型数据转换为字符型数据
	VAL(文本表达式)	返回文本对应的数字，直到转换完毕或不能转换为止
财务函数	FV(rate,nper,pmt[,pv[,type]])	返回指定基于定期定额付款和固定利率的未来年金值
	PV(rate,nper,pmt[,fv[,type]])	返回基于定期的、未来支付的固定付款和固定利率来指定年金的现值
	NPER(rate,pmt,pv[,fv[,type]])	返回根据定期的、固定的付款额和固定利率来指定年金的期数
	SYD(cost,salvage,life,period)	返回指定某项资产在指定时期用年数总计法计算的折旧
	PPMT(rate,per,nper,pv[,fv[, type]])	返回根据定期的、固定的付款额和固定利率来指定给定周期的年金资金付款额
测试函数	TYPENAME(表达式)	以文本型数据返回表达式的数据类型。主要类型有： Byte　字节值　　Integer　整数 Long　长整型数据　Single　单精度浮点数 Double　双精度浮点数　Currency　货币值 Decimal　十进制值　　Date　日期值 String　文本字符串　　Null　无效数据 Object　对象　　Unknown　类型未知的对象

Access 的其他的函数以及函数的进一步说明，请参阅 Access 系统帮助或相关资料，恕本书篇幅所限，不能详述。

（4）参数。将运算对象、运算符和函数按照一定格式联在一起并能进行运算，这就是表达式。表达式中的运算对象，可以是常量（第 3 章 3.1 节关于数据类型的介绍中，介绍过常量的概念），也可以是字段。如果用户希望在运算时输入一个数据，那么可以在命令中加入输入参数。

Access 中称为参数的概念实际上就是一个输入变量。在命令中，没有确定的值而需要在执行时输入的标识符就是参数。例如，执行以下命令：

```
SELECT x-1;
```

会弹出对话框，如图 5-12 所示，要求输入参数 x 的值，然后再做进一步的运算。

简单的数值或文本参数可以直接在命令语句中给出。但是对于其他类型的参数，为了在输入时有确定的含义，因此应该在使用一个参数前明确定义。参数定义语句的语法如下。

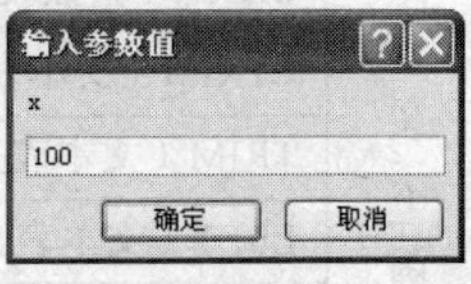

【语法】 PARAMETERS <参数名> 数据类型

图 5-12 参数输入对话框

为了避免发生表达式语法错误，定义的参数最好要遵守如下规定：

① 参数名以字母或汉字开头，由字母、汉字、数字和必要的其他字符组成；

② 参数都用方括号（[ ]）括起来。(当参数用方括号括起来后，Access 对于参数的命名规定可不完全遵守①的规定)

（5）表达式运算示例。以下示例都直接在"SQL 视图"中输入并直接执行，每次只能输入并执行一条语句。

【例 5-2】 在"SQL 视图"中执行如下命令。

命令：`SELECT -3+5*20/4 , 125^(1/3) mod 2;`

结果：22, 1

【例 5-3】   在"SQL 视图"中执行如下命令。

命令：SELECT int(-3+5^-2) , exp(5) ,sin(45*2*3.1416/360);

结果：-3, 148.413159102577, .707108079859474

【例 5-4】   在"SQL 视图"中执行如下文本运算命令。

命令：SELECT "Beijing "&"2008",left("奥林匹克运动会",1)

&   mid("奥林匹克运动会",5,1),len("奥林匹克运动会");

结果：Beijing 2008 ,奥运 ,7

在 Access 中，中文机内码是双字节编码，一个汉字在计算位数时算 1 位，单字节的 ASCII 码一个字符也算一位，在计算字符长度时要注意区分。

【例 5-5】   在"SQL 视图"中执行输入参数并进行日期时间运算命令。

命令：PARAMETERS [你的生日] DATETIME;

SELECT now() AS 现在的时间 , date()-[你的生日] AS 你生活的天数 ;

若今天是 2013 年 4 月 8 日，执行命令，输入值和结果如图 5-13 和图 5-14 所示。

图 5-13   参数输入对话框

图 5-14   运行结果示意

在输入文本框中，注意直接输入日期本身，要符合日期的写法，但不要加上日期常量标识"#"，该标识只有在命令中直接写日期常量时才用。

【例 5-6】   在"SQL 视图"中执行比较运算以及输出逻辑常量的命令。

命令：SELECT "ABC"="abc", "ABC"<"abc", "张三">"章三",true,true<false ;

执行结果如图 5-15 所示。写表达式时可以使用 true 和 false 等逻辑常量，但以数字的方式存储和显示，-1 表示 true，0 表示 false。字母在比较时不区分大小写。

【例 5-7】   在"SQL 视图"中执行如下逻辑运算命令。

输入：SELECT -3+5*20/4 >10 and "ABC"<"123" or #2008-08-08# < date() ;

若当天的日期是 2014 年 4 月 11 日，执行结果为-1，也就是为"真"。

【例 5-8】   在"SQL 视图"中执行如下命令。

输入：SELECT val("123.456"),str(123.456),typename("123"),typename(val("123.45"));

结果如图 5-16 所示。

图 5-15   【例 5-6】的运行结果示意

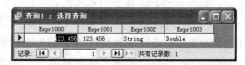

图 5-16   【例 5-8】运行结果示意

4. SELECT 查询

查询是数据库的主要操作之一，也是 SQL 语言最主要的功能。SQL 的查询命令只有一条 SELECT 语句，其功能非常强大。由于用户对数据库查询的要求多种多样，因此 SELECT 以复杂的语法来满足用户的各种需求。用户只需按照 SELECT 的语法表达出要做什么，SQL 就会按照用户要求很快检索出结果数据。

本节通过众多示例来介绍 SQL 查询的用法。例子中使用前面建立的教材管理数据库。读者若能充分掌握 SELECT 语句，那么掌握 Access 提供的其他查询方法就很简单了。这里也只能列出 SELECT 语句的基本结构。以下通过例子来进行分析。

【语法】　SELECT <输出列>[, …]
　　　　　　FROM <数据源> […]
　　　　　　　　[其他子句]

SELECT 语句查询的数据源是表或建立在表之上的查询（最终还是来源于表），查询结果的形式仍然是行列二维表。该命令的子句很多，并且各种子句可以非常灵活的方式混合使用，以达到不同的查询效果。

命令中只有<输出列>和 FROM <数据源>子句是必选项。其他子句根据需要可选。

（1）基于单表的查询。数据源只是一个表的查询要简单一些。由于关系模型的设计是将不同实体的数据分别放在不同表中，因此，只在一个表中进行检索很多时候满足不了要求。

以下例子都在"SQL 视图"中完成。基于单表的 SQL 查询可以完成表的投影、选择运算，可以在查询时进行汇总运算、排序等。

① 一般查询举例如下。

【例 5-9】　查询员工表中所有员工姓名、性别、职务和薪金；查询输出所有字段。

命令 1：SELECT 员工. 姓名, 员工. 性别, 员工. 职务, 员工. 薪金　FROM 员工;

单击运行 按钮，执行结果如图 5-17 所示。命令中包含了 SELECT 命令的两个必选项：输出列和数据源表。

指定多个字段作为结果的输出列时，多个字段用逗号隔开。若查询所有字段，用"*"代表表中所有的字段。

命令 2：SELECT 员工. * FROM 员工;

图 5-17　对员工表查询

在 Access 中，若通过查询对象的"选择查询"设计视图进行查询设计，可以自动生成 SQL 命令，在命令中凡是涉及表中的字段处，都在字段名前面加上表名前缀。如本例的两条命令，字段名或"*"前都有表名前缀：员工. 姓名、员工. *。在用户自定义 SQL 命令时，若字段所属的表不会弄混，则可以省略表名前缀。基于单表的查询都可以省略字段名前的表名。

② 唯一性查询举例如下。

【例 5-10】　查询员工表，输出所有的"职务"。

命令：SELECT 职务　FROM 员工;

本命令执行结果如图 5-18 所示，结果表中有"处级督办"重复行。为什么有重复行呢？本例的命令事实上是执行关系代数中的投影运算，也就是原样保留"员工"表中"职务"列（员工表中有两个员工的职务是"处级督办"）。如果我们讲清楚查询含义是"本教材科现有员工的各种职务类别"，这样就没有必要保留重复行。

要达到这个查询含义，在输出列前增加子句 DISTINCT 即可。DISTINCT 子句的作用就是去掉查询结果表中的重复行。

命令：SELECT DISTINCT 职务 FROM 员工;

执行结果就没有重复行，如图 5-19 所示。

③ 排序取名次举例如下。

【例 5-11】　查询员工表，输出"薪金"最高的 3 名员工姓名、职务及薪金。

要实现该功能，要在命令中增加按"薪金"排序并取前几名的功能。

命令：SELECT TOP 3 姓名, 职务, 薪金 FROM 员工　ORDER BY 薪金 DESC;

执行结果如图 5-20 所示。

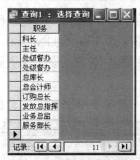  

图 5-18　查询"员工"中的职务　　图 5-19　查询"员工"中的职务类别　　图 5-20　查询"员工"中薪金最高的前 3 名

可以看出，为了对查询结果排序，可以增加排序子句。

【子句语法】　ORDER BY <字段名> ASC|DESC [,<字段名> ...]

ASC 表示对查询结果按指定字段升序输出，可以缺省；DESC 表示降序。当有多个字段参与排序时，可依次列出。

输出列前的 TOP <n> 表示保留查询结果的前 n 行。当没有排序子句时，就保留原始查询顺序的前 n 行。有排序子句时，先排序再保留，相同排序值则都保留输出。

TOP 还有一种用法，保留结果的前 n%行，语法是：TOP　<n>　PERCENT。

若命令中没有 TOP 子句，则输出查询结果的所有行。

④ 集函数举例如下。

【例 5-12】　查询员工表，统计输出职工人数、最高薪金、最低薪金、平均薪金。

统计人数，需要对员工表的行数进行统计计数；其他几项都要对于薪金字段进行计算统计。在 SQL 中提供了相应的集函数来完整这些功能。集函数及功能如表 5-6 所示。

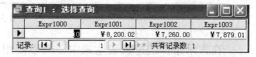

命令：SELECT count(*), max(薪金), min(薪金), avg(薪金) FROM 员工;

查询的结果如图 5-21 所示。

图 5-21　汇总计算查询结果示意

表 5-6　　　　　　　　　　　SELECT 命令中使用的集函数

函数格式	功能
COUNT(*)或 COUNT(<列>)	统计查询结果的行数或结果中指定列中值的个数
SUM(<列表达式>)	求数值列、日期时间列的总和
AVG(<列表达式>)	求数值列、日期时间列的平均值
MAX(<列表达式>)	求出本列中最大值
MIN(<列表达式>)	求出本列中最小值
FIRST(<列表达式>)	求出首条记录中本列的值

续表

函数格式	功能
LAST(<列表达式>)	求出末条记录中本列的值
STDEV(<列表达式>)	求出本列所有值的标准差
VAR(<列表达式>)	求出本列所有值的方差

⑤ 修改输出结果表的栏目名。在前面的查询命令中，输出列都是字段名。但本例是对表记录和字段汇总计算的结果，不能输出字段名，因此，Access 自动为每个值命名，依照顺序依次为 Expr1000、Expr1001……自动取的名称一般不明确，因此允许用户改名。改名方法，在输出列的后面加上选项子句：AS <新名> 。

本例命令可改为：`SELECT count(*) AS 人数, max(薪金) AS 最高薪金, min(薪金) AS 最低薪金, avg(薪金) AS 平均薪金  FROM 员工 ;`

查询的结果如图 5-22 所示。显然意思明确多了。

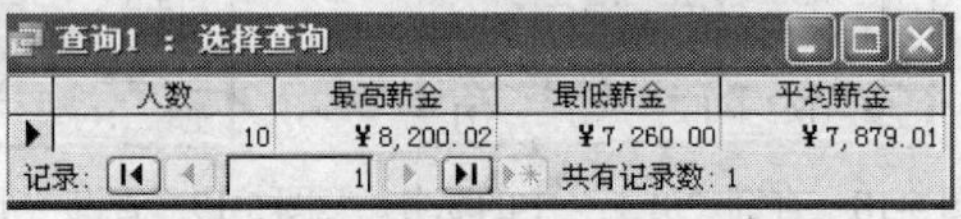

人数	最高薪金	最低薪金	平均薪金
10	¥8,200.02	¥7,260.00	¥7,879.01

图 5-22　汇总计算查询结果用户命名示意

⑥ 条件查询。前面的几例查询都是无条件的查询，查询完成后再对结果做进一步处理，如排序、投影输出、汇总运算等。本例则是要从表中选择满足条件的记录显示。因此，SELECT 命令中必须增加表示条件的子句。这种功能对应关系代数中的选择运算。

【子句语法】　WHERE　<逻辑表达式>

【例 5-13】　查询所有人民邮电出版社（编号 1005）出版的计算机类的教材信息。

查询条件通过<逻辑表达式>表达。

命令：`SELECT * FROM 教材  WHERE 出版社编号="1005" and 教材类别="计算机";`

该命令在执行时，将教材表的记录逐行带入逻辑表达式中运算，结果为真的记录输出，结果如图 5-23 所示。

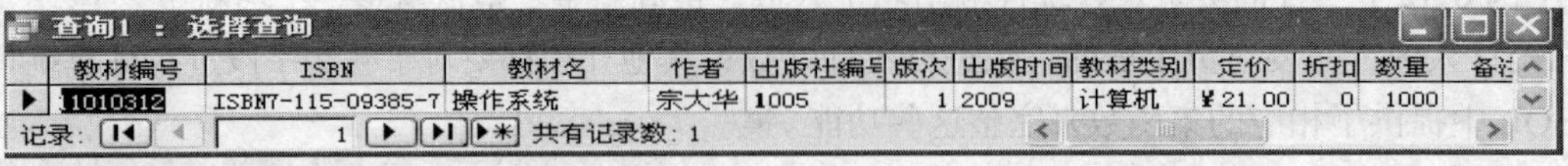

教材编号	ISBN	教材名	作者	出版社编号	版次	出版时间	教材类别	定价	折扣	数量	备注
1010312	ISBN7-115-09385-7	操作系统	宗大华	1005	1	2009	计算机	¥21.00	0	1000	

图 5-23　条件查询

在表示条件的逻辑表达式中，可以使用如表 5-3 所示的比较测试运算符。

⑦ 其他运算。单个的比较运算一般是字段名与同类常量比较，如本例的命令。除使用“=、>、>=、<、<=、<>”等运算符外，另外几种运算的基本用法如下。

a. “<字段> BETWEEN <起点值> AND <终点值>”，是包含起点和终点的范围运算，相当于“≥起点值”并且“≤终点值”。

b. “<字段> LIKE <匹配值>”，<匹配值>要用引号括起来，值中可包含通配符。

与标准 SQL 不同的是，标准的 ANSI SQL 通配符为“%”和“_”，只能对文本数据进行匹配运算；而 Access 的通配符为“*”和“?”，并且可以对数字、文本、日期时间数据都可以进行匹配运算。如果<匹配值>中出现的“*”或“?”不做通配符使用，则它们要用方括号括起来。

c. “<字段> IS [NOT] NULL”。对可能取 NULL 值的字段进行判断。当字段值为 NULL 时，无 not 运算的结果为 true，字段有任何值时，有 NOT 的运算为 true。

d. “<字段> IN (<值 1>,<值 2>,…,<值 n>) ”。相当于集合的属于运算，括号内列出集合的各元素，字段值等于某个元素的运算结果为 true。

括号中的值集合也可以是查询的结果，这样就构成了嵌套子查询。

e.　"EXISTS (子查询)"。是否存在值的判断运算，用于对子查询的结果进一步判断。

当有多个比较式需要同时处理时，通过逻辑运算符 not、and、or 等连接起来构成完整的逻辑表达式。

【例 5-14】　WHERE 子句中使用不同条件的查询示例。

命令 1：`SELECT 姓名, 性别, 生日, 职务`

　　　　`FROM 员工`

　　　　`WHERE 姓名 LIKE "陈?" and 生日 LIKE "199*";`

含义是查询 20 世纪 90 年代出生的陈姓单名的员工的有关数据。查询结果如图 5-24 所示。日期也可以进行匹配运算。

命令 2：`SELECT *`

　　　　`FROM 员工`

　　　　`WHERE 职务 IN ("总库长","总会计师","业务总监") and 薪金 LIKE "8*"`

　　　　`ORDER BY 生日;`

含义是查询"总"字级别、薪金为 8 开头的员工数据并按生日升序输出。货币或数字型字段也可以进行匹配运算。查询结果如图 5-25 所示。

图 5-24　查询结果示意

图 5-25　查询结果示意

⑧　小结。以上是基于单表的 SQL 查询，其主要的语法要点包括以下几点。

●　在命令中包括了<输出列>、<数据源>、<条件>、<排序字段>等。

●　<输出列>直接位于 SELECT 命令后面，可以指定字段输出，"*"代表所有字段；TOP 子句指定保留前面若干行；DISTINCT 子句用来排除重复行，与之相反的功能是保留所有行，可以使用 ALL 或者缺省；使用 COUNT()、MAX()、MIN()、SUM()、AVG()集函数可以进行汇总统计；使用 AS 子句可对输出列重新命名。

●　<数据源>位于 FROM 子句后，目前所用的都是单个表。

●　<条件>位于 WHERE 子句后，定义对数据源的筛选条件，满足条件的才输出。<条件>是由多种比较运算和逻辑运算组成的逻辑表达式。

●　<排序字段>指定输出时用来排序的依据列，ASC 或缺省表示升序，DESC 表示降序。

（2）基于多表的连接查询。Access 数据库中有多个表，经常要将多个表的数据连在一起使用信息才完整。因此，SQL 提供了多表连接查询功能，该功能实现了关系代数中的笛卡尔积和连接运算。

①　多表查询与单表查询的不同。多表查询与单表查询原则上一样，但由于查询的结果在一张表上，而数据的来源是多张表，因此，多表查询和单表查询相比，有如下不同。

a.　在 FROM 子句中，必须写上查询所涉及的所有表名。有时可以为表定义别名。

b.　必须增加表之间的连接条件（笛卡儿积除外）。连接条件一般是两个表中相同或相关的字段进行比较的表达式。

c. 由于多表同时使用，对于多表中各表都有的重名字段，在使用时必须加表名前缀进行区分。而不重名字段无须加表名前缀。Access 自动生成的 SQL 命令则对所有字段都加表名前缀。

以下介绍多表查询的主要方法。

② 两表查询。与单表查询相比，多表查询增加的主要语法在 FROM 子句中，基本语法如下。

【子句语法】　FROM　<左表> JOIN <右表> ON <连接条件>

这是两个表连接的基本格式。在此基础上，可以进行外连接，以及三表或多表连接。

【例 5-15】　查询所有人民邮电出版社出版的计算机类的教材信息。

【例 5-13】是在单表上查询。若要通过"人民邮电出版社"的名称查询其出版的教材，就必须将"出版社"表和"教材"表连接起来。连接条件是两表的"出版社编号"相等。

命令：SELECT 出版社名, 教材.*

　　　　FROM 出版社 INNER JOIN 教材 ON 出版社.出版社编号 = 教材.出版社编号

　　　　WHERE 出版社名="人民邮电出版社" AND 教材类别="计算机";

执行结果如图 5-26 所示。由于"出版社编号"分别是主键和外键，它们成为连接的条件。由于两个表中都有"出版社编号"，所以使用时要加上表名前缀。

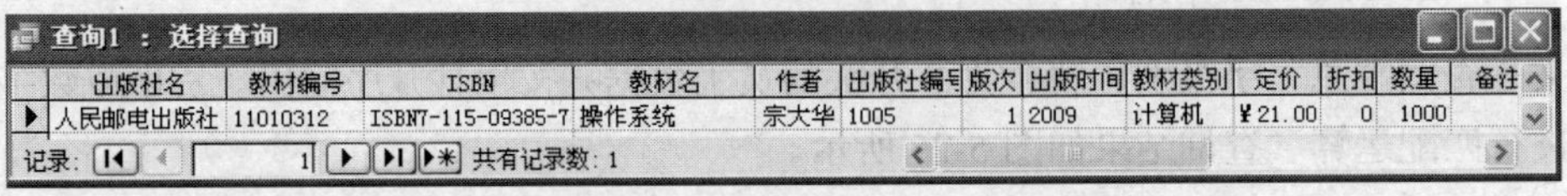

出版社名	教材编号	ISBN	教材名	作者	出版社编号	版次	出版时间	教材类别	定价	折扣	数量	备注
人民邮电出版社	11010312	ISBN7-115-09385-7	操作系统	宗大华	1005	1	2009	计算机	￥21.00	0	1000	

记录: 14 ◀ 1 ▶ ▶I ▶* 共有记录数: 1

图 5-26　连接查询结果示意

在数据库中，如"部门"和"员工"可以通过"部门号"连接在一起；"发放单"与"发放细目"可以通过"发放单号"连接在一起，等等。

③ 三表查询举例如下。

【例 5-16】　查询人民邮电出版社出版的教材的发放情况，输出出版社名、教材编号、教材名、作者名、版次、发放的数量等。

教材发放数据保存在"发放细目"中，所以要将"教材"表与"发放细目"两个表连接起来。

命令：SELECT 教材.教材编号, 教材名, 作者, 出版社名, 版次, 发放细目.数量 AS 发放量 FROM (出版社 INNER JOIN 教材 ON 出版社.出版社编号 = 教材.出版社编号)

　　　　INNER JOIN 发放细目 ON 教材.教材编号 = 发放细目.教材编号 WHERE 出版社名="人民邮电出版社";

这是三表连接，所以在 FROM 子句中有三个表和两个连接子句。要注意，第一个连接子句要用括号，意即第 1 个表和第 2 个表连成一个表后，再与第 3 个表连接。

教材编号	教材名	作者	出版社名	版次	发放量
10001232	大学计算机基础	何友鸣	人民邮电出版社	1	200
11010312	操作系统	宗大华	人民邮电出版社	1	6

记录: 14 ◀ 1 ▶ ▶I ▶* 共有记录数: 2

图 5-27　三表连接查询结果示意

查询结果如图 5-27 所示。结果显示了来源于三个表的数据，从中可以看到人民邮电出版社出版的图书的部分细节数据。但是，从中看不到发放日期，因为该数据在另外的"发放单"表中，要加上"发放日期"就必须进一步与"发放单"连接。

④ 外连接举例如下。

【例 5-17】　查询武汉学院教材科库存计算机类教材数据及其发放数据。输出教材编号、ISBN、书名、作者、出版社编号、定价、折扣、数量、发放数量、发放折扣。

库存计算机类教材数据在"教材"表中。将"教材"表与"发放细目"表连接起来，可以看出教材的库存和发放对比。

但是，普通连接运算只能将主键、外键相等的记录值连起来，如果某个计算机教材没有发放数据，则看不到相应的教材信息。为此，SQL 提供了外连接功能。

命令：SELECT 教材. 教材编号，ISBN，教材名，作者，出版社编号，定价，教材. 折扣 AS 进价折扣，教材. 数量 AS 库存数量，发放细目. 数量 AS 发放数量，售价折扣 FROM 教材 LEFT JOIN 发放细目 ON 教材. 教材编号 = 发放细目. 教材编号

WHERE 教材类别='计算机';

查询结果如图 5-28 所示。

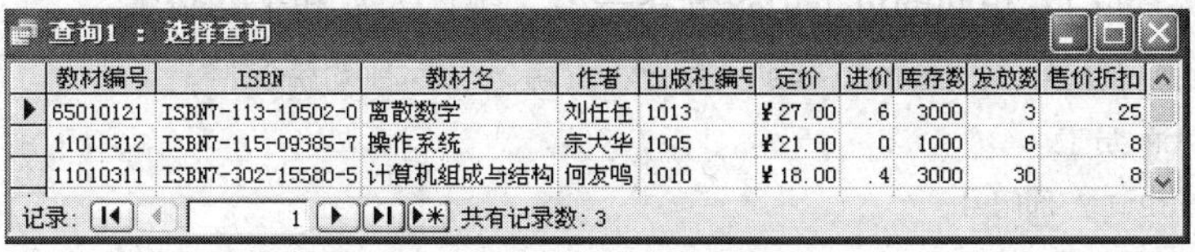

教材编号	ISBN	教材名	作者	出版社编号	定价	进价	库存数	发放数	售价折扣
65010121	ISBN7-113-10502-0	离散数学	刘任任	1013	¥27.00	.6	3000	3	.25
11010312	ISBN7-115-09385-7	操作系统	宗大华	1005	¥21.00	0	1000	6	.8
11010311	ISBN7-302-15580-5	计算机组成与结构	何友鸣	1010	¥18.00	.4	3000	30	.8

图 5-28　左外连接查询结果示意

SQL 将连接查询分为内连接（INNER JOIN）、左外连接（LEFT JOIN）和右外连接（RIGHT JOIN）。内连接就是只查询两个连接表中满足连接条件的记录；左外连接就是除查询两个连接表中满足连接条件的记录外，还保留左边表的不满足连接条件的剩余全部记录；右外连接与左外连接的区别是保留右边表的不满足连接条件的剩余全部记录。

在查询结果中，左外连接保留的不满足连接条件的左表记录对应的右表输出字段处填上空值；右外连接保留的不满足连接条件的右表记录对应的左表输出字段处填上空值。

所以用户可根据需要采用内连接或左、右外连接。

⑤ 笛卡儿积功能举例如下。

【例 5-18】　分析以下查询示例。

命令：SELECT * FROM 部门 ，员工

该 SELECT 命令中没有连接条件，执行查询的结果，可以看出是将两个表的全部记录两两连接并输出全部字段，即，如果部门表有 6 条记录，员工表有 10 条记录，则查询的结果表有 60 条记录；如果部门表有 3 个字段，员工表有 7 个字段，则查询的结果表有 10 个字段。这种功能完成的就是关系代数中的笛卡儿积。这个例题同学们可以做一下，看看结果如何。

⑥ 小结。本节介绍了连接查询。连接查询是将多个表中的数据记录连接起来集成在一张表上的操作处理。连接查询对于关系数据库而言是非常重要的功能。

Access 的 SQL 提供了内连接、左外连接、右外连接 3 种连接方式，以及笛卡儿积。

在 SELECT 的语法上，主要是在 FROM 子句中增加了多个表，同时加上连接条件。在进行连接查询时，要注意多表重名字段的标识，通过表名前缀加以区别。

（3）分组统计查询。用户在查询数据库时，除了查找所需要的信息外，还经常要对一些数据进行加工运算。前面的表 5-6 列出了可以使用的统计集函数，并介绍了将这些函数用于整个表的情况，但仅进行全表的一个统计值满足不了实际要求。SQL 还具有分组统计以及对统计的结果进行筛选的查询功能。

SQL 的分组统计以及 HAVING 子句的使用按如下方式进行。

① 设定分组依据字段，按分组字段值相等的原则进行分组，具有相同值的记录将作为一组。分组字段由 GROUP 子句指定，可以是一个，也可以是多个。

【子句语法】　GROUP BY <分组字段> [，…]

② 在输出列中指定统计集函数，分别对每一组记录按照集函数的规定进行计算，得到各组的统计数据。要注意，分组统计查询的输出列只由分组字段和集函数组成。

③ 如果要对统计结果进行筛选，将筛选条件放在 HAVING 子句中。

【子句语法】 HAVING <逻辑表达式>

HAVING 子句必须与 GROUP 子句联用，只对统计的结果进行筛选。HAVING 子句的<逻辑表达式>中可以使用集函数。

【例 5-19】 查询员工表，求各部门人数和他们的平均薪金。

在员工表中，部门号相同的员工记录分在一组，统计人数和平均薪金。

命令：
```
SELECT 部门号, COUNT(*) AS 人数, AVG(薪金) AS 平均薪金
  FROM 员工
 GROUP BY 部门号;
```

查询结果如图 5-29 所示。

如果要在该查询中同时显示“部门名”，就必须将“部门”表与“员工”表连接起来。

命令：
```
SELECT 员工.部门号, 部门名, COUNT(*) AS 人数, AVG(薪金) AS 平均薪金
  FROM 员工 INNER JOIN 部门 ON 员工.部门号 = 部门.部门号
 GROUP BY 员工.部门号, 部门名;
```

查询结果如图 5-30 所示。由于增加了一个表，所以同名字段前要加前缀，输出列中除了集函数的统计值，剩下字段都必须出现在分组子句中。

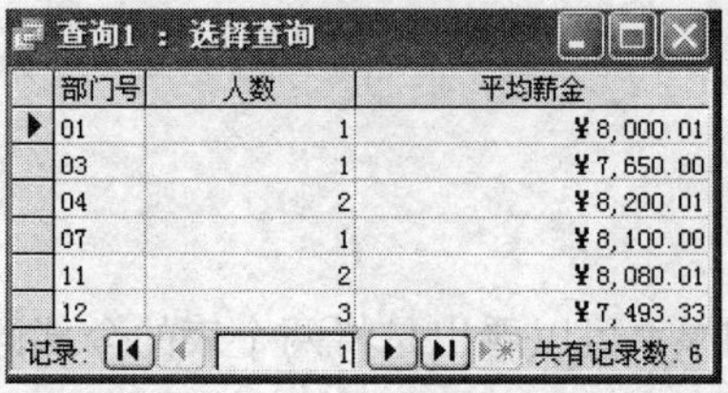

查询1 : 选择查询

部门号	人数	平均薪金
01	1	¥8,000.01
03	1	¥7,650.00
04	2	¥8,200.01
07	1	¥8,100.00
11	2	¥8,080.01
12	3	¥7,493.33

记录: 1 共有记录数: 6

图 5-29 分组查询结果示意

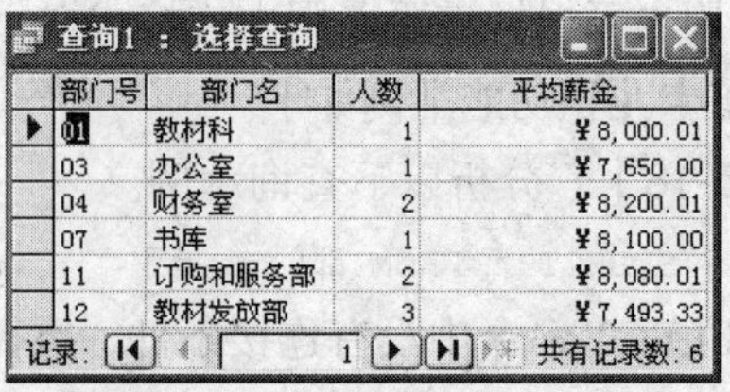

查询1 : 选择查询

部门号	部门名	人数	平均薪金
01	教材科	1	¥8,000.01
03	办公室	1	¥7,650.00
04	财务室	2	¥8,200.01
07	书库	1	¥8,100.00
11	订购和服务部	2	¥8,080.01
12	教材发放部	3	¥7,493.33

记录: 1 共有记录数: 6

图 5-30 多字段分组查询结果示意

如果用户特别关心平均薪金在 8000 元以下的部门是哪些，就要对统计完毕的数据再进行筛选。这个查询功能只能用 HAVING 子句完成。

命令：
```
SELECT 员工.部门号, 部门名, COUNT(*) AS 人数, AVG(薪金) AS 平均薪金
FROM 员工 INNER JOIN 部门 ON 员工.部门号 = 部门.部门号
GROUP BY 员工.部门号, 部门名
HAVING AVG(薪金)<8000;
```

这样就只有“03”、“11”和“12”部门符合查询要求，结果如图 5-31 所示。

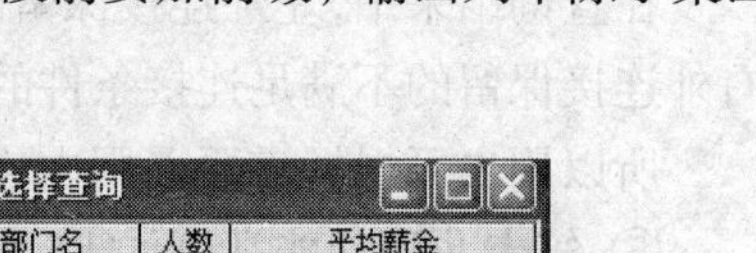

查询1 : 选择查询

部门号	部门名	人数	平均薪金
03	办公室	1	¥7,650.00
12	教材发放部	3	¥7,493.33

记录: 1 共有记录数: 2

图 5-31 多字段分组下的条件查询结果

读者试分析，下面命令与上条有何不同？执行的结果一样吗？

命令：
```
SELECT 员工.部门号, 部门名, COUNT(*) AS 人数, AVG(薪金) AS 平均薪金
  FROM 员工 INNER JOIN 部门 ON 员工.部门号 = 部门.部门号
 WHERE 薪金<8000
 GROUP BY 员工.部门号, 部门名;
```

【例 5-20】　分析下面命令的不同含义。

```
SELECT COUNT(*)          SELECT COUNT(职务)          SELECT COUNT(DISTINCT 职务)
    FROM 员工;                FROM 员工;                   FROM 员工;
```

左边的命令表示查询"员工"表中所有的记录数，这是表示员工人数。

中间的命令统计"职务"字段的个数，要注意，空值不参与统计，所有集函数在统计时都忽略空值，所以它统计的结果表示员工中有"职务"的人数。

右边的命令表示对于"职务"的不重复计数，表示员工中当前职务的种类数。

上面这 3 种格式，就是 COUNT() 函数的几种用法。

【例 5-21】　统计各出版社各类教材的数量，并按数量降序排列。

命令：SELECT 出版社. 出版社编号, 出版社名, 教材类别, COUNT(*) AS 数量

　　　FROM 出版社 INNER JOIN 教材 ON 出版社. 出版社编号 = 教材. 出版社编号

　　　GROUP BY 出版社. 出版社编号, 出版社名, 教材类别

　　　ORDER BY COUNT(*) DESC;

该命令中，对 COUNT（＊）进行降序排序，结果如图 5-32 所示。

看得出，集函数可以使用的地方在 HAVING 子句和 ORDER 子句中。

④ 小结。分组统计是按照 GROUP 指定的字段值相等为原则进行分组，然后与集函数配合使用。分组统计的输出列只能由分组字段和集函数统计值组成。

HAVING 只能配合 GROUP 子句使用。与 WHERE 子句另外的区别，WHERE 条件是检验参与查询的数据，HAVING 是对统计查询完毕后的数据进行输出检验。

出版社编号	出版社名	教材类别	数量
1002	高等教育出版社	基础	2
2705	华中科大出版社	数学	1
2703	湖北科技出版社	新闻	1
2703	湖北科技出版社	软件	1
1013	中国铁道出版社	数学	1
1013	中国铁道出版社	计算机	1
1010	清华大学出版社	计算机	1
1005	人民邮电出版社	计算机	1
1005	人民邮电出版社	基础	1
1002	高等教育出版社	信息	1

记录: ⚄ ◀ ｜　　　1　▶ ▶⚄ ※ 共有记录数: 10

图 5-32　统计各出版社各类教材的数量

（4）子查询。在 SELECT 语句中，WHERE 子句表达查询的条件。在查询条件的集合运算中，如果集合是通过查询得到的，就形成了查询嵌套，相应的作为条件一部分的查询称为子查询。

在 SQL 中，提供了以下几种与子查询有关的运算，可以在 WHERE 子句中应用：

① <字段> <比较运算符> [ALL | ANY | SOME] （<子查询>）。

带有 ALL、ANY 或 SOME 等谓词选项的查询进行时，首先完成子查询，子查询的结果可以是一个值，也可以是一列值。然后，参与比较的字段与子查询的全体进行比较。

若谓词是 ALL，则字段必须与每一个值比较，所有的比较都为 true，结果才为 true，只要有一个不成立，结果就为 false。

若谓词是 ANY 或 SOME，字段与子查询结果比较，只要有一个比较为 true，结果就为 true，只有每一个都不成立，结果才为 false。

　　　　　参与比较的字段的类型必须与子查询的结果值类型是可比的。

② <字段> [NOT] IN （<子查询>）。运算符 IN 的作用相当于数学上集合运算符：∈（属于）。首先由子查询求出一个结果集合（一个值或一列值），参与比较的字段值如果等于其中的一个值，比较

结果就为 true，只有不等于其中任何一个值，结果才为 false。NOT IN 与 IN 相反，意思是不属于。

通过分析，可以发现，IN 与 =SOME 的功能相同；NOT IN 与<>ALL 的功能相同。

③ [NOT] EXISTS （<子查询>）。前面两种方式多采用非相关子查询，而带 EXISTS 的子查询多采用相关子查询方式。

非相关子查询的方式是：首先进行子查询，获得一个结果集合，然后再进行外部查询中的记录字段值与子查询结果的比较。这是先内后外的方式。

相关子查询的方式是：对于外部查询中与 EXISTS 子查询有关的表的记录，逐条带入子查询中进行运算，如果结果不为空，这条记录就符合查询要求；如果子查询结果为空，则该条记录不符合查询要求。由于查询过程是针对外部查询的记录值再去进行子查询，子查询的结果与外部查询的表有关，因此称为相关子查询，这是从外到内的过程。

由于 EXISTS 的运算是检验子查询结果是否为空，因此运算符前面不需要字段名，子查询的输出列也无需指明具体的字段。带 NOT 运算的与不带 NOT 的运算相反。

【例 5-22】 查询暂时还没有发放的教材信息。

出现在"发放细目"表中的教材编号是有发放记录的。首先通过子查询求出有发放记录的教材编号集合，然后判断没有出现在该集合中的教材编号，就是还没有发放的教材。

命令：SELECT *

        FROM 教材

        WHERE 教材.教材编号 <> ALL (SELECT 教材编号 FROM 发放细目);

命令中的"<> ALL"运算改为"NOT IN"也是可以的。但改为"<> SOME"有何不同？本例题请同学们操作完成，并分析结果。

【例 5-23】 求订购教材时，一次订购最多的教材，输出教材名、出版社编号、订购数量。

命令：SELECT 教材名,出版社编号,订购细目.数量 AS 订购数量

        FROM 教材 INNER JOIN 订购细目 ON 教材.教材编号=订购细目.教材编号

        WHERE 订购细目.数量 = (SELECT MAX(数量) FROM 订购细目);

图 5-33 【例 5-23】的运行结果

子查询中求出最大的订购数量，然后在"订购细目"表中逐个将订购数量与最大订购数量比较，相等者的教材编号与"教材"表连接，再输出指定字段，结果如图 5-33 所示。

由于子查询中使用了 MAX()函数，所以子查询的结果事实上只有一个值，因此，本命令中只需使用"="即可。在嵌套子查询中，如果确知子查询的结果只有一个值时，可以省去 ANY、SOME 或 ALL。另外，这个例子也可以使用"IN"替换"="。

【例 5-24】 查询"教材发放部（工号 12 开头）"中薪金比"汪洋（1203）"高的员工。

这个查询要求可以用几种方法来实现，结果如图 5-34 所示。

命令 1：SELECT 姓名,薪金

        FROM 员工 WHERE LEFT(工号, 2)="12" AND 薪金>(SELECT 薪金 FROM 员工

        WHERE 工号="1203");

命令 2：SELECT A.姓名, A.薪金

        FROM 员工 AS A INNER JOIN 员工 AS B ON A.薪金> B.薪金

        WHERE A.部门号="12" AND B.工号="1203";

命令 3：SELECT A.姓名, A. 薪金
FROM 员工 AS A   WHERE A.部门号="12" AND EXISTS (SELECT *
FROM 员工 AS B   WHERE B. 工号="1203" AND A. 薪金>B. 薪金);

图 5-34 【例 5-24】的运行结果

命令 2 和命令 3 中都在同一时刻将同一个"员工"表当两个表

使用，这时需要取别名（A、B 等）加以区分。

在 SELECT 命令中，可以在 FROM 子句的表后面使用"AS 别名"的方式对表命名别名，然后在引用字段时必须区分是引用的哪一个表。

而命令 1 是非相关子查询，由于是先后使用表，所以同名表无需取别名。

命令 1 通过子查询先求出"汪洋"的薪金，然后"教材发放部"其他员工与该薪金依次比较，查出满足条件的其他员工；题目给出部门号是"12"，LEFT（工号，2）用于限定工作部门。

命令 2 的思想是，将"员工"表看成两个表，B 表中通过条件（B.工号="1203"）来限定只有"汪洋"一个人，同时，将 A 表的"12"部门的员工与 B 表连接，按"薪金"大于 B 表"薪金"的方式连接，满足条件的 A 表员工就输出。

命令 3 是相关子查询，方法是"从外到内"。首先在外查询中确定 A 表中"12"教材发放部门一名员工记录，然后带入子查询中与 B 表的"1203"员工的薪金比较。如果满足条件，子查询有一条记录，不为空。EXISTS 运算是判断是否为空，若不为空，则为真，这时，外查询的条件为真，输出 A 表中的该员工，然后再查下一人。依次重复该过程，直到 A 表查完。

【例 5-25】   在查询时输入员工姓名，查询与该员工职务相同的员工的基本信息。

这个例子中，由于编写命令时不能确定员工姓名，所以可定义参数来实现。

命令：SELECT * FROM 员工
      WHERE 职务=(SELECT 职务 FROM 员工   WHERE 姓名=[XM]);

命令中"XM"是参数，执行该命令，首先要求输入员工姓名到 XM，如图 5-35 所示。

确定后，子查询查出其职务，所有员工再与该职务比较。结果中，将包括输入者本身，如图 5-36 所示。

图 5-35 输入参数

图 5-36 【例 5-25】的运行结果

④ 小结。嵌套子查询是在 WHERE 条件子句中将查询的结果参与比较。这种用法功能很强，非相关子查询使查询表述比较清晰，很常用。相关子查询设置比较复杂，但可以实现很复杂的查询要求。有兴趣的读者可以进一步研究 SQL 查询的高级应用。

（5）查询合并。在关系代数中，"并"运算可以将两个关系中的数据合并在一个关系中。SQL 中提供联合（UNION）运算实现相同的功能。联合运算将两个查询的结果合并在一起。

【语法】 <查询 1> UNION <查询 2>

做联合运算时，前后查询的输出列要对应（并非一定要完全相同，但二者列数相同，对应字段类型要相容）。

【例 5-26】   查询"教材发放部"和"订购和服务部"员工信息。

该查询可以通过设置相关条件完成，也可以使用以下命令。

命令：SELECT 员工.*,部门名

```
    FROM 员工 INNER JOIN 部门 ON 员工.部门号=部门.部门号
  WHERE 部门名="教材发放部"
UNION
  SELECT 员工.*,部门名
    FROM 员工 INNER JOIN 部门 ON 员工.部门号=部门.部门号
   WHERE 部门名="订购和服务部" ;
```

结果如图 5-37 所示。

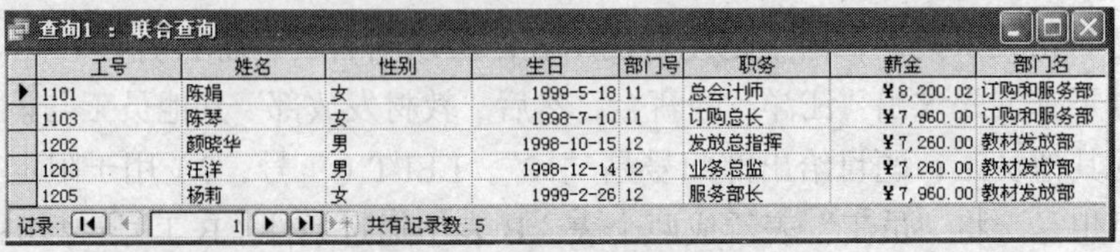

工号	姓名	性别	生日	部门号	职务	薪金	部门名
1101	陈娟	女	1999-5-18	11	总会计师	¥8,200.02	订购和服务部
1103	陈琴	女	1998-7-10	11	订购总长	¥7,960.00	订购和服务部
1202	颜晓华	男	1998-10-15	12	发放总指挥	¥7,260.00	教材发放部
1203	汪洋	男	1998-12-14	12	业务总监	¥7,260.00	教材发放部
1205	杨莉	女	1999-2-26	12	服务部长	¥7,960.00	教材发放部

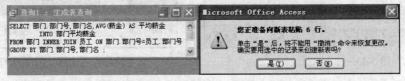

图 5-37 【例 5-26】的运行结果

（6）查询结果保存到表。本节前面所举的例子，可以在查询界面中通过单击运行按钮运行并查看查询结果，但是并没有将结果保存。当关闭查询窗口，这些结果就消失了。

如果需要将查询结果象表一样保存，可以在 SELECT 语句中加入如下子句。

【子句语法】 INTO <表名>

该子句将当前查询的结果以命名的表保存到表对象窗口中。保存后，产生的表的数据是独立的，与原来的表已经没有关系了。

要注意，在语法上该子句必须位于 SELECT 语句的输出列之后，FROM 子句之前。

【例 5-27】 查询各部门平均薪金并保存到“部门平均薪金”表中。

命令：
```
SELECT 部门.部门号,部门名,AVG(薪金) AS 平均薪金
    INTO 部门平均薪金
    FROM 部门 INNER JOIN 员工 ON 部门.部门号=员工.部门号
  GROUP BY 部门.部门号,部门名 ;
```

在 SQL 窗口中输入上述命令，然后执行，将弹出如图 5-38 所示的对话框。

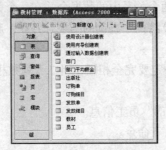

图 5-38 保存查询结果到表

单击“是”按钮，将在表对象窗口中增加“部门平均薪金”表，如图 5-39 所示。

该表的字段由查询输出列自动生成。打开“部门平均薪金”表，结果如图 5-40 所示。

图 5-39 生成“部门平均薪金”表

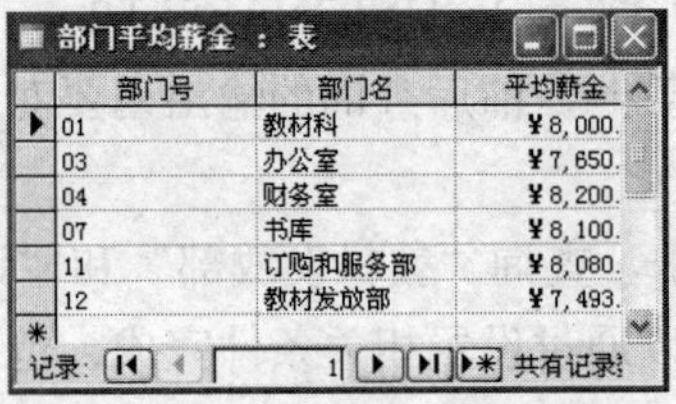

部门号	部门名	平均薪金
01	教材科	¥8,000.
03	办公室	¥7,650.
04	财务室	¥8,200.
07	书库	¥8,100.
11	订购和服务部	¥8,080.
12	教材发放部	¥7,493.

图 5-40 打开“部门平均薪金”表

不过，由于保存结果到表实质上是重复信息，占用了存储空间，并且保存的结果不能随着源表数据的变化而自动更新，所以这种方法实际应用的并不多，大部分仅查看查询结果，并不保存。

（7）总结。通过本节众多示例，比较完整地分析了 SELECT 语句的各种基本功能及相关的子句，这些子句可以根据需要进行任意组合，以完成用户想要完成的查询需求。

SELECT 语句的完整语法结构可以表述如下。

【语法】　SELECT [ALL | DISTINCT] [TOP <数值> [PERCENT]]
　　　　　　　　* | [<别名.>]<输出列> [AS<列名>] [,[<别名.>]<输出列> [AS<列名>]…]
　　　　　[INTO <保存表名>]
　　　　FROM <表名> [[AS] <别名>] [INNER|LEFT|RIGHT JOIN <表名> [[AS] <别名>]
　　　　　　　　　　　　　[ON <连接条件> …]]
　　　　　[WHERE <条件> [AND | OR <条件> …]]
　　　　　[GROUP BY <分组项> [,<分组项> …] [HAVING <分组过滤条件>]]
　　　　[UNION SELECT 语句]
　　　　　[ORDER BY <排序列> [ASC | DESC] [,<排序列> [ASC | DESC]…]]

SQL 语言通过这一条语句，实现了非常多的查询功能。Access 的查询对象中众多类型的交互查询设置事实上都是基于 SELECT 语句。甚至许多查询需求完全用交互方式很难设置。因此，要掌握数据库的查询，最根本的方法就是全面掌握 SQL。

5. 查询对象

现在我们了解到，SQL 查询提供了用户从数据库中获取信息，以及操作表的各种功能。用户需要进行某项查询时，就编写一条查询命令，然后要求 Access 执行并以二维表格的形式显示结果。

对于用户来说，很多时候需要将一些查询功能反复执行，同时希望将查询的数据做进一步的处理。因此，Access 提供查询对象来满足用户的这些要求。

当用户将设计输入的查询命令命名保存，就成为 Access 数据库的查询对象。查询对象保存的是查询的定义，不是查询的结果。

（1）用途。查询对象的用途主要有以下两种。

① 当需要查看查询结果时，进入查询对象界面，选中相应的查询对象单击"打开"按钮，就可以运行查询，查看结果。这种方式，避免了每次都要写 SELECT 命令或设计查询的操作，特别是对不熟悉查询设计的用户，更为实用。另外，由于不保存结果数据，所以没有对存储空间的浪费。同时，由于查询对象是在打开的时候执行的查询，所以查询对象总是获取的数据源表中最新的数据。这样，查询就能自动与源表保持同步。

② 由于查询的结果与表的格式相同，所以查询对象还可以进一步成为其他操作的数据源。也就是说，在 SELECT 命令或其他操作表的命令中，都可以在数据源的地方使用查询对象。当然，由于查询对象本身没有数据，对查询对象的操作最终都转换为对表的操作。所以，查询对象也称为"虚表"。

【例 5-28】　将例 5-27 中设计的查询保存为查询对象"部门平均薪金"，然后查询"平均薪金"不足 8000 元的部门信息。

将例 5-27 生成的"部门平均薪金表"删除，然后在"SQL 视图"中输入去掉 INTO 子句后的命令。

命令：SELECT 部门. 部门号,部门名,AVG(薪金) AS 平均薪金
　　　　FROM 部门 INNER JOIN 员工 ON 部门.部门号=员工.部门号
　　　　GROUP BY 部门. 部门号,部门名;

执行结果如图 5-40 所示。

单击"查询设计"工具栏的"保存"按钮，在"另存为"对话框中输入"部门平均薪金1"（以便与【例5-27】独立开来，即可以不删除【例5-27】完成的"部门平均薪金表"），再单击"确定"按钮，保存查询对象，如图5-41所示。

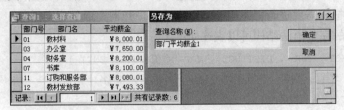

图 5-41　保存查询对象

然后启动"SQL 视图"中输入下面的命令并运行。

命令：SELECT * FROM 部门平均薪金1

　　　　　　 WHERE 平均薪金<8000；

执行结果如图 5-42 所示。

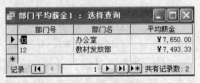

图 5-42　查询结果

在本例子中，"部门平均薪金1"不是表，但象表一样使用。当执行这个查询时，Access 首先执行"部门平均薪金1"的查询，产生查询结果，然后在查询结果上再执行本查询。

本例的查询要求若不利用查询对象，可通过 HAVING 子句实现。从本例可以看到，对于一些复杂的查询，通过定义查询对象，可以简化查询的表达。

（2）意义。在数据库中使用查询对象，具有以下 3 点意义。

① 查询对象可以隐藏数据库的复杂性。数据库按照关系理论设计，并且是针对应用系统内的所有用户。而大多数用户只关心与自己的业务有关的部分。查询对象基于 SELECT 语句，可以按照用户的要求对数据进行重新组织，用户眼中的数据库就是他所使用的查询对象，因此，查询对象也称为"用户视图"。

② 查询对象灵活、有效。基于 SELECT 语句查询可以实现种类繁多的查询表达，又像表一样使用，大大增加了应用的灵活程度，原则上无论用户有什么查询需求，通过定义查询对象都可以实现。

③ 提高数据库的安全性。用户通过查询对象而不是表操作数据，而查询对象是"虚表"，如果对查询对象设置必要的安全管理，就可以大大增加数据库的安全性。

总之，查询对象是数据库应用中非常重要和极为常用的对象。

【例5-29】　在武汉学院教材管理数据库中，建立根据输入日期来查询教材发放数据的查询对象。订购或发放教材的数据分散在不同的表中，建立查询对象可以完成综合信息的功能。

命令：SELECT 发放日期,教材名,定价,发放细目.数量,售价折扣,

　　　　　　　 发放细目. 数量*售价折扣*定价 AS 金额, 姓名 AS 经手人员

　　　 FROM 教材 INNER JOIN

　　　　　　 ((员工 INNER JOIN 发放单 ON 员工. 工号 = 发放单. 工号)

　　　　　　 INNER JOIN 发放细目 ON 发放单. 发放单号 = 发放细目. 发放单号)

　　　　　　　 ON 教材. 教材编号 = 发放细目. 教材编号

　　　 WHERE 发放日期=[RQ]；

本例根据输入日期来查询当天发放的教材名、定价、数量、折扣、金额、经手人员信息，这些数据保存在员工、教材、发放单、发放细目四个表中，在查询时要将这四个表连接在一起。命

令中员工表按"工号"与发放单表连接，然后按"发放单号"与发放细目表连接，最后按照"教材编号"与教材表连接。

查询日期作为参数输入并与"发放日期"进行比较。

本命令执行，首先询问日期，如图 5-43 所示。

键入日期确定后，结果如图 5-44 所示。

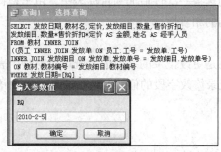

图 5-43 询问日期

图 5-44 执行结果

保存该查询，以后随时打开该查询对象，输入日期，就可以获得售书的信息。

6．SQL 的追加功能

SQL 是完整的数据库语言，除查询功能外，还包括对数据库的维护更新功能，可以对数据库中的数据进行增加、删除和更新操作。

数据维护是为了使数据库中存储的数据能及时地反映现实中的状态。数据维护更新操作分为下列 3 种：数据记录的追加、删除、更新。SQL 提供了完备的更新操作语句。

追加是指将一条或多条记录加入到表中的操作。Access 中追加记录的 SQL 有两种用法，其语法如下。

【语法 1】 `INSERT INTO <表>[(<字段 1> [,<字段 2>，…])]`

　　　　　　　　`VALUES (<表达式 1>[，<表达式 2>，…])`

【语法 2】 `INSERT INTO <表>[(<字段 1> [,<字段 2>，…])]`

　　　　　　　`<查询语句>`

在指定的<表>中追加新记录。

语法 1 是计算出各表达式的值，然后追加到表中作为一条新记录。如果命令省略字段名表，则表达式的个数必须与字段数相同，按字段顺序将各表达式的值依次赋予各字段，字段名与对应表达式的数据类型必须相容。若列出了字段名表，则将表达式的值依次赋予列出的各字段，没有列出的字段取各字段的默认值或空值。

语法 2 是将一条 SELECT 语句查询的结果追加到表中成为新记录。SELECT 语句的输出列与要赋值的表中对应的字段名称可以不同，但数据类型必须相容。

【例 5-30】 现新招一名业务员，其数据为：工号为 1204，姓名：张三，出生日期为 1986 年 6 月 20 日，性别为男性，薪金 1200。追加数据。

命令：`INSERT INTO 员工`

　　　　`VALUES ("1204","张三","男",#1990-6-20#,"12","业务员",1200) ;`

由于每个字段都有数据，所以表名后的字段列表可以省略，该记录加入员工表后，在员工的"数据表"视图中将会按照主键的顺序排列。

各表的记录都可以用 INSERT INTO 命令依次加入。要注意，加入时要遵守完整性规则的约束，比如主键字段值不能与前面已经存储的主键值重复；作为外键的字段值必须有对应的参照值存在等，否则将追加失败。

在实际应用的系统中，用户一般是通过交互界面按照某种格式输入数据，而不会直接使用INSERT 命令，因此与用户打交道的是窗体或者数据表视图。在窗体中接收用户输入数据后再在内部使用 INSERT 语句加入表中。

另外一种追加的用法就是先进行查询，然后将查询结果一次性追加到目标表中，由于是将一个表的数据加入另外一个表，因此两种之间要注意结构的相容性。

7. SQL 的更新功能

更新操作既不增加表中的记录，也不减少记录，而是更改记录的字段值。既可以对整个表的某个或某些字段进行修改，也可以根据条件针对某些记录修改字段的值。SQL 的更新命令的语法格式如下。

【语法】　UPDATE ＜表＞
　　　　　SET ＜字段 1＞ = ＜表达式 1＞ [,＜字段 2＞ = ＜表达式 2＞ …]
　　　　　[WHERE ＜条件＞ [AND | OR ＜条件＞ …]]

修改指定表中指定字段的值。省略 WHERE 子句时，对表中所有记录的指定字段进行修改；当有 WHERE 子句时，修改只在满足条件的记录的指定字段中进行。WHERE 子句的用法与SELECT 类似，如可以使用子查询等。

【例 5-31】　将员工表中"经理"级员工的薪金增加 5%。

命令：UPDATE 员工 SET 薪金 = 薪金 + 薪金 * 0.05
　　　　　　　WHERE 职务 IN ("总经理","经理","副经理");

这里假定职务中包含"经理"二字的为经理级员工。执行该命令将修改所有经理级员工的"薪金"字段值。

若去掉 WHERE 子句，则是无条件修改，将更新所有记录的"薪金"字段。

更新操作要注意的是，如果更新的字段涉及主键、无重复索引、外键以及"有效性规则"中有定义等字段的值，要注意必须符合完整性规则的要求。

8. SQL 的删除功能

删除操作将记录从表中间删除，删除掉的记录数据将不可恢复，因此，对于删除操作要慎重。SQL 删除命令的格式如下。

【语法】　DELETE FROM ＜表＞　　[WHERE ＜条件＞ [AND | OR ＜条件＞ …]]

功能是删除表中满足条件的记录。当省略 WHERE 子句时，将删除表中的所有记录，但保留表的结构。这时表成为没有记录的空表。

WHERE 子句关于条件的使用与 SELECT 命令中的类似，比如也可以使用子查询等。

【例 5-32】　删除员工"张三"。

命令：DELETE FROM 员工
　　　　　　　WHERE 姓名="张三" ;

执行该命令，Access 将弹出询问窗口。单击"是"按钮，将执行删除。

要注意的是，若员工表中的"张三"在"发放单"表中有记录，这时，就会触发参照完整性的约束规则。如果定义的"级联"删除，那么"发放单"表及"发放细目"表相应的记录会同步删除；若是"限制"删除，将不允许删除"张三"的记录。

因此，在对表作记录的删除操作时，应注意数据完整性规则的要求，避免出现不一致的情况。

【例 5-33】　删除"图书"表中没有售出记录的图书。

命令：DELETE FROM 图书

    WHERE 图书编号 NOT IN （SELECT DISTINCT 图书编号 FROM 销售细目）

数据库的操作功能由查询、追加、删除、更新组成，SQL 用四条命令实现这四种功能。

9. SQL 的定义功能

作为完整的数据库语言，SQL 包含数据库定义、操作和控制功能。SQL 的定义功能可以对表对象进行创建、修改和删除。

（1）表的定义。根据第 4 章表的"设计"视图定义表的操作可知，表定义包含的项目是非常多的，因此要使用命令来完成表的定义，也包含了很多选项。事实上，在设计查询对象时，如图 5-4 所示的 "查询" 菜单中，"SQL 特定查询"下的"数据定义"子菜单就是来启动用定义命令定义表的命令输入窗口的。

不过，表定义的项目非常多，所有在 Access 的一般应用中，还是以通过"设计"视图交互式定义表的方式为主。

表的定义要包含：表名、字段名、字段的数据类型、字段的所有属性、主键、外键与参照表、表的约束规则等。

Access 的 SQL 定义表命令的基本语法如下。读者可以与第 4 章中通过表"设计"视图中交互式定义表的方式进行对照。

【语法】　CREATE TABLE <表名>

  （ <字段名 1> <字段类型> [(<字段大小> [,<小数位数>])] [NULL | NOT NULL]

   [PRIMARY KEY] [UNIQUE] [REFERENCES <参照表名>(<参照字段>)]

   [DEFAULT <默认值>]

   [,<字段名 2> <字段类型>[(<字段大小>[,<小数位数>])]...] ...

   [,主键定义] [,外键及参照表定义] [,索引定义]　 ）

创建表的命令中，要定义表名，然后在括号内定义所有字段及主键、外键、索引、约束等。

"字段类型"要用事先规定的代表符来表示各种类型。Access 中可以使用的数据类型及代表符见表 5-7。有替代词的意义相同，命令中不区分大小写。除文本型外，一般类型不需要用户定义字段大小。"小数"类型只有在"选项"对话框中在"表/查询"选项卡内设置了"与 ANSI SQL 兼容"才可以使用。有个别 Access 数据类型在 SQL 中没有对应的代表符。

表 5-7　　　　　　　　　　表定义命令中使用的字段类型代表符说明

数据类型名		代表符	说明
文本		Text	替代词 String
备注		Memo	
数字	字节	Byte	
	整型	Smallint	
	长整型	Long	替代词 Int
	单精度	Single	替代词 Real
	双精度	Double	替代词 Float
	小数	Decimal	与 ANSI SQL 兼容

续表

数据类型名	代表符	说明
日期/时间	Datetime	
货币	Money	替代词 Currency
自动编号	Autoincrement	
是/否	Bit	替代词 Logical、YesNo
OLE 对象	OLEObject	

PRIMARY KEY 将该字段创建为主键，UNIQUE 为该字段定义无重复索引。

NULL 选项允许字段取空值，NOT NULL 不允许字段取空值。但定义为 PRIMARY KEY 的字段不允许取 Null 值。

DEFAULT 子句指定字段的默认值，默认值类型必须与字段类型相同。

REFERENCES 子句定义外键并指明参照表及其参照字段。

当主键、外键、索引等是由多字段组成时，必须在所有字段都定义完毕后再定义。所有这些定义的字段或项目用逗号隔开，同一个项目内用空格分隔。

以上各功能均与表设计视图有关内容对应。

【例 5-34】 建立图书销售数据库的往来客户表。

假定在"图书销售"数据库中建立客户表。客户有不同类型，与不同部门建立联系，其设计的关系模式是：

客户（客户编号，姓名，性别，生日，客户类别，收入水平，电话，联系部门，备注）

根据这些字段的特点，在查询 SQL 窗口中输入以下命令。

命令：CREATE TABLE 客户
　　　（客户编号 TEXT(6) PRIMARY KEY,
　　　姓名 TEXT(20) NOT NULL,
　　　性别 TEXT(2),
　　　生日 DATE,
　　　客户类别 TEXT(8),
　　　收入水平 MONEY,
　　　电话 TEXT(16),
　　　联系部门 TEXT(2) REFERENCES 部门(部门号)，
　　　备注 MEMO）

其中，"客户编号"是主键，"联系部门"字段存放所联系的"部门号"，参照部门表的"部门号"字段。

执行命令后，所定义的表与用设计视图定义的完全相同。

在使用 SQL 命令定义表的各项时，有些子句非常复杂，本书没有深入探讨各子句的使用细节。

（2）定义索引。SQL 的定义功能可以单独定义表的索引。定义索引的基本语法如下。

【语法】 CREATE [UNIQUE] INDEX <索引名>
　　　ON <表名>(<字段名> [ASC|DESC][,<字段名> [ASC|DESC] ,...])
　　　[WITH PRIMARY]

在指定的表上创建索引。使用 UNIQUE 子句将建立无重复索引。可以定义多字段索引，ASC

表示升序，DESC 表示降序。WITH PRIMARY 子句将索引指定为主键。

（3）表结构的修改。一般而言，定义好的表结构相对于数据而言较稳定，在一段时间内较少发生改变，但有时候也可能需要修改表结构或约束。

修改表的结构主要有以下几项内容：

增加字段；

删除字段；

更改字段的名称、类型、宽度，增加、删除或修改字段的属性；

增加、删除或修改表的主键、索引、外键及参照表等。

SQL 提供 ALTER 命令用来修改结构。修改表结构的基本语法如下。

【语法】　`ALTER TABLE <表名>`
　　　　　`ADD COLUMN <字段名> <类型>[(<大小>)] [NOT NULL] [索引] |`
　　　　　`ALTER COLUMN <字段名> <类型>[(<大小>)] |`
　　　　　`DROP COLUMN <字段名>`

修改表的结构命令与 CREATE TABLE 命令的很多项目相同，这里只列出了主要的几项内容。要注意，当修改或删除的字段被外键引用时，可能会使修改失败。

（4）删除。已建立的表、查询对象、索引可以删除。删除表命令的语法格式如下。

【语法】　`DROP TABLE <表名> | INDEX <索引名> ON <表名> | VIEW <查询对象名>`

　　　　　如果被删除表被其他表引用，这时删除命令可能执行失败。

5.3　选择查询

SQL 为数据库提供了功能强大的操作语言。Access 为了方便用户，提供了可视化操作界面，允许用户通过可视化操作而无须写命令的方式来设置查询。用户在查询的"设计视图"窗口中通过直观的交互操作构造查询，Access 自动在后台生成对应的 SQL 语句。

根据上节的介绍，可以知道 SQL 包括查询、追加、删除、更新等操作功能，这些功能都可以通过查询的"设计视图"进行设置，并可以保存为查询对象。

为了便于用户操作，Access 将查询进行了划分，分为"选择查询"和"动作查询"两大类。比照上节的介绍，SELECT 语句对应于"选择查询"；另外，"交叉表查询"和"生成表查询"是在 SELECT 查询基础上做进一步处理；其他语句对应于"动作查询"。在实际操作时，Access 又进行了进一步的细分，分为选择查询、交叉查询、操作查询、SQL 特定查询和参数查询。

1. 创建选择查询

建立选择查询的操作步骤如下。

（1）进入数据库窗口的查询对象界面。

（2）启动查询"设计视图"。启动方式有：

选择"在设计视图中创建查询"，单击"设计"按钮；

直接双击"在设计视图中创建查询"；

单击"新建"按钮，启动"新建查询"对话框，选择"设计视图"，单击"确定"按钮。

启动查询"设计视图"并弹出"显示表"对话框。

（3）确定数据源。在"显示表"对话框中选择要查询的表或已建好的其他查询对象，单击"添加"按钮。如果选一个表或查询添加，就是单表查询；选多个表或查询添加，就是多表连接查询。最后单击"关闭"按钮关闭"显示表"对话框并进入到选择查询的设计视图。

在设置查询的时候，若要再添加其他的表或查询对象，可以随时单击工具栏上的"显示表"按钮，或者单击鼠标右键、选择弹出菜单中的"显示表"命令单击，然后在弹出的"显示表"对话框中选择表或查询添加。

（4）定义查询。在选择查询的"设计视图"中，通过直观的操作构造查询（设置查询所涉及的字段、查询条件以及排序等）。

（5）运行查询。若要查看查询的运行情况，可以随时单击工具栏中的"运行"按钮，或者在"查询"菜单中单击"运行"命令，设计视图界面就会变成查询结果的显示界面。如图 5-8 所示就是查询结果界面。若要回到设计界面，单击鼠标右键，选择"设计视图"命令单击；或者在"查询设计"工具栏的第 1 项中选择"设计视图"单击。

（6）保存为查询对象。单击工具栏的存储按钮，或者"文件"菜单中的"另存为"菜单项，弹出 "另存为"对话框。在文本框中输入查询对象名，保存类型选择为"查询"，单击"确定"按钮，这样，就会创建一个查询对象。

以后，随时选择查询对象双击，就是运行查询并查看查询结果；选择查询对象单击"设计"按钮，或者单击鼠标右键，选择"设计视图"菜单项，就进入设计视图，可以修改查询的定义。

在构建查询的过程中可以随时切换到"SQL 视图"查看对应的 SELECT 语句。

2. 选择查询的设计

选择查询是通过可视化界面实现 SELECT 语句中各子句的定义。

（1）设计视图界面。如图 5-45 是查询"教材"和"出版社"的设计视图界面。

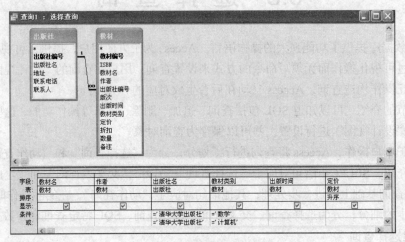

图 5-45　选择查询的设计视图

该视图分为上下两部分，上半部分是"表/查询"输入区，用于显示查询要使用的表或其他查询对象，对应 SELECT 语句的 FROM 子句；下半部分是依例查询（QBE）设计网格，用于确定查询结果要输出的列和查询条件等。

在 QBE 设计网格中，Access 初始设置了如下几行。

① 字段。可在此行指定字段名或字段表达式。所设置的字段或表达式可用于输出列、排序、

分组、查询筛选条件中，即 SELECT 命令中需要字段的地方。

② 表。可在此行指定字段来自于哪一个表。

③ 排序。用于设置查询的排序准则。

④ 显示。用于确定相关字段是否在查询结果集中以输出列出现。当复选框选中时，相关字段将在结果集中出现。

⑤ 条件/准则。用于设置查询的筛选条件。

⑥ 或。用于设置查询的筛选条件。以多行形式出现的条件之间进行"或"运算。

（2）多表关系的操作。当"表/查询输入区"中只有一个表时，这是单表查询，数据源是很简单的。

当"表/查询输入区"中有多个表时，这是多表连接查询，Access 会自动设置多表之间的连接条件。根据上节的介绍，表之间连接的方式有内连接、左外连接、右外连接。默认为内连接。比如，图 5-45 中有"出版社"表和"教材"表。若要查看"SQL 视图"，单击常用工具栏左边第一项，如图 5-46 所示，选择 SQL 视图，可以看到在 SELECT 语句的 FROM 子句中内连接的方式：

"出版社 INNER JOIN 教材 ON 出版社.出版社编号=教材.出版社编号"

如图 5-47 所示。

图 5-46　选择 SQL 视图

图 5-47　FROM 子句中内连接的方式

若要设置不同连接方式，在如图 5-45 所示的两个表之间的连线上单击鼠标右键，弹出如图 5-48 所示的快捷菜单。"删除"命令是删掉表之间的连接，这样两个表之间就可进行笛卡儿积查询。单击"联接属性"命令，弹出如图 5-49 所示的设置连接方式的对话框。

图 5-48　快捷菜单

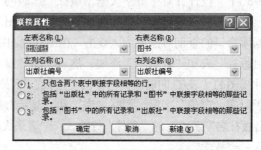

图 5-49　选择不同的连接方式

分别可以选择要连接的左表、右表、参与连接的各表字段。下面的三个单选按钮用来选择三种连接方式，分别对应内连接、左外连接、右外连接。

（3）行操作。"字段"行、"表"行与"显示"行的操作。

在 QBE 设计网格中，在"字段"行设置查询所涉及的字段或表达式的方法如下。

① 在"字段"行的组合框中选择一个字段。

② 从"表/查询输入区"中拖曳表的某一字段到"字段"行中。

③ 一次设置多个字段。从"表/查询输入区"显示的表窗口中，按下"Shift"键并单击前后的字段选中连续的多个字段，或者按下"Ctrl"键单击该表中的多个字段以选中不连续的多个字段，然后使用鼠标拖曳到"字段"行即可同时设置多个字段。

④ 可以设置"*"来代表全部字段。采用从"表/查询输入区"中拖曳或者从"字段"行的组合框中选择"*"的方式都可。

⑤ 也可以一次设置表的全部字段。首先在"表/查询输入区"中双击表窗口的标题栏选定表的全部字段，然后拖曳到"QBE设计网格"中空的"字段"行，就会自动设置所有字段。

在上述各种字段设置方式进行操作时，会同时指定"字段"行下的"表"行的值，表明字段来自于哪个表。对于多表查询来说，有些字段可能同名。查看"SQL视图"，可以看出，所有字段前面都有表名前缀。

设置"字段"行时也同时会选中"显示"行的复选框，默认情况下，Access显示所有在QBE设计网格中设定的字段。但是，设置的字段不都是用来显示的。

比如，要查询"管理学"类别教材的全部信息，显示列应该设置为"*"，但条件是：教材类别="管理学"。那么也要把"教材类别"字段放置在"字段"行中，但要去掉"显示"行复选框中的"√"标记。

设置字段可用于显示、排序、查询条件、分组等。用来显示的字段要在"显示"行复选框中设置"√"标记。不用于显示而是用于其他用途的字段就要去掉"显示"行复选框中的"√"标记。字段可以同时设置多种用途，也可以根据需要重复设置同一个字段。

（4）"排序"行的操作。"排序"行用来确定在查询结果集中是否按该字段进行排序。在"排序"行的下拉框中选择"升序"或"降序"。可以分别设置不同字段的排序及方向。

（5）"条件"行的操作。根据上节的介绍，SELECT语句中最复杂的部分就是查询条件表达。所有查询条件，都在"条件"行设置。

条件的基本格式是：<字段名> <运算符> <字段名>

多项条件用逻辑运算AND或者OR连接起来。在QBE设计网格中，同一行的条件以AND连接，不同行的条件以OR连接。

【例5-35】 设计针对"清华大学出版社"出版的"数学"或"计算机"类别的教材信息的查询，输出教材名、作者名、出版社名、教材类别、出版时间、定价。按"定价"升序排序。

在数据库窗口的查询对象界面，双击"在设计视图中创建查询"启动设计视图。在"显示表"中选择"出版社"表和"教材"表添加，然后关闭"显示表"对话框。

在设计视图的"表/查询输入区"中的"字段"行依次指定"教材名、作者、出版社名、教材类别、出版时间、定价"字段。同时"表"和"显示"行也被设定。

在"出版社名"字段下的"条件"行输入：="清华大学出版社"，在"教材类别"字段下的"条件"行输入：="数学"。

继续在"出版社名"字段下"条件"的下一行输入：="清华大学出版社"，在"教材类别"字段下的下一行输入：="计算机"。

在"定价"字段的"排序"下选择"升序"，查看对应的"SQL视图"，如图5-50所示，可以看到SQL命令如下。

```
SELECT 教材.教材名,教材.作者, 出版社.出版社名, 教材.教材类别, 教材.出版时间, 教材.定价
FROM 出版社 INNER JOIN 教材 ON 出版社.出版社编号 = 教材.出版社编号
WHERE (((出版社.出版社名)="清华大学出版社") AND ((教材.教材类别)="数学"))
```

OR (((出版社.出版社名)="清华大学出版社") AND ((教材.教材类别)="计算机"))
ORDER BY 图书.定价;

图 5-50 SQL 视图中形成的 SQL 命令

如果将图 5-50 所示 SQL 视图的 SQL 命令中的 WHERE 子句改为：

WHERE ((出版社.出版社名)="清华大学出版社") AND

(((教材.教材类别)="数学") OR ((教材.教材类别)="计算机"))

如图 5-51 所示，功能一样，再打开常用工具栏第一项，去查看设计视图，可以看到，在字段"教材类别"下，条件没有分两行，而是"条件"的第 1 行变成了："数学" Or "计算机"，如图 5-52 所示。

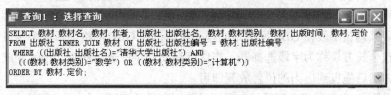

图 5-51 SQL 视图的 SQL 命令改变

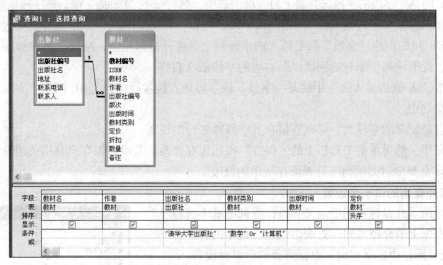

图 5-52 设计视图也改变（功能不变）

因此，用户也是可以在条件中输入运算符的。

3. 查询的运行、保存与编辑

对于创建好的查询，可以运行查看查询结果，也可以保存查询创建的设置为查询对象，以后无需再创建就可以随时运行查询。

（1）运行查询。创建好查询后，直接运行查询的方法有以下几种。

① 在查询设计视图中，直接单击工具栏上的"运行"按钮，生成查询结果集。

② 在查询设计视图中，单击"查询"菜单的"运行"菜单命令。

③ 在查询设计视图中，直接单击工具栏上的"视图"按钮，或者选择"视图"按钮下拉表中的"数据表视图"，Access 运行该查询。需要注意的是，这种方法仅适用于选择查询。

上述三种运行查询的方法都可以执行查询，并进入查询的数据表视图，浏览查询的结果。若要返回到查询设计视图，可以再次单击工具栏上的"视图"按钮，或者使用右键快捷菜单。

（2）保存查询。创建好的查询可以保存为查询对象。在查询设计视图中，若是首次创建的查询，单击工具栏上的"保存"按钮，或者选择"文件"菜单的"另存为"菜单项，将弹出如图 5-10 所示的"另存为"对话框，用户可命名保存设置的查询。

保存为查询对象后，可以随时在数据库窗口中的查询对象界面选中双击，或者单击选中，然后单击"打开"按钮，运行查询并立即查看结果。

作为查询对象，还可以作为其他数据库操作与表类似的数据源。

（3）编辑查询或查询对象。已经设计好的查询，可以根据需要编辑修改其定义。对于已保存的查询对象，也可以进行编辑修改。在数据库窗口中的查询对象界面内选择要修改的查询，然后单击"设计"按钮，进入查询设计视图，用户就可以修改以前的查询设置。

在查询设计视图中，用户可以移动字段列、撤销字段列、插入新字段。

移动字段可以调整字段在 QBE 网格中的排列次序。在 QBE 网格中，每个字段名上方都有一个小长方块，这个长方块称为字段选择器。当鼠标移动到字段选择器时，指针变成向下的箭头，单击选中整列，然后拖曳到适当的位置放开即可。

撤销字段列是在 QBE 网格中删除掉已设置的整列字段的字段。在 QBE 网格中，将鼠标指针移动到要删除的某一字段的字段选择器上时，单击选中，然后按下"Delete"键，该字段便被删除了。

若要在已经定义字段的 QBE 网格插入字段，先在"表/查询输入区"中选择要插入的字段，然后拖曳到 QBE 网格"字段"行要插入的字段列上，放开鼠标左键，Access 即将该字段插入到这一列中，此时该列中原有的字段以及右边的字段依次右移。

若双击"表/查询输入区"中的某一字段，该字段便直接被添加到 QBE 网格"字段"行末尾的第一个空列中。

对于已经定义的字段列，可以直接在其中修改各行的设置。

修改完毕，然后单击工具栏上的"保存"按钮保存修改。若没有保存而直接关闭设计视图窗口，Access 会弹出对话框询问是否保存所做的修改。

4. 选择查询的进一步设置

本节介绍了在设计视图中定义和操作查询的基本过程和方法。根据上节介绍可知，查询语句包含很多内容，可在 QBE 设计网格中定义查询，根据需要进行多种设置。

（1）DISTINCT 和 TOP 的功能。DISTINCT 子句用来对结果数据集进行不重复行限制，TOP 子句用来对输出结果保留前若干行的限制。

设置 DISTINCT 和 TOP 子句的操作方法如下。

在设计视图中不选中任何对象时单击工具栏的"属性"按钮，弹出"查询属性"对话框，如图 5-53 所示。

该对话框用来对查询的整体设计进行设置。如果要在查询中设置 DISTINCT 子句，将"唯一值"栏的值改为"是"即可。如果要设置 TOP 子句，在"上限值"栏中选择，出

图 5-53 "查询属性"对话框

现下拉列表，下拉列表中有数值和百分比两种方式的典型值，首先可选择其中的某一个值，如果该值不合要求，就在栏内输入想要设定的值进行更改。

关闭"查询属性"对话框，设置生效。

（2）输出列重命名和为表取别名。在定义查询输出列时，有些列需要重新命名，在 SELECT 语句中是在输出列后面增加"AS 新列名"子句。

在设计视图中，若要对字段重命名，可以采用两种方式。

方法一是在"字段"行定义的字段或表达式前，直接加上"新列名"并用"："分割即可。例如，若"字段"行上输入的是"AVG（薪金）"，需要命名为"平均薪金"，可以在"字段"行中输入：平均薪金：AVG（薪金）。

方法二是利用"字段属性"对话框。操作方法是，在查询设计视图中，首先将光标定位在要命名的字段列上，然后单击"属性"按钮，弹出"字段属性"对话框，如图 5-54 所示。在"字段属性"对话框中在"标题"栏内输入新的标题，单击"关闭"按钮关闭对话框，这样便完成了为字段重新命名字段标题的工作。

当运行该查询时，在查询的数据表视图中可以看到新的名称代替了原来的字段名。

如果需要对表取别名，在 SELECT 语句中是在"FROM 子句"的表名后加上"AS 在设计视图中"表/查询输入区"选中要改名的表，单击工具栏的"属性"按钮，或者选中表并单击鼠标右键，在快捷菜单中单击"属性"命令，弹出如图 5-55 所示的"字段列表属性"对话框。在对话框的"别名"栏中，默认名就是表名。输入要取的别名，然后关闭该对话框，这样设计视图中所有用到该表的地方都使用新取的名称。

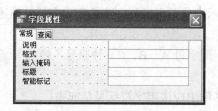

图 5-54　字段属性图

图 5-55　重命名表

（3）比较运算与逻辑运算。比较运算是查询条件中最基本的运算。在设置比较运算时，如果在条件处省略运算符，直接写值，默认的运算符是等于符号，对应的表达式的含义是：<字段> = <值>。

其他的运算符都不能缺少。直接写的值必须符合对应类型的常量的写法。比如，要设置"定价超过 50 元的教材"条件，应该在"定价"字段下，输入： >50 。

逻辑运算包括 NOT、AND、OR 等。可以在"条件"行中直接输入逻辑运算。比如，例 5-35 中，若在"教材类别"字段下的"条件"行输入："数学" Or "计算机"，缺少比较运算，默认是"="，所有其含义是：

教材类别="数学" Or 教材类别="计算机"。

设置多项条件，位于相同行的采用 AND 运算，位于不同行的采用 OR 运算。一个条件中如果一个字段多次出现，参与 OR 运算的就在同一列定义，参与 AND 运算，就需要在不同的列重复指定该字段。

（4）参数。在输入比较值的时候，如果输入的是标识符，或者是用"[ ]"括起来的一串符号，则 Access 将其理解为参数，在执行查询时首先弹出如图 5-13 所示的"输入参数值"对话框，要求用户先输入值，再参与运算。

图 5-56　定义参数

为了避免出错，用户对于设置参数，一般不直接使用名称，而一定要用"[ ]"括起来。

如图 5-56 所示，查询员工表中指定姓名的员工的信息。员工姓名在执行查询时输入，所以，输出列是所有字段，而第 2 列的"姓名"字段只作为条件的比较字段，不显示。在"条件"行，采用参数，用"[XM]"表示。

（5）BETWEEN、IN、LIKE 和 IS NULL 运算。

BETWEEN-AND 运算用于指定一个值的范围。例如，条件：

薪金 BETWEEN 1000 AND 1500

等价于在"薪金"列下定义：>=1000　AND　<=1500

在设置条件时，设定"薪金"字段，然后直接在"条件"行输入：

BETWEEN　1000　AND 1500

IN 运算用于指定一个值的集合。例如，查找员工的几种特定职务之一，可以将这些职务列出组成一个集合，用括号括起来。在"职务"字段列下面输入：

IN（"总经理"，"经理"，"副经理"，"主任"）

凡职务是其中之一者满足条件。

LIKE 用于在文本数据类型字段中定义数据的查找匹配模式。"?"表示该位置可匹配任何一个字符，"*"表示该位置可匹配任意个字符，"#"表示该位置可匹配一个数字，方括号描述一个范围，用于确定可匹配的字符范围。

例如，[0-3]可匹配数字 0、1、2、3，[A-C]可匹配字母 A、B、C。惊叹号（！）表示除外。例如，[!3-4]表示可匹配除 3、4 之外的任何字符。

在设计视图的"条件"行中，LIKE 运算后的匹配串应该用字符括号括起来。

IS NULL 运算用于判断字段值为空值的查询条件。判断非 NULL 值要使用 IS NOT NULL。

（6）在查询中执行计算。在选择查询设计时，"字段"行除了可以设置查询所涉及的字段以外，还可以设置包含字段的计算表达式。利用计算表达式获得表中没有直接存储的、经过加工处理的信息。需要注意的是，在计算表达式中，字段要用方括号（[ ]）括起来。另外，在"字段"行中设置了计算表达式以后，Access 自动为该计算表达式命名，格式为"表达式:"。用户可以按照改名方法重新为字段列命名。

【例 5-36】　设计根据输入日期查询发放数据的查询，输出：发放日期、教材名、定价、发放数量、售价折扣、金额。

这些数据放在教材、发放单、发放细目表内。除金额外，其他都可以从表上获得，金额的值等于"发放数量×定价×售价折扣"。

在"教材管理"数据库窗口中的查询对象界面双击"在设计视图中创建查询"，启动设计视图，在"显示表"对话框中将发放单、发放细目、教材这三个表依次加入到设计视图中，这三个表自动连接起来。关闭"显示表"对话框。

然后依次定义字段。分别将"发放日期、教材名、定价、数量、售价折扣"放入"字段"行内，同时自动设置了"表"行和"显示"行。

在最后一列输入：售书细目.数量*售价折扣*定价（完成金额）

这时，Access 自动调整并为该表达式命名。由于查询的发放日期要由用户输入，于是在"发放日期"字段列的"条件"行输入参数：[RQ]。设计结果如图 5-57 所示，对应的 SQL 视图如图 5-58 所示。

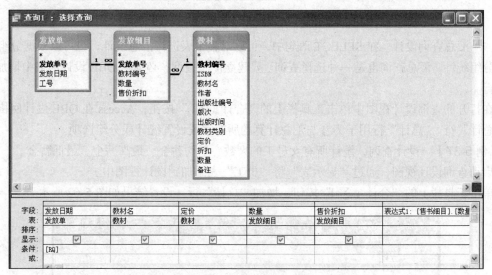

图 5-57　设计视图

图 5-58　SQL 视图

在最后一列的"表达式 1"处用"金额"替换掉，从而对"表达式 1"重新命名。整个设计就完成了。

若要保存，单击"保存"按钮，在"另存为"对话框中输入查询名"根据日期查询发放教材数据"，保存，如图 5-59 所示。

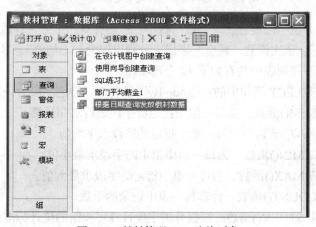

图 5-59　教材管理.mdb 查询对象

若运行该查询，双击"根据日期查询发放教材数据"，首先弹出"输入参数值"对话框，输入日期，如图 5-60 所示，然后就会在"数据表视图"中显示查询结果，如图 5-61 所示。

图 5-60 运行输入查询日期   图 5-61 查询的结果

（7）汇总查询设计。在 SELECT 语句中，可以对整个表进行汇总统计，也可以根据分组字段进行分组统计。汇总查询也是一种选择查询。要建立汇总查询，必须在 QBE 设计网格中增加"总计"行。

在打开的查询设计视图中单击工具栏上的"合计（∑）"按钮，Access 在 QBE 设计网格中增加"总计"行。"总计"行用于为参与汇总计算的所有字段设置统计或分组选项。

【例 5-37】 设计查询，统计所有女员工的人数、平均薪金、最高薪金、最低薪金。

启动查询设计视图，通过"显示表"将"员工"表添加到设计视图中。

单击工具栏上的"合计（∑）"按钮，增加"总计"行。设置结果如图 5-62 所示。

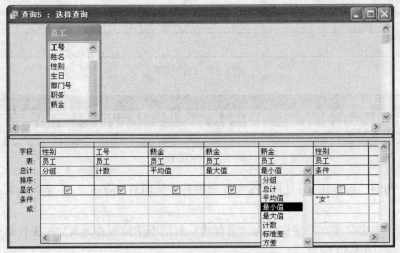

图 5-62 查询设计视图定义汇总统计查询

将"性别"作为分组字段放置在"字段"行中。然后针对"工号"计数，在"总计"行中下拉列表中选择"计数"。依次设置"薪金"字段，分别设置为"平均值"、"最大值"、"最小值"。

在"总计"行的下拉列表中共有如下 12 个选项。

- 分组。用于 SELECT 语句中的"Group By"子句中，指定字段为分组字段。
- 总计。对应 SUM() 函数，为每一组中指定的字段进行求和运算。
- 平均。对应 AVG() 函数，为每一组中指定的字段求平均值。
- 最小值。对应 MIN() 函数。为每一组中指定的字段求最小值。
- 最大值。对应 MAX() 函数。为每一组中指定的字段求最大值。
- 计数。对应 COUNT() 函数。计算每一组中记录的个数。
- 标准差。对应 STDEV() 函数。根据分组字段计算每一组的统计标准差。
- 方差。对应 VAT() 函数。根据分组字段计算每一组的统计方差。
- 第一条记录。对应 FIRST() 函数。获取每一组中首条记录该字段的值。
- 最后一条记录。对应 LAST() 函数。获取每一组中最后一条记录该字段的值。

- 表达式。用以在 QBE 设计网格的"字段"行中建立计算表达式。
- 条件。说明该字段作为 WHERE 子句中的字段，用于限定表中的哪些记录可以参加分组汇总。

在【例 5-37】中，最后的"性别"字段不参与条件汇总，因为只有"女"员工符合题意，所以必须对参与统计运算的员工进行限制。

如果查看"SQL 视图"，其 SELECT 语句的含义是：

```
SELECT 员工.性别, Count(员工.工号), Avg(员工.薪金), Max(员工.薪金), Min(员工.薪金),
   FROM 员工
 WHERE  (员工.性别)="女"
 GROUP BY 员工.性别;
```

运行查看数据表视图，可以看到，统计字段都已自动命名，用户可重新命名。

【例 5-38】 设计查询，统计各部门平均工资并输出平均薪金小于 1800 元的部门。

启动查询设计视图，将"部门"表、"员工"表添加到设计视图中。

单击工具栏上的"合计（Σ）"按钮，增加"总计"行。设置结果如图 5-63 所示。

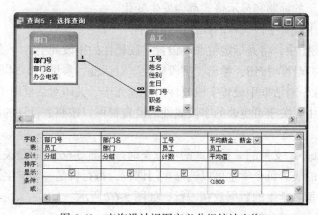

图 5-63 查询设计视图定义分组统计查询

 注意　　在"薪金"字段列下的"条件"行设置"<1800"，对应 SELECT 语句中的 HAVING 子句。这是与上例不同的地方。上例的条件出现在 WHERE 子句中。

（8）子查询设计。子查询是作为 SELECT 语句的条件出现在 WHERE 子句中，因此在设计时也放置在"条件"行中。用户只有在熟悉 SELECT 语句用法的基础上才能使用好子查询。

【例 5-39】 查询在售书记录中出现的员工信息。

启动查询设计视图，将"员工"表添加到设计视图中。由于"发放单"表是出现在子查询中，所以无需添加。查询设计的结果如图 5-64 所示。对应的 SELECT 语句如图 5-65 所示。

```
SELECT 员工.*
   FROM 员工   WHERE (((员工.工号) In (SELECT 工号 FROM 售书单)));
```

（9）查询中字段属性设置。在查询设计中，表的字段属性是可继承的。也就是说，在表的设计视图中定义的某字段的字段属性，在查询中同样有效。如果某个字段在查询中输出，而字段属性不符合查询的要求，那么 Access 允许用户在查询设计视图中重新设置字段属性。

例如，在【例 5-36】中设计了有计算的查询。运行查询，输入日期为"2011-8-27"，其"数据表视图"中的"售价折扣"和计算的金额的显示格式都是默认格式。

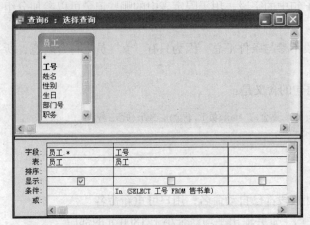

图 5-64　查询设计视图定义子查询

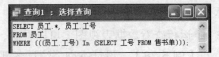

图 5-65　对应的 SQL 视图

进入该查询的设计视图，修改有关的字段属性，重新运行，其"数据表视图"中的"售价折扣"的显示和"金额"的标题和显示格式都会发生变化。

在查询设计视图中设置字段属性的操作步骤如下。

① 在查询设计视图中，将光标定位在要设置字段属性的字段列上。

② 单击工具栏"属性"按钮，弹出"字段属性"对话框，参见图 5-54 所示。

③ 在"字段属性"对话框中设置字段属性。设置完毕，关闭对话框即可。

在查询设计视图中，关于可更改的字段属性的设置都可以按照表设计的规定进行。

5. 交叉表查询

交叉表查询是 Access 支持的一种特殊的汇总查询。如图 5-66 所示是关系数据库中关于多对多数据设计的最常见的表。每个学生可以选修多门课程，每行就是一名学生选修的一门课。在实际应用时人们希望将每名学生的数据放在一行，如图 5-67 所示。

这种功能就是交叉表的功能。

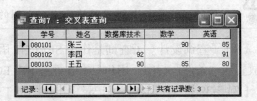

图 5-66　学生选修的课程及成绩表　　　　图 5-67　转换成绩得到的交叉表

在交叉表中，第 1、2 列是源表第 1、2 列的数据，但只保留不重复的，称为"行标题"，交叉表的标题栏是由源表中第 3 列的所有不重复的数据组成，称为列标题。

源表中的第 4 列作为交叉表中的值填入对应的单元格内。

从这个示例中可以看出，交叉表是非常实用的一种功能。Access 在查询里实现了这种功能。在定义查询时，可以指定源表的一个或多个字段作为交叉表的行标题的数据来源，指定一个字段作为列标题的数据来源，指定一个字段作为值的来源。

【例 5-40】　查询每天各名教材发放员工的发放金额，并生成交叉表。

根据题意，应该查询发放日期、员工姓名、发放金额。发放金额要通过发放细目和教材表进行计算。

进入查询设计视图。由于本查询涉及员工、售书单、售书细目、图书表，在"显示表"对话框中依次将这四个表加入设计视图。

选择"查询"菜单的"交叉表查询"菜单命令单击，Access 将在设计视图的 QBE 设计网格中显示"交叉表"行和"总计"行。设计结果如图 5-68 所示，SQL 视图如图 5-69 所示。

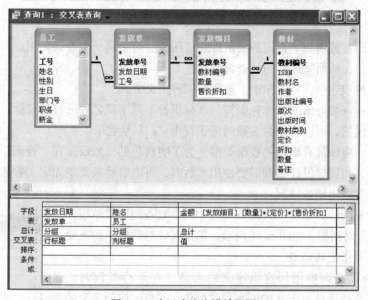

图 5-68　交叉表查询设计视图

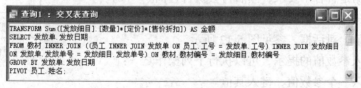

图 5-69　SQL 视图

指定"售书日期"字段作为行标题，在该字段列的"总计"行中选择"分组"选项，在"交叉表"行中选择"行标题"选项。

指定员工"姓名"字段作为列标题，在该字段列的"总计"行中选择"分组"选项，在"交叉表"行中选择"列标题"选项。

第 3 列是求金额的计算表达式。因为要将同一个人同一天的销售额汇总，因此在该字段列的"总计"行中选择"总计"选项，然后在"交叉表"行中选择"值"选项。由于这是金额，因此单击"属性"按钮启动"字段属性"对话框，设置格式为"货币"。

运行查询，显示的查询交叉表如图 5-70 所示。每天每个人的销售情况一目了然。

6. 参数查询

参数查询其实不是独立的查询类型。在设计各类查询时，如果用到很确定的值，就直接使用其常量。但有时在设计查询时不能确定一个数据的确切值，只有在运行查询时由用户输入，因此可以将这个数据定义为参数。参数可以用在所有查询操作需要输入值的地方，使用参数的查询就是参数查询。

图 5-70　运行得到的交叉表

在查询中使用参数增加了查询的灵活性和适用性。对于同一个查询，用户可以在查询运行时输入不同的参数值，从而完成不同的查询任务。

在前面有关的叙述中，可以知道，参数有两种定义方式。

（1）在查询中直接写出的名称标识符，该标识符不是字段名等已有的名称。

（2）为避免混淆，可以将作为参数的标识符用"[ ]"括起来。

每一个参数，应该都有确切的数据类型。为了明确起见，Access 在"查询"菜单中列出"参数查询"菜单项，当用户设计查询需要使用参数时，可以启动该菜单先定义参数名及其类型，这样可以减少使用参数出错的情况。

图 5-71　查询参数设置

在查询设计视图中，单击"查询"菜单中"参数查询"菜单项，启动"查询参数"对话框。如图 5-71 所示。用户在该对话框中为将要使用的参数命名并指定其类型。

无论你是否在查询中用到这里定义的参数，在运行查询时，Access 会先要求你输入这里定义的所有参数的值，并自动按照定义的类型检验输入数据是否合乎要求，然后再去执行查询。

在运行查询输入参数值时，Access 会为查询中的每个参数都显示一个"输入参数值"对话框，参见图 5-12 所示。

对于每个输入参数值的提示，可以执行下列操作之一：

（1）若要输入一个参数值，键入其值。

（2）若输入的值就是创建表时定义的该字段的，键入<DEFAULT>。

（3）若要输入一个 Null，键入<NULL>。

（4）若要输入一个零长度字符串 或空字符串，请将该框留空。

5.4　查 询 向 导

在创建选择查询时，Access 提供了 4 种查询向导：简单查询向导、交叉表查询向导、查找重复项查询向导和查找不匹配项查询向导。这些查询向导采用交互问答方式引导用户创建选择查询，使得创建选择查询工作更加简便易行。特别是利用查找重复项查询向导和查找不匹配项查询向导可以创建两种特殊的选择查询，有一定的实用价值。

1. 简单查询向导

在创建选择查询时，可以首先利用简单查询向导创建选择查询，然后在选择查询设计视图中进一步完善修改。

利用简单查询向导创建选择查询的操作步骤如下。

（1）进入数据库窗口中的查询对象界面。

（2）单击"新建"按钮，弹出"新建查询"对话框。

（3）在"新建查询"对话框中选择"简单查询向导"选项，然后单击"确定"按钮，弹出第一个"简单查询向导"对话框，如图 5-72 所示。

（4）在对话框中选择查询所涉及的表和字段。首先在"表/查询"组合框中选择查询所涉及的表，然后在"可用字段"列表框中选择查询所涉及的字段并单击">"按钮，将选择的字段添加到"选定的字段"列表中。重复操作，直到添加查询所涉及的全部字段。

（5）单击"下一步"按钮，弹出第二个"简单查询向导"对话框，如图 5-73 所示。

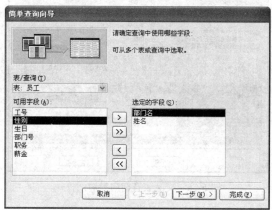

图 5-72　简单查询向导对话框一

图 5-73　简单查询向导对话框二

（6）在第二个"简单查询向导"对话框中，如果要创建选择查询，则应选择"明细"单选项；如果要创建汇总查询，则应选择"汇总"单选项，然后单击"汇总选项"按钮，弹出"汇总选项"对话框，如图 5-74 所示。

（7）在"汇总选项"对话框中为汇总字段指定汇总方式，然后单击"确定"按钮，返回第二个"简单查询向导"对话框。

（8）单击"下一步"按钮，弹出第三个"简单查询向导"对话框，如图 5-75 所示。

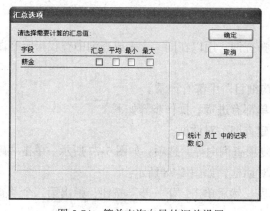

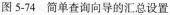

图 5-74　简单查询向导的汇总设置

图 5-75　简单查询向导对话框三

（9）在第三个"简单查询向导"对话框中，可以在"请为查询指定标题"文本框中为查询命名。如果要运行查询，则应选择"打开查询查看信息"单选项；如果要进一步修改查询，则应选择"修改查询设计"单选项。

（10）最后单击"完成"按钮，Access 生成简单查询。

2. 交叉表查询向导

交叉表查询向导引导用户通过交互问答方式创建交叉表查询，不过交叉表查询向导只能创建标准规范的交叉表查询。如果用户有特殊的要求，应在交叉表查询设计视图中加以修改完善。

利用交叉表查询向导创建交叉表查询，操作步骤如下。

（1）在数据库窗口的查询对象界面启动"新建查询"对话框。

（2）在"新建查询"对话框中选择"交叉表查询向导"选项，单击"确定"按钮，弹出第一个"交叉表查询向导"对话框，如图 5-76 所示。

（3）在对话框中选择查询所涉及的表或查询。然后单击"下一步"按钮，弹出第二个"交叉表查询向导"对话框。

（4）在第二个"交叉表查询向导"对话框中，选择交叉表查询的行标题。然后单击"下一步"按钮，弹出第三个"交叉表查询向导"对话框。

（5）在第三个"交叉表查询向导"对话框中，选择交叉表查询的列标题。然后单击"下一步"按钮，弹出第四个"交叉表查询向导"对话框。

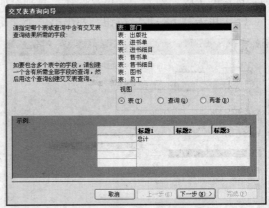

图 5-76　交叉表查询向导对话框一

（6）在第四个"交叉表查询向导"对话框中，选择交叉表查询的汇总字段以及汇总方式。然后单击"下一步"按钮，弹出第五个"交叉表查询向导"对话框。

（7）在第五个"交叉表查询向导"对话框中，可以在"请指定查询的名称"文本框中为查询命名。如果要运行查询，则应选择"查看查询"单选项，如果要进一步修改查询，则应选择"修改设计"单选项。

（8）最后单击"完成"按钮，Access 生成交叉表查询。

创建交叉表查询时应注意，交叉表适合对保存多对多数据的表或查询的转换，因此对于数据源的选择要符合这一特点。

3. 查找重复项查询向导

查找重复项查询向导可以创建一个特殊的选择查询，用以在同一个表或查询中查找指定字段具有相同值的记录。

【例 5-41】　查询是否有教材在不同的"订购细目"中都有记录。

该查询表示同一个编号的图书分不同的进货单都有进货。操作步骤如下。

（1）在数据库窗口的查询对象界面启动"新建查询"对话框。

（2）在"新建查询"对话框中选择"查找重复项查询向导"选项，如图 5-77 所示。单击"确定"按钮，弹出第一个"查找重复项查询向导"对话框，如图 5-78 所示。

（3）在第一个对话框中，选择"订购细目"表。然后单击"下一步"按钮，弹出第二个"查找重复项查询向导"对话框，如图 5-79 所示。

（4）在第二个对话框中，选择"教材编号"字段。然后单击"下一步"按钮，弹出第三个"查找重复项查询向导"对话框，如图 5-80 所示。

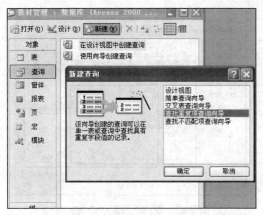

图 5-77　查找重复项查询向导

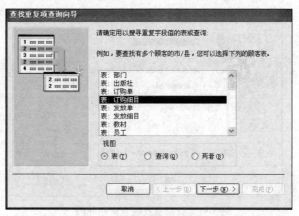

图 5-78　查找重复项查询向导一

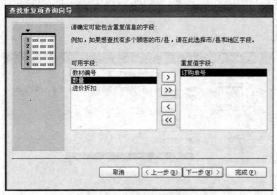

图 5-79　查找重复项查询向导二

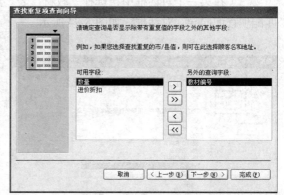

图 5-80　查找重复项查询向导三

（5）在第三个"查找重复项查询向导"对话框中，选择需要显示的其他字段。本查询需要显示不同的"订购单号"和"数量"，所以选中"订购单号"和"数量"字段。

单击"下一步"按钮，弹出第四个"查找重复项查询向导"对话框，如图 5-81 所示。

（6）在第四个"查找重复项查询向导"对话框中，可以对要生成的查询命名，然后选择"查看结果"单选项。最后单击"完成"按钮，Access 生成查找重复项查询并显示查询的结果。

从结果中可以很清楚的看到出现在一次以上订购单中的同一个编号的教材的信息。

4．查找不匹配项查询向导

查找不匹配项查询向导可以创建一个特殊的选择查询，用以在两个表中查找不匹配的记录。所谓不匹配记录，是指在两个表中根据共同拥有的指定字段筛选出来的一个表有而另一个表没有相同字段值的记录。两个表共同拥有的字段一般是主键和外键。没有匹配的记录，通常意味着一个主键值没有被引用。

【例 5-42】　查询教材表中没有发放记录的教材。

没有发放的教材，就意味这在"发放细目"表中没有对应数据记录。操作步骤如下。

（1）在数据库窗口的查询对象界面启动"新建查询"对话框。

（2）在"新建查询"对话框中选择"查找不匹配项查询向导"选项，如图 5-82 所示。单击"确定"按钮，弹出第一个"查找不匹配项查询向导"对话框，如图 5-83 所示。

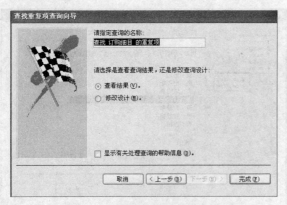

图 5-81　查找重复项查询向导四

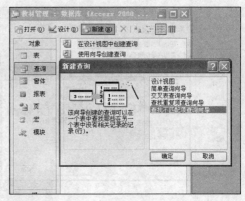

图 5-82　查找不匹配项查询向导

（3）在第一个对话框中，选择"教材"表。然后单击"下一步"按钮，弹出第二个"查找不匹配项查询向导"对话框，如图 5-84 所示。

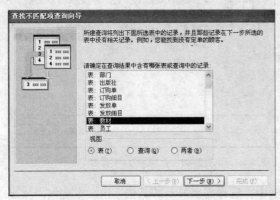

图 5-83　查找不匹配项查询向导一

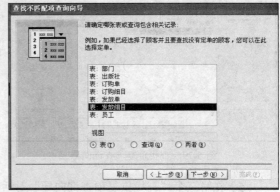

图 5-84　查找不匹配项查询向导二

（4）在第二个对话框中，选择与"教材"表相关的"发放细目"表，然后单击"下一步"按钮，弹出第三个"查找不匹配项查询向导"对话框，如图 5-85 所示。

（5）在第三个"查找不匹配项查询向导"对话框中，选择用于匹配的字段。这里都是"教材编号"字段。若是其他字段，选中后单击"<=>"按钮。然后单击"下一步"按钮，弹出第四个"查找不匹配项查询向导"对话框，如图 5-86 所示。

（6）在第四个"查找不匹配项查询向导"对话框中，选择要显示的其他字段。例如，教材名、作者、出版社编号等。

如果只想查看查询结果，单击"完成"按钮，就执行查询，显示结果。

若想保存或修改设计，单击"下一步"按钮，弹出第五个"查找不匹配项查询向导"对话框。

（7）在第五个"查找不匹配项查询向导"对话框中，可以在"请指定查询名称"文本框中为查询命名。如果要进一步修改查询，则应选择"修改设计"单选项。如果要运行查询，则应选择"查看结果"单选项，运行查询显示结果，并保存查询设计。

若仔细分析对应的 SELECT 语句，这种查询实际上是外连接查询。

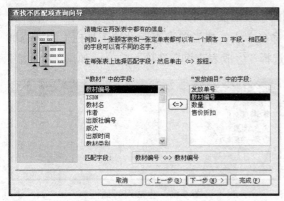

图 5-85　查找不匹配项查询向导三　　　　　　图 5-86　查找不匹配项查询向导四

5.5　动 作 查 询

在 Access 中将"生成表查询、追加查询、删除查询、更新查询"都归结为动作查询（Action Query），因为这几种查询都会对数据库有所改动。不过，事实上，这几种查询都与选择查询有关或者建立在选择查询之上。生成表查询是将选择查询的结果保存到表的查询。其他 3 种查询则分别对应 SQL 语言中的 INSERT、DELETE、UPDATE 语句。用来实现对数据库数据的更新维护操作。

更新查询是在指定的表中对筛选出来的记录进行更新操作；追加查询是将从表或查询中筛选出来的记录添加到另一个表中去；删除查询是在指定的表中删除筛选出来的记录。

一般来说，在建立动作查询之前可以先建立相应的选择查询，这样可以查看查询结果集是否符合用户的要求，若符合则可再执行相应的动作查询命令，将选择查询转换为动作查询。用户可以将设计的动作查询保存为查询对象。

在进入 Access 查询设计视图后，在查询菜单下，用户可以看到每一个查询名称的左边都有一个图标。动作查询名称左边的图标后面都带有惊叹号，并且四种动作查询的图标都各不相同，类似于它们各自对应的菜单项中的图标，参见图 5-4"查询"菜单所示。用户可以从查询对象界面中很快辨认出哪些是动作查询，是什么类型的动作查询。

由于动作查询执行以后将改变指定表的记录，并且动作查询执行以后是不可逆转的，因此，对于使用动作查询要格外慎重。方法一是考虑先设计并运行与动作查询所要设置的筛选条件相同的选择查询，看看结果是否合乎要求；方法二是可以考虑在执行动作查询前，为要操作更改的表做一个备份。

1. 生成表查询

生成表查询是把从指定的表或查询对象中查询出来的数据集生成一个新表。由于查询能够集中多个表的数据，因此这种功能在需要从多个表中获取数据并将数据永久保留时是比较有用的。与 SELECT 语句对比，该功能实现 SELECT 语句中 INTO 子句的功能。

建立生成表查询的基本操作步骤如下。

（1）按照选择查询的方式启动查询设计视图。

（2）将查询涉及的数据源表或查询对象通过"显示表"添加到查询设计视图中。

（3）在查询设计视图中，设置查询所涉及到的字段以及条件。

（4）从"查询"菜单中选择"生成表查询"命令单击，或者单击查询设计工具栏上的"查询类型"按钮右边的下拉箭头，然后从下拉列表中选择"生成表查询"选项，Access 弹出"生成表"对话框，如图 5-87 所示。

（5）在"生成表"对话框的"表名称"组合框中键入新表的名称。如果要将新表保存到当前数据库中，那么应选择"当前数据库"单选项。如果要将新表保存到其他数据库中，那么应选择"另一数据库"单选项，并在"文件名"文本框中输入数据库的名称。

图 5-87　生成表对话框

如果表的名称是已经存在的表，可以通过下拉列表选择。在运行查询时，产生的新的数据将覆盖原表中的数据。

单击"确定"按钮，查询设计视图的窗口标题从"选择查询"变更为"生成表查询"。

（6）单击工具栏的"保存"按钮，Access 将保存生成表查询。至此，用户已经建立了一个生成表查询。

如果要执行该生成表查询，可以在"生成表查询"设计视图中单击"运行"按钮。这时 Access 将弹出创建新表的对话框，参见图 5-38 右边图形。单击"是"按钮，Access 将完成生成表查询，并建立新表；若单击"否"按钮，Access 将取消生成表查询，不建立新表。

如果要进一步查看新表中的记录，可以到表对象界面打开新表的数据表视图。

需要注意的是，利用生成表查询建立新表时，新表中的字段从生成表查询的源表中继承字段名称、数据类型以及"字段大小"属性，但是不继承其他的字段属性以及表的主键，如果要定义主键或其他的字段属性，则应到新表的设计视图中进行定义。

2. 追加查询

SQL 语言的 INSERT 语句实现对表记录的添加功能。INSERT 语句有两种语法，一种是将一条记录追加到表中，另外一种是将一个查询的结果追加到表中。

在可视化的操作中，第一种语法的实现可以在表的数据表视图中完成，第二种用法的实现就是通过"追加查询"。

追加查询是将从表或查询对象中查询出来的记录添加到另一个表中去。被追加记录的目标表必须是已经存在的表。这个表可以是当前数据库的，也可以是另外一个数据库的。在使用追加查询时，必须遵循以下规则。

（1）如果目标表有主键，追加的记录在主键字段上不能取空值或与原主键值重复。

（2）如果目标表属于另一个数据库，则必须指明数据库的路径和名称。

（3）如果在设计查询的 QBE 网格的"字段"行中使用了星号（*）字段，就不能在"字段"行中再次使用同一个表的单个字段。否则，Access 不能添加记录，认为是试图两次增加同一字段内容到同一记录。

（4）如果目标表有"自动编号"的字段和记录值，则追加的查询中就不要包括"自动编号"字段。

如果遵循了上述规则，就可以正确执行追加查询，使它成为一个很有用的工具。

【例 5-43】　追加查询示例。

假定在"图书销售"数据库中创建了一个表，名称和字段如下：

图书销售情况（售书日期，书名，作者，定价，数量，售价折扣）

将现在数据库中的 2007 年 8 月 1 日以后销售的数据追加到该表中的操作如下。

（1）按照选择查询的方式启动查询设计视图。

（2）本查询作为数据源的表或查询对象包括：图书、售书细目、售书单。通过"显示表"对话框将这些表添加到查询设计视图中。

（3）在查询设计视图中，定义好选择查询。分别从不同表中将"售书日期、书名、作者、定价、数量、售价折扣"字段加入 QBE 窗格中。在"售书日期"字段下输入条件：

```
">=#2007-8-1#"
```

查询设计如图 5-88 所示。该查询的结果就是要追加的数据，可以运行查看结果。

（4）从"查询"菜单中选择"追加查询"命令单击，或者单击查询设计工具栏上"查询类型"按钮右边的下拉箭头，然后从下拉列表中选择"追加查询"选项，弹出"追加"对话框，如图 5-89 所示。

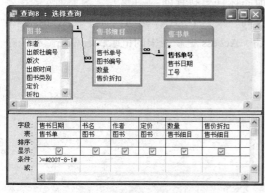

图 5-88　选择查询设计窗口

图 5-89　"追加"对话框

（5）在"追加"对话框的"表名称"组合框中键入目标表名"图书销售情况"。也可以在组合框的下拉列表中选择目标表的名称。

在设置目标表的时候，如果目标表在当前数据库中，选择"当前数据库"单选项。如果被目标表在其他数据库中，那么应选择"另一数据库"单选项，并在"文件名"文本框中输入数据库的名称。

（6）单击"确定"按钮，Access 便将查询设计视图的窗口标题从"选择查询"变更为"追加查询"，并且在 QBE 网格中增加"追加到"行。

"追加到"行用于设置目标表与查询结果中字段的对应关系。本例由于字段名相同，Access 会自动加入对应字段名，用户也可以重新设定。目标表和查询的对应来源字段名可以同名，也可以不同名。

（7）若单击查询设计工具栏"保存"按钮，将要求用户对该追加查询进行命名，命名后系统保存该追加查询为查询对象。至此，就建立了一个追加查询。

（8）如果要执行该追加查询，在"追加查询"设计视图中单击"运行"按钮。这时 Access 弹出追加提示对话框。单击"是"按钮，Access 完成追加。如果要进一步查看新追加的记录，可以到表对象界面打开"图书销售情况"表的数据表视图。

3. 更新查询

更新查询是在指定的表中对满足条件的记录进行更新操作。对表中记录进行更新操作的工作可以在数据表视图中由人工逐条地修改，但是这种方法效率低下，而且也容易出现错。在修改大批量数据时，应使用更新查询。

【例 5-44】　使用更新查询对"总会计师"员工的薪金增加 5%。

操作过程如下。

（1）启动查询设计视图。将"员工"表添加到查询设计视图中。

（2）在查询设计视图中，定义好"总会计师"的选择查询。将"职务"字段加入 QBE 窗格中。并在"条件"行输入条件："总会计师"。可以运行查看结果。

（3）从"查询"菜单中选择"更新查询"命令单击，或者单击查询设计工具栏上"查询类型"按钮右边的下拉箭头，然后从下拉列表中选择"更新查询"选项，这时查询设计视图的窗口标题从"选择查询"变更为"更新查询"，同时在 QBE 网格中增加"更新到"行。

（4）将"薪金"字段加入 QBE 窗格中。在对应的"更新到"行中输入更新表达式：

    [薪金]*1.05

如图 5-90 所示。

（5）单击查询设计工具栏的"保存"按钮，可命名保存更新查询。

（6）若单击工具栏上的"运行"按钮，或从"查询"菜单中选择"运行"命令，Access 弹出更新记录的提示框，如图 5-91 所示。单击"是"按钮，Access 更新表中的记录；若单击"否"按钮，不执行更新查询，指定表中的记录不被更新。

图 5-90　更新查询窗口

图 5-91　更新操作提示对话框

如果要进一步查看更新的结果，则可在数据表视图中浏览被更新的表。还有一种更快捷有效的方法，就是在"更新查询"设计视图中单击工具栏上的"查询类型"按钮右侧的下拉箭头，然后从列表中选择"选择查询"选项，或者从"查询"菜单中选择"选择查询"命令，Access 将更新查询再次变更为选择查询。运行这个选择查询，便会看到更新结果。

需要说明的是，在"更新查询"设计视图的 QBE 网格的"更新到"行中，可以同时为几个字段输入更新表达式，从而同时为多个字段进行更新修改工作。

4. 删除查询

删除查询是指在指定的表中删除符合条件的记录。由于删除查询将永久地和不可逆地从表中删除记录，因此对于删除查询要特别慎重。

删除查询可以删除一个表中的记录。由于表之间可能存在关系，因此在删除时要考虑表之间的关联性。相关内容已经在上一章的"关系"中有完整介绍。

【例 5-45】　设计删除查询，删除"教材"表中"2011 年 01 月"以前出版的教材。

建立删除查询的基本操作步骤如下。

（1）进入查询设计视图，将与删除有关的"教材"表添加到设计视图中。

（2）从"查询"菜单中选择"删除查询"命令，或者单击查询设计工具栏上的"查询类型"按钮右边的下拉箭头，然后从下拉列表中选择"删除查询"选项，这时查询设计视图的窗口标题从"选择查询"变更为"删除查询"，并且在 QBE 网格中增加"删除"行。"删除"行通常用于设置 Where 关键字，以确定记录的删除条件。

（3）在查询设计视图中定义删除条件。如图 5-92 所示。由于删除操作的危险性，可以先设计等价条件的选择查询，运行查看查询结果，若符合要求，然后再设置删除条件。

（4）单击工具栏的"保存"按钮，Access 将保存删除查询。

如果要执行该删除查询，在"删除查询"设计视图中单击工具栏上"运行"按钮，或者从"查询"菜单中选择"运行"命令。弹出删除记录提示框，如图 5-93 所示。

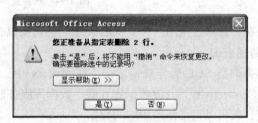

图 5-92　删除查询窗口　　　　　　图 5-93　删除操作提示对话框

在删除记录提示框中，若单击"是"按钮，Access 将完成删除记录查询，在指定的"图书"表中删除指定的记录；若单击"否"按钮，Access 将取消删除记录查询。如果删除查询正确执行完毕，在"图书"表的数据表视图中就不会再看到被删除的记录。

5.6　特定查询

Access 在"查询"菜单中，列出了 3 种 SQL 特定查询，分别是"联合查询、传递查询、数据定义查询"。

事实上，这三种查询的方法是直接输入 SQL 语句，而不是用可视化方式定义查询。启动这三种查询之一的方法，就是先进入查询设计视图，不需要添加表，然后单击"查询"菜单中"SQL特定查询"中选定的该项菜单命令，就可以进入查询窗口。

该查询窗口就是一个文本编辑器，用户在其中输入 SQL 语句，然后执行命令即可，也可以将输入的命令作为查询对象保存起来。

1. 联合查询

联合查询实现的就是"查询合并"运算。利用 SELECT 语句中提供的联合（UNION）运算，来实现将多个表或查询的数据记录合并到一个查询结果集中。在 Access 中，联合运算的完整语法如下。

【语法】 [TABLE] <表1>|<查询1> UNION [ALL] [TABLE] <表2>|<查询2> [UNION …]

语法的含义是，通过 UNION 运算，可以将一个表或查询的数据记录与另外一个表或查询的数据记录合在一起。合并运算的结果是没有重复记录的，ALL 子句的意义是合并运算保留重复记录。

要注意，UNION 前后的记录集的结构要对应（并非要完全相同，但二者列数应相同，对应字段类型要相容），最后的运算结果集的字段名和类型、属性按照出现在联合查询中第一位的表或查询的列名来定义。

【例 5-46】 将 2007 年 8 月 1 日前的图书销售记录与"图书销售情况"表合并在一起。

进入查询设计视图，无须添加表。单击"查询"菜单中"SQL 特定查询"项下"联合"菜单命令，进入"联合查询"窗口。在窗口中输入联合运算的 SQL 命令，如图 5-94 所示。

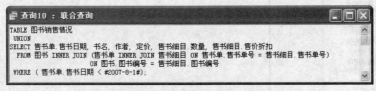

图 5-94　联合查询窗口

可以在"数据表视图"和"SQL 视图"中切换以查看查询结果或命令定义。

2. 传递查询

传递查询是 SQL 特定查询之一。在 Access 中，传递查询直接将命令发送到 ODBC（Open Database Connectivity，开放数据库互联）数据库服务器上。使用传递查询，不必与服务器上的表进行连接，就可以直接使用相应的数据。

所谓 ODBC 数据库服务器，是微软提供的一种数据库访问接口。ODBC 以 SQL 语言为基础，提供了访问不同 DBMS 中的数据库的方法，使得不同系统的数据访问与共享变得容易，且不用考虑不同系统之间的区别。关于 ODBC 的基本介绍可参见本书后面的有关章节。

在使用 Access 传递查询时，要对 ODBC 进行设置，在查询定义时的设置在"查询属性"对话框中进行。在进入"传递查询"窗口后，单击工具栏的"属性"按钮，弹出传递查询的"查询属性"对话框，如图 5-95 所示。在该对话框中设置"ODBC 连接字符串"，然后再在"传递查询"窗口中定义 SQL 命令。

关于传递查询的具体使用，这里不再详述，可参考本书后面关于数据库网络应用知识。

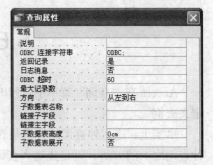

图 5-95　传递查询属性对话框

3. 数据定义查询

数据定义查询实现的是 SQL 语言的数据库定义功能。关于数据定义，Access 的表对象设计视图的交互操作很方便，功能也很强大。

而使用 SQL 的相关命令，在本章 5.2 节已有完整介绍，在"数据定义查询"窗口中使用 SQL 的方法与之完全相同，这里就不再重复。

习 题

一、单项选择题

1. 下列运算符中，只能用于字符串比较的是（　　）。

   A. =　　　　　　　　B. = =　　　　　　　C. #　　　　　　　　D. <>

2. 逻辑运算符的优先顺序是（　　）。

   A. AND→NOT→OR　　　　　　　　B. NOT→AND→OR

   C. OR→NOT→AND　　　　　　　　D. NOT→OR→AND

3. 下列运算符中，优先级最高的是（　　）。

   A. *　　　　　　　　B. %　　　　　　　C. ( )　　　　　　　D. +

4. 下列运算符中，只能用于字符串比较的是（　　）。

   A. =　　　　　　　　B. $　　　　　　　C. #　　　　　　　　D. <>

5. 函数的三要素不包括（　　）。

   A. 函数类型　　　B. 函数名　　　C. 参数　　　　D. 函数值

6. 起函数的自变量作用、或表述函数运算相关信息的是（　　）。

   A. 函数类型　　　B. 函数名　　　C. 参数　　　　D. 函数值

7. 起函数的标识作用、说明函数的功能的是（　　）。

   A. 函数类型　　　B. 函数名　　　C. 参数　　　　D. 函数值

8. 函数运算后会返回一个值，这就是函数的功能，称为（　　）。

   A. 函数类型　　　B. 函数名　　　C. 参数　　　　D. 函数值

9. 下列常用函数中，用于求字符表达式中字符个数的函数是（　　）。

   A. AT( )　　　　　B. LEN( )　　　C. SUBSTR( )　　D. TRIM( )

10. 下列常用函数中，用于返回一个 0~1 之间的随机数的函数是（　　）。

    A. RAND( )　　　B. SPACE( )　　C. SUBSTR( )　　D. TRIM( )

11. 下列常用函数中，用于求最大值的函数是（　　）。

    A. ABS( )　　　　B. MIN( )　　　C. MAX( )　　　　D. MOD( )

12. 下列常用函数中，用于求最小值的函数是（　　）。

    A. ABS( )　　　　B. MIN( )　　　C. MAX( )　　　　D. MOD( )

13. 以下不属于 SQL 对数据库进行更新操作的是（　　）。

    A. 表记录插入　　B. 表记录删除　　C. 查询合并　　　D. 表记录修改

14. 以下对 SQL 修改功能的说法中，不正确的是（　　）。

    A. 不增加表中的记录　　　　　　B. 不减少表中的记录

    C. 可以增加或减少表中的记录　　D. 可以更改记录的字段值

15. 以下实现 SQL 的查询功能的命令是（　　）。

    A. CREAT　　　　B. ALTER　　　C. OPEN　　　　D. SELECT

二、填空题

1. Access 数据库将查询分为_____和_____两大类。

2. Access 的查询以_____为基础。

3. 在 Access 中，完成数据组织存储的，是_____；实现数据库操作功能的，是_____。

4. 一般的 DBMS 都提供两种应用：第一种应用称为查询；第二种应用以查询为基础来实现，称为_____。

5. 从查询功能上划分，Access 查询的 5 种类别为：_____、_____、_____、_____和_____。

6. 一般的 DBMS 在执行一个查询后，会得到一个查询结果数据集，这个数据集是_____。

7. SQL 是集_____、_____和_____功能于一身的功能完善的数据库语言。

8. SQL 语言是_____公司在_____年推出以来的。

9. SQL 以同一种语法格式提供两种使用方式：_____和_____。

10. SQL 语句_____表。

11. Access 中用_____表示 false，_____表示 true。

12. Access 中称为参数的概念实际上就是一个_____。

13. 数据维护更新操作分为下列三种：_____、_____、_____。

14. 在对表作记录的删除操作时，应注意_____的要求，避免出现不一致的情况。

15. 表之间连接的方式有_____、_____、_____。默认为_____。

三、名词解释

1. 选择查询

2. 动作查询

3. SQL 视图

4. SQL 的独立使用方式

5. SQL 的嵌入使用方式

6. 查询对象

7. SQL 的更新功能

8. 删除查询

9. ODBC

10. 传递查询

四、问答题

1. 应用查询的基本步骤是哪些？

2. Access 的"选择查询"有哪两种基本用法？

3. 试述 Access 查询对象的意义。

4. 试述 SQL 的主要特点。

5. 要进入"SQL 视图"，首先要进入查询的"设计视图"，原因何在？

6. 试述 Access 的 SQL 工作方式特点。

7. 用户能在"SQL 视图"的命令行界面完成什么？

8. SQL 语法中使用辅助性的符号，常用的有哪些符号？各自含义是什么？

9. SQL 的三表连接查询时，在 FROM 子句中有三个表和两个连接子句。第一个连接子句要用括号括起来，是什么意思？

10. 简述 SQL 的内、外连接查询。

11. SQL 查询对象的用途主要有哪些？

12. 在设置查询的时候，关闭了"显示表"对话框，若要再添加其他的表或查询对象，如何操作？

13. 写 SQL 命令。

设学生管理库中有 3 个表：

学生：学号（C，10），姓名（C,8），性别（C，2），生日（D，8），民族（C，8），籍贯（C，8），专业编号（C,4），简历（M，4），照片（G，4）

成绩：学号（C，10），课程编号（C，6），成绩（N,5.1）

专业：专业编号（C，4），专业名称（,C,20），专业类别（C，10），学院编号（C，2）

请写出完成以下功能的 SQL 命令：

（1）查询学生表中所有学生的姓名和籍贯信息。

（2）查询学生成绩并显示学生的全部信息和成绩的全部信息。

（3）查询学生所学专业的信息，显示学生的姓名、性别、生日，以及专业表的全部字段；同时显示尚未有学生就读的其他专业信息（提示：右外连接专业表）。

（4）查询成绩表中所有学生的学号和成绩信息。

（5）查询学生所学专业并显示学生的全部信息和专业的全部信息。

（6）显示全部学生信息以及他们的成绩信息，包括没有选课的学生信息（提示：左外连接成绩表）。

14. 以下命令是 SQL 多表连接查询：

SELECT 姓名，性别，生日，专业.*

FROM 学生 RIGHT OUTER JOIN 专业

ON 学生.专业编号 = 专业.专业编号；

请指出：

① 左表、右表的名称。

② 其连接方式是内连接还是外连接？如果是外连接，是左外、右外还是全外连接？

③ 查询结果记录的输出形式。

15. 什么是交叉表查询？

16. 什么是参数？什么是参数查询？

17. 参数有哪些定义方式？

18. 对于每个输入参数值的提示，可以执行的操作可能是什么？

19. Access 提供了哪几种查询向导？

实 验 题

1. 在机器上实现 Access 使用 SQL 的环境。

2. 在机器上实现本章例题【例 5-18】。

3. 在机器上实现本章例题【例 5-36】。

第6章
窗体对象

窗体是 Access 数据库的七个对象之一，是用户对数据库中数据进行操作的理想工作界面。通过窗体，用户可以方便地输入、编辑、显示和查询数据，自己构造出方便美观的输入/输出界面。

6.1 概 念

窗体是 Access 数据库应用中一个非常重要的工具，是用户与 Access 应用程序之间的主要接口。窗体一般是建立在表或查询基础上的，窗体本身不存储数据。

1. 初识窗体

窗体是用户与 Access 数据库之间的一个交互界面，用户通过窗体可以显示信息，进行数据的输入和编辑，还可根据录入的数据执行相应命令，对数据库进行各种操作的控制。

窗体本质上就是一个 Windows 的窗口，只是在进行可视化程序设计时，将其称为窗体。

窗体主要用于在数据库中输入和显示数据，也可以将窗体用作切换面板来打开数据库中的其他对象，或者用作自定义对话框来接收用户的输入及根据输入来执行相应的操作。

由于窗体的功能与数据库中的数据密切相关，这些数据是窗体的记录源，所以在建立一个窗体对象时，往往需要指定与该窗体相关的表对象或查询对象，即需要指定窗体的记录源。

窗体的记录源可以是表对象、查询对象，还可以是一个 SQL 语句。在窗体中显示的数据，来自记录源即指定的表（称基础表）对象或查询对象；窗体的记录源引用基础表和查询中的字段，但窗体无需包含每个基础表或查询中的所有字段。

窗体上的其他信息，如页码、标题、日期等，都存储在窗体的设计中，数据在记录源中。

在窗体中，通常需要使用各种窗体元素，如标签、文本框、选项按钮、复选框、命令按钮、图片框等，这些在术语上都称控件，在设计创建窗体时，界面上将出现控件工具栏供用户选用。对于负责显示记录源中某个字段数据的控件，需要将该控件的"控件来源"属性指定为记录源中的某个字段。一旦我们完成了窗体"记录源"属性和所有控件的"控件来源"属性的设置，窗体就具备了显示记录源中记录的能力。一般的，在打开窗体对象时，系统会自动在窗体中添加"导航条"，用户便可以浏览和编辑"记录源"中的记录数据了。

2. 组成

窗体由多个部分组成，每个部分称为一个"节"。完整的窗体结构包括窗体页眉节、页面页眉节、主体节、页面页脚节、窗体页脚节等，如图 6-1（a）所示。在创建和设计窗体时，大部分窗体只选择主体节，这也是创建窗体时默认的结构形式，如图 6-1（b）所示。

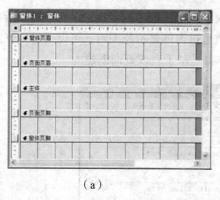
（a）

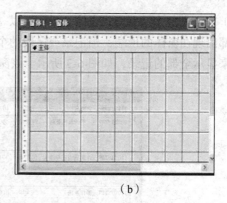
（b）

图 6-1　窗体的组成

窗体中包括的各种节的主要用途如下。

窗体页眉节：位于窗体顶部位置，一般用于设置窗体的标题、窗体使用说明，或打开相关窗体及执行其他任务的命令按钮等。

页面页眉节：一般用来设置窗体在打印时的页头信息。例如：标题、字段标题等用户要在每一页上方显示的内容。

主体节：是窗体中最主要的部分，通常用来显示记录数据，添加各种控件等。

页面页脚节：在每一页的底部显示日期、页码或所需要的其他信息。

窗体页脚节：位于窗体的底部，用于显示窗体、命令按钮或接受输入的未绑定控件等对象的使用说明。

创建窗体的环境是窗体的设计视图。新建一个窗体的设计视图默认界面只包括主体节。可以在窗体中添加其他的节，在"视图"菜单中选择"页面页眉/页脚"或"窗体页眉/页脚"命令即可。页面页眉和页面页脚、窗体页眉和窗体页脚，都是成对出现的。

3．类型

Access 提供了 7 种类型的窗体，分别是纵栏式窗体、表格式窗体、数据表窗体、数据透视表窗体、数据透视图窗体、图表窗体和主/子窗体。

（1）纵栏式窗体。纵栏式窗体的界面一次只显示一条记录，且记录中的每一个字段都占用独立的一行，左边显示字段名，右边显示字段内容。要查看记录源中的其他记录信息，可以通过窗体下方的"记录导航按钮"来实现。此类窗体通常是基于一个表或查询创建的，一般用来作为显示和输入数据的窗体，如图 6-2 所示。

图 6-2　纵栏式窗体

（2）表格式窗体。表格式窗体的界面可以一次显示记录源中的多条记录和字段，所有的字段名称全部出现在窗体的顶端，当记录或字段的个数超过窗体显示范围时，可以通过垂直或水平的滚动条来显示全部的记录，如图 6-3 所示。该窗体也是基于表或查询创建的。

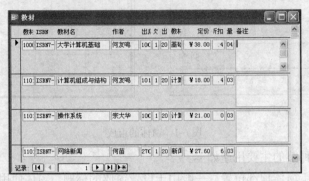

图 6-3　表格式窗体

（3）数据表窗体。数据表窗体可以一次显示记录源中的多个字段和记录，与数据表视图显示的表一样，每个记录显示在一行，所有的字段名称出现在顶端，且每个字段显示为一列，如图 6-4 所示。数据表窗体的主要作用是作为一个窗体的子窗体来显示数据。

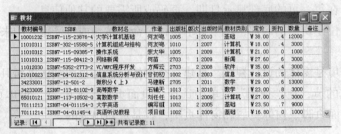

图 6-4　数据表窗体

（4）数据透视表窗体。数据透视表窗体是一种根据字段的排列方式和选用的计算方法汇总数据的交叉式表。能以水平或垂直方式显示字段值，并在水平或垂直方向上进行汇总，方便对数据进行分析，如图 6-5 所示。

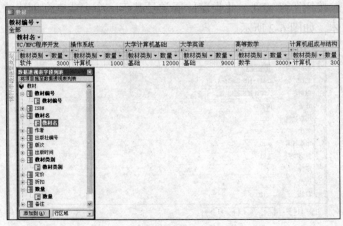

图 6-5　数据透视表窗体

（5）数据透视图窗体。数据透视图窗体利用图表方式直观显示汇总的信息，方便数据的对比，可直观地显示数据的变化趋势，如图 6-6 所示。

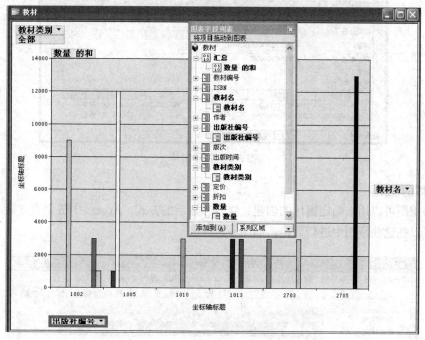

图 6-6　数据透视图窗体

（6）图表窗体。图表窗体是利用 Microsoft Graph 以图表方式显示数据，如图 6-7 所示。图表窗体可以单独使用，也可以在子窗体中使用来增加窗体的功能。图表窗体的数据源可以是数据表，也可以是查询。

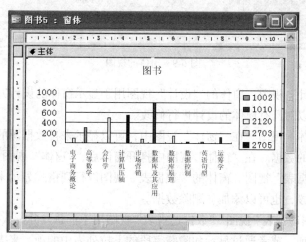

图 6-7　图表窗体

（7）主/子窗体。子窗体是包含在另一个基本窗体中的窗体，基本窗体又称主窗体。主要用于显示有"一对多"关系的表中的数据，主窗体用于显示"一对多"关系中的"一"端的数据表里的数据，子窗体用于显示与其相关联的"多"端的数据表中的数据。根据主窗体和子窗体之间的联系，使子窗体只显示与主窗体中当前记录相关的记录。主窗体只能显示为纵栏式的窗体，子窗体可以显示为数据表窗体（多行）或表格式窗体（单行），如图 6-8 所示。

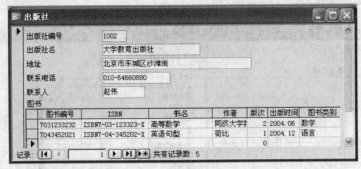

图 6-8　主/子窗体

4. 窗体的视图

窗体的视图可以用来确定窗体的创建、修改和显示的方式。Access 中提供有 5 种不同的窗体视图，并可以在这些视图中进行切换，如图 6-9 所示。

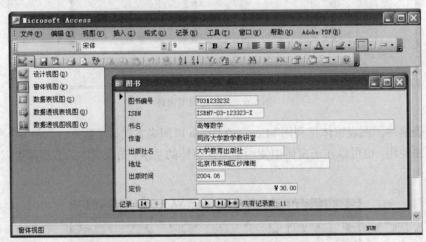

图 6-9　窗体的视图

（1）窗体的"设计"视图。窗体的"设计"视图用于显示窗体的设计方案，在该视图中可以创建新的窗体，也可以对已有窗体的设计进行修改。

（2）窗体的"窗体"视图。在"窗体"视图中，可以显示来自数据源的一个或多个记录，也可以添加和修改表中的数据。在"窗体"视图中打开窗体后，"窗体"视图工具栏变成可用的。

（3）窗体的"数据表"视图。窗体的"数据表"视图以行列格式显示来自窗体中的数据，在该视图中可以编辑字段，也可以添加、删除数据。

（4）窗体的"数据透视表"视图。"数据透视表"视图用于汇总并分析数据表或窗体中的数据，可以通过拖动字段和项，或者通过显示和隐藏字段的下拉列表中的项，来查看不同级别的详细信息或指定布局。

（5）窗体的"数据透视图"视图。"数据透视图"视图用于显示数据表或窗体中数据的图形分析，可以通过拖动字段和项，或者通过显示和隐藏字段的下拉列表中的项，来查看不同级别的详细信息或指定布局。

6.2 窗体创建基本方法

创建窗体有 3 类方法：自动创建窗体、窗体向导、在设计视图中创建窗体。

1. 自动创建

创建一个基于所选择的表或查询的窗体，最简单的方法就是用"自动创建窗体"方法。这种方法可以创建 5 种形式的窗体：纵栏式、表格式、数据表、数据透视表、数据透视图等。以下举例说明。

【例 6-1】以"教材"表为数据源，自动创建纵栏式、表格式、数据表、数据透视表等窗体。各种自动创建窗体的基本步骤如下。

（1）创建纵栏式窗体。

① 在数据库窗口中选择"窗体"对象，单击"窗体"对象中的"新建"命令，弹出"新建窗体"对话框，如图 6-10 所示。

② 选择"自动创建窗体：纵栏式"选项，在"请选择该对象数据的来源表或查询"下拉列表框中选择"教材"表，如图 6-11 所示。

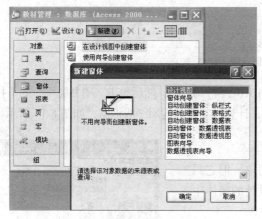

图 6-10 "新建窗体"对话框

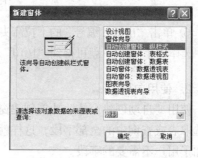

图 6-11 自动创建窗体：纵览式

③ 单击"确定"按钮，完成纵栏式窗体的创建。

（2）创建表格式窗体。

① 在数据库窗口中的"窗体"对象界面启动"新建窗体"对话框。

② 在"新建窗体"对话框中，选择"自动创建窗体：表格式"选项，在"请选择该对象数据的来源表或查询"下拉列表框中选择"教材"表。

③ 单击"确定"按钮，完成表格式窗体的创建。

（3）创建数据表窗体。

① 在数据库窗口中的"窗体"对象界面启动"新建窗体"对话框。

② 在"新建窗体"对话框中，选择"自动创建窗体：数据表"选项，在"请选择该对象数据的来源表或查询"下拉列表框中选择"教材"表。

③ 单击"确定"按钮，完成数据表窗体的创建。

（4）创建数据透视表窗体。

① 在数据库窗口中的"窗体"对象界面启动"新建窗体"对话框。

② 在"新建窗体"对话框中，选择"自动窗体：数据透视表"选项，在"请选择该对象数据的来源表或查询"下拉列表框中选择"教材"表。

③ 单击"确定"按钮，出现如图 6-12 所示界面。

④ 选定"数据透视表字段列表"中"教材名"字段，按住鼠标左键，将其拖到"教材"窗体的"将列字段拖至此处"。同样的方法，将"教材类别"字

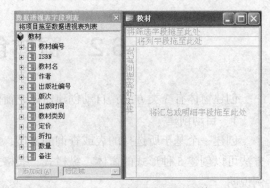

图 6-12　创建数据透视表窗体

段拖到窗体的"将行字段拖至此处"，将"出版社编号"字段拖到窗体的"将筛选字段拖至此处"，再将"数量"字段拖到窗体的"将汇总或明细字段拖至此处"，完成数据透视表窗体的创建，如图 6-13 所示。

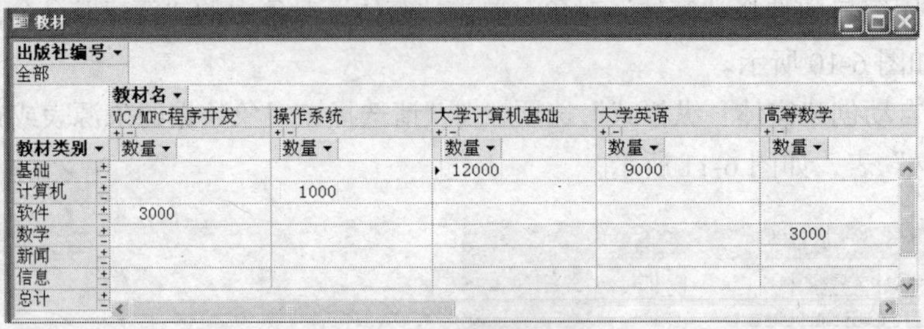

图 6-13　数据透视表窗体

⑤ 单击"出版社编号"的下拉箭头，选择"1010"再"确定"，然后单击"图书类别"的下拉箭头，选择"计算机"，就可得到"1010"号出版社，计算机类图书的明细级汇总，如图 6-14 所示。

2. 使用向导

使用"自动创建窗体"功能创建窗体虽然简单，但它只能选取表或查询中的全部字段，这样就可能在设计的窗体中添加了用户不需要的字段。

图 6-14　数据透视表窗体中的筛选

使用"窗体向导"能快速、方便、有选择的创建窗体。使用"窗体向导"时，用户按照窗体向导的提示输入有关信息，一步一步地完成窗体的创建过程。利用"窗体向导"创建的窗体，其数据源可以是一个表或查询，也可以是多个表或查询。

使用"窗体向导"创建窗体，可以在窗体对象窗口中双击"使用向导创建窗体"，如图 6-15（a）所示。也可以单击窗体对象窗口上的"新建"按钮，弹出"新建窗体"对话框，然后选择"窗体向导"，如图 6-15（b）所示。

【例 6-2】以"员工"表为数据源，利用"窗体向导"创建"员工"窗体。

设计基本步骤如下。

① 打开教材管理数据库，在窗体对象窗口中双击"使用向导创建窗体"。

② 在"窗体向导"对话框中单击"表/查询"下拉列表框右侧的下拉按钮，下拉列表框中列出所有有效的"表或查询"数据源，从中选择"表：员工"。在"可用字段"列表框中列出了数据源"员工"的所有可用字段，选择所需字段。然后单击"下一步"按钮，如图 6-16 所示。

③ 出现选择窗体布局的"请确定窗体使用的布局"对话框，要求确定窗体所采用的布局。窗体中有 6 个窗体布局可供选择：纵栏表、表格、数据表、两端对齐、数据透视表、数据透视图。选择"纵栏表"布局方式。然后单击"下一步"按钮，如图 6-17 所示。

（a）

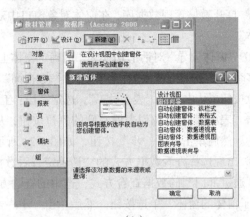

（b）

图 6-15　使用向导创建窗体

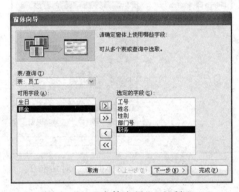

图 6-16　"窗体向导"对话框 1

图 6-17　"窗体向导"对话框 2

④ 出现选择窗体所用样式的"请确定所用样式"对话框，要求确定窗体所采用的样式。在对话框右部列出了若干种窗体的样式，选中的样式将在对话框的左部以预览的形式显示。选择一种合适的样式如"标准"，单击"下一步"按钮，如图 6-18 所示。

⑤ 出现"窗体名称"的对话框，输入窗体名称"员工"，选择"打开窗体查看或输入信息"单选按钮。单击"完成"按钮，如图 6-19 所示。

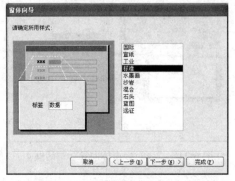

图 6-18　"窗体向导"对话框 3

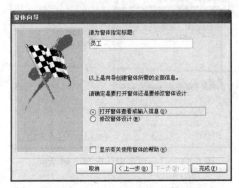

图 6-19　"窗体向导"对话框 4

⑥ 由"窗体向导"所创建的窗体出现在屏幕上，如图 6-20 所示。

【例 6-3】以"部门"表和"员工"表为数据源，利用"窗体向导"创建一对多的主/子窗体。
设计基本步骤如下。

① 打开教材管理数据库，在窗体对象窗口中双击"使用向导创建窗体"。

② "窗体向导"对话框切换为"请确定窗体上使用哪些字段可以从多个表或查询中选取"。单击左则"表/查询"下拉列表框右侧的下拉按钮，从中选择"表：员工"，选定字段：工号、姓名、职务。

图 6-20　"员工"窗体

再单击"表/查询"下拉列表框右侧的下拉按钮，从中选择"表：部门"，选定字段：部门名、办公电话。然后单击"下一步"按钮，如图 6-21 所示。

③ 出现选择查看数据方式的"请确定查看数据的方式"对话框，要求确定主窗体和子窗体。选择"通过部门"的数据查看方式，选中的查看方式将在对话框的右部以预览的形式显示。选择"带有子窗体的窗体"单选按钮。然后单击"下一步"按钮，如图 6-22 所示。

图 6-21　"一对多窗体向导"对话框 1

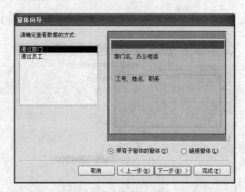

图 6-22　"一对多窗体向导"对话框 2

④ 出现选择子窗体布局的"请确定子窗体使用的布局"的对话框，要求确定子窗体所采用的布局，其中有 4 个窗体布局可供选择：表格、数据表、数据透视表、数据透视图。选择"数据表"布局方式。然后单击"下一步"按钮，如图 6-23 所示。

⑤ 出现选择窗体所用样式的"请确定所用样式"的对话框，要求确定窗体所采用的样式。选择"标准"样式，单击"下一步"按钮，如图 6-24 所示。

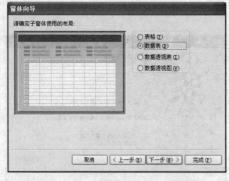

图 6-23　"一对多窗体向导"对话框 3

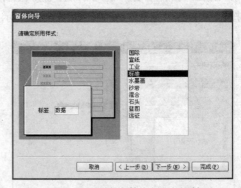

图 6-24　"一对多窗体向导"对话框 4

⑥ 出现窗体名称的"请为窗体指定标题"的对话框，输入窗体名称"部门"，子窗体名称"员

工　子窗体",选择"打开窗体查看或输入信息"单选按钮,如图 6-25 所示。

⑦ 单击"完成"按钮,所创建的窗体出现在屏幕上,如图 6-26 所示。

图 6-25　"一对多窗体向导"对话框 5

图 6-26　"部门/员工"主/子窗体

3. 使用设计视图

利用"自动创建窗体"和"窗体向导"虽然能够快速创建窗体,但往往创建的窗体较为简单、格式单调,不能满足用户的要求,也不能展示视频、音频等多媒体信息。因此,需要使用"设计视图"来创建或修改窗体。

在创建窗体的各种方法中,"设计视图"是最常用的、功能最强的创建窗体的方法,这种方法更加直观和灵活。

数据库应用系统中的窗体由窗体自身和控件组成。使用"设计视图"创建窗体包括对窗体的创建和控件的创建,其中控件的创建是主要内容。

(1)在"设计视图"中创建窗体。使用"设计视图"创建窗体,可以在数据库窗口的窗体对象窗口中,如图 6-15(a)所示,选择第一项"在设计视图中创建窗体";也可以单击窗体对象窗口上的"新建"按钮,如图 6-15(b)所示,然后选择第一项"设计视图",从而打开了窗体的设计视图,如图 6-27 所示。

在窗体的设计视图中,默认的只有"主体"节,可以通过"视图"菜单中的"页面页眉/页脚"或"窗体页眉/页脚"命令,添加其他的节。

在窗体的设计视图中的重要任务是要在窗体中创建控件。

(2)控件工具的使用。Access 提供了一个可视化的窗体设计工具——窗体控件工具箱。

① 打开或关闭工具箱。

在窗体"设计视图"中,如果屏幕上未显示工具箱,可选择"视图"菜单中的"工具箱"命令,或者单击工具栏上的"工具箱"按钮，将"工具箱"显示在屏幕上,如图 6-28 所示。

图 6-27　窗体的设计视图

图 6-28　控件工具箱

同样的方法也可关闭已打开的工具箱。

② 控件按钮的名称及功能如表 6-1 所示。

表 6-1　　　　　　　　　　　　　　　　　控件按钮的名称及功能

按钮	名称	功能
	选择对象	用于选取控件、节或窗体
	控件向导	用于打开或关闭控件向导，可以使用控件向导创建列表框、组合框、选项组、命令按钮、图表、子窗体/子报表等控件。要使用向导来创建这些控件，必须按下此按钮
Aa	标签	用于显示说明文本的控件，例如，窗体上的标题或指示文字。Access 会自动为创建的控件附加标签
abl	文本框	用于显示、输入或修改数据
	选项组	与复选框、选项按钮或切换按钮配合使用，用于显示一组可选值
	切换按钮	切换按钮、选项按钮、复选框 3 个控件功能类似，主要用于与具有"是/否"属性的数据绑定，或是用来接收用户在自定义对话框中输入的非绑定控件，或是与选项组配合使用
	选项按钮	
	复选框	
	列表框	用于显示可滚动的数值列表，可以从列表中选择值输入到新记录中，或者更改已有记录的值
	组合框	结合了文本框和列表框的特点，用户既可以在其中输入数据，也可以在列表中选择输入项
	命令按钮	用于在窗体中执行各种操作，例如，创建一个命令按钮，单击按钮时，关闭窗体
	图像	用于在窗体中显示静态图片。由于静态图片并非 OLE 对象，所以一旦将图片添加到窗体中，便不能在 Access 中进行图片编辑
	非绑定对象框	用于在窗体中显示非绑定型 OLE 对象，如 Excel 电子表格等
	绑定对象框	用于在窗体中显示绑定型 OLE 对象，该控件只是显示窗体中数据源字段中的 OLE 对象
	分页符	用于在窗体中开始一个新的屏幕，或在打印窗体时开始一个新页
	选项卡控件	用于创建一个多页的选项卡窗体，可以在选项卡控件上创建其他控件及窗体
	子窗体/子报表	可以在窗体中创建一个与主窗体相关联的子窗体或子报表，用于显示来自多个表的数据
	直线	可以在窗体中画出各种样式的直线，用于突出相关的或重要的信息
	矩形	在窗体中画出矩形图形，可以用于将窗体中一组相关的控件组织在一起
	其他控件	单击该按钮将弹出一个当前可用的控件列表，可以在其中选择所需的控件添加到窗体中

③ 控件的类型。Access 窗体控件可以分为 3 种类型。

第 1 种，绑定型控件：这种控件可以和表或查询中的字段绑定，主要用于显示、输入或更新字段的值。如：文本框、列表框、组合框等控件可以和表或查询中的字段绑定。

第 2 种，非绑定型控件：这种控件没有数据来源的属性或者没有设置数据来源，如标签、线条、矩形、图像等控件，只是用于显示信息、线条、矩形、图像等内容，不需要与数据源绑定。

第 3 种，计算型控件：这种控件使用表达式作为数据源。表达式可以利用窗体中所引用的表或查询中字段的数据，也可以是窗体中其他控件中的数据。如文本框也可以作为计算型控件，将计算结果输入到文本框中。

在计算型控件中输入计算公式时，应首先输入等号"＝"。

④ 在窗体中添加控件。单击控件工具箱中的控件按钮，如单击"标签"按钮，把鼠标移到窗体的设计视图，在窗体的适当位置，按下鼠标左键，然后拖动，则窗体上出现一个方框，拖动到合适的大小再松开鼠标，就画出了一个标签控件。

⑤ 锁定控件按钮。如果要重复使用工具箱中的某个控件按钮，例如，要在窗体中添加多个标签，就可以将"标签"按钮锁定。当控件按钮被锁定，就不必每次单击这个按钮，而直接在窗体上重复添加多个标签。锁定控件按钮的方法是：用鼠标双击要锁定的按钮；如果要解锁，则用鼠标单击该按钮即可。

【例 6-4】在窗体中创建一个计算控件。

设计基本步骤如下。

① 在设计视图中创建窗体：在窗体对象窗口中双击"在设计视图中创建窗体"，打开窗体的设计视图。

② 创建文本框。单击控件工具箱中"文本框" abl 按钮，在设计视图中拖出文本框，这时在窗体中产生一个显示为"Text0"的"标签"控件和一个显示为"未绑定"的"文本框"控件。同时出现"文本框向导"，这个向导可以取消，或者单击"下一步"按钮完成，如图 6-29 所示。"标签"控件是系统自动为文本框添加的说明，目前暂时可以不管，也可以删除。

图 6-29　创建文本框

③ 用鼠标双击"标签"控件，弹出标签的"默认列表框"属性说明，如图 6-30 所示，目前暂时不管，可以关闭掉。

然后在其中输入"a 的 ASCII 码："；再用鼠标双击"文本框"控件，然后在其中输入"=Asc("a")"，如图 6-31 所示。

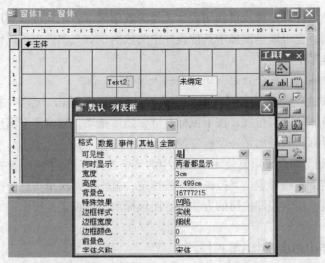

图 6-30　标签控件属性

④ 保存窗体。选择"文件"菜单中的"保存"命令，在"保存"对话框中输入窗体的名称"计算控件"，如图 6-32 所示。

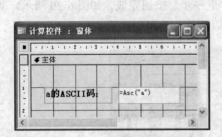

图 6-31　"计算控件"窗体设计视图

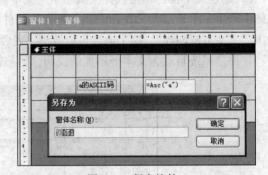

图 6-32　保存控件

⑤ 显示计算结果。在窗体对象窗口中选定"计算控件"窗体，如图 6-33 所示，单击"打开"按钮，得到如图 6-34 所示的结果。

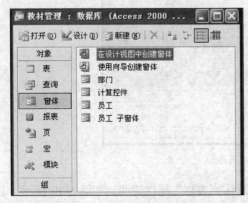

图 6-33　"计算控件"窗体视图

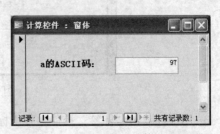

图 6-34　"计算控件"窗体视图的运行

6.3　面向对象程序设计方法了解

面向对象程序设计（简称 OOP，Object-Oriented Programming，）是目前程序设计方法的主流。面向对象编程技术的使用，使得用户能更加容易地编制自己的应用程序，它通过创建可重用的组件来建立程序的组成模块，从而简化了创建程序的过程。Access 中的窗体设计就是采用了面向对象的程序设计技术。

1．基本概念

（1）对象。在面向对象的程序设计中，对象是构成程序的基本单元和运行实体。现实世界中的事物均可以抽象为对象，如一个学生、一本书，都是对象。在 Access 中，我们已经知道数据库中有 7 个对象：表、查询、窗体、报表、页、宏、模块，它们都是数据库设计的对象。在窗体设计中，一个窗体、一个标签、一个文本框、一个命令按钮等，也都是对象。

任何对象都具有它自己静态的外观和动态的行为。对象的外观由它的各种属性来描述，如大小、颜色、位置等；对象的行为则由它的事件和方法程序来表达，如单击鼠标、退出窗体等。用户通过对象的属性、事件和方法程序来处理对象。因此，对象是将数据（属性描述）和对数据的所有必要操作的代码封装起来的程序模块。

（2）类。类和对象关系密切，但有所不同。类是已经定义了的关于对象的特征、外观和行为的模板和框架，而对象是类的实例。同一类的不同对象具有基本相同的属性集合和事件集合。对象是具体的，类是抽象的。例如，在 Access 的窗体控件工具栏中，每一个控件工具都代表一个类，而用其中某个控件工具在窗体上所创建的一个具体控件就是一个对象，如图 6-35 所示。窗体控件工具栏中的"命令按钮"工具就是"命令按钮"类，在窗体中创建了一个"确定"命令按钮，是通过设置这个命令按钮的相关属性值和事件代码等实现的，也就是创建了一个具体的命令按钮对象。

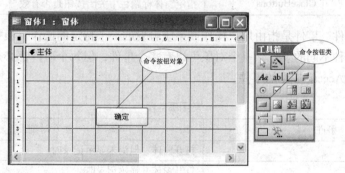

图 6-35　对象与类

（3）对象的属性。每个对象都有属性。通过设置对象的属性值来描绘它的外观和特征，例如标题、字体、位置、大小、颜色、是否可用等。

对象属性值既可以在设计时通过属性对话框设置，也可以在运行时通过程序语句进行设置或更改。当然，有的属性只能在设计时进行设置，而有的属性，则在设计和运行时都能进行设置。

对象的属性对话框是进行属性设置的界面，如图 6-36 所示。

属性对话框包括的栏目如下。

① 对象组合框：可以在下拉列表中选择需要设置属性的对象。

② 选项卡：其中有格式、数据、事件、其他和全部选项卡。

③ 属性列表框：列出属性的名称。

④ 属性设置框：输入或修改属性的值。

窗体和控件的属性有很多，表 6-2 列出了一些窗体及控件常用的属性，这些属性规定了窗体及控件的外观及特征。

图 6-36　"属性"对话框

表 6-2　　　　　　　　　　　　对象的常用属性列表

属性名称	事件代码中引用字	说明
标题	Caption	指定对象的标题（显示时标识对象的文本）
名称	Name	指定对象的名字（用于在代码中引用对象）
控件来源	ControlSource	指定控件中显示的数据来源
前景色	ForeColor	指定对象中的前景色（文本和图形的颜色）
背景色	BackColor	指定对象内部的背景色
字体名称	FontName	指定对象上的字体
字号	FontSize	指定对象上字体的大小
宽度	Width	指定对象的宽度
高度	Height	指定对象的高度
记录源	RecordSource	指定窗体的记录源
记录选定器	RecordSelectors	指定在窗体视图中是否显示记录选定器
导航按钮	NavigationButtons	指定在窗体视图中是否显示导航按钮和记录编号框
最大化最小化按钮	MinMaxButtons	指定窗体标题栏中最大化、最小化按钮是否可见
关闭按钮	CloseButtons	指定窗体标题栏中关闭按钮是否有效

（4）对象的事件。事件是指由用户操作或系统触发的一个特定的操作。根据对象的不同和触发的原因不同有多种不同的事件。一个对象可以有多个事件，但每个事件都必须由系统预先规定好。表 6-3 列出了 Access 常见的事件。

表 6-3　　　　　　　　　　　　常用事件表

事件	触发时刻
打开（Open）	打开窗体，但尚未显示记录时
加载（Load）	打开窗体并显示记录时
激活（Activate）	窗体变成活动窗口时
单击（Click）	单击鼠标左键时
双击（DblClick）	双击鼠标左键时
鼠标按下（MouseDown）	按下鼠标键时
鼠标移动（MouseMove）	移动鼠标时
鼠标释放（MouseUp）	释放鼠标键时
击键（KeyPress）	按下并释放某键盘键时

事件	触发时刻
获得焦点（GotFocus）	对象获得焦点时
失去焦点（LostFocus）	对象失去焦点时
更新前（BeforeUpdate）	控件或记录更新时
更新后（AfterUpdate）	控件中数据被改变或记录更新后
停用（Deactivate）	窗体变成不是活动窗口时
卸载（Unload）	窗体关闭后，但从屏幕上删除前
关闭（Close）	当窗体关闭，并从屏幕上删除时

事件包括事件的触发和执行程序两方面。在 Access 中，一个事件可对应一个程序——事件过程或宏。宏在 Access 中可通过交互方式创建，而事件过程则是用 Visual Basic 编写的代码。事件一旦触发，系统马上就去执行与该事件相关的程序（事件过程或宏），执行完毕后，系统又处于等待某个事件发生的状态。

2. 对象的操作

创建对象后，经常要在程序代码中对对象进行引用、操作和处理。

（1）对象的引用。在处理对象的时候，必须首先告诉系统要处理哪一个对象，这就涉及对象的引用。

① 引用格式。

在 Visual Basic 代码中，对象引用一般采取以下格式：

> [<集合名!>] [<对象名>.] <属性名> | <方法名> [<参数名表>]

其中，感叹号（!）和句点（.）是两种引用运算符。

a. 感叹号（!）可用来引用集合中由用户定义的项。集合通常包含了一组相关的对象，如用户定义的每个窗体均是名称为 Forms 的窗体集合中的一员。

b. 句点（.）可用来引用窗体或控件的属性、方法等。

例如：引用窗体集合中的"计算控件"窗体的"标题"属性：

> Forms! [计算控件]. Caption

② 引用规则。引用窗体必须从集合开始，控件或节的引用可以从集合开始逐级引用，也可以从控件开始引用。

例如：引用"计算控件"窗体中"标签"控件的"标题"属性：

Forms! [计算控件]! [Label1]. Caption

或：　[Label1]. Caption

（2）通过对象引用设置属性值。对象的属性既可以在属性对话框设置和更改，也可以在事件代码中用编程方式来设置属性值，此时使用赋值语句对对象的某个属性赋值。

例如：Forms! [计算控件]! [Label1]. Caption="a 的 ASCII 码："

（3）对象的方法。方法通常指由 Visual Basic 语言定义的处理对象的过程，代表对象能够执行的动作。方法一般在事件代码中被调用，调用时需遵循对象引用规则。即：[<对象名>]. 方法名。常用的方法如表 6-4 所示。

表 6-4　　　　　　　　　　　　　　常用方法表

方法	方法引用	功能
DoCmd 对象的 OpenForm 方法	DoCmd. OpenForm	打开一个窗体
DoCmd 对象的 OpenReport 方法	DoCmd. OpenReport	打印或预览报表
DoCmd 对象的 OpenTable 方法	DoCmd. OpenTable	打开表
DoCmd 对象的 RunMacro 方法	DoCmd. RunMacro	运行某个宏
DoCmd 对象的 FindRecord 方法	DoCmd. FindRecord	查找符合条件的第一个记录
DoCmd 对象的 GoToRecord 方法	DoCmd. GoToRecord	指定当前记录
DoCmd 对象的 Close 方法	DoCmd. Close	关闭窗体
对象的 Move 方法	[<对象名>].Move	将对象移到参数值指定的位置
对象的 SetFocus 方法	[<对象名>].SetFocus	焦点移到指定的控件上

（注：DoCmd 对象，是 Access 中除了数据库 7 个对象之外的一个重要对象，它的主要功能是通过调用系统内部的方法，来实现 VBA 编程中对 Access 的操作。）

【例 6-5】在例 6-4 创建的"计算控件"窗体中，创建一个标题为"控件举例"的标签，且在窗体横向居中位置。

操作基本步骤如下。

① 在数据库窗口选窗体对象，在窗体对象窗口选择"计算控件"窗体"，单击"设计"按钮，打开"计算控件"窗体，如图 6-37 所示。

② 在打开的"计算控件"窗体上使用工具栏上的标签按钮 **Aa** 创建标签控件，内容为"控件举例"然后单击窗体其他地方，如图 6-38 所示。

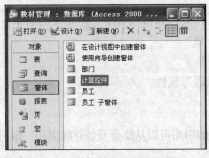

图 6-37　打开"计算控件"窗体

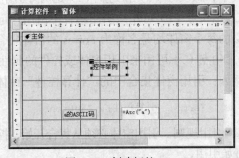

图 6-38　创建标签 Label2

③ 选定 Label2，单击鼠标右键，在快捷菜单中选择"事件生成器"命令，如图 6-39 所示，在弹出的对话框中选择代码生成器，如图 6-40 所示，单击"确定"按钮。

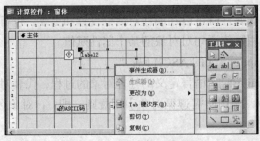

图 6-39　选定事件生成器

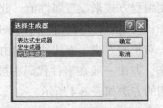

图 6-40　选定代码生成器

④ 进入 Form（代码窗），如图 6-41 所示，打开 Label 的下拉菜单，如图 6-42 所示。

图 6-41　Form（代码窗）

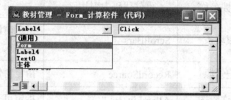

图 6-42　打开 Label 的下拉菜单

⑤ 选择"Form"对象的"Load"事件，如图 6-43 所示。

在过程头"Private Sub Form_Load()"之下（Private Sub Form_Load() 与 End Sub 之间）输入：

Forms![计算控件]![Label2].Caption = "控件举例"　　　　　'设置"标题"属性值

Forms![计算控件]![Label2].FontSize = 14　　　　　　　　'设置"字号"属性值

Forms![计算控件]![Label2].Move (Forms![计算控件].Width-Forms![计算控件]!
[Label2].Width) / 2　　　　　　　　　　　　　　　　　'设置 Move 方法

注意　　Label2 应该是 LabelX，要看创建当时系统生成的序号。

在"窗体视图"中查看"计算控件"窗体，如图 6-44 所示。

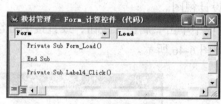

图 6-43　所示输入命令

图 6-44　"计算控件"窗体

6.4　窗 体 设 计

前面已经介绍了创建窗体的基本方法及窗体中的控件，本节和下节主要讨论窗体及控件的各种属性和事件的设置。

1．窗体的属性

窗体共有 100 多个属性，包括窗体视图，窗体位置，窗体元素（如标题栏、滚动条、记录导航栏等），记录源，记录筛选和排序，记录添加、删除与编辑，多窗体环境中的窗体式样等内容。表 6-5 列出窗体的常用属性，有些较为简单的或前面已列出的属性这里不再讲解。

表 6-5　　　　　　　　　　　　　　　　窗体的常用属性列表

属性名称	事件代码中引用字	说明
标题	Caption	指定窗体的标题
默认视图	DefaultView	指定窗体打开时所用的视图，有单个窗体、连续窗体、数据表、数据透视表和数据透视图 5 种方式

续表

属性名称	事件代码中引用字	说明
滚动条	ScrollBars	指定窗体滚动条的形式有两者均无、只水平、只垂直和两者都有 4 种形式
记录源	RecordSource	指定窗体的记录来源，可以是表、查询或 SQL 语句
允许筛选	AllowFilters	指定可否筛选窗体中的记录
筛选	Filters	指定筛选的条件
排序依据	OrderBy	指定记录排序方式
允许编辑	AllowEdits	指定可否使用窗体来编辑已保存的记录
允许删除	AllowDeletions	指定可否使用窗体来删除已保存的记录
允许添加	AllowAdditions	指定可否使用窗体来添加记录
数据输入	DataEntry	指定窗体打开时是否显示已有的记录

2. 设计方法步骤

【例 6-6】创建一个"教材筛选"窗体，可以筛选出出版社编号为"1010"的教材，并按书名降序排列。

设计基本步骤如下。

（1）双击"在设计视图中创建窗体"，启动设计视图。

（2）启动"窗体"属性：视图菜单的下拉菜单中单击"属性"按钮，或直接单击常用工具栏上的属性图标 。如图 6-45 所示。窗体属性窗如图 6-46 所示。

图 6-45　视图属性

图 6-46　窗体属性窗

（3）在"窗体"对象的属性对话框中设置属性如下：

① 格式标签下"标题"属性框中输入"教材筛选"；

② 格式标签下"滚动条"属性框中选择"两者均无"；

③ 数据标签下"记录源"属性框中选择"教材"表；

④ 数据标签下"筛选"属性框中输入"出版社编号='1010'"；

⑤ 数据标签下"排序依据"属性框中输入"教材名"。（注：DESC，降序）

（4）在"教材"表的字段列表框中，将字段：教材编号、ISBN、教材名、出版社编号，拖入到窗体中，如图 6-47 所示。

（5）在"视图"菜单中选择"窗体视图"命令，如图 6-48 所示；在"记录"菜单中选择"应用筛选/排序"命令，如图 6-49 所示。

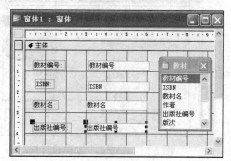

图 6-47　"教材筛选"窗体设计.向窗体拖入字段

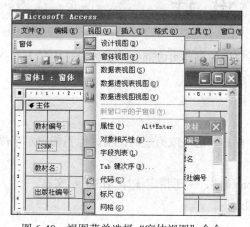

图 6-48　视图菜单选择"窗体视图"命令

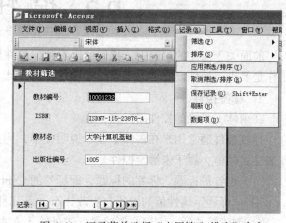

图 6-49　记录菜单选择"应用筛选/排序"命令

（6）本设计的结果窗体视图如图 6-50 所示。

窗体的"记录源"属性中，既可以选择表或查询，也可以使用 SQL 语句。

【例 6-7】创建一个"查询"窗体，查询人民邮电出版社的教材，并按教材书名升序排列。

操作基本步骤如下。

① 选择"在设计视图中创建窗体"双击，启动设计视图界面。

② 在"窗体"对象的"记录源"属性框中输入 SQL 语句：

图 6-50　"教材筛选"窗体视图

```
SELECT 教材编号, ISBN, 教材名, 作者, 出版社名
  FROM 教材 INNER JOIN 出版社 ON 教材.出版社编号=出版社.出版社编号
  WHERE 出版社名="人民邮电出版社" ;
```

③ 在"Select 语句"的字段列表框中,将字段所有字段拖入到窗体中,如图 6-51 所示。

④ 在"视图"菜单中选择"窗体视图"命令(执行),如图 6-52 所示。

⑤ 关闭本窗体,保存名为"查询",以后可以双击打开。

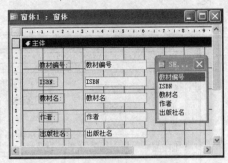

图 6-51　"查询"窗体设计视图

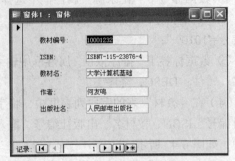

图 6-52　"查询"窗体视图

6.5　控件设计

前面关于窗体的内容中,我们可以看到,控件是窗体的重要组成部分,窗体设计中的大部分工作是要进行控件设计。下面介绍常用控件的设计方法。

1. 标签控件

在窗体工具栏的控件图标为:　**Aa**　。

标签控件通常用来在窗体上显示说明文本,例如标题、题注或简短的说明,但不能显示字段或表达式的值,属于未绑定控件。

(1)标签的标题。标签的标题,即标签的 Caption 属性,用于指定该标签的显示文本。

① "标题"属性值的设置与更改,有如下几种方式。

a. 创建标签后,直接在创建的标签处输入文本;

b. 在属性对话框的"标题"属性框中输入文本;

c. 在事件代码中用对象引用来更改标签文本,如【例 6-5】所示。

② 使标签中能显示多行文本,有如下几种方式。

a. 输入文本时,在需要换行处按 Ctrl+Enter 键来换行。

b. 对已经输入好的文本,可以通过鼠标拖动来调整标签区域的大小,从而改变单行显示或多行显示。

(2)标签区域设置的常用属性。

① 使标签区域自动调整为与文本大小一致。选定标签后,选择"格式"菜单的"大小"命令,选择"正好容纳"。

② 使标签与窗体背景颜色一致。在标签的属性对话框中,将"背景样式"属性设置为"透明"。

③ 标签的特殊效果。在标签的属性对话框中,在"特殊效果"框中可以选择:平面、凸起、凹陷、蚀刻、阴影和凿痕等。

④ 标签的边框。在标签的属性对话框中,可以选择边框样式、边框颜色和边框宽度等属性进行设置。

（3）控件的附加标签。标签可以单独创建，也可以在创建其他控件时给予附加，如在创建文本框时，可同时产生一个用来显示该文本框数据标题的标签。是否需要附加标签，可以通过属性来进行设置。例如，创建文本框时，在工具栏中选定"文本框"按钮，在"默认文本框"的属性对话框中，选择"自动标签"属性，该属性值为"是"，则创建文本框时会自动创建附加标签，若为"否"，则不创建附加标签。

【例 6-8】在例 6-7 的"查询"窗体中，用标签显示"教材信息"标题。

设计基本步骤如下。

① 在"教材管理"数据库窗口的"窗体"对象中，选中"查询"窗体，单击"设计"按钮，进入"查询"窗体的设计视图界面，如图 6-51 所示。

② 选择【视图】菜单中的"窗体页眉/页脚"命令，如图 6-53 所示，窗体中自动添加了"窗体页眉/页脚"节，如图 6-54 所示。

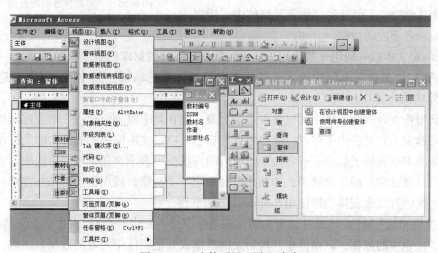

图 6-53　"窗体页眉/页脚"命令

③ 单击工具箱中的"标签"控件按钮，在窗体页眉处拖出标签，在标签中输入"教材信息"文本。

④ 在属性对话框的"格式"标签中的"字体名称"中选择"黑体"，"字号"16，"特殊效果"为"凸起"。

⑤ 在"格式"菜单的"大小"命令项下，选择"正好容纳"，如图 6-55 所示。

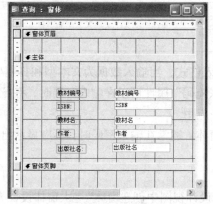

图 6-54　窗体中自动添加了"窗体页眉/页脚"节

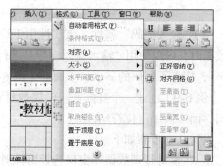

图 6-55　"格式"菜单的"大小"命令项下，选择"正好容纳"

⑥ 在"视图"菜单中选择"窗体视图"命令，或在"教材管理"数据库窗口的"窗体"对象中单击"打开"（执行），结果如图 6-56 所示。

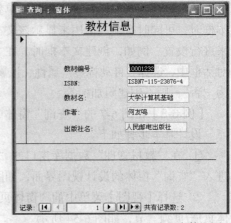

图 6-56　"添加标签后的查询"窗体视图

2. 文本框控件

在窗体工具栏的控件图标为：abl

文本框控件在窗体中用于输入或编辑数据。下面介绍文本框的创建及常用属性的设置。

（1）文本框的类型。文本框可分为绑定文本框、未绑定文本框和计算控件 3 种类型。

① 绑定文本框是将文本框与表或查询中的某个字段绑定，在该文本框中可以显示或编辑该字段的数据。如前面【例 6-7】创建的"查询"窗体中，用绑定文本框显示各字段的数据。

② 未绑定文本框一般用来接收用户输入的数据，不与数据库的表或查询等绑定。

③ 计算控件是在文本框中输入表达式，以显示计算的结果。如【例 6-4】创建的"计算控件"窗体中文本框。

（2）获得焦点。一个窗体中可以包含多个对象，但在某个时刻仅允许一个选定对象被操作，对象一旦被选定，它就获得了焦点。获得焦点的标志可以是文本框内的光标，即光标在该文本框内，表示该文本框获得了焦点；或者命令按钮内的虚线框，表示该命令按钮被选中，等等。

焦点可以通过用户操作来获得，如利用鼠标选定一个对象，或用键盘的 Tab 键来切换对象，但也可以用代码方式来获得，即使用 SetFocus 方法获得。

（3）"控件来源"属性。该属性决定如何检索或保存文本框中的数据，其中数据来源类型包括：表、查询、报表中的数据，该窗体中其他对象的数据或其他窗体中对象的数据，函数、常量、操作符及通用表达式等。

"控件来源"属性的设置。

① 若数据来源于表、查询、报表等，先在窗体的"记录源"属性框中选定表或查询，然后选择文本框的"控件来源"属性，单击属性框右边的下拉箭头，选择字段。

② 若数据来源于表达式，可以直接在文本框中输入表达式，或单击"控件来源"属性框右边的"生成器"按钮，打开表达式生成器，选择数据源、函数、操作符等，生成表达式，如图 6-57 所示。

输入表达式时，要以等号（＝）开头。

（4）"输入掩码"属性。该属性用于设置控件的输入格式，当输入数据为文本型和日期/时间型数据时，可以使用"输入掩码向导"进行设置。"输入掩码"属性可以在输入密码时，将显示一串*号，掩盖了密码的显示，下面的【例 6-9】说明这一应用。

【例 6-9】创建一个登陆武汉学院教材管理系统的窗体。通常在输入密码时，不应显示出密码数据，而应该用占位符*表示。

设计基本步骤如下。

① 在教材管理数据库窗口选择窗体对象，双击"在设计视图中创建窗体"进入窗体设计界面。

② 在窗体中创建标签及文本框等控件，如图 6-58 所示。（输入用户名和输入密码）

③ 选定输入密码文本框的"输入掩码"属性，单击该属性框右边的"生成器"按钮，打开"输入掩码向导"，如图 6-59 所示。选择"输入掩码"列表中的"密码"项，然后单击"下一步"按钮，单击"完成"按钮，回到密码文本框的"输入掩码"属性，在密码栏有 PASSWORD 标志。

其他标签和文本框设置与前面所介绍的相同，这里不再重复。

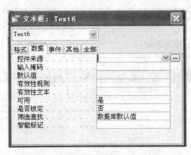

图 6-57　控件来源及生成器按钮

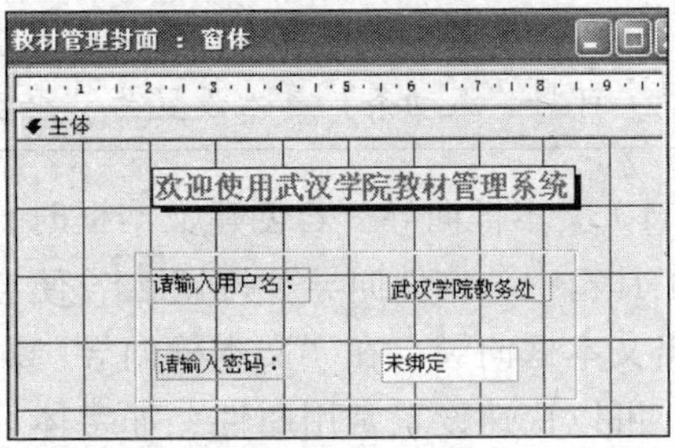

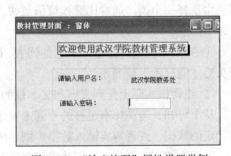

图 6-58　武汉学院教材管理系统的窗体设计

④ 在视图菜单下选择"窗体视图"，结果如图 6-60 所示，这是一个示意图，没有进行精确设计。输入密码时，将显示一串*号（输入用户名和输入密码控件外加了一个"选项组"控件，见后面的"选项组控件"）。

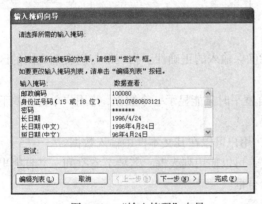

图 6-59　"输入掩码"向导

图 6-60　"输入掩码"属性设置举例

⑤ 最后，关闭窗体，以"教材管理封面"为窗体名存储。

（5）"默认值"属性。该属性常用于设置未绑定文本框或计算型控件的初值。可直接在"默认值"属性框中输入数据，或单击该属性框右边的"生成器"按钮，打开表达式生成器，建立表达式。

（6）"有效性规则"和"有效性文本"属性。"有效性规则"属性用于设置对文本框中输入数据的合法性进行检验。可以直接在属性框中，或通过表达式生成器，建立合法性检验表达式。

当在文本框中输入的数据违背了有效性规则时，为了给出明确提示，可在"有效性文本"属性框中输入提示信息。

（7）"状态栏文字"和"控件提示文本"属性。这两个属性为文本框提供两种提示信息。"状态栏文字"框中的文本，在文本框获得焦点时显示在 Access 窗口状态栏中。"控件提示文本"中的文本，则在光标悬停时显示在弹出的提示窗口中。

（8）"是否锁定"属性。若该属性选定"是"，表示文本框设置为只读，用户就不能编辑其中的数据。

（9）"可见性"和"可用"属性。不可见表示将文本框隐藏起来；不可用则文本框以灰色显示；当不可用又锁定时，具有显示为灰色、只读、不能获得焦点这 3 个性能。

（10）"Enter 键行为"属性。文本框中允许输入多行数据，该属性用于指定换行方式。其属性对话框列中的"默认值"，表示按 Ctrl+Enter 键来产生新行，若按 Enter 键表示输入结束；而"字段中新行"，表示按 Enter 键就能产生新行。

注意　　　当文本框中有多行数据时，可使用向上或向下箭头键来查看各行数据。为方便查看，可将"滚动条"属性设置为"垂直"，以显示垂直滚动条。

（11）文本框向导。若创建文本框时，先按下工具箱中"控件向导"按钮，便会自动弹出文本框向导。在"文本框向导"对话框中，可以快速设置常用属性，如字体、字号和字形，特殊效果，文本对齐方式，边距，垂直文本框等，如图 6-61 所示。

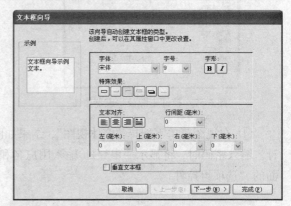

图 6-61　"文本框"向导

3. 列表框与组合框控件

在窗体工具栏的控件图标为：列表框、组合框。

列表框与组合框都有一个供用户选项的列表，列表由数据行组成，并可包含多个列。从列表中选择一个值，通常比键入该值更快，并能确保输入的正确性。列表框与组合框之间的区别有以下两点。

① 列表框任何时候都显示它的列表，而组合框平时只能显示一个数据，待用户单击它的下拉箭头后才能显示下拉列表。

② 组合框实际上是列表框和文本框的组合，用户可以在其文本框中输入数据。

从上可知，若窗体有足够的空间来显示列表，可以使用列表框；若要节省空间，并且突出当前选定的数据，或者需要键入数据，则可使用组合框。

下面介绍列表框与组合框的常用属性及其设置。

（1）"控件来源"属性。列表框与组合框均分为绑定和未绑定两类。与文本框一样，可以将列表框或组合框与表、查询的字段绑定。设置方法与文本框基本相同，先在窗体的"记录源"属性框中选定表或查询，然后选择列表框或组合框的"控件来源"属性，单击属性框右边的下拉箭头，选择字段。

（2）"行来源类型"与"行来源"属性。列表框和组合框的列表主要存放 3 种类型的数据，由"行来源类型"属性来指定数据类型，并由"行来源"属性为每一数据类型决定数据来源。表 6-6 给出"行来源类型"与"行来源"的配合情况。

表 6-6　　　　　　　　　　　　　　"行来源类型"与"行来源"

行来源类型	行来源
表/查询	指定表、查询的名称或 SQL 语句，结果列表行显示字段值
值列表	为列表输入数据，数据之间以分号隔开，显示时一个数据占一个列表行
字段列表	指定表、查询的名称或 SQL 语句，结果列表行显示字段名称

（3）"列数"、"列宽"与"列标题"属性。"列数"属性用于指定列表中的列数。"列宽"属性用于指定列表中每列的宽度，各列宽度数值之间必须用分号隔开。"列标题"属性用于指定列表是否显示列标题。

（4）列表框与组合框向导。若创建列表框或组合框时，先按下工具箱中"控件向导"按钮，便会自动弹出列表框或组合框向导。图 6-62 所示为"列表框"向导的主要步骤。

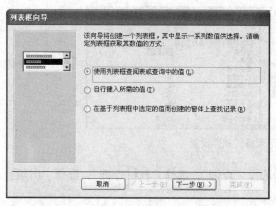

（a）

（b）

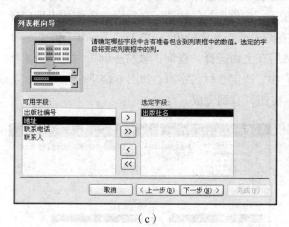

（c）

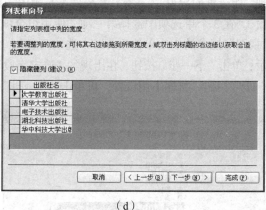

（d）

图 6-62 "列表框"向导

例如，确定列表框获取数值的方法、选择为列表框提供数值的表或查询、选择哪些字段作为列表框中的列、指定列表框中列的宽度等。按照向导提示，一步步进行操作，便可更方便、快捷的创建列表框。组合框向导的操作基本相同。

【例 6-10】创建一个窗体，用组合框控件显示"出版社名"，用列表框控件显示"教材名"，用文本框控件显示"作者"和"定价"。

设计基本步骤如下。

① 创建一个查询，名为"教材查询"，查询语句如下：

```
SELECT 教材.教材名, 教材.作者, 教材.定价, 出版社.出版社名
  FROM 出版社 INNER JOIN 教材 ON 出版社.出版社编号 = 教材.出版社编号
```

在教材管理数据库窗口选择查询对象，再单击"新建"按钮，在新建查询窗选择"设计视图"，关闭"显示表"窗口，在左上角的 SQL 菜单的下拉项中选择"SQL 视图"，进入选择查询框，在

这里写入以上命令。保存，文件名为"教材查询"。

② 创建窗体，将窗体的"记录源"属性设置为"教材查询"。

在教材管理数据库窗口选择窗体对象，双击"在设计视图中创建窗体"，进入窗体设计界面，打开窗体"属性"，将窗体的"记录源"属性设置为"教材查询"，同时将字段列表框中的"作者"和"定价"字段拖到窗体中并进行整理，如图 6-63 所示。

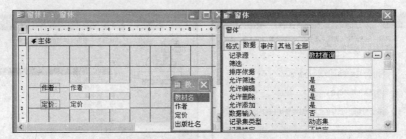

图 6-63　窗体的"记录源"属性设置

③ 创建组合框，利用组合框向导，按照提示选择"查询"，选择"教材查询"，选择"出版社名"字段等。

关闭窗体属性，在窗体工具栏中单击组合框按钮后，在窗体设计界面右上角画出组合框，出现"组合框向导窗"（注意：在控件工具箱中先按下"控件向导"按钮，在后面的操作才出现向导窗）。在 3 个单选项中选择第一项"使用组合项查阅表或查询中的值"；单击"下一步"按钮，在"视图"框中的 3 个单选项者"中选"两者"，然后在上面选择"查询：教材查询"，如图 6-64 所示；单击"下一步"按钮，在出现的"选定字段"中，选定教材名字段，如图 6-65 所示；单击"下一步"按钮，排序不用设置，再单击"下一步"按钮，直到完成。

图 6-64　选择"查询：教材查询"和 "两者"

图 6-65　选定教材名字段

④ 创建列表框，列表框属性设置。

在窗体工具栏中单击列表框按钮后，在窗体设计界面左上角划列表框，出现"列表框向导窗"（需要向导时，同样要在控件工具箱中先按下"控件向导"按钮█），在 3 个单选项中选择第一项"使用组合项查阅表或查询中的值"；单击"下一步"按钮，在"视图"框中的 3 个单选项中选"两者"，然后选择"查询：教材查询"；单击"下一步"按钮，在出现的"选定字段"中，选定出版社名字段，单击"下一步"按钮，排序不用设置，再单击"下一步"按钮，直到完成。

⑤ 选择"视图"下的"窗体视图"，单击教材名后的下拉图标，有教材名框出现，结果如图 6-66 所示。

⑥ 关闭窗体框，以文件名"一种教材显示窗体"保存。

本题当然还有其他设计方法，得到不同性能的结果窗体。

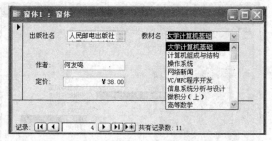

图 6-66　一种结果窗体

4．命令按钮控件

在窗体工具栏的控件图标为：![按钮]。

命令按钮是最常用的控件之一，通常在窗体中用来完成某些特定的操作，其操作代码通常放置在其"单击"等事件中。命令按钮既可以直接创建，也可以利用向导创建。

（1）利用向导创建命令按钮。命令按钮向导不但具有快速创建的优点，更引人注目的是它可提供了 6 类共 33 种操作，大大减轻了编写代码或创建宏的负担。如果用户需要，还可以查看阅读与修改向导为命令按钮创建的事件过程代码，十分方便。表 6-7 列出了命令按钮向导中的类别及所包括的操作。

表 6-7　　　　　　　　　　　命令按钮向导中的"类别"与"操作"

类别	操作
记录导航	查找下一项，查找记录、转至下一项记录、转至前一项记录、转至最后一项记录、转至第一项记录
记录操作	保存记录、删除记录、复制记录、打印记录、撤销记录、添加新记录
窗体操作	关闭窗体、刷新窗体数据、应用窗体筛选、打印当前窗体、打印窗体、打开窗体、打开页、编辑窗体筛选
报表操作	将报表发送至文件、打印报表、邮递报表、预览报表
应用程序	运行 MS Excel、运行 MS Word、运行应用程序、退出应用程序
杂项	打印表、自动拨号程序、运行宏、运行查询

【例 6-11】在窗体中创建三个命令按钮，第一个用来打开已建立好的"一种教材显示"窗体，第二个用来运行已建立好的"教材查询"，第三个用来关闭窗体。

设计基本步骤如下。

① 进入教材管理数据库界面。在教材管理数据库窗口选择窗体对象，双击"在设计视图中创建窗体"，进入窗体设计界面。

② 在控件工具箱中先按下"控件向导"按钮，选择"命令按钮"工具，在窗体中创建命令按钮，这时自动打开命令按钮向导，如图 6-67 所示。

a．在图 6-67（a）所示的"类别"列表中选择"窗体操作"，在"操作"列表中选择"打开窗体"，单击"下一步"按钮。

b．在图 6-67（b）所示的已有的窗体列表中选择"一种教材显示窗体"（这里只有一个选择对象），单击"下一步"按钮。

c．在图 6-67（c）中选择打开窗体时显示数据的方式为打开窗体时显示所有记录，单击"下一步"按钮。

d．在图 6-67（d）中确定按钮上显示文本还是图片，这里选择图片，单击"下一步"按钮。

e．在图 6-67（e）中写上按钮名"打开窗体"，完成。

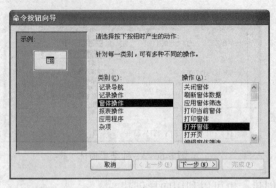
（a）

（b）

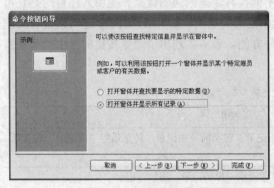
（c）

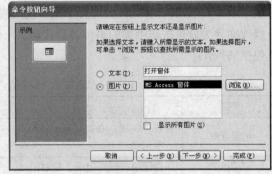
（d）

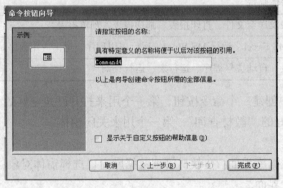
（e）

图 6-67　"命令按钮"向导

③ 创建运行查询的命令按钮。

操作步骤与打开窗体命令按钮基本相同，只是在图 6-68（a）所示的"类别"列表中选择"杂项"，在"操作"列表中选择"运行查询"。

④ 创建关闭窗体的命令按钮。

操作步骤与打开窗体命令按钮基本相同，只是在图 6-68（a）所示的"类别"列表中选择"窗体操作"，在"操作"列表中选择"关闭窗体"。

⑤ 在控件工具箱中用"标签"按钮，在窗体上划出题目栏并录入窗体题目"对窗体及查询的操作"，并且在"属性"下进行字体、字形、字号及前景背景的修饰，如图 6-68 所示。

最后，在"视图"菜单下选项"窗体视图"，结果如图 6-69 所示。

图 6-68　加窗体题目栏

图 6-69　"命令按钮"窗体

现在，单击"打开窗体"按钮，即可打开"教材"窗体；单击"运行查询"按钮，即可运行查询并显示结果表；单击"关闭窗体"按钮，即可关闭窗体，返回教材管理数据库界面。

（2）通过属性及事件代码的设置来创建命令按钮。命令按钮向导可以方便快捷的创建命令按钮，但有些特殊操作的按钮，利用向导不能创建，可通过属性及事件代码的设置来创建。

① 通过属性设置命令按钮的外观。

a. 更改命令按钮的显示文本："标题"属性用于指定命令按钮的显示文本。

b. 在命令按钮上显示图片："图片"属性用于指定命令按钮上显示的图片，可以选用.bmp、.ico 或.dib 等图片文件。

c. 设置默认按钮：若窗体中有多个命令按钮时，可将其中的一个设置为默认按钮。在窗体视图中，默认按钮边框上多一个虚线框；不但可以单击选择，还可以通过按 Enter 键来选择。设置默认按钮的方法是将"默认"属性设为"是"。注意：一个窗体上只允许有一个默认按钮，若将某个命令按钮的"默认"属性设为"是"，则窗体上其他命令按钮的"默认"属性都将自动变为"否"。

d. 使命令按钮以灰色显示：将命令按钮的"可用"属性设置为"否"即可。

② 通过事件代码设置命令按钮。

事件代码中既可以对属性值进行设置，也可以对事件的过程进行设置。

【例 6-12】在例 6-9 创建的登录窗体中，添加三个命令按钮。第一个为"确定"按钮：输入密码后，单击"确定"按钮，若密码正确，在对话框中显示"欢迎进入系统！"；若不正确，在对话框中显示"密码错误！"。第二个为"重新输入"按钮：单击"重新输入"按钮，使输入密码的文本框获得重新录入的权力（获得焦点）。第三个为"退出"按钮：单击"退出"按钮，关闭窗体。

设计基本步骤如下。

① 在 Access 下打开例 6-9"教材管理封面"窗体，选择"视图"下的"设计视图"进入登录窗体设计界面，如图 6-59 所示。整理，准备加入命令按钮。

② 在窗体中创建三个命令按钮，对每一个按钮分别打开属性窗，分别将"格式"标签下的"标题"属性设置为"确定"、"重新输入"和"退出"，如图 6-70 所示。再将"确定"按钮的"其他"标签下的"默认"属性设置为"是"，如图 6-71 所示（注意窗体上加了两个"选项组控件"）。

③ 选定"确定"按钮，在其属性对话框中选择"事件"卡片，在"单击"框中选择"事件过程"，如图 6-72 所示。再单击右边的"生成器"按钮，打开事件代码编辑窗口。也可以选定"确定"按钮后，单击鼠标右键，在快捷菜单中选择"事件生成器"命令，在"选择生成器"对话框中选择"代码生成器"，打开事件代码编辑窗口，如图 6-73 所示。

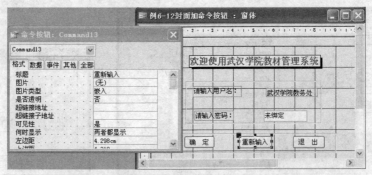

图 6-70 加入按钮并定义属性

图 6-71 "确定"按钮的默认属性设置为"是"

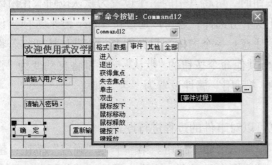

图 6-72 对"确定"按钮进行定义图

图 6-73 对"确定"按钮加入代码

在过程头：Private Sub Command1_Click()下面的空域输入代码：

```
If  Text2.Value = "123456"  Then            '设密码为"123456"
    MsgBox "欢迎使用本系统！"
Else
    MsgBox "密码错误！"
End If
```

程序运行结果如图 6-74 所示。

④ 选定"重新输入"按钮，与前面相同的方法，打
开事件代码编辑窗口。

在过程头：Private Sub Command2_Click()下面的空
域输入代码：

```
Text2.SetFocus
```

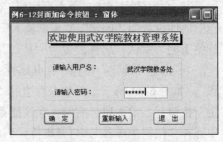

图 6-74 "进入系统"窗体

⑤ 选定"退出"按钮，与前面相同的方法，打开事件代码编辑窗口。

在过程头：Private Sub Command3_Click()下面的空域输入代码：

DoCmd.Close

注：代码设计将在后面模块与程序设计那一章中详细介绍。

设计完成后，选择"视图"菜单下的"窗体视图"便可得到如图 6-74 所示的窗体。分别输入用户名和密码。

设置密码为"123456"，若在输入密码文本框中输入的是"123456"，单击"确定"按钮，则出现图 6-75（a）所示对话框；若输入的密码不是"123456"，则出现图 6-75（b）所示对话框。

若单击"重新输入"按钮，则输入密码的文本框获得焦点，可重新输入密码。

若单击"退出"按钮，则关闭窗体。

（a）　　　　　　　　　　（b）

图 6-75　提示对话框

5. 复选框、选项按钮与切换按钮控件

在窗体工具栏的控件图标为：复选框 ☑ 选项按钮 ⊙ 切换按钮 ⚏。

复选框、选项按钮与切换按钮均属于"是/否"型控件。当选中复选框或选项按钮时，设置为"是"，如果不选则为"否"。当按下切换按钮，其值为"是"，否则其值为"否"。

复选框、选项按钮与切换按钮都可以与表或查询中的"是/否"型字段进行绑定。可以采用两种方法来进行绑定。

方法一：在窗体的"记录源"属性中设置表或查询，用工具箱中的工具为窗体添加某种"是/否"型控件，在该控件的"控件来源"属性中指定"是/否"型字段。

方法二：在窗体的"记录源"属性中设置表或查询，单击工具栏中的"字段列表"按钮显示字段列表，在工具箱中单击某个"是/否"型控件按钮，随即将字段列表中某个"是/否"型字段拖放到窗体中。（注意：在工具箱中单击工具按钮后. 不要单击窗体，应该拖放字段，否则将得到未绑定控件。）

【例 6-13】在"员工"表中添加一个"是/否"型字段"党员否"。创建一个显示和修改员工情况的窗体，窗体中输出"员工"表中的"工号"、"姓名"、"性别"和"职务"等字段，用复选框、选项按钮与切换按钮三个控件表示"党员否"字段的值，并可通过对这几个控件的操作，修改该字段的值。

设计基本步骤如下。

① 在 Access 下打开"教材管理.mdb"，首先选择 "表"对象，把原来的"员工"表复制并改名为"员工 1"，在现在的"员工"表中添加"党员否"字段并定义"是/否"数据类型。在选项窗体对象单击"在设计视图中创建窗体"，这就打开了窗体的设计视图，再打开"属性"框，将"数据"标签下窗体的"记录源"属性设置为"员工"表。

② 在自动弹出的字段列表窗口中，用鼠标将"工号"、"姓名"、"性别"和"职务"字段拖到窗体中适当的位置。

③ 单击工具箱中的"切换按钮"控件，在窗体中按住鼠标左键拖拉出适当的大小来实现"切换按钮"控件的添加。在"切换按钮"控件的属性对话框中，将控件的"格式"标签下的"标题"属性修改为"是否党员"，再将"数据"标签下的"控件来源"属性设置为"党员否"字段。

④ 单击工具箱中的"选项按钮"控件，在窗体中添加"选项按钮"，将控件的附加标签的"格式"下的"标题"属性修改为"是否党员"，并将"选项按钮"的"数据"标签下的"控件来源"

属性设置为"党员否"字段。

⑤ 单击工具箱中的"复选框"控件，在窗体中添加"复选框"控件，将控件的附加标签的"格式"下的"标题"属性修改为"是否党员"，将"复选框"的"数据"标签下"控件来源"属性设置为"党员否"字段。

⑥ 用标签控件在窗体的上方做窗口名"武汉学院教材科员工情况"，并在"属性"框中进行编辑美化。

选择"视图"菜单下的"窗体视图"单击，获得结果窗体如图6-76所示。

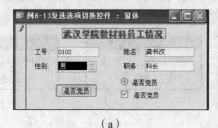　　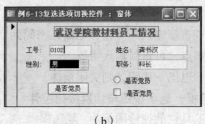

（a）　　　　　　　　　　　　　　　　（b）

图6-76　"是/否"型控件举例

在窗体视图6-76中，如果所显示的记录，"党员否"字段的值为"是"，则"切换按钮"被按下，"选项按钮"和"复选框"被选中，如图6-76（a）所示。若"党员否"字段的值不为"是"，则"切换按钮"没有被按下，"选项按钮"和"复选框"也没有被选中，如图6-76（b）所示。

通过单击"切换按钮"，或"选项按钮"，或"复选框"，三个控件的值都会改变，并且"员工"表中"党员否"字段的值也随之改变。

6. 选项组控件

在窗体工具栏的控件图标为：🖳。

复选框、选项按钮和切换按钮可以单独使用，它们共有两个状态值：是、否。它们还可以与选项组控件联系在一起使用，用选项组控件将一组复选框、选项按钮或切换按钮组合在一起，用于在窗体或报表中使用选项组来显示一组限制性的选项值，每次只能从各按钮表示的选项值中选择一个。

当用选项组来显示某个字段的值时，是用一组复选框、选项按钮或切换按钮对应字段的不同的值，因此要将字段的值与各按钮通过数字联系在一起，通过各个按钮"选项值"的设定来对应各个字段的值。在选项组的所有控件中，是单选，即每次只能选定一个选项。

下面介绍怎样创建选项组，选项组绑定到字段，以及如何在代码中识别选项组中的选定控件等内容。

（1）创建选项组。选项组可以直接创建，也可以利用向导创建。

① 直接创建选项组，操作如下。

a. 创建选项组：在窗体的工具箱中的"控件向导"按钮🔲未被按下时，单击"选项组"按钮，再单击窗体内某处，鼠标指针释放后即显示组框。

b. 在选项组框内创建控件：选定选项组，单击工具箱中某种"是/否"型控件按钮（如复选框、选项按钮与切换按钮），再单击选项组组框内某处（鼠标指针一旦移到组框内，框内全部变黑，表示创建的控件将属于选项组），鼠标指针释放后即显示所创建的控件。

② 用向导创建选项组，操作如下。

在控件工具箱中按下"控件向导"按钮，单击"选项组"按钮，再单击窗体内某处，即显示"选项组向导"对话框。

利用向导既能创建未绑定选项组，也能创建绑定选项组（在"窗体"的"记录源"属性框中选定表或查询等）。

"选项组向导"对话框可完成如下功能：为要创建的选项（控件）指定标签；指定默认选项；为选项赋值；指定保存值的字段；选择控件类型和样式；为选项组指定标题（作为选项组名称和附加标签的标题）。如图 6-77（a）、（b）、（c）、（d）、（e）、（f）所示。

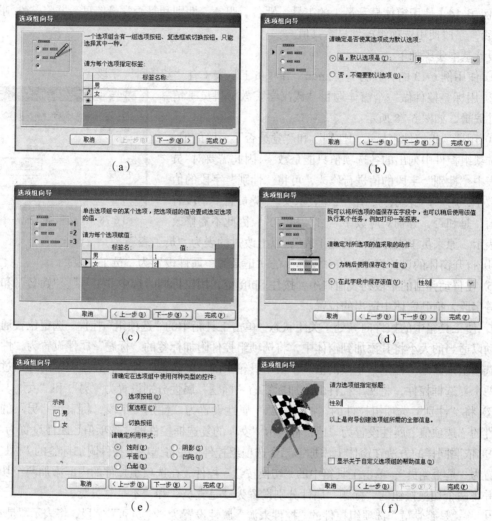

图 6-77　"选项组"向导

（2）选项组中与值有关的属性。

① "选项值"属性，选项组中每个控件均有"选项值"属性，用来标识控件，规定使用数字。

Access 按控件添加到选项组的次序，为其"选项值"属性设置顺序数。例如，添加的第 1 个控件的"选项值"属性为 1；第 2 个控件的"选项值"属性为 2，依次类推。该属性值允许更改。

② 选项组值属性，选项组的 Value 属性表示选项组值，假如选项组名称为 Frame( )，则 Frame( ).Value 表示该选项组的值。判别用户选择了哪一个控件，只需判别选项组值与哪一个"选项值"属性值相等。

③ 为选项组指定默认控件，如果为选项组的"默认值"属性设置了某控件的选项值，该控件

即被指定为选项组的默认控件。

（3）绑定选项组。绑定选项组是指将选项组绑定到字段，选项组的"控件来源"属性用于指定绑定到的字段，字段类型可以为"数字"型、"是/否"型。但在指定绑定字段之前，必须为窗体的"记录源"属性设置数据源。

在绑定选项组中选取控件时，控件的选项值将会存储到当前记录的被绑定字段中。

【例 6-14】使用窗体显示员工的工号、姓名、职务、性别和是否党员信息，并将"性别"和"党员否"字段使用选项组控件显示其值。

设计基本步骤如下。

① 使用例 6-13 的"教材管理.mdb"和"员工"表（有"党员否"字段）。

② 用标签控件做一个窗体题目"武汉学院教材科员工情

况"并编辑，如图 6-78 所示。

③ 用选项组控件来显示"性别"和"党员否"字段的值。由于选项组控件中列出的各选项值只能是数字，因此需要对"员工"表中"性别"字段的值进行修改，可将"性别"字段的值改为数字，用"1"表示男，用"2"表示女。"党员否"字段有两个值：是和否，分别对应数字"-1"和"0"，因此不需修改即可表示。原来员工表称为"员工 1 表"，以上改过的表为"员工表"。

图 6-78　"选项组"控件举例

④ 打开窗体的设计视图，将"窗体"的"记录源"属性设置为"员工"表。

⑤ 在自动弹出的字段列表窗口中，按住 Shift 键，用鼠标同时选中"工号"、"姓名"和"职务"等字段，拖到窗体中适当的位置。

⑥ 使工具箱中的控件向导处于关闭状态，单击工具箱中的"选项组"控件，选定位置通过鼠标拖动以适当的大小将其添加到窗体中，将选项组控件附加标签的"标题"属性设置为"性别"，用该选项组来显示"性别"字段的值。单击工具箱中的"复选框"控件，在选项组内部通过拖动添加两个复选框控件，将两个控件的附加标签的"标题"属性分别设置为"男"和"女"。

⑦ 将"性别"选项组控件的"控件来源"属性设置为"性别"字段，将表示"男"的复选框控件的"选项值"属性设置为"1"，将表示"女"的复选框控件的"选项值"属性设置为"2"。

⑧ 依照同样的方法在窗体上添加第二个选项组控件，并将选项组控件附加标签的"标题"属性设置为"是否党员"，单击工具箱中的"切换按钮"控件，在选项组控件的内部添加两个切换按钮，并将两个切换按钮的"标题"属性分别设置为"是党员"和"不是党员"。

⑨ 将"是否党员"选项组控件的"控件来源"属性设置为"党员否"字段，将表示"是党员"的切换按钮控件的"选项值"属性设置为"-1"，将表示"不是党员"的切换按钮控件的"选项值"属性设置为"0"。

设置完毕，在"视图"菜单下选择"窗体视图"，结果如图 6-79 所示，以文件名"例 6-14 选项组教材科员工情况"保存。

【例 6-15】设计一个选择"教材管理"数据库中"教材"、"出版社"、"部门"和"员工"表，并能对其进行编辑或浏览的窗体，界面如图 6-79 所示。

设计基本步骤如下。

① 打开教材管理数据库并创建窗体，将窗体的"标题"属性设置为"选取目标表"。

② 用标签控件做一个窗体题目"武汉学院教材管理系统"并编辑，如图 6-80 所示。

图 6-79 "选择表"窗体

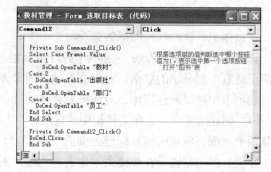

图 6-80 单击"确定"、"退出"按钮输入代码

③ 创建控件，在窗体中创建 1 个选项组，在选项组中添加 4 个选项按钮。在控件中，将 4 个选项按钮的"标题"属性分别设置为："教材"、"出版社"、"部门"和"员工"。

④ 创建 2 个命令按钮，分别将 2 个命令按钮的"标题"属性设置为："确定"和"退出"。

⑤ 为"确定"按钮的"单击"Click 事件过程编写代码。

选定"确定"按钮后，单击鼠标右键，在快捷菜单中选择"事件生成器"命令，在"选择生成器"对话框中选择"代码生成器"，打开事件代码编辑窗口。

在过程头：Private Sub Command11_Click()下输入代码，图 6-80 中横线上面的内容。

```
Select Case Frame0.Value          '根据选项组的值判断选中哪个按钮
Case 1                            '值为1，表示选中第一个选项按钮
  DoCmd.OpenTable "教材"          '打开"图书"表
Case 2
  DoCmd.OpenTable "出版社"
Case 3
  DoCmd.OpenTable "部门"
Case 4
  DoCmd.OpenTable "员工"
End Select
```

⑥ 为"退出"按钮的"单击"事件过程编写代码，图 6-80 中横线下面的内容。

在过程头：Private Sub Command12_Click()下输入代码：

```
DoCmd.Close
```

设置完毕，在"视图"菜单下选择"窗体视图"，结果如图 6-79，以文件名"例 6-15 选取目标表"保存。

当选取"教材"再单击"确定"按钮，则打开如图 6-81 所示教材表，现在可以对教材表进行浏览或编辑了。

	教材编号	ISBN	教材名	作者	出版社编号	版次	出版时间	教材类别	定价	折扣	数量	备注
+	10001232	ISBN7-115-23876-4	大学计算机基础	何友鸣	1005	1	2010	基础	￥38.00	.4	12000	
+	11010311	ISBN7-302-15580-5	计算机组成与结	何友鸣	1010	1	2007	计算机	￥18.00	.4	3000	
+	11010312	ISBN7-115-09385-7	操作系统	宗大华	1005	1	2009	计算机	￥21.00	.6	1000	
+	11010313	ISBN7-115-08412-3	网络新闻	何苗	2703	1	2009	新闻	￥27.60	.6	3000	
+	11012030	ISBN7-5352-2773-2	VC/MFC程序开发	方辉云	2703	2	2008	软件	￥35.00	.4	3000	
+	21010023	ISBN7-04-012312-6	信息系统分析与	甘衬初	1002	1	2003	信息	￥29.20	.5	3000	
+	34233001	ISBN7-12-501-2	微积分（上）	马建新	2705	1	2011	数学	￥29.00	.6	13000	
+	34233005	ISBN7-113-81102-9	高等数学	石铺天	1013	1	2010	数学	￥23.00	.6	3000	
+	65010121	ISBN7-113-10502-0	离散数学	刘任任	1013	1	2009	计算机	￥23.00	.6	3000	
+	70111213	ISBN7-04-011154-3	大学英语	编写组	1002	2	2005	基础	￥23.50	.7	9000	
+	70111214	ISBN7-04-01145-4	英语听说教程	项目组	1002	1	2009	基础	￥16.80	0	1000	
*									￥0.00	0	0	

图 6-81 选取"教材"表再单击"确定"按钮

7. 选项卡控件

在窗体工具栏的控件图标为：。

选项卡也称为页（Page），选项卡控件可以包含多个页，用分页方法放置不同类别的数据，或隔离不适宜一起显示的数据，可以有效地扩展窗体面积。

选项卡中可以创建窗体、对话框及其他控件。

（1）创建选项卡。选择工具箱中"选项卡"工具，在窗体内拖出"选项卡"，创建时选项卡内默认两个页面，两页的标签标题分别为"页1"和"页2"。可以在"选项卡"中添加或删除页，选中某页，单击右键，在快捷菜单中选择"插入页"或"删除页"的命令即可。

单击选项卡的页标签（这里所称的"标签"不同于标签控件）时，则选项卡的该页被激活。

（2）选项卡标签的设置。选项卡的标签可通过选项卡的属性表来设置。选项卡标签的设置包括以下属性。

① "样式"属性用于指定在选项卡顶端的标签样式，包括"选项卡"、"按钮"和"无"等，分别表示普通标签、命令按钮标签和无标签。注意：若无标签则无法选择选项卡，只能用其他办法来指定哪个选项卡拥有焦点，例如在选项卡控件外部设置命令按钮。

② 有关于标签文本字体的各种属性，包括"字体名称"、"字体大小"、"字体粗细"等。

③ "选项卡固定高度"属性用于统一指定各选项卡标签的高度。但是，属性值为0表示各标签自动设置高度以适合其中的内容。

④ "选项卡固定宽度"属性用于统一指定各选项卡标签的宽度。但是，属性值为0表示各标签自动设置宽度以适合其中的内容。

注意 以上①～④的设置是在选项卡控件对象的属性表中设置。

⑤ "标题"属性用于指定标签显示的文本。要分别选定其中的页，在页的属性表中设置标题文本。

【例6-16】在窗体中创建一个选项卡控件，要求第一页显示"教材"数据表，第二页显示"出版社"数据表，第三页显示订购单教材查询。

设计基本步骤如下。

① 创建窗体。在"教材管理"数据库中选择"窗体"对象。双击"在设计视图中创建窗体"选项，然后单击工具栏中的"保存"按钮，将窗体取名为"武汉学院教材情况"。

② 创建选项卡控件。用工具箱中的"选项卡控件"按钮创建一个选项卡控件。

③ 选中页1或页2，单击右键，在快捷菜单中选择"插入页"命令，插入第3页。

④ 打开属性窗，选择"选项卡控件0"，对页属性进行设置：

a. 字体名称：黑体

b. 字号：11

c. 字体粗细：加粗

再分别选择页1、页2和页3，设置属性为：

d. 页1的标题：教材

e. 页2的标题：出版社

f. 页3的标题：订购教材情况

⑤ 在选项卡"教材"页中创建子窗体。在控件工具箱中按下"控件向导"按钮，然后单击"子

窗体/子报表"按钮,再单击选项卡"教材"页,弹出"子窗体向导"对话框。按照向导提示选择"使用现有的表和查询";选择"教材"表;选择所需的字段,如图 6-82 所示。单击"下一步"按钮,完成子窗体的创建,如图 6-83 所示。在该子窗体中可以显示、修改、追加及删除"教材"表中的记录。

⑥ 在选项卡"出版社"页中创建子窗体。步骤同④,将"出版社"表中的字段添加到子窗体中。

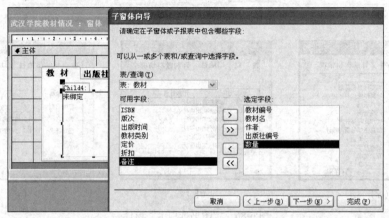

图 6-82 在教材页中创建子窗体

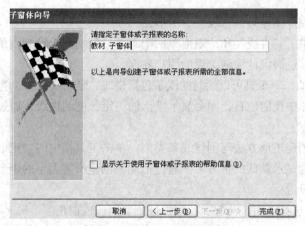

图 6-83 完成子窗体的创建

⑦ 在选项卡"订购教材情况"页中创建查询。单击"窗体"按钮,打开属性(在属性窗左上选择框中选取"窗体"),在"窗体"的"记录源"属性中输入以下查询 SQL 命令,如图 6-84 所示。

SELECT 订购单.订购单号,订购单.订购日期,教材.教材名,出版社.出版社名,订购细目.数量
  FROM (出版社 INNER JOIN 教材 ON 出版社.出版社编号 = 教材.出版社编号)
      INNER JOIN (订购单 INNER JOIN 订购细目 ON 订购单.订购单号 = 订购细目.订购单号)
    ON 教材.教材编号 = 订购细目.教材编号 ;

⑧ 选择选项卡的"订购教材情况"页(第 3 页),将所建查询的字段列表中的全部字段选中,拖到"订购教材情况"页中,结果如图 6-85 所示。

⑨ 在"视图"菜单下选择窗体视图,所建窗体如图 6-86(a)、(b)(c)所示。

在订购教材情况页,只要点击记录栏的黑三角符。即可实现查询。

图 6-84　建立查询　　　　　　　　　　　图 6-85　建立查询

（a）　　　　　　　　　　（b）　　　　　　　　　　（c）

图 6-86　"图书选项卡"窗体

8. 直线与矩形

在窗体工具栏的控件图标为：直线＼，矩形□。

控件工具箱中提供了"直线"和"矩形"两个工具，分别用于绘制线条和矩形框。以便修饰或突出显示某些对象，进而设计清晰美观的用户界面。

（1）创建线条。"直线"工具可以绘制的线条包括横线、竖线或斜线。单击工具箱中的"直线"按钮后，只要单击窗体中任何位置，即会显示默认的一定长度的横线，通过拖动来创建所需长度的横线、竖线或斜线。

（2）创建矩形。创建矩形方法与创建线条类似：单击工具箱中的"矩形"按钮后，只要单击窗体中任何位置，即会显示默认的正方形，通过拖动来创建所需大小的矩形。

（3）常用的属性设置。

① 特殊效果：可选择平面、凸起、凹陷、蚀刻、阴影或凿痕。

② 边框样式：可选择透明、实线、虚线、短虚线、点线、稀疏点线、点画线等。

③ 边框颜色：可单击属性框右边的"生成器"按钮，在调色板种选择颜色。

④ 边框宽度：可选择细线及 1～6 磅的线。

（4）调整线条或矩形的常用操作。先选定线条或矩形对象，然后便可进行以下操作：

① 调整位置。将鼠标放到控点连线上，当指针变为手形图标时移动该对象。或用键盘上的方向箭头键移动对象。

② 调整形状。用鼠标拖拽控点可改变矩形形状，或改变线条长度和倾斜度。或用键盘上的"Shift 键+方向箭头"键改变对象的形状，如"Shift+→"键可使横线变长，或使矩形的宽度加宽；"Shift+←"键可使横线变短，或使矩形的宽度变窄。

9. 图像

在窗体工具栏的控件图标为：▨。

图像控件是在窗体中设置图片的专用控件，常用于为窗体或报表添加图片，以便美化界面，添加图标（如徽标）或响应用户操作。这里主要介绍怎样用图像控件放置图片，及所用图片的种类和编辑属性。

（1）图片种类。在 Access 中可以使用的图片包括：位图（.bmp 或.dib）、图标（.ico）、图元文件（.wmf 或.emf)、GIF 文件和 JPEG 文件等。

（2）插入图片。单击控件工具箱"图像"按钮，然后单击窗体某处，即弹出"插入图片"对话框，在该对话框中选择一个位图文件或图元文件，单击"确定"按钮，图片便出现在刚才单击处。

（3）图片属性。图片属性可用来指定图片的显示方式。

①　"图片"属性：该属性用于指定位图或图元文件的路径和文件名，也可利用该框右侧的"生成器"按钮，打开"插入图片"对话框来指定图片。

②　"图片类型"属性：该属性用于指定图片的添加方式，可选嵌入或链接。图片嵌入是指将它存储在 Access 数据库中；链接表示图片将存储在 Access 数据库之外的文件，并链接到 Access。嵌入后与原图片文件无关，链接则可节省存储空间。

③　"图片缩放模式"属性：该属性用于剪裁图片或调整图片大小，共有剪裁、拉伸和缩放 3 个选项。

a. 剪裁：按实际大小显示图片。若图片比区域大，则图片超出部分被剪去。

b. 拉伸：调整图片大小以符合区域大小，但图像可能会扭曲变形。

c. 缩放：调整图片大小使其填满区域，但没有剪裁作用，也不会变形。

④　"图片对齐方式"属性：该属性用于指定图片在其对象区域内的布局方式，通常包括"左上"、"右上"、"中心"、"左下"和"右下"等选项，但窗体背景图片还多出一个"窗体中心"选项。对于窗体背景图片，"中心"表示居中能跟随窗体大小变化；而"窗体中心"则表示按照图片设置时的窗体大小居中，此后不随窗体大小变化。

⑤　"图片平铺"属性：该属性用于指定图片在其对象区域是否平铺。平铺表示用图片的多个副本来铺满区域，并且起始位置随"图片对齐方式"属性而定。此外，缩放模式还会影响平铺效果。

上述属性中提到的区域，是指显示图片的对象的范围，如窗体背景图片区域是窗体窗口，而图像控件区域是其控点范围。

【例 6-17】为教材管理系统设计封面窗体。要求如下：在窗体中插入一张图片作为背景；在窗体中创建一个标签，用来显示标题"武汉学院教材管理系统"；在窗体中创建两个图像对象，单击其中一个能打开"进入系统"窗体，且鼠标在该图像控件上悬停时能显示"单击图片即可进入系统"；单击另一个退出窗体，且鼠标在该图像控件上悬停时能显示"单击图片即可退出窗体"。

完成的窗体如图 6-87 所示。

设计基本步骤如下。

①　创建封面窗体。

在"教材管理"数据库中选择"窗体"对象。双击"在设计视图中创建窗体"选项，然后单击工具栏中的"保存"按钮，将窗体取名为"武汉学院教材管理系统"。窗体的属性设置如表 6-8 所示。

图 6-87　"教材管理系统封面"窗体

表 6-8   属性设置表

对象	属性	属性值	说明
窗体	其他标签中： 弹出方式	是	窗体显示在其他窗口之上
	格式标签中： 滚动条	两者均无	
	格式标签中： 记录选择器	否	
	格式标签中： 导航按钮	否	
	格式标签中： 分隔线	否	
	格式标签中： 边框样式	无	取消窗体边框、标题栏等
	格式标签中： 图片	中南财经政法大学武汉学院校徽	贴一幅画
	格式标签中： 图片类型	嵌入	
	格式标签中： 图片缩放模式	剪裁	
标签 格式标签中：	标题	武汉学院教材管理系统	
	字体名称	仿宋_GB2312	
	字号	18	
	字体粗细	浓	
	前景色	16777215	
	特殊效果	阴影	
图像 Image1	格式标签中： 图片	进入系统	图像控件的图片
	格式标签中： 控件提示文本	单击图片即可进入本系统	鼠标悬停时显示的文本
	其他标签中： 图片类型	嵌入	
	格式标签中：缩放模式	缩放	
图像 Image2	格式标签中：图片	退出系统	图像控件的图片
	格式标签中：控件提示文本	单击图片即可退出本系统	鼠标悬停时显示的文本
	其他标签中：图片类型	嵌入	
	格式标签中：缩放模式	缩放	

② 创建标签控件。利用控件工具箱中的"标签"按钮，在窗体中创建一个标签，标签的属性设置如表 6-8 所示。

③ 创建图像。利用控件工具箱中的"图像"按钮，在窗体中创建图像，属性设置如表 6-8 所示，事件代码设置如表 6-9 所示。

表 6-9　　　　　　　　　　　　　　　　　　事件代码设置表

对象	事件名	代码	说明
窗体	属性的事件标签中，加载	Forms![武汉学院教材管理系统封面].[Label4].Left = (Forms![教材发放管理系统封面].Width - Forms![教材发放管理系统封面].[Label2].Width) / 2	运行窗体时,使标签总在窗体的中间
图像 Image1	属性的事件标签中，单击	DoCmd.OpenForm "进入系统"	打开"进入系统"窗体
图像 Image2	属性的事件标签中，单击	DoCmd.Close	关闭窗体

10. 绑定与未绑定对象框

在窗体工具栏的控件图标为：绑定对象框 ▨，未绑定对象框 ▨。

绑定对象框控件和未绑定对象框控件都是使用 OLE 对象的专用控件，他们扩大了窗体和控件的功能，在窗体中不仅可以显示图片，而且可以使用视频文件、声音文件、Word 文档或 Excel 文档等对象。

（1）绑定与未绑定的差别。绑定对象框控件用于显示和处理存储在表中的 OLE 对象，故必须绑定到"OLE 对象"字段。绑定对象框在显示对象时，与"OLE 对象"字段一样，随记录指针移动而变化。实际上窗体中的绑定对象框专用于引用表内"OLE 对象"字段。

未绑定对象框控件也用于显示和处理 OLE 对象，但是与表中的数据无关。图像控件也是一种未绑定控件，但是不能显示和处理 OLE 对象。

（2）创建未绑定对象框。从控件工具箱中选定"未绑定对象框"按钮向窗体添加控件时，屏幕上将弹出一个插入对象对话框，如图 6-88 所示。

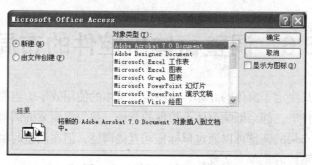

图 6-88　"插入对象"对话框

该对话框中的"新建"与"由文件创建"两个选项按钮均用于添加未绑定 OLE 对象。

① "新建"选项按钮，表示将在窗体中新建一个对象，这种对象是某种文件类型的文档。在插入对象对话框的对象类型列表中包含文档、图像、声音等多种文件类型，用户选定其中一项并按"确定"按钮后，Access 将自动打开这种类型的应用程序，供用户输入文档的内容。例如，若选定的是 Microsoft Word 文档，将自动打开 Word 供用户输入文档；若选定的是 Microsoft Excel 工作表，将自动打开 Excel 供用户建立电子表格。

② "由文件创建"选项按钮，表示用户需指定一个存在的文档，并作为对象放置在窗体中。可通过"浏览"按钮选择文件，或在文本框中直接输入路径及文件名，单击"确定"按钮后窗体中即产生一个文档对象。

对话框中有一个"显示为图标"复选框，可用来确定新建的对象以图标显示，还是直接显示文档的内容。

（3）创建绑定对象框。在窗体中创建绑定对象框，有两种方法。

① 用控件工具创建，步骤如下。

a. 从控件工具箱中选定"绑定对象框"按钮，并单击窗体某处，窗体中即显示一个个标签和一个控件框。

b. 在窗体的"记录源"属性框指定一个包含"OLE 对象"字段的表。

c. 在"绑定对象框"对象的"控件来源"属性框选择"OLE 对象"字段，该控件就被绑定到"OLE 对象"字段。

② 通过字段列表创建，步骤如下。

a. 在窗体的"记录源"属性框指定一个包含"OLE 对象"字段的表。

b. 从"字段列表"中将"OLE 对象"字段拖拽到窗体中。

11. 分页符

在窗体工具栏的控件图标为：▤。

在窗体或报表中，分页符控件可用作为分屏显示或分页打印的标记。它在窗体中表示以新屏显示的内容开始位置，在报表中表示以新页打印的内容开始位置。

将分页符控件插入在其他控件之间，不会影响窗体的数据，并且插入的分页符还可以移动。

分页符控件用在窗体中时：

（1）按 PageDown 键实现向下翻屏，按 PageUp 键向上翻屏；

（2）仅当窗体的"默认视图"属性设置为"单个窗体"时，分页符才在窗体视图中起作用。

6.6 调整窗体中控件的布局

窗体上控件的布局决定了窗体的好坏，也决定了窗体的使用效率。当控件的位置改变，或向窗体上添加、删除控件时，都会影响窗体上控件的布局。我们需要掌握调整控件的位置、大小、显示效果等的方法。布局的调整可以通过鼠标拖动直接调整，但在调整时很难做到精确定位，要想准确定位可以使用系统的菜单来实现。

1. 调整控件的大小

若调整单个控件的大小，可通过鼠标单击使需要调整大小的控件处于选中状态，被选中的控件周围布满很多黑色的小方块，当鼠标停留在除左上角之外的黑色小方块时，鼠标变为带有双箭头的形状，按住鼠标左键拖动来修改控件的大小。

若需要调整多个控件的大小，在窗体的设计视图中，按住 Shift 键，用鼠标选中所需控件，单击"格式"菜单，选择"大小"命令，其中有 6 个选项。

① 正好容纳：使所有选中的控件的宽度正好容纳显示的内容。

② 对齐网格：依据网格线进行对齐。

③ 至最高：使所有选中的控件的高度与所有控件中最高的保持一致。

④ 至最短：使所有选中的控件的高度与所有控件中最短的保持一致。

⑤ 至最宽：使所有选中的控件的宽度与所有控件中最宽的保持一致。

⑥ 至最窄：使所有选中的控件的宽度与所有控件中最窄的保持一致。

2. 调整控件的对齐方式

可以利用鼠标选中控件，通过拖动调整选中控件的位置。但是利用鼠标拖动很难精确调整位置，特别是当控件较多时不易对齐。可利用"格式"菜单的"对齐"命令来调整。

在窗体的设计视图中，按住 Shift 键，用鼠标选中所需控件，单击"格式"菜单，选择"对齐"命令，其中有 5 个选项。

① 靠左：使所有选中的控件与最靠左边的控件对齐。

② 靠右：使所有选中的控件与最靠右边的控件对齐。

③ 靠上：使所有选中的控件与最靠上边的控件对齐。

④ 靠下：使所有选中的控件与最靠下边的控件对齐。

⑤ 对齐网格：依据网格线进行对齐。

3. 调整控件的间距

控件的间距是指各控件之间的距离，包括水平间距和垂直间距。

（1）水平间距。在窗体的设计视图中，按住 Shift 键，用鼠标选中所需控件，单击"格式"菜单，选择"水平间距"命令，其中有 3 个选项。

① 相同：使所有选中的控件的水平间距相同。

② 增加：增加所有选中控件的水平间距。

③ 减少：减少所有选中控件的水平间距。

（2）垂直间距。在窗体的设计视图中，按住 Shift 键，用鼠标选中所需控件，单击"格式"菜单，选择"垂直间距"命令，其中有 3 个选项。

① 相同：使所有选中的控件的垂直间距相同。

② 增加：增加所有选中控件的垂直间距。

③ 减少：减少所有选中控件的垂直间距。

4. 控件的组合

在 Access 窗体中可将多个控件组合成一个对象，进行一起改变大小、一起移动等操作。

在窗体的设计视图中，按住 Shift 键，用鼠标选中所需控件，单击"格式"菜单，选择"组合"命令，则将所选控件组合成一个对象。

若要将这个对象分开，选定该对象，单击"格式"按钮，选择"取消组合"命令即可。

习　题

1. 窗体的主要作用是什么？

2. 窗体由哪几个部分组成？创建窗体时默认结构中只包括哪个部分？如何添加其他部分？

3. Access 提供了哪几种类型的窗体？

4. Access 中提供了几种不同的窗体视图，各种窗体视图的作用是什么？

5. 利用"自动创建窗体"的方法可以创建哪几种类型的窗体？

6. 在面向对象程序设计中，什么是对象？什么是类？

7. 什么是对象的属性值、事件和方法？

8. 什么是绑定型控件？举例说明。

9. 什么是非绑定型控件？举例说明。

10. 什么是计算型控件？哪个控件常用来作为计算型控件？在计算型控件中输入计算公式时应首先输入什么符号？

11. "输入掩码"的作用是什么？

12. 列表框与组合框有什么区别？

13. 在创建控件时，如果想利用控件向导来创建，应先按下控件工具箱中的哪个按钮？

14. 复选框、选项按钮与切换按钮控件有什么特点？

15. 要想有效地扩展窗体面积，并将不同类别的数据进行隔离，可选用哪个控件？

实 验 题

1. **实验题。**

请对第 5 章例 5-43 图书销售.mdb 数据库中的"图书"表为数据源，用 "自动创建窗体"的方法创建：

（1）纵栏式窗体。

（2）表格式窗体。

（3）数据表窗体。

（4）数据透视表窗体。并作数据透视表窗体中的筛选：对出版社编号为"1010"、图书类别为"计算机"类图书的明细级汇总。

2. **控件及窗体实验题。**

给定数据库"图书销售.mdb"，本库有表：部门、出版社、进书单、进书细目、售书单、售书细目、图书、员工。

请创建一个窗体，用组合框控件显示"出版社名"，用列表框控件显示"书名"，"作者"和"定价"用文本框控件显示。

3. **实验题。输入掩码及命令按钮控件的窗体创建。**

如实验第 1 题，给定数据库"图书销售.mdb"，本库有表：部门、出版社、进书单、进书细目、售书单、售书细目、图书、员工。

（1）请创建一个登录图书销售管理系统的窗体，如图 6-89 所示。通常在输入密码时，不应显示出密码数据，而应该用占位符表示（"输入掩码"的使用）。

（2）在登录窗体创建好后，在登录窗体中，添加三个命令按钮。第一个为"确定"按钮：输入密码后，单击"确定"按钮，若密码正确，在对话框中显示"欢迎进入系统!"；若不正确，在对话框中显示"密码错误!"。第二个为"重新输入"按钮：单击"重新输入"按钮，使输入密码的文本框获得重新录入的权力（获得焦点）。第三个为"退出"按钮：单击"退出"按钮，关闭窗体。

4. **控件及窗体实验题。**

给定数据库"图书销售.mdb"，本库有表：部门、出版社、进书单、进书细目、售书单、售书细目、图书、员工。

请创建一个窗体，功能是选择"图书销售"数据库中"图书"、"出版社"、"部门"和"员工"
表，并能对其进行编辑或浏览。界面如图 6-90 所示。

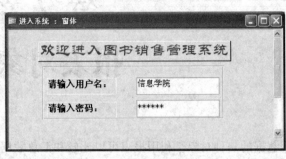

图 6-89　图书销售系统的窗体

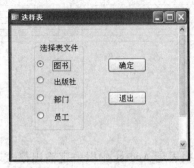

图 6-90　编辑或浏览窗体

第7章
报表对象

报表是 Access 中以一定输出格式表现数据的一种对象。利用报表可以比较和汇总数据，显示经过格式化且分组的信息，可以对数据进行排序，设置数据内容的大小及外观，并将它们打印出来。

本章主要介绍报表的基本应用操作。

7.1 报 表 基 础

报表是 Access 数据库对象之一。报表能根据指定的规则打印输出格式化的数据信息。使用 Access 所提供的报表设计工具，能够很方便地进行报表格式的设计和修改。

1. 报表概念

（1）报表的用途。报表可用于对数据库中的数据进行分组、计算、汇总并打印输出。有了报表，用户就可以控制数据摘要，获取数据汇总，并以所需的任意顺序对数据进行排序。

使用报表可以给我们带来以下 6 个方面的便利。

① 在一个处理的流程中，报表能用尽可能少的空间来呈现更多的数据。

② 可以成组地组织数据，以便对各组中的数据进行汇总，显示组间的比较等。

③ 可以在报表中包含子窗体、子报表和图表。

④ 可以采用报表打印出吸引人或符合要求的标签、发票、订单和信封等。

⑤ 可以在报表上增加数据的汇总信息，如计数、求平均值或者其他的统计运算。

⑥ 可以嵌入图像或图片来显示数据。

（2）报表与窗体。报表是用来呈现数据的一个定制的查阅对象，主要是以打印的格式表现用户数据的一种有效的方式。它可以输出到屏幕上，也可以传送到打印设备上。因为用户可以控制报表上每个对象的大小和外观，所以能够按照所需要的方式输出数据信息。

窗体主要用于对于数据记录的交互式输入或显示，而报表主要用于显示数据信息，以及对数据进行加工并以多种表现形式呈现，包括对数据的汇总、统计以及各种图形等。

报表中的数据来自表、查询或 SQL 语句，报表的其他设置存储在报表的设计中。

在报表中也可以使用控件，建立报表及其记录源之间的链接。控件可以是标签及文本框，还可以是装饰性的直线，它们可以图形化地组织数据，从而使报表更加美观。

上一章中介绍的创建窗体中所用的大多数方法，也适用于报表。

报表和窗体之间的主要区别和联系如下：

报表仅为显示或打印而设计，窗体是为在窗口中交互式输入或显示而设计。在报表中不能通过工具箱中的控件来改变表中的数据，Access 不理会用户从选择按钮、复选框及类似的控件中的输入。

创建报表时不能使用数据表视图，只有"打印预览"和"设计视图"可以使用。

报表中，打印边界的上、下、左、右最小值，可由"文件"菜单的"页面设置"对话框或"打印"对话框决定。但如果设计的报表本身的宽度小于打印页宽度，则报表的右边界由设计决定。在报表设计时也可以通过打印项实际位置的右移来增加报表的实际的左边界，而不必一定要使用系统的设置。

在一个多列报表中，列数、列宽和列的空间，可由"页面设置"对话框或"打印"对话框中的设置来控制，它并不由设计方式中你加进的控件或设置的属性控制。

2. 报表的分类

报表主要分为以下 4 种类型：纵栏式报表、表格式报表、图表报表和标签报表。

（1）纵栏式报表。纵栏式报表中的每个字段占一行，左边是标签控件（显示的是字段的标题名）、右边是字段中的值，如图 7-1 所示。

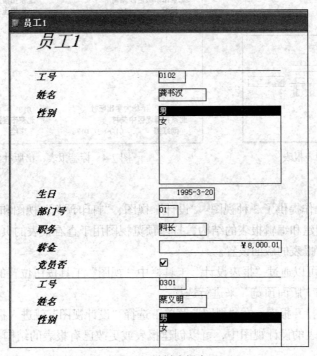

图 7-1　纵栏式报表

（2）表格式报表。在表格式报表中，每一行显示一条记录的数据，每一列显示一个字段中的数据。在第一行上显示的是字段的标题名（标签控件）。图 7-2 所示是图书表的表格式报表。

（3）图表报表。图表报表是指包含图表显示的报表类型。报表中使用图表，可以更直观地表示出数据之间的关系。图 7-3 所示是员工"职务"人数统计报表输出结果。

（4）标签报表。标签是一种特殊类型的报表。在实际应用中，经常会用到标签。例如，物品标签、客户标签、图书信息标签等。图 7-4 所示是出版社信息标签。

教材

教材

教材	ISBN	教材名	作者	出版	版次	出版	教材	定价	折扣	数量	备注
2101002	ISBN7-04-01	信息系统分析与设计	甘初初	1002	1	2003	信息	¥29.20	.5	3000	
1000123	ISBN7-115-2	大学计算机基础	何友鸣	1005	1	2010	基础	¥38.00	.4	E+04	
3423300	ISBN7-12-50	微积分（上）	马建新	2705	1	2011	数学	¥29.00	.6	E+04	
1101203	ISBN7-5352-	VC/MFC程序开发	方辉云	2703	2	2008	软件	¥35.00	.4	3000	
7011121	ISBN7-04-01	大学英语	编写组	1002	2	2005	基础	¥23.50	.7	9000	
6501012	ISBN7-113-1	离散数学	刘任任	1013	1	2009	计算机	¥27.00	.6	3000	
3423300	ISBN7-113-8	高等数学	石辅天	1013	1	2010	数学	¥23.00	.8	3000	
1101031	ISBN7-115-0	操作系统	宗大华	1005	1	2009	计算机	¥21.00	0	1000	
7011121	ISBN7-04-01	英语听说教程	项目组	1002	1	2009	基础	¥16.80	0	1000	
1101031	ISBN7-115-0	网络新闻	何苗	2703	1	2009	新闻	¥27.60	.6	3000	
1101031	ISBN7-302-1	计算机组成与结构	何友鸣	1010	1	2007	计算机	¥18.00	.4	3000	

图 7-2　表格式报表

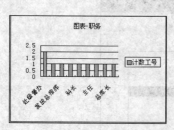

图 7-3　图表报表

图 7-4　标签报表：出版社信息

3. 报表的视图

Access 的报表操作提供了 3 种视图："设计"视图、"打印预览"视图和"版面预览"视图。

设计视图用于创建和编辑报表的结构，打印预览视图用于查看报表的页面数据输出形态，版面预览视图用于查看报表的版面设置。

3 个视图的切换可以通过"报表设计"工具栏中"视图"工具按钮位置的 3 个选项："设计视图"、"打印预览"和"版面预览"来进行选择。

（1）设计视图。打开报表，在"视图"菜单下选择"设计视图"就进入报表的设计视图窗口，如图 7-5 所示。在报表的设计视图中，可以创建报表或更改已有报表的结构。

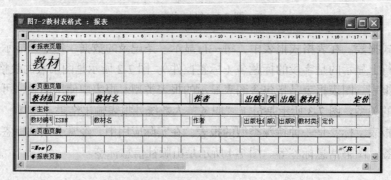

图 7-5　报表的设计视图

（2）打印预览视图。在报表的打印预览试图中，可以显示报表打印时的样式，同时运行所给予的查询，并在报表中显示出全部数据。

单击数据库工具栏上的预览按钮 预览(P)或系统工具栏上的打印预览按钮 ，或者从系统工具栏上的"视图"按钮列表 中选择"打印预览"，都可以在打印预览视图中查看报表，如图 7-1～图 7-4 所示，显示的都是报表的打印预览视图。

（3）版面预览视图。可以查看报表的版面设置，它与报表的打印预览窗口几乎完全一样。它近似地显示报表打印时的样式，能够很方便地浏览报表的版面。在版面预览窗口上将显示全部报表节以及主体节中的数据分组和排序，但是仅使用示范数据，并且忽略所有基本查询中的准则和连接。

从系统工具栏上的"视图"按钮列表中选择"版面预览"，则可在版面预览视图中查看报表。

4．报表的组成

设计报表时，可以将文字和表示各种类型字段的控件放在报表"设计"窗口中的各个区域内。在报表的"设计"视图中，报表中的内容根据不同作用分成不同的区段，称为"节"。节成带状形式，每个节在页面上和报表中具有特定的目的并按照预期顺序输出打印。

在窗体中最多有 5 个节，而报表可以有 7 个节，分别是：报表页眉、报表页脚、页面页眉、页面页脚、主体节，另外可以增加"组页眉"和"组页脚"两个节。

（1）报表页眉节。报表页眉中的任何内容都只能在报表的开始处，即报表的第一页打印一次。在报表页眉中，一般是以大字体将该份报表的标题放在报表顶端的一个标签控件中。

可以在报表中设置控件格式属性突出显示标题文字，还可以设置颜色或阴影等特殊效果。可以在单独的报表页眉中输入任何内容。一般来说，报表页眉主要用在封面。

（2）页面页眉节。页面页眉中的文字或控件一般输出显示在每页的顶端。通常，它是用来显示数据的列标题。在报表输出的首页，这些列标题是显示在报表页眉的下方。

可以给每个控件文本标题加上特殊的效果，如颜色、字体种类和字体大小等。

一般来说，把报表的标题放置在报表页眉中，该标题打印时仅在第一页的开始位置出现。如果将标题移动到页面页眉中，则该标题在每一页上都显示。

（3）组页眉节。根据需要，在报表设计 5 个基本节区域的基础上，还可以使用"排序与分组"属性来设置"组页眉/组页脚"区域，以实现报表的分组输出和分组统计。组页眉节内主要安排文本框或其他类型控件显示分组字段等数据信息。

打印输出时，"组页眉/组页脚"节内的数据仅在每组开始位置显示一次。

可以建立多层次的组页眉及组页脚，但不可分出太多的层（一般不超过 3～6 层）。

（4）主体节。主体节用来处理每条记录，其字段数据均须通过文本框或其他控件（主要是复选框和绑定对象框）绑定显示。可以包含计算的字段数据。

根据主体节内字段数据的显示位置，报表又划分为多种类型。

（5）组页脚节。组页脚节内主要安排文本框或其他类型控件显示分组统计数据。打印输出时，其数据显示在每组结束位置。

在实际操作中，组页眉和组页脚可以根据需要单独设置使用。进入设计视图后，可以从"视图"菜单中选择"排序与分组"选项，打开如图 7-6 所示的数据"排序与分组"窗口进行设定。

（6）页面页脚节。一般包含页码或控制项的合计

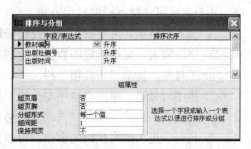

图 7-6　数据"排序与分组"窗口

内容，数据显示安排在文本框和其他一些类型控件中。在报表每页底部打印页码信息。

（7）报表页脚节。该节区一般是在所有的主体和组页脚被输出完成后才会打印在报表的最后面。通过在报表页脚区域安排文本框或其他一些类型控件，可以显示整个报表的计算汇总或者其他的统计数字信息。

7.2 创 建 报 表

在 Access 中，提供了 3 种创建报表的方式："自动报表"、"向导"、"设计视图"。

由于报表向导可以为用户完成大部分基本操作，因此加快了创建报表的过程。在使用报表向导时，它将提示有关信息并根据用户的回答来创建报表。在实际应用过程中，一般可以首先使用"自动报表"或"向导"功能快速创建报表结构，然后再在"设计视图"环境中对其外观、功能加以修缮，这样可以大大提高报表设计的效率。

1．报表设计工具

为了便于掌握报表的设计，有必要预先对报表设计进行简要介绍。下面依次介绍各种报表设计工具。

（1）工具栏。Access 有一个功能强大的"报表设计"工具栏。利用它可以直接进行报表设计操作，方便有效。用户可以通过选择"视图"菜单的"工具栏"下的"自定义"命令，弹出"自定义"对话框。打开"工具栏"选项卡，在"工具栏"列表中选中"报表设计"复选框，即可添加"报表设计"工具栏，如图 7-7 所示。

另外，在数据库窗口的报表对象界面中，用户只要双击"在设计视图中创建报表"命令，在启动报表设计视图时，也同时显示如图 7-7 所示的工具栏。

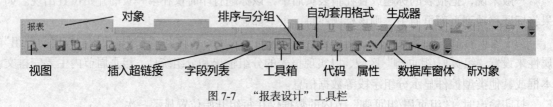

图 7-7 "报表设计"工具栏

报表用到的一些特殊工具栏按钮作用如下。

① 线条/边框宽度。用来设置报表设计视图中各对象的边框。

② 特殊效果。用来设置报表设计视图中各对象的显示效果，如凸起、凹陷等。

③ 视图。视图下拉列表中列出了"设计视图"、"版面预览试图"和"打印预览试图"3 个选项，用户在此可选择不同的显示方式。

④ 插入超链接。可帮助用户创建超级链接。

⑤ 字段列表。显示选定的数据来源的字段表。

⑥ 工具箱。显示"工具箱"栏。

⑦ 排序与分组。弹出"排序与分组"对话框，在对话框中可对报表数据进行排序和分组。

⑧ 自动套用格式。弹出"自动套用格式"对话框，在对话框中可以调整报表格式。

⑨ 代码。进入编写代码的窗口，可以显示或编写当前报表中的程序代码。

⑩ 属性。显示"属性"窗口。

另外还有：

① 生成器。显示"选择生成器"窗口，它有表达式生成器、宏生成器和代码生成器 3 中可供选择的生成器。

② 数据库窗体。返回到数据库窗口。

③ 新对象。用于同时建立其他新的数据库对象如查询、窗体等。

（2）工具箱。单击工具栏上的"工具箱"按钮，或者进入报表的"设计视图"，就会弹出如图7-8 所示的报表设计"工具箱"。

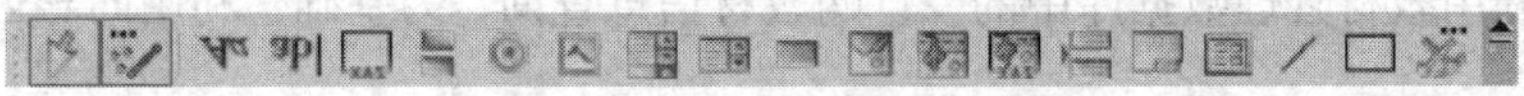

图 7-8　"工具箱"栏

工具箱上从左至右的按钮一次是："选择对象"、"控件向导"、"标签"、"文本框"、"选项组"、"切换按钮"、"选项按钮"、"复选框"、"组合框"、"列表框"、"命令按钮"、"图像"、"未绑定对象"、"绑定对象框"、"分页符"、"选项卡控件"、"子窗体/子报表"、"直线"、"矩形"和"其他控件"。

在报表设计过程中，工具箱是十分有用的。利用"工具箱"可以向报表中添加各种控件。要添加控件，只要单击控件按钮，然后拖动光标到希望控件出现的地方即可。

2．使用自动报表功能创建报表

"自动报表"功能是一种快速创建报表的方法。设计时，先选择"表"或"查询"作为报表的数据源，然后选择报表类型：纵栏式或表格式，最后会自动生成报表显示数据源所有字段和记录。

使用"自动报表"创建报表的操作步骤如下。

① 选择数据库窗口的报表对象界面。

② 单击数据库工具栏上的"新建"按钮，弹出"新建报表"对话框，如图 7-9 所示。

③ 在"新建报表"对话框中，根据需要选择下列向导之一：

"自动创建报表：纵栏式"：每个字段占一行，并在左侧有标签显示其标题，如图 7-1 所示。

"自动创建报表：表格式"：每个记录占一行，每个字段占一列，只在每页的顶部打印标志，如图 7-2 所示。

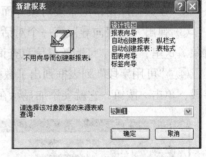

图 7-9　"新建报表"对话框

④ 单击"请选择该对象数据的来源表或查询"列表框按钮，在其列表中选择建立报表所依赖的表或查询。

⑤ 单击"确定"按钮。

【例 7-1】在教材管理数据库中使用自动报表功能创建教材信息报表。

① 在数据库窗口的报表对象界面，单击"新建"按钮，启动"新建报表"对话框。

② 在图 7-9 所示对话框中，选择"自动创建报表：纵栏式"，则创建纵栏式显示报表；选择"自动创建报表：表格式"，则创建表格式显示报表。

这里选择"自动创建报表：纵栏式"。

③ 在"请选择该对象数据的来源表或查询"框内选择"教材"表。

④ 单击"确定"按钮，即自动生成一个报表。

⑤ 选择"文件"菜单中的"保存"命令，命名保存报表。

这种方法创建出的报表只有主体区，没有报表页眉、页脚和页面页眉、页脚节区。

3. 使用报表向导创建报表

使用自动报表创建报表虽然简单，但用户几乎无法做出任何选择。例如只能按照最近所使用的报表样式创建报表，而使用报表向导来创建报表，用户会拥有较多的选择余地。报表向导会提示用户输入相关的数据源、字段和报表版面格式等信息，根据向导提示可以完成大部分报表设计基本操作，加快了创建报表的过程。

【例 7-2】利用教材管理数据库中的"订购教材信息查询"为基础，利用向导创建订购教材信息报表。

"订购教材信息查询"是将"订购细目"和"教材"、"出版社"表中有关数据通过查询集成在一起。查询对应的 SELECT 定义命令如下。

```
SELECT  教材名，作者，出版社名，订购细目.数量 AS 订购数量，订购细目.进价折扣
FROM  (出版社 INNER JOIN 教材 ON 出版社.出版社编号 = 教材.出版社编号)
 INNER JOIN 订购细目 ON 教材.教材编号 = 订购细目教材编号 ;
```

① 首先建立一个查询。选择查询对象，单击"新建"按钮，在"新建查询"窗中选择"设计视图"，确定，在选择查询窗关闭"显示表"框，在左上角的 SQL 下拉菜单中选择"SQL"视图，录入以上 SELECT 定义命令，如图 7-10 所示。关闭窗口，给定查询文件名为"订购教材信息查询"，存盘。

图 7-10　建立查询

② 在数据库窗口的报表对象界面，双击"使用向导创建报表"选项。

③ 弹出"报表向导"第一个对话框，确定数据源，如图 7-11 所示。数据源可以是表或查询对象。这里，选择"订购教材信息查询"作为数据源。

④ "可用字段"列表框列出了数据源的所有字段。从"可用字段"列表中，选择需要的报表字段，单击 > 按钮，它就会添加显示在"选定的字段"列表中，如图 7-12 所示。

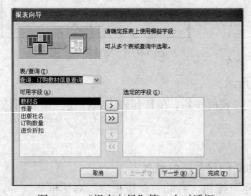

图 7-11　"报表向导"第一个对话框

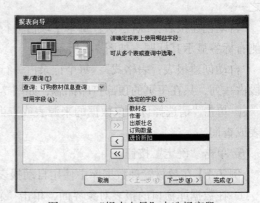

图 7-12　"报表向导"中选择字段

当用户选择完合适的字段后，单击"下一步"按钮。

⑤ 屏幕显示"报表向导"第二个对话框，如图 7-13 所示。在确定了数据的查看方式后，定义分组的级别。然后单击"下一步"按钮。

⑥ 这时屏幕显示"报表向导"第三个对话框，如图 7-14 所示。当定义好分组之后，用户可

以指定主体记录的排序次序。单击"汇总选项"按钮,这时屏幕显示"汇总选项"对话框,指定计算汇总值的方式,如图 7-15 所示,然后按"确定"按钮。

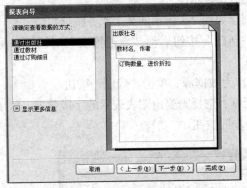

图 7-13 "报表向导"第二个对话框

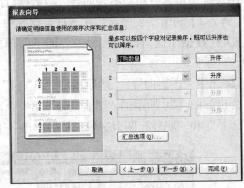

图 7-14 "报表向导"第三个对话框

单击"下一步"按钮,屏幕显示"报表向导"第四个对话框,如图 7-16 所示。用户可以选择报表的布局格式。单击"下一步"按钮。

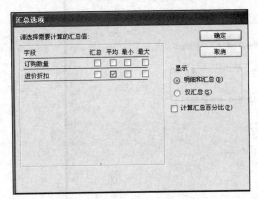

图 7-15 "汇总选项"对话框

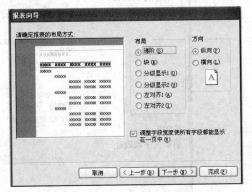

图 7-16 "报表向导"第四个对话框

⑦ 屏幕显示"报表向导"第五个对话框,如图 7-17 所示。用户选择报表标题的文字样式。

单击"下一步"按钮,这时屏幕显示"报表向导"最后一个对话框,如图 7-18 所示。按要求给出报表标题名称后,单击"完成"按钮。这样可以得到图 7-19 由"报表向导"设计的初步报表,用户可以使用垂直和水平滚动条来调整预览窗体。

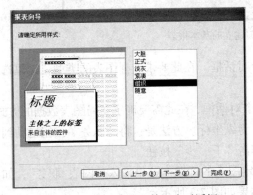

图 7-17 "报表向导"第五个对话框

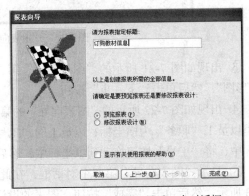

图 7-18 "报表向导"最后一个对话框

在报表向导设计出的报表基础上，用户还可以做一些修改，以得到一个完善的报表。

4. 使用图表向导创建报表

Access 中可以应用"图表向导"将数据以图表形式显示出来。

【例 7-3】利用图表向导，在教材数据库中，创建如图 7-3 所示的员工职务统计报表。

① 在数据库窗口的报表对象界面下，单击"新建"按钮启动"新建报表"对话框。见图 7-19。

② 选中"图表向导"，然后指定"员工 1"表作为数据源，单击"确定"按钮。

弹出如图 7-20 所示的"图表向导"第一个对话框，选择需要由图表表示的字段数据，这里选择"工号"和"职务"两个字段，然后单击"下一步"按钮。

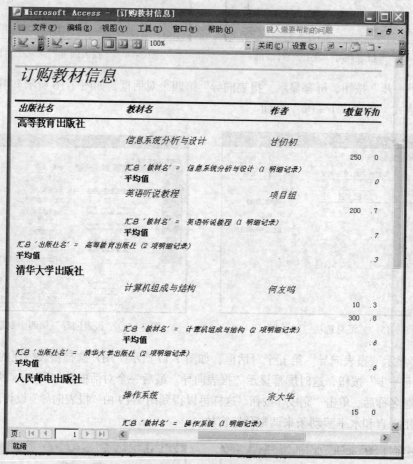

图 7-19 "报表向导"建立的基本报表

③ 出现如图 7-21 所示的"图表向导"第二个对话框，在此要求选择图表的类型，这里选择"柱形图"，然后单击"下一步"按钮。

④ 出现如图 7-22 所示的"图表向导"的第三个对话框，在此需要确定布局图表数据的方式。这里以员工"职务"为横坐标，以员工的"工号"为纵坐标。方法是：将"职务"按钮拖动到横坐标中，将"工号"按钮拖动到纵坐标中，然后单击"下一步"按钮。

⑤ 显示"图表向导"第四个对话框，在此指定图表的标题。这里输入"图表_职务"，如图 7-23 所示。然后单击"完成"按钮。图表的设计结果如图 7-3 所示。

图 7-20　"图表向导"对话框一

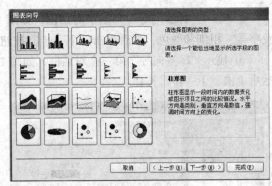

图 7-21　"图表向导"对话框二

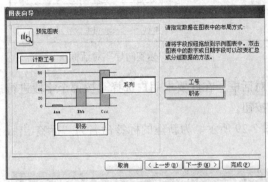

图 7-22　"图表向导"对话框三

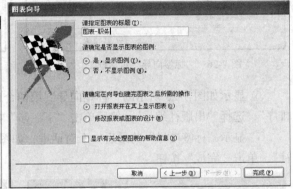

图 7-23　"图表向导"对话框四

　　如果用户对使用向导生成的图表不满意，可以在"设计"视图中对其进行进一步修改和完善。

5. 使用标签向导创建报表

　　在日常生活中，可能需要制作"物品说明"之类的标签。在 Access 中，用户可以使用"标签向导"快速地制作标签报表。

　　【例 7-4】利用标签向导，在教材管理数据库中创建如图 7-4 所示的出版社信息报表。

　　① 选择"报表"对象，单击"新建"，启动"新建报表"对话框。见图 7-9。

　　② 选中"标签向导"，指定"出版社"表作为报表的数据源，如图 7-24 所示。

　　③ 单击"确定"按钮，显示"标签向导"第一个对话框，如图 7-25 所示。在该对话框中，可以选择标准型号的标签，也可以自定义标签的大小。这里选择"C2166"标签样式，然后单击"下一步"按钮。

图 7-24　选择"标签向导"

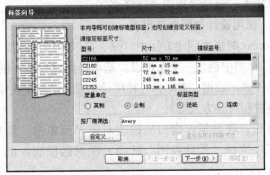

图 7-25　"标签向导"对话框一

④ 显示"标签向导"第二个对话框,如图 7-26 所示,在此可以根据需要选择适当的字体以及字号、粗细和颜色,然后单击"下一步"按钮。

⑤ 显示"标签向导"第三个对话框,如图 7-27 所示。根据需要选择创建标签要使用的字段,然后单击"下一步"按钮。

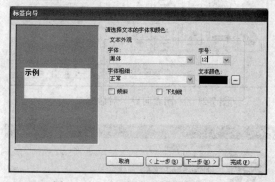 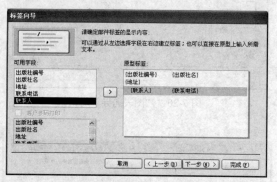

图 7-26 "标签向导"对话框二   图 7-27 "标签向导"对话框三

⑥ 显示如图 7-28 所示的"标签向导"第四个对话框,在此要求用户选择"按哪个字段进行排序",选择"出版社编号",然后单击"下一步"按钮。

⑦ 显示"标签向导"的最后一个对话框,如图 7-29 所示。为新建的标签命名为"标签-出版社",单击"完成"按钮。

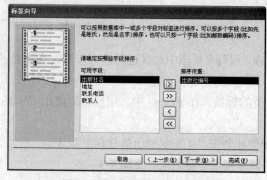 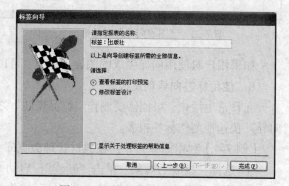

图 7-28 "标签向导"对话框四   图 7-29 "标签向导"对话框五

至此,根据用户的要求创建了如本章前面出现的如图 7-4 所示的"标签报表:出版社"标签。

如果最终的标签报表没有达到预期的效果,可以删除该报表然后运行"标签向导"重新设计,也可以进入"设计"视图进行修改。

6. 使用设计视图创建报表

Access 的报表创建方法中,除了可以使用自动报表功能和向导功能创建报表以外,还可以在"设计"视图中创建一个新报表。基本操作过程是:创建空白报表并选择数据源;添加页眉页脚;使用控件显示数据、文本和各种统计信息;设置报表排序和分组属性;设置报表和控件外观格式、大小位置和对齐方式等。

首先,在数据库窗口的报表对象界面单击"新建"按钮启动"新建报表"对话框,在本对话框中选择"设计视图"选项,在对话框底部的下拉列表框中选择数据来源表或查询,如图 7-30 所示。

然后单击"确定"按钮,弹出报表"设计视图"窗口,如图 7-31 所示。

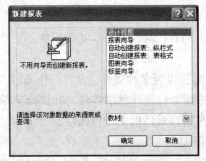
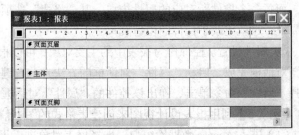

图 7-30　使用设计视图创建报表区　　　　　图 7-31　报表设计工作区

① 向报表工作区添加控件。报表中的每一个对象，例如显示字段名的标签、显示字段值的文本框等都使用控件。报表控件通常可分为 3 种。

a. 绑定控件。绑定控件与表字段绑定在一起，用于在报表中显示表中的字段值。绑定控件可以与多种类型字段绑在一起，包括文本、日期、数值、是/否、图片、备注字段等。

b. 非绑定控件。非绑定控件用于显示文本、直线和矩形、存放没有存储在表中但保存在窗体或报表中的 OLE 对象。

c. 计算控件。计算控件是建立在表达式（如函数和计算）基础上的。计算控件也是非绑定控件。

用户可以在设计视图中对控件进行如下操作：

拖动鼠标创建新控件；

按 Del 键删除控件；

移动控件；

选中控件对象，拖动控件的边界调整框调整控件大小；

利用属性对话框改变控件属性；

通过格式化改变控件外观，可以运用边框、粗体等效果；

对控件增加边框和阴影效果。

Access 通过对控件的以上操作，使用户在创建报表时更加自由灵活。

如果要在报表中添加非绑定控件，必须从"工具箱"中选择相应的控件。用户还可以使用向导来创建控件，但首先要保证"工具箱"中的"控件向导"被选中。可以使用向导来创建"命令按钮"、"列表框"、"组合框"、"子窗体/子报表"以及"选项组"控件，还可以创建图表或数据透视表控件。

向报表中添加绑定控件是创建报表的一项重要工作。这类控件主要是文本框，它与字段列表中的字段相结合来显示数据。向报表中添加"文本框"控件的操作如下：

将字段列表中需要显示的字段拖动到相应的空白工作区，Access 自动为其设置文本框，并且这些文本框的宽度一致。文本框的标题即为字段名称。

② 控件的更改和设置。在创建报表过程中，常常对控件的位置及尺寸不太满意，这时就需要对控件进行更改或重新设置。更改控件的方法通常有两种，即在窗体内直接修改或利用属性窗口进行修改。

如果要在窗体内直接更改控件，首先必须选中所要更改的控件。用鼠标单击控件，此时控件周围会出现 8 个调整控件大小的方块，称为调整方块。不同位置的调整方块有不同的作用：控件左上角较大的方块用来移动控件，其余方块用来调整控件大小。当光标指到用来移动位置的方块时，光标成为手形，此时用户就可以拖动控件了。

而每一个控件所对应的属性窗口，其"格式"选项卡中都有控制位置与尺寸的属性。更改这些属性，也就更改了控件的位置和尺寸。

③ 属性设置。控件作为报表中的主要对象，可以根据需要设置多种属性，设置操作通过"属性"对话框完成。启动"属性"对话框的方法是：右键单击需要设置属性的控件，在快捷菜单中选择"属性"命令单击，弹出该控件的"属性"对话框。在属性对话框中设置属性。

【例 7-5】利用报表设计视图来创建表格式的图书信息报表。

（1）进入 Access 数据库窗口，选择报表对象进入报表界面，单击"新建"按钮启动"新建报表"对话框，在本对话框中选择"设计视图"选项，在对话框底部的下拉列表框中选择数据来源表为"教材"表，如图 7-30 所示。

（2）单击"确定"按钮，打开空白报表的设计视图，如图 7-32 所示。

（3）从"视图"菜单中选择"报表页眉/页脚"选项，或者在报表设计区单击鼠标右键弹出快捷菜单，从中选择"报表页眉/页脚"选项，在报表中添加报表的页眉和页脚节区。如图 7-33 所示。

图 7-32   "设计"视图中创建的空白报表

图 7-33   添加报表的页眉和页脚节区

（4）在报表页眉节中添加一个标签控件，输入标题为"图书信息表"，打开"属性"窗，设置标签格式：字体名称：隶体，字号：20 磅，文本对齐：居中，字体粗细：加粗，前景色：255（红）。关闭"属性"窗。

（5）由于在"新建报表"对话框中已经选择了"教材"表为数据源表，因此，教材表的字段信息会出现在报表设计视图的右侧。将教材表中的相应字段拖动到报表设计视图的主体区，系统会自动创建相应的文本框控件及标签控件。如图 7-34 所示。

（6）设选择了"教材"表中的 ISBN、教材编号、教材名、作者、出版社编号、版次和定价 7 个字段作为标签，将主体节区的这 7 个标题"标签"控件移动位置到页面页眉节区（可以剪切粘贴），然

图 7-34   设置报表数据记录源

后在属性窗中定义字体为黑体、字体粗细为半粗，调整各个控件的布局和大小、位置以及对齐方式等，如图 7-35 所示。

（7）修正报表页面页眉节和主体节的高度，以合适的尺寸容纳其中包含的控件。

（8）选择"插入"菜单中的"页码"选项，打开"页码"对话框，选择格式为"第 N 页"，位置为"页面底端"，对齐为"中"，如图 7-36 所示。"确定"即可在页面页脚节区插入页码项，如图 7-37 所示。

图 7-35 设置报表外观结构

图 7-36 插入页码设置

图 7-37 设计报表布局

（9）利用"打印预览"工具查看报表显示，如图 7-38 所示，然后以"教材信息表"命名保存报表。在需要时，可以随时打开这个"教材信息表"，显示或打印有关教材信息的报表。

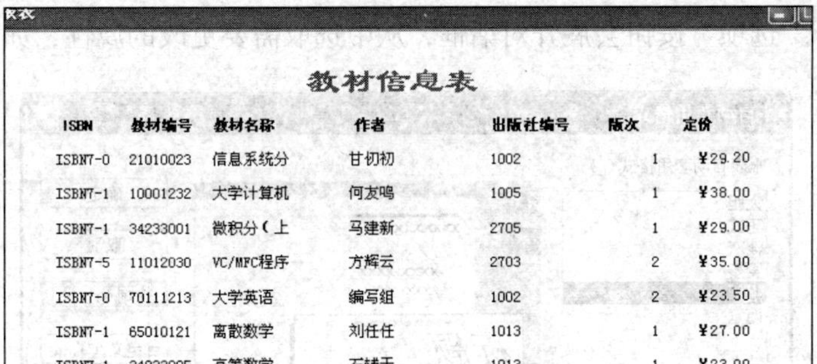

ISBN	教材编号	教材名称	作者	出版社编号	版次	定价
ISBN7-0	21010023	信息系统分	甘初初	1002	1	￥29.20
ISBN7-1	10001232	大学计算机	何友鸣	1005	1	￥38.00
ISBN7-1	34233001	微积分（上	马建新	2705	1	￥29.00
ISBN7-5	11012030	VC/MFC程序	方辉云	2703	2	￥35.00
ISBN7-0	70111213	大学英语	编写组	1002	2	￥23.50
ISBN7-1	65010121	离散数学	刘任任	1013	1	￥27.00
ISBN7-1	34233005	高等数学	石辅天	1013	1	￥23.00
ISBN7-1	11010312	操作系统	宗大华	1005	1	￥21.00
ISBN7-0	70111214	英语听说数	项目组	1002	1	￥16.80
ISBN7-1	11010313	网络新闻	何苗	2703	1	￥27.60
ISBN7-3	11010311	计算机组成	何友鸣	1010	1	￥18.00

图 7-38 设计报表预览显示（局部）

7.3 编 辑 报 表

已经创建和保存的报表，打开之后，在报表的"设计视图"中可以对它进行编辑（包括修改）。

1. 设置报表格式

Access 中提供了 6 种预定义报表格式，有"大胆"、"浅灰"、"紧凑"、"组织"和"随意"，如图 7-17 所示。通过使用这些自动套用格式，可以一次性更改报表中所有文本的字体、字号及线条粗细等外观属性。

设置报表格式操作步骤如下。

① 在数据库窗口的"报表"对象下打开报表，在视图菜单下进入"设计视图"。

② 选择格式更改的对象。若设置整个报表格式，单击报表的标题栏；若设置某个节区格式，单击相应节区；若设置报表中一个或多个控件格式，按下键盘的 Shift 键同时单击这些控件。

③ 单击工具栏"自动套用格式"按钮 或单击"格式"菜单"自动套用格式"命令。

④ 在打开的"自动套用格式"对话框中选择一种格式，如图 7-39 所示。

图 7-39 "自动套用格式"对话框

⑤ 可以单击 "选项"按钮会展开对话框，从中选取需要更改的属性，如图 7-40 所示。

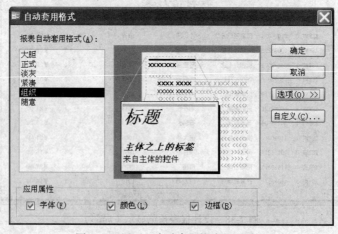

图 7-40 展开"自动套用格式"对话框

⑥ 单击 "自定义" 按钮, 打开 "自定义自动套用格式" 对话框, 如图 7-41 所示。

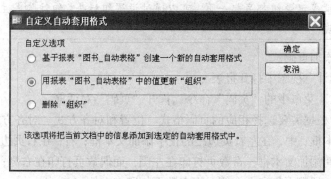

图 7-41 "自定义自动套用格式" 对话框

若选第一项, 基于当前打开的报表的格式来新建一个自动套用格式; 若选第二项, 使用当前打开的报表的格式来更新所选定的自动套用格式; 若选第三项, 删除所选定的自动套用格式。单击 "确定" 按钮, 关闭 "自定义自动套用格式" 对话框。

⑦ 在 "自动套用格式" 对话框中单击 "确定" 按钮, 关闭对话框。

2. 添加背景图案

报表的背景可以添加图片以增强显示效果。具体操作步骤如下。

① 在数据库窗口的 "报表" 对象下打开报表, 在视图菜单下进入 "设计视图"。

② 单击 "报表设计" 工具栏的 "属性" 按钮, 打开报表 "属性" 窗口。

③ 单击 "格式" 选项卡, 选择 "图片" 属性进行背景图片的设置。

④ 设置背景图片的其他属性。在 "图片类型" 栏中选择 "嵌入" 或 "链接" 图片方式; 在 "图片缩放模式" 栏中选择 "裁剪"、"拉伸" 或 "缩放" 图片大小调整方式; 在 "图片对齐方式" 栏中选择图片对齐方式; 在 "图片平铺" 栏中选择是否平铺背景图片; 在 "图片出现的页" 属性栏中选择显示背景图片的报表页。

3. 添加日期和时间

在报表 "设计" 视图中可以给报表添加日期和时间。操作步骤如下。

① 在 "设计" 视图打开报表。

② 选择 "插入" 菜单中的 "日期和时间" 命令, 打开 "日期和时间" 对话框。

③ 在对话框中选择显示日期还是时间以及显示格式, 单击 "确定" 按钮即可。

此外, 也可以在报表上添加一个文本框, 通过设置其 "控件源" 属性为日期或时间的计算表达式 (例如, =Date()或=Time()等) 来显示日期与时间。该控件位置可以安排在报表的任何节区里。

4. 添加分页符和页码

(1) 在报表中添加分页符。在报表中, 可以在某一节中使用分页控制符来标志要另起一页的位置。操作步骤如下。

① 在报表 "设计" 视图中打开报表。

② 单击工具箱中的 "分页符" 按钮 ▇。

③ 选择报表中需要设置分页符的位置然后单击, "分页符" 会以短虚线标志在报表的左边界上。

注意 分页符应设置在某个空间之上或之下，以免拆分了控件中的数据。如果要将报表中的每个记录或记录组都另起一页，可以通过设置组标头、组注脚或主体节的"强制分页"属性来实现。

（2）在报表中添加页码。

① 在报表"设计"视图中打开报表。

② 单击"插入"菜单中的"页码"命令，打开"页码"对话框。

③ 在对话框中根据需要选择相应的页码格式、位置和对齐方式。对齐方式有下列选项：左，在左页边距添加文本框；中，在左右页边距的正中添加文本框；右，在右页边距添加文本框；内，在左、右页边距之间添加文本框，奇数页打印在左侧，而偶数页打印在右侧；外，在左、右页边距之间添加文本框，偶数页打印在左侧，而奇数页打印在右侧。

④ 如果要在第一页显示页码，选中"在第一页显示页码"复选框。

Access 使用表达式来创建页码。

5. 使用节

报表中的内容是以节划分的。每一个节都有其特定的目的，而且按照一定的顺序打印在页面及报表上。

在"设计"视图中，节代表各个不同的带区，每一节只能被指定一次。在打印报表中，某些节可以指定很多次，可以通过防止控件来确定在节中显示内容的位置。

通过对属性值相等的记录进行分组，可以进行一些计算或简化报表使其易于阅读。

（1）添加或删除报表页眉、页脚和页面页眉、页脚。选择"视图"菜单上的"报表页眉/页脚"命令或"页面页眉/页脚"命令来操作。

页眉和页脚只能作为一对同时添加。如果不需要页眉或页脚，可以将不要的节的"可见性"属性设为"否"，或者删除该节所有控件，然后将其大小或高度属性设置为0。

如果删除页眉和页脚，Access 将同时删除页眉、页脚中的控件。

（2）改变报表的页眉、页脚或其他节的大小。可以单独改变报表上各个节的大小。但是，报表只有惟一的宽度，改变一个节的宽度将改变整个报表的宽度。

可以将鼠标放在节的底边（改变高度）或右边（改变宽度）上，上下拖动鼠标改变节的高度，或左右拖动鼠标改变节的宽度。也可以将鼠标放在节的右下角上，然后沿着对角线的方向多动鼠标，同时改变高度和宽度。

（3）为报表中的节或控件创建自定义颜色。如果调色板中没有需要的颜色，用户可以利用节或控件的属性表中"前景颜色"、"背景颜色"或"边框颜色"等属性框并配合使用"颜色"对话框来进行相应属性的颜色设置。

6. 绘制线条和矩形

在设计报表时，可通过添加线条或矩形来修饰版面，以达到一个更好的显示效果。

（1）在报表上绘制线条。在报表上绘制线条的步骤如下。

① 在报表"设计"视图中打开报表。

② 单击工具箱中的"线条"工具。

③ 单击报表的任意处可以创建默认大小的线条，或通过单击并拖动的方式可以创建自定义大小的线条。

如果要细微调整线条的长度或角度，可单击线条，然后同时按下"Shift"键和所需的方向键。

如果要细微调整线条的位置，则同时按下"Ctrl 键"和所需的方向键。

利用"格式"工具栏中的"线条/边框宽度"按钮和"属性"按钮，可以分别更改线条样式（实线、虚线和点划线）和边框样式。

（2）在报表上绘制矩形。在报表上绘制矩形的具体操作步骤如下。

① 在报表"设计"视图中打开报表。

② 单击工具箱中的"矩形"工具。

单击窗体或报表的任意处可以创建默认大小的矩形，或通过单击并拖动的方式创建自定义大小的矩形。

7.4 报表的高级操作

报表设计时除了显示文本、字段和格式，还可以对数据和报表结构进行各种处理。

1. 报表排序和分组

缺省情况下，报表中的记录是按照自然顺序，即数据输入的先后顺序来排列显示的。在实际应用过程中，经常需要按照某个指定的顺序来排列记录。例如，按照年龄从小到大排列等，称为报表"排序"操作。此外，报表设计时还经常需要就某个字段按照其值的相等与否划分成组来进行一些统计操作并输出统计信息，这就是报表的"分组"操作。

（1）记录排序。使用"报表向导"创建报表时，图 7-14 所示的操作步骤会提示设置报表中的记录排序，这时，最多可以对 4 个字段进行排序。

"报表向导"中设置字段排序，限制最多一次设置 4 个字段，并且限制排序只能是字段，不能是表达式。实际上，一个报表最多可以安排 10 个字段或字段表达式进行排序。

【例 7-6】在"教材信息表"报表设计中按照教材编号由小到大进行排序输出。

① 在"设计"视图下打开报表，即在数据库窗口的"报表"对象下双击表名打开"教材信息表"报表，在视图菜单下进入"设计视图"。

② 选择"视图"菜单的"排序与分组"命令，或单击工具栏上的排序与分组 按钮打开"排序与分组"对话框，如图 7-42 所示。

图 7-42 "排序与分组"对话框

③ 在对话框中，选择排序字段为"教材编号"及排序次序为"升序"。如果需要可以在第二行设置第二排序字段，依次类推设置多个排序字段。当设置了多个排序字段时，先按第一排序字段值排列，字段值并列的情况下再按第二排序字段值排序记录，依次类推。

④ 单击工具栏上"打印预览"按钮，对排序数据进行浏览，结果如图 7-43 所示。

⑤ 将设计的报表保存。

（2）记录分组。分组是指报表设计时按选定的某个（或几个）字段值是否相等而将记录划分成组的过程。操作时，先选定分组字段，在这些字段上字段值相等的记录归为同一组，字段值不等的记录归为不同组。

报表通过分组可以实现同组数据的汇总和显示输出，增强了报表的可读性和信息的利用。一个报表中最多可以对 10 个字段或表达式进行分组。

图 7-43　报表预览

【例 7-7】利用报表设计视图来建立数据库"教材管理.mdb"中员工表的报表，然后按照职务进行分组统计。

① 打开数据库文件"教材管理.mdb"，选择报表对象，单击"新建"按钮，启动报表"设计"视图。

② 在报表"设计"视图中创建一个空白报表，设置其数据源为"员工 1"表。

③ 在报表中鼠标右键快捷菜单建立报表页眉页脚。

④ 在报表页眉中添加一个标签控件，输入标题为"武汉学院教材科　员工职务统计表"，然后打开"属性"窗，设置标签格式：字体名称：宋体，字号：12 磅，文本对齐：居中，字体粗细：加粗，前景色：255（红）。关闭"属性"窗。

⑤ 然后将"工号"、"姓名"、"部门号"、"职务"和"薪金"拖动至报表，再将文本框和附加标签分别移动到报表主体和页面页眉节区里，同时将这 5 个字段名作为栏目名，在属性中定义字号为 9 号，字体名称为黑体，字体粗细为加粗。

⑥ 关闭"属性"窗，在页面页脚节区插入页码项。选择页面页脚节区，选择"插入"菜单中的"页码"选项，打开"页码"对话框，选择格式为"第 N 页"，位置为"页面底端"，对齐为"中"，如图 7-44 所示。

⑦ 选择"视图"菜单的"排序与分组"菜单命令，或者单击工具栏上的"排序与分组"按钮，打开"排序与分组"对话框。

在"排序与分组"对话框中，单击"字段与表达式"列的第一行，选择"职务"字段作为分组字段，保留排序次序为"升序"。

在"排序与分组"对话框下部设置分组属性，如图 7-45 所示。"保持同页"属性设置为"不"，以指定打印时组页眉、主体和组页脚不在同页上；若设置为"整个组"，则组页眉、主体和组页脚回打印在同一页上。

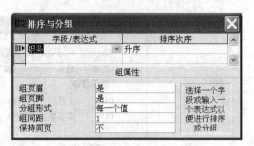

图 7-44　员工信息报表　　　　　　　　　　图 7-45　报表分组属性设置

设置完分组属性之后，会在报表中添加组页眉和组页脚两个节区，分别用"职务页眉"和"职务页脚"来标识；将主体节内的"职务"文本框移动至"职务页眉"节，并打开属性窗设置其格式：字体为"宋体"，字号为 10 磅，字体粗细为半粗，如图 7-46 所示。

⑧ 在"职务页脚"节内添加一个"控件源"为计算该种职务人数表达式的绑定文本框及相应附加标签。选中"职务页脚"，在工具箱中选用文本框在职务页脚节下划定，如图 7-47 所示。

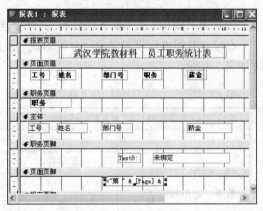

图 7-46　添加组页眉和组页脚两个节区　　　　图 7-47　在"职务页脚"节内添加一个"控件源"

选定文本框的标签，录入"合计"；再打开属性窗，在"全部"标签下的"控件来源"项下打开表达式生成器，录入合计函数 "=count([员工])"，如图 7-48 所示。

⑨ 确定，如图 7-49 所示。

图 7-48　设置控件来源　　　　　　　　图 7-49　设置"组页眉"和"组页脚"节区内容

单击工具栏上的"打印预览"按钮，预览上述分组数据，如图 7-50 所示，从中可以看到分组显示和统计的效果。

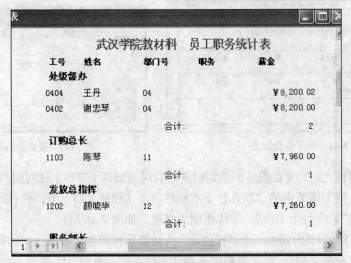

图 7-50　用职务字段分组报表显示（局部）

命名为"例 7-7 员工职务统计表"，保存这个报表。

在报表分组操作设置字段"分组形式"属性时，属性值的选择是由分组数据类型决定的，具体如表 7-1 所示。

表 7-1　　　　　　　　　　　　　　分组字段的数据类型与记录分组形式

分组字段数据类型	选项	记录分组形式
文本	每一个值	分组字段或表达式上，值相同的记录
	前缀字符	分组字段或表达式上，前面若干字符相同的记录
数字、货币和是/否	每一个值	同前说明
	间隔	分组字段或表达式上，指定间隔值内的记录
日期/时间	每一个值	同前说明
	年	分组字段或表达式上，日历年相同的记录
	季	分组字段或表达式上，日历季相同的记录
	月	分组字段或表达式上，月份相同的记录
	周	分组字段或表达式上，周相同的记录
	日	分组字段或表达式上，日期相同的记录
	时	分组字段或表达式上，小时数相同的记录
	分	分组字段或表达式上，时间分相同的记录

2. 使用计算控件

报表设计过程中，除了在版面上布置绑定控件直接显示字段数据外，还常常要进行各种运算并将结果显示出来。例如，报表设计中页码的输出、分组统计数据的输出等均是通过设置绑定控件的控件源为计算表达式形式而实现的，这些控件就称为"计算控件"。

（1）报表添加计算控件。计算控件的控件源是计算表达式，当表达式的值发生变化时，会重新计算结果并输出显示。文本框是最常用的计算控件。

为报表添加计算控件的步骤如下。

① 进入报表设计视图设计报表。

② 在主体节内选择文本框控件，或者使用控件工具栏添加一个文本框控件，打开其"属性"对话框，选择"数据"选项卡，设置其"控件源"属性为所需要的计算表达式。

③ 打印预览报表，保存报表。

（2）报表统计计算。报表设计中，可以根据需要进行各种类型统计计算并输出显示，操作方法就是使用计算控件设置其控件源为合适的统计计算表达式。

在 Access 中利用计算控件进行统计计算并输出结果操作主要有两种形式。

① 主体节内添加计算控件。

在主体节内添加计算控件对每条记录的若干字段值进行求和或求平均计算时，只要设置计算控件的控件源为不同字段的计算表达式即可。例如，当在一个报表中列出所有员工的平均薪金，只要设置新添加的计算控件的控件源为"=Avg(薪金)"即可。

这种形式的计算还可以前移到查询设计中，以改善报表操作性能。若报表数据源为表对象，则可以创建一个选择查询，添加计算字段完成计算；若报表数据源为查询对象，则可以再添加计算字段完成计算。

② 组页眉/组页脚节区内或报表页眉/报表页脚节区内添加计算字段。

在组页眉/组页脚节区内或报表页眉/报表页脚节区内添加计算字段对某些字段的一组记录或所有记录进行统计计算时，这种形式的统计计算一般是对报表字段列的纵向记录数据进行统计，而且要使用 Access 提供的内置统计函数来完成相应的计算操作。

如果是进行分组统计并输出，则统计计算控件应该布置在"组页眉/组页脚"节区内相应位置，然后使用统计函数设置控件源即可。

3. 创建子报表

插在其他报表中的报表称为子报表。在合并报表时，两个报表中的一个必须作为主报表，主报表可以是绑定的也可以是非绑定的，也就是说，报表可以基于数据表、查询或 SQL 语句，也可以不基于任何其他数据对象。非绑定的主报表可以作为容纳要合并的无关联子报表的容器。

主报表可以包含子报表，也可以包含子窗体，而且能够包含多个子窗体和子报表。在子报表和子窗体中，还可以包含子窗体。但是一个主报表最多只能包含两级子窗体和子报表。

（1）在已有报表中创建子报表，举例如下。

【例 7-8】在教材信息表主报表中增添出版社信息子报表。

① 创建数据源为"教材"的主报表，具体操作如下。

a. 启动报表"设计"视图：打开数据库文件"教材管理.mdb"，进入"报表"对象环境，单击"新建"按钮，选择"设计视图"项并设置其数据源为"教材"表，确定，这就创建起一个空白报表。

b. 在报表页眉建立"武汉学院教务处教材管理"标签。

c. 在报表"设计"视图中，将"ISBN"、"教材名"、"作者"、"出版社编号"、"版次"、"出版时间"、"教材类别"和"定价"拖动至报表的主体中。

d. 适当调整主报表的空间布局和纵向外观显示，将文本框和附加标签分别移动到报表主体和页面页眉节区里，注意预留子报表区域。

e. 选择页面页脚区，在"插入"菜单下选择"页码"选项，插入页码信息。

整体布局如图 7-51 所示。

② 在"设计"视图内，确保工具箱已经显示出来，并使得"控件"向导按钮按下，然后单击工具箱中的"子窗体/子报表"按钮 。

③ 在子报表的预留插入区选择一个插入点单击，这时屏幕会显示"子报表向导"第一个对话框，如图 7-52 所示。在该对话框中选择子报表的数据来源，选择"使用现有的表和查询"选项，单击"下一步"按钮。

④ 显示如图 7-53 所示的"子报表向导"第二个对话框，在此选择子报表的数据源表（或查询）为出版社表，再选定子报表中包含的字段，可以从一个或多个表或查询中选择字段。

这里，将出版社表中的出版社编号、出版社名、地址、联系电话和联系人作为子报表的字段选入"选定字段"列表中，单击"下一步"按钮。

图 7-51　主报表设计视图

⑤ 显示如图 7-54 所示的"子报表向导"第三个对话框，在此确定主报表与子报表的链接字段，可以从列表中选择，也可以用户自定义。

这里，选取"从列表中选择"选项，并在下面列表项中选择"对教材表中的每个记录用出版社编号显示出版社"表项，单击"下一步"按钮。

⑥ 显示如图 7-55 所示的"子报表向导"第四个对话框，在此为子报表指定名称。这里，命名子报表为"出版社信息子报表"，单击"完成"按钮。

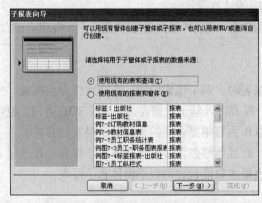

图 7-52　"子报表向导"第一个对话框

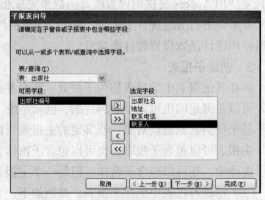

图 7-53　"子报表向导"第二个对话框

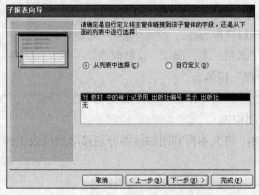

图 7-54　"子报表向导"第三个对话框

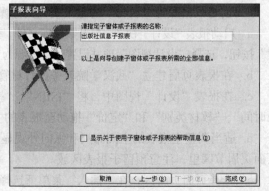

图 7-55　"子报表向导"第四个对话框

⑦ 重新调整报表版面布局，如图 7-56 所示。

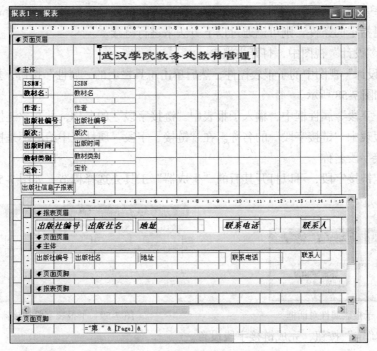

图 7-56　含子报表的报表设计视图

⑧ 单击工具栏上"打印预览"按钮，预览报表显示，如图 7-57 所示。

图 7-57　预览主报表/子报表

⑨ 命名"例 7-8 子报表"保存报表。

（2）将某个已有报表添加到其他已有报表来创建子报表。在 Access 数据库中，可以将某个已有报表（作为子报表）添加到其他已有报表（主报表）中。具体操作步骤如下：

① 在报表"设计"视图中，打开作为主报表的报表。

② 确保工具箱中的"控件向导"按钮已经按下。

③ 按"F11"键切换到数据库窗口。

④ 将报表或数据表从数据库窗口拖动到主报表中需要插入子报表的节区，这样，Access 就会自动将子报表控件添加到报表中。

⑤ 调整、预览并保存报表。

（3）链接主报表和子报表。通过"报表向导"或"子报表向导"创建子报表，在某种条件下（例如，同名字段自动链接等）Access 数据库会自动将主报表与子报表进行链接。但如果主报表和子报表不满足指定的条件，则可以通过以下方法来进行链接。

① 在报表"设计"视图中，打开主报表。

② 选择"设计"视图中的子报表控件，然后单击工具栏上的"属性"按钮，打开"子报表属性"对话框，如图 7-58 所示。

在"链接子字段"属性框中，输入子报表中"链接字段"的名称，并在"链接主字段"属性框中，输入主报表中"链接字段"的名称。在"链接子字段"属性框中给的不是控件的名称而是数据源中的链接字段名称。

若难以确定链接字段，可以打开其后的"生成器"工具去选择构造，如图 7-59 所示。

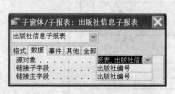

图 7-58　子报表属性对话框

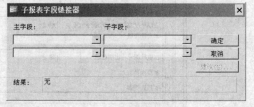

图 7-59　子报表字段链接器

③ 单击"确定"按钮，完成链接字段设置。

　设置主报表/子报表链接字段时，链接字段并不一定要显示在主报表或子报表上，但必须包含在主报表/子报表的数据源中。

4. 创建多列报表

Access 数据库提供创建多列报表的功能。多列报表最常用的是标签报表形式，此外，也可以将一个设计好的普通报表设置成多列报表。

设置多列报表的操作步骤如下。

① 首先创建普通报表。

在打印时，多列报表的组页眉、组页脚和主体节将占满整个列的宽度。例如，如果要打印 4 列数据，请将控件放在一个合理宽度范围内。

② 单击"文件"菜单中"页面设置"命令，显示"页面设置"对话框，如图 7-60 所示。

③ 在"页面设置"对话框中，选择"列"选项卡。

④ 在"网格设置"标题下的"列数"框中输入每一页所需的列数。这里设置列数为"3"；在"行间距"框中可以输入"主体"节中每个标签记录之间的垂直距离；在"列间距"框中，输入各标签列之间的距离。

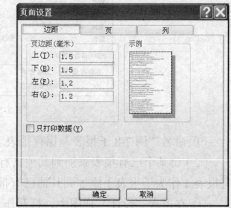

图 7-60　"页面设置"对话框

⑤ 在"列尺寸"标题下的"宽度"框中输入单个标签的列宽；在"高度"框中输入单个标签的高度值。用户也可以用鼠标拖动节的标尺来直接调整"主体"节的高度。

⑥ 在"列布局"标题下选择"先列后行"或"先行后列"选项设置列的输出布局。

⑦ 选择"页"选项卡，在"页"选项卡的"打印方向"标题下单击"纵向"或"横向"选项来设置打印方向。

⑧ 单击"确定"按钮，完成报表设计。

⑨ 预览、命名保存设计报表。

5. 设计复杂的报表

设计报表时，正确而灵活地使用"报表属性"、"控件属性"和"节属性"可以设计出更精美、更丰富的各种形式的报表。

（1）报表属性。用户可以单击工具栏中的"属性"按钮  或单击"视图"菜单中"属性"命令来显示报表属性对话框，如图 7-61 所示为报表的对话框。

报表属性中的常用属性功能如下。

① 记录来源：将报表与某一数据表或查询绑定起来（为报表设置表或查询数据源）。

② 打开：可以在其中添加宏的名称。"打印"或"打印预览"报表时，就会执行该宏。

③ 关闭：可以在其中添加宏的名称。"打印"或"打印预览"完毕后，自动执行该宏。

④ 网格线 X 坐标（GridX）：指定每英寸水平所包含点的数量。

⑤ 网格线 Y 坐标（GridY）：指定每英寸垂直所包含点的数量。

⑥ 打印版式：设置为"是"时，可以从 TrueType 和打印机字体中进行选择；如果设置为"否"，可以使用 TrueType 和屏幕字体。

⑦ 页面页眉：控制页标题是否出现在所有的页上。

⑧ 页面页脚：控制页脚注是否出现在所有的页上。

⑨ 记录锁定：可以设定在生成报表所有页之前，禁止其他用户修改报表所需要的数据。

⑩ 宽度：设置报表的宽度。

（2）节属性。图 7-62 所示为节属性对话框。常用的属性如下。

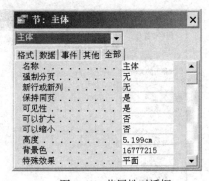

图 7-61　报表属性对话框　　　　　图 7-62　节属性对话框

强制分页：把这个属性值设置成"是"，可以强制换页。

新行或新列：设定这个属性可以强制在多列报表的每一列的顶部显示两次标题信息。

保持同页：设成"是"，一节区域内的所有行保存在同一页中；"否"，跨页边界编排。

可见性：把这个属性设置为"是"，则可以看见区域。

可以扩大：设置为"是"，表示可以让节区域扩展，以容纳长的文本。

可以缩小：设置为"是"，表示可以让节区域缩小，以容纳较少的文本。

格式化：当打开格式化区域时，先执行该属性所设置的宏。

打印：打印或"打印预览"这个节区域时，执行该属性所设置的宏。

（3）给报表加页分割。一般情况下，报表的页面输出是根据打印纸张的型号及打印页面设置参数来决定输出页面内容的多少，内容满一页后才会输出至下一页。但在实际使用中，经常要求按照用户需要在规定位置选择下一页输出，这时，就可以通过在报表中添加分页符来实现。

操作时，首先打开一个报表的"设计"视图，单击工具箱中的分页符按钮，然后拖放到需要分页的位置即可。

由于分页采用水平方式进行，要求报表控件布置在分页符的上下，以避免控件数据被分割显示。最后，可以选择"打印预览"命令查看输出效果并命名保存报表。

6. 使用报表快照

Access 提供了一种称作报表快照的新型报表。报表快照是一个具有 .snp 扩展名的独立文件，它包含 Access 报表所有页的备份。这个备份包括高保真图形、图标和图片并保存报表的颜色和二维版面。这种功能要求安装有相应的软件才能实现。

报表快照的优点是，不需要照相复制和有机印制版本，接收者就能在线预览并只打印他们需要的页。

为了查看、打印或邮寄一个报表快照，用户需要安装"快照取景器"程序。"快照取景器"是一个可以独立运行的程序，它提供有自己的控件、帮助文件和相关文件。没有安装快照取景器"程序时，不能生成报表的快照。在默认情况下，当用户第一次创建一个报表快照时 Access 就自动安装了"快照取景器"。

（1）创建报表快照。若要从现有的报表中创建一个报表快照，可以按以下步骤进行。

① 在数据库窗口中选定报表名并单击"文件"菜单中的"导出"命令。

② 弹出如图 7-63 所示的"将报表导出为"对话框，在"保存类型"下拉列表框中选择"快照格式"（.SNP）选项。

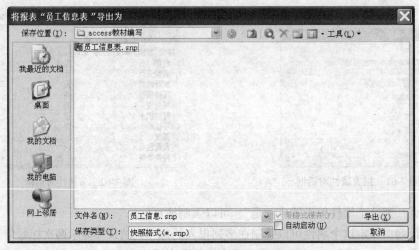

图 7-63 "将报表导出为"对话框

③ 选择"保存位置"的路径并在"文件名"下拉列表框中输入一个适当的名字，如员工信息。

④ 单击"导出"按钮。如果用户要启动该报表快照，可选中"自动启动"复选框。图 7-64 为生成的报表快照。没有安装"快照取景器"程序时，不能实现此功能。

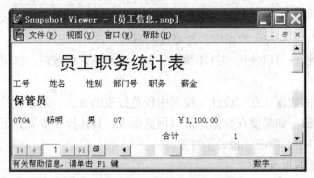

图 7-64　生成的报表快照

快照是静态数据，即产生的快照只是快照产生那一时刻的报表数据，以后对报表的修改不会影响到快照，用户只有重新生成快照才能获得更新后的数据。

（2）查看与发送快照。"快照取景器"窗口（如图 7-64 所示）有一个标准的菜单栏，这个菜单栏中含有通用的"文件"、"视图"、"窗口"和"帮助"菜单。在窗口的底部还有导航条，用户可以通过这个导航条在报表快照的各页键移动，可以单击"打印"按钮打开"打印"对话框。

"快照取景器"所起的作用与 Access 的"打印预览"功能非常相似。单击此页用户就可以更改报表快照页的显示倍数。如果整个页显示在屏幕上，单击它将增加放大倍数，使用户可以看清报表的内容。

使用"快照取景器"中的"发送"命令，可以把快照以电子邮件的方式发送到其他地方。当报表快照在"快照取景器"中打开时，单击"文件"菜单的"发送"命令，弹出如图 7-65 所示的电子邮件程序，用户填好一切信息后就可以发送该报表的快照了。

图 7-65　"新邮件"对话

7.5　预览、打印和保存报表

预览报表可显示打印页面的版面，这样可以快速查看报表打印结果的页面布局，并通过查看预览报表的每页内容，在打印之前确认报表数据的正确性。

打印报表则是将设计报表直接送往选定的打印设备进行打印输出。

按照需要可以将设计报表以对象方式命名保存在数据库中。

1．预览报表

（1）预览报表的页面布局。通过"版面预览"视图界面可以快速检查报表的页面布局，因为 Access 数据库只是使用基表中的数据或通过查询得到的数据来显示报表版面，这些数据只是报表上实际数据的示范。如果要审阅报表中的实际数据，可以是用"打印预览"的方法。

在报表设计视图中，单击工具栏中"视图"按钮右侧的向下箭头，然后单击"版面预览"按钮。

如果选择"版面预览"按钮，对于基于参数查询的报表，用户不必输入任何参数，直接单击"确定"按钮即可，因为 Access 数据库会忽略这些参数。

如果要在页间切换，可以使用"打印预览"窗口底部的定位按钮。如果要在当前页中移动，可以使用滚动条。

（2）预览报表中的数据。在"设计"视图中预览报表的方法，是在设计视图中，单击工具栏中的"打印预览"按钮。如果要在数据库窗口预览报表，具体操作步骤如下：

① 在数据库窗口中，单击"报表"对象。

② 选择需要预览的报表。

③ 单击工具栏"打印预览"按钮。

2. 打印报表

第一次打印报表以前，还需要检查页边距、页方向和其他页面设置的选项。当确定一切布局都符合要求后，打印报表的操作步骤如下。

① 在数据库窗口中选定需要打印的报表，或在"设计视图"、"打印预览"或"版面预览"中打开相应的报表。

② 单击"文件"菜单的"打印"命令。

③ 在"打印"对话框中进行以下设置，如图 7-66 所示。在"打印机"栏中，指定打印机的型号。在"打印范围"栏中，指定打印所有页或者确定打印页的范围。在"份数"栏中，指定打印的份数或是否需要对其进行分页。

图 7-66 "打印"对话框

④ 单击"确定"按钮。

如果要在不激活"打印"对话框的情况下直接打印报表，可以直接单击工具栏上的"打印"按钮。

3. 保存报表

通过使用"预览报表"功能检查报表设计，若满意的，可以保存报表。单击工具栏上的"保存"按钮即可。

第一次保存报表时，应按照 Access 数据库对象命名规则在"另存为"对话框中输入一个合法名称，然后单击"确定"按钮。

习　题

1. 什么是报表? 我们可以利用报表对数据库中的数据进行什么处理?
2. 使用报表的好处有哪些?
3. 请分析一下报表与窗体的异同。
4. 报表的类型有哪些?
5. 报表的视图类型有哪些?
6. 报表由哪些节区组成? 各自的作用是什么?
7. 创建报表的方式有哪些?
8. 如何向报表中添加日期和时间? 如何向报表中添加页码?
9. 什么是计算控件? 如何向报表中添加计算控件?
10. 什么是子报表? 如何创建主报表与子报表之间的链接?
11. 什么是报表快照? 报表快照的特性是什么?

实　验　题

1. 创建报表实验题。

给定图书销售数据库如第 6 章实验题 1、2、3 所用图书销售.mdb, 有表: 部门、出版社、进书单、进书细目、售书单、售书细目、图书、员工。

请使用"自动报表"方法来创建报表:

(1) 以"员工"表为数据来源表, 创建纵栏式报表 (参阅教材上图 7-1)。

(2) 以"教材"表为数据来源表, 创建表格式报表 (参阅教材上图 7-2)。

(3) 以"员工"表为数据来源表, 创建员工"职务"人数统计的图表报表 (参阅教材上图 7-3)。

(4) 以"出版社"表为数据来源表, 创建出版社信息标签报表 (参阅教材上图 7-4)。

2. 使用设计视图创建报表实验题。

给定图书销售数据库如上题实验题 1 所用图书销售.mdb, 图书销售数据库中有表: 部门、出版社、进书单、进书细目、售书单、售书细目、图书、员工。

请利用报表设计视图来创建表格式的图书信息报表。

3. 报表排序实验题。

对于上题 (第 2 题) 设计的图书信息报表, 在报表设计中按照图书编号由小到大进行排序输出。

4. 报表分组统计实验题。

对于图书销售.mdb 中的员工表组成的报表按照职务进行分组统计。

5. 在已有报表中创建子报表实验题。

创建一个图书销售.mdb 中的图书表组成的图书信息报表, 并以此为主报表, 在其中增添出版社信息子报表。

第8章
页对象

页是数据页（Data Page）的简称，在 Access 中也称为数据访问页。数据页是 Access 的一种对象。与其他对象不同的是，数据页是 Access 发布的网页，通过 Access 建立的页对象不是保存在 Access 数据库中，而是每个数据页都单独保存为一个网页文件，即.htm 文件，可以在浏览器下打开和查看。数据页是 Access 中唯一以独立的文件形式保存的数据库对象。

本章主要介绍数据页的基本知识。

　　要实现 Access "数据页"的功能要求必须安装 Access 2003 完整版，且必须完全安装，不要典型安装、最小安装等，同时要求 Windows XP 及以上版本功能齐全。否则，页的很多功能将无法实现。

8.1　概　　念

我们在前面学习过 Access 数据库的对象有表、查询、窗体和报表。数据页也是 Access 数据库的对象之一。以下我们介绍页的一些基本知识。

1. 页的概念

（1）网页。网页是通过 Web 浏览器显示的页面。网页分为静态网页和动态网页两种。静态网页是设计好的内容明确、固定的网页文件，在存储时文件扩展名为.htm 或.html。如果不修改，静态网页的内容永远是相同的。动态网页中包含了需要执行的程序代码，在请求浏览网页时，需要先执行网页文件中的程序代码。关于网页概念的完整描述参见本书后面有关章节。

（2）Access 中的页。在 Access 中可以生成和处理多种形式的网页。如果要将表、查询等对象中的数据以网页的形式存储和浏览，一种方式是使用"文件"菜单的"导出"功能，另一种方式是使用 Access 提供的页对象。

在数据库窗口对象栏单击"页"按钮，出现页对象界面，如图 8-1 所示。单击"新建"命令，或者单击"插入"菜单的"页"命令，都会弹出"新建数据访问页"对话框，如图 8-2 所示，对话框中列出了新建页的几种不同方法。

可以使用向导，也可以使用设计视图来新建一个页。另外，还可以编辑现有的网页，然后使用"另存为"功能保存为 Access 新的页。

Access 还提供了自动创建纵栏式数据页的快速创建页的方法。

2. 页的应用

使用数据页的主要用途与窗体基本相似,特点是使用网页的界面风格。可以在页中:

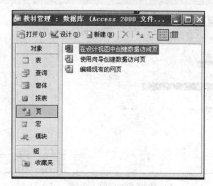

图 8-1　页对象窗口

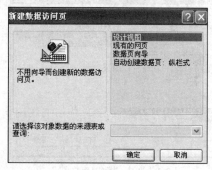

图 8-2　新建页对话框

(1)显示数据库中的数据;

(2)提供交互式数据操作界面;

(3)可以进行数据分析。

在设计页时,有两种数据页的视图:"设计"视图和"页"视图。前者用于数据页的设计,后者用来查看设计的效果。

在这两种视图之间切换的方法为:可以单击"视图"菜单中"设计视图"或"页视图"来进行切换;也可以使用"常用"工具栏中的"视图"按钮进行转换。

8.2　页的创建方法

在 Access 中,创建页的方法有多种,以下进行介绍。

1. 应用数据页向导创建页

通过向导的方式,可以快速地建立数据页。

【例 8-1】应用向导方式创建部门和员工表的数据访问页。

进入"教材管理"数据库窗口的页对象窗口,如图 8-1 所示。单击"新建"命令,启动"新建数据访问页"对话框,在这里选中"数据页向导",如图 8-3 所示。

单击"确定"按钮,将会弹出"数据页向导"第一个对话框。或者在页对象窗口中双击"使用向导创建数据访问页",直接弹出"数据页向导"对话框一。

在对话框一中的"表/查询"下拉框中选择数据源。数据源是数据库中的表或者保存后的查询。选中表或查询后,下部的"可用字段"列表框中列出选中表或查询的字段。

单击">"按钮,将选中的字段放置到右边"选定的字段"列表中。若单击">>"按钮,会将列出的字段全部放置到"选定的字段"列表中。

若不需要某个选中的字段,在"选定的字段"下选中,单击"<"按钮撤销选定。

如果要显示的字段涉及多个表或查询,那么在一个表或查询设置完毕后,可以继续选择另外的表或查询。

本例首先选择"出版社"表,如图 8-4 所示。

然后可以选择其他表,这里如果不选其他表,就选择出版社相应字段出版社编号、出版社名、地址、联系电话和联系人，如图 8-5 所示。

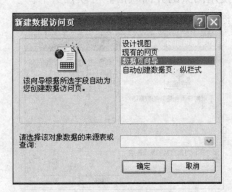

图 8-3　选中"数据页向导"

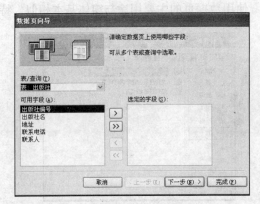

图 8-4　数据页向导对话框一（1）

然后，单击"下一步"按钮，弹出"数据页向导"对话框二，如图 8-6 所示。

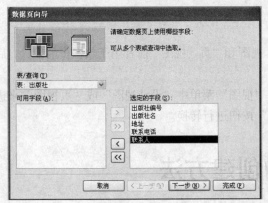

图 8-5　数据页向导对话框一（2）

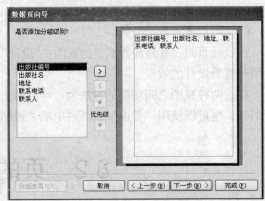

图 8-6　数据页向导对话框二

在对话框二中确定分组字段和分组级别。如果按照所有的字段统一输出，则无需分组字段。

单击"下一步"按钮，弹出"数据页向导"对话框三，如图 8-7 所示。

向导产生的"数据页"一页显示一条记录，因此，对话框三用来确定显示记录的排序依据。最多可以选择四个字段参与排序。我们这里不需排序，按原始排序每页显示一条记录。单击"下一步"按钮，弹出"数据页向导"对话框四，如图 8-8 所示。

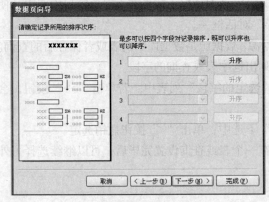

图 8-7　数据页向导对话框三

图 8-8　数据页向导对话框四

在该对话框中，为数据页输入标题文字"出版社页"。当设置完成后，选择"打开数据页"单选项，单击"完成"按钮，就将进入"页"视图显示数据页。如图 8-9 所示是向导完成的"出版社页"数据页。单击下面的"黑三角"，可以一条条记录的显示，用户可以浏览和修改。

图 8-9　出版社数据页

若在图 8-8 所示的对话框四中选择"修改数据页的设计"单选项，单击"完成"按钮，将进入"设计"视图，可以对向导的设计进行修改。另外，在显示数据页的时候，通过在"视图"菜单下选择设计视图和页面视图进行切换，也可以进入页的设计视图对数据页进行修改，如图 8-10 所示。

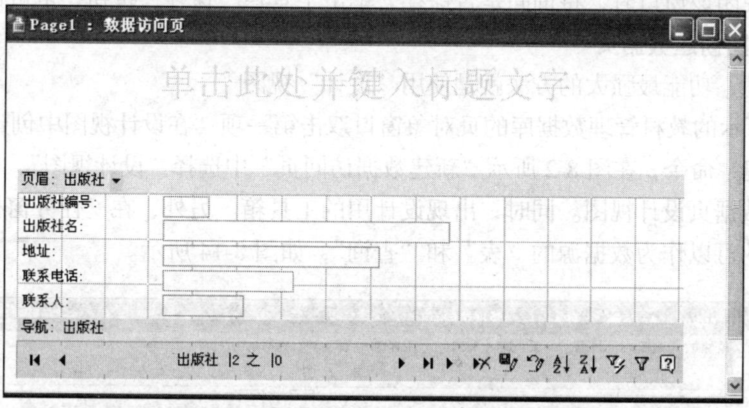

图 8-10　出版社数据页的设计视图

关闭数据页，Access 会询问是否保存数据页的设计。回答"是"，可以命名保存数据页。另外单击工具栏"保存"按钮，同样可以命名保存。数据页保存在数据库之外，本向导产生的页文件扩展名为.htm。保存后，在数据库窗口的页对象窗口中保存该页的快捷方式。

注意这样保存的是绝对路径，系统提示如图 8-11 所示。

图 8-11　保存页文件

2. 自动创建数据页

另外一种快速创建数据页的方法是应用"自动创建数据页"。

在图 8-3 所示的对话框中选择"自动创建数据页：纵栏式"，然后在下部下拉框中选择表或查询作为数据源，单击"确定"按钮，Access 将立即生成页对象。图 8-12 所示就是选择"员工"表作为数据源。

生成的数据页如图 8-13 所示。

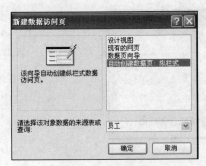

图 8-12　自动创建页

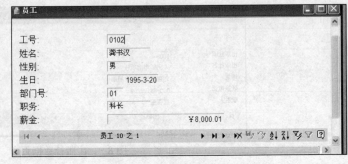

图 8-13　员工表数据页

由于这样产生的页只针对一个数据源，因此，利用这种方式创建页，最好是建立在查询的基础上。先设计生成一个符合要求的查询，然后将查询作为页的数据源。

同样，在关闭该窗口时，将询问是否保存。单击工具栏"保存"按钮，也可命名保存。

3．设计视图创建数据页

对于页应用，功能最强大的方法就是使用"设计"视图。

在图 8-1 所示的教材管理数据库的页对象窗口双击第一项"在设计视图中创建数据访问页"；或者单击"新建"命令，在图 8-2 所示"新建数据访问页"中选择"设计视图"，单击"确定"按钮，都能打开数据页设计视图。同时，出现设计用的工具箱。另外，在"任务窗格"中，显示目前整个数据库的可以作为数据源的"表"和"查询"，如图 8-14 所示。

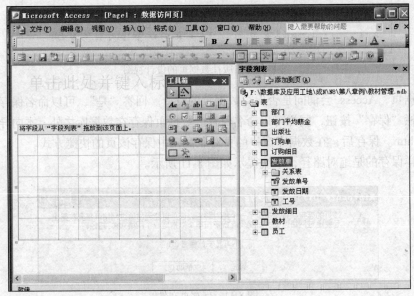

图 8-14　数据页设计视图

工具箱中列出了可以在数据页中使用的各种控件和对象，包括标签、文本框、滚动文字、单选按钮、命令按钮等。这些控件可以在数据页中显示数据或接收用户输入，实现与用户的交互。

如果要显示数据库中的数据，则可以将表或查询中的字段与控件进行绑定。任务窗格中列出的就是当前数据库中的表和查询。

控件在数据库的另外对象"窗体"和"报表"中也得到了广泛应用，前面章节已经对控件进行了深入和完整的介绍。在数据页中，控件的用法与窗体类似。

【例 8-2】应用设计视图，创建显示发放教材信息的数据访问页。

教材发放信息涉及发放单、发放细目、教材、出版社等表。

首先建立一个发放信息的查询步骤如下。

进入教材管理数据库界面，单击"查询"按钮，双击"在设计视图中创建查询"。

在"显示表"窗口中添加发放单表、发放细目表、教材表和出版社表。

选择字段和定义排序，如图 8-15 所示，以"教材发放信息"为文件名将这个查询的设计视图存盘。

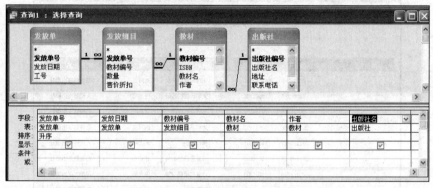

图 8-15　教材发放信息查询设计

将该查询命名为"教材发放信息"保存。

然后，进入数据库窗口的页对象窗口。启动"在设计视图中创建数据访问页"，同时显示字段列表。展开字段列表的"查询"项，在"教材发放信息查询"上单击鼠标右键，如图 8-16 所示。

单击"添加到页"，弹出如图 8-17 所示的"版式向导"。

图 8-16　展开"查询"

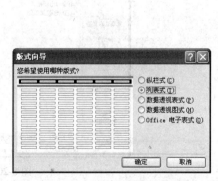

图 8-17　"版式向导"对话框

选中"列表式"按钮（第 2 项），单击"确定"按钮，在设计视图中自动弹出列表方式的页，加上标题"教材发放信息"，如图 8-18 所示。

图 8-18　列表式数据页设计

然后通过工具栏"视图"切换到"页面视图"，可以看到，设计的数据页的显示结果，如图
8-19 所示。

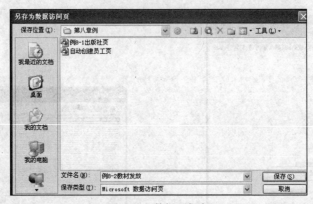

图 8-19　教材信息数据页

单击工具栏的保存命令，弹出保存对话框，如图 8-20 所示。命名为"例 8-2 教材发放"保存。

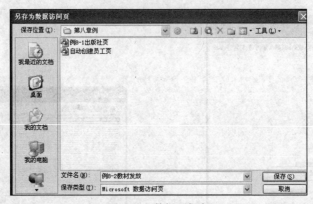

图 8-20　数据页保存

如果要将上述数据页进行分组，在图 8-18 中，选中"发放单号"对应的文本框，单击鼠标右
键，选中"升级"，如图 8-21 所示。

单击"升级"按钮，则在原页眉上部新增加一个节，如图 8-22 所示。

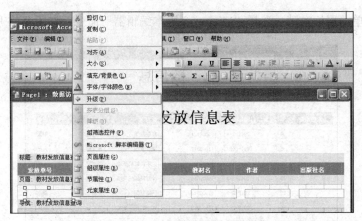

图 8-21 对"发放单号"选升级

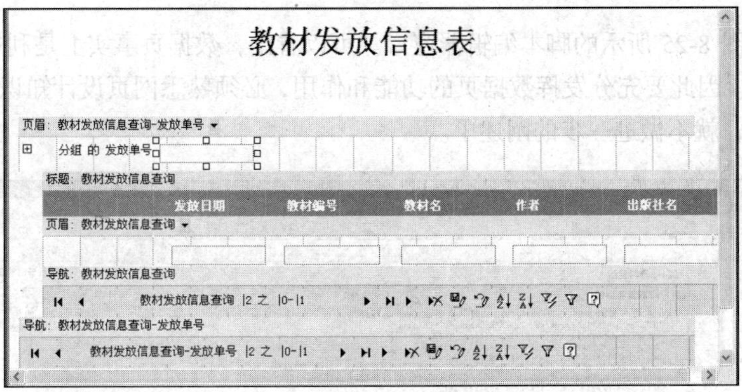

图 8-22 增加一个节

再将"发放日期"标签选中，移动到发放日期文本框旁边，然后选中该文本框，同时将"发放日期"移动到新的节中，移动之后，字段名标签会增加"分组的"文字，两次单击，进入标签，删除该文字，如图 8-23 所示。

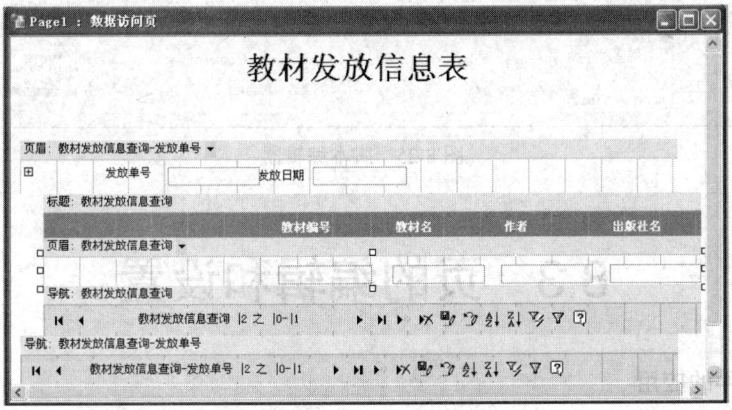

图 8-23 分组的数据页设计

切换到"页面视图"，可以看到，在数据页中显示的是发放单的信息，单击展开按钮"+"，就可以看到不同的"发放单号"分栏显示。

这种设计，对于查询分级信息，比较有帮助。

在标题栏上单击鼠标右键，选择"Microsoft 脚本编辑器"命令，如图 8-24 所示。

图 8-24　查看脚本

将会弹出如图 8-25 所示的脚本编辑器窗口。可以看出，数据页事实上是利用 HTML 语言和脚本语言设计的。因此要充分发挥数据页的功能和作用，必须熟悉网页设计知识，熟悉 HTML 和脚本语言。在此，就不做进一步的阐述了。

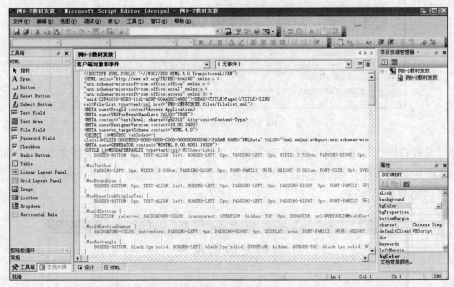

图 8-25　脚本编辑器

8.3　页的编辑和设置

1．常见控件的应用

在设计数据页时，可以根据需要设置一些控件，常用的控件有标签、文本框、滚动文字、超级链接等。

（1）标签。标签主要作用是在页中显示文字。标签不是绑定型控件，不与表中的字段绑定。标签可附在其他控件上。例如，当定义一个文本框时，一般会附加一个表示文本框内容的标签。

将一个标签放置在页中的操作方法为：

单击工具栏的标签按钮 A_a，然后在数据页中需要放置标签的地方拖动鼠标，画出一个大小合适的矩形，这时，可以在其中输入标签的文字。

如果需要修改标签，单击标签选中，其四周会出现控点。手形鼠标可以拖动标签，指向控点可以调整标签大小，再次单击，可以进入标签修改文字。

如果要调整标签，可以在标签上单击鼠标右键，在快捷菜单中单击"元素属性"，弹出如图 8-26 所示的属性对话框，可以在此设置标签属性，如字体、字号、背景色、字符色等。

图 8-26　标签属性

（2）文本框。文本框是数据页中非常常用的控件。大部分表的字段都与文本框绑定在一起显示。另外，如果用户需要在数据页中输入信息，也可以通过文本框。

文本框可以绑定表的字段。当在设计视图中将字段拖到数据页中时，一般会自动在页上生成一个文本框。同时在其前面会放置一个联动的标签，可以在标签中输入关于文本框的说明文字。

直接设置文本框，选中工具箱的文本框按钮 ab，然后在数据页中需要放置文本框的地方拖动鼠标，画出一个大小合适的矩形，这时，可以放置一个文本框及其联动的标签。如果要绑定字段，也可以在属性对话框中的"数据"选项卡中的"controlsource"项中定义。

（3）滚动文字。在数据页中放置能够自动滚动文字的文字条是目前比较常用的一种手段，可以播放即时新闻、广告等，俗称"字幕"。滚动文字可以吸引用户的注意力。

通过设置滚动文字控件，可以设置文字的滚动方向、速度和移动类型等。滚动文字控件也可以与字段绑定，以滚动方式显示字段的内容。

单击工具箱的滚动文字控件按钮，然后在数据页中合适的位置放置并拖动鼠标，拉出合适的大小。选中滚动文字控件后单击，在其中输入需要滚动的文字。然后在属性对话框中设置字号、大小、颜色等，切换到"页面视图"，就可以看到滚动的效果了。

如果要将滚动文字控件与字段绑定，例如，将"出版社"表的"地址"字段与滚动文字控件绑定，基本操作如下：

首先，将出版社表的其他需要显示的字段设置好，然后，将滚动文字控件放置在合适的位置，单击右键，单击"元素属性"命令弹出滚动文字控件的"属性"对话框。在"属性"对话框中的"数据"选项卡中"ControlSource"属性的下拉列表中选中"地址"字段，关闭对话框，这样，地址就会以滚动文字的方式显示。

① 滚动方式。打开滚动文字控件"属性"对话框，在"其他"选项卡中的"Behavior"属性中，可以设置值为以下 3 种之一：

Scroll：文字从控件的右端向左端滚动，不断重复。

Slide：文字从控件的右端向左端滚动，到达左端后保留在页面上。

Alternate：文字在控件内左右来回滚动。

② 滚动文字重复次数。在"属性"对话框的"其他"选项卡中，"Loop"属性值为-1，不断连续滚动；若设定该值为正数，则文字重复滚动到该数值后消失。

③ 滚动速度。在"属性"对话框的"其他"选项卡中，"TrueSpeed"属性可以设置为"True"或"False"，当设置为"False"时，文字重复时间的最短延迟为 60ms。

当"TrueSpeed"属性设置为"True"时，则可通过"ScrollDelary"属性和"ScrollAmount"设置文字滚动速度。ScrollDelary属性控制滚动文字每个重复动作之间延迟的毫秒数，ScrollAmount属性控制滚动文字在一定时间内移动的像素值。

例如，TrueSpeed属性设置为"True"，ScrollDelary属性设置为60，ScrollAmount属性设置为10，则滚动文字每60ms前进10个像素。

④ 滚动文字移动方向。"属性"对话框的"其他"选项卡中"Direction"属性用于控制文字滚动方向。默认值Left，即向左滚动。另外，Right为向右、Up为向上、Down为向下滚动。

2．使用超链接

超链接是Web的基础和特征。通过点击超链接，可以在网页中跳转到其他页面，从而实现信息的互相关联。

（1）超链接地址。超链接地址分为URL（统一资源定位符 Uniform Resource Locator）和UNC（通用命名标准 Universal Naming Conversion）两种。其中，URL是针对Internet的，UNC是针对本机硬盘和 Intranet 的。无论哪种超链接地址，都可以将某个超链接地址直接输入到超链接字段中、结合到超链接字段的文本框或组合框中。

超链接地址最多可由pound符号（#）分隔为3部分。

① 显示文本。字段或控件中可见的文本。

② 地址。到目标路径的绝对或相对路径。绝对路径是到链接对象的一条完全合格的 URL 或 UNC 路径。而相对路径是与由"数据库属性"对话框中"超链接基础"选项设置指定的基础路径相对的路径，或者是与当前数据库路径相对的路径。

在数据库窗口中，单击"文件"菜单中的"数据库属性"命令，打开"数据库属性"对话框，在"摘要"选项卡内可以设置"超链接基础"值。

在输入超链接地址时，一般都需要输入本地址项，除非"子地址"指向当期数据库文件（.mdb）中的对象。

③ 子地址。子地址是指向文件或数据页中的地点。可以不对该项进行设置。

当输入了显示文本，Access不显示跟在后面的地址。如果没有显示文本，Access只显示地址。子地址只有在没有显示文本或地址时才显示。

（2）在表中插入或编辑超链接。如果表的创建时有超链接型字段，就可以在表的该字段中插入超链接地址。

【例 8-3】在表中插入和编辑超链接示例。

进入教材管理数据库窗口，打开"出版社"表的设计窗口，在表中增加一个"网站"的超链接地址，如图8-27所示。

保存修改。然后，进入表的数据视图。在"人民邮电出版社"行的"网站"字段上，单击"插入"菜单的"超链接"命令，如图8-28所示。

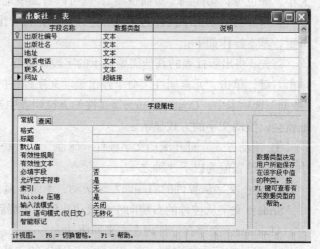

图8-27 修改表

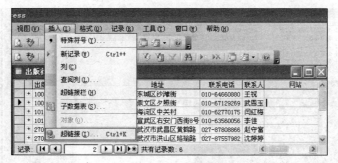

图 8-28　插入超链接 1

单击"超链接",弹出"插入超链接"对话框,如图 8-29 所示。

图 8-29　插入超链接 2

在下面的"地址"栏中输入"http://www.ptpress.com.cn",这时,上面的提示文本框自动将该地址作为显示文本。在文本框内输入"人民邮电出版社网站"作为显示的提示文本。

单击"确定"按钮,在表中就加入了人民邮电出版社的网站超链接。单击该链接,如果网络联通,就可以进入人民邮电出版社的网站了。

如果需要修改超链接,到数据表视图中指向该超链接单击鼠标右键,在快捷菜单中选择"超链接"下的"编辑超链接",就打开了与"插入超链接"对话框类似的对话框,修改相应的值即可,如图 8-30 所示。

(3)在窗体、报表或数据页中插入超链接。在窗体或报表设计时,可以在窗体或报表的控件中添加超链接。一般标签、文本框、图像等控件上可以建立超链接。

例如,要在一个窗体的某个标签控件上添加超链接。首先将标签控件放置在窗体上,输入标签的文字;然后,单击鼠标右键,在快捷菜单中选择"属性"单击,打开"属性"对话框,在"格式"选项卡"超链接地址"属性单击 … 按钮,启动"插入超链接"对话框,在其中输入超链接地址即可,这时,标签文字可自动作为提示文字。

在数据页设计时,Access 提供了"超链接"控件。只要将超链接控件放置在数据页中,就会自动弹出"插入超链接"对话框,用户输入超链接地址、提示文字等即可。

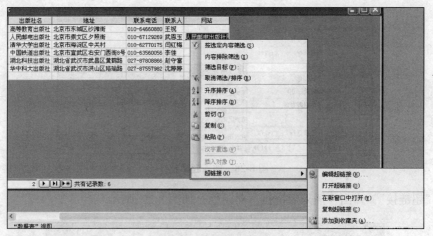

图 8-30　编辑超链接

习　　题

1. 简述 Access 数据页的实质。
2. 简述页的应用。
3. 有几种方式创建数据页？
4. 简述常见控件中的文本框的应用。
5. 如何设置文本框？
6. 滚动文字控件有什么作用？如何将滚动文字控件与字段绑定在一起？
7. 超链接的作用是什么？
8. 如何在窗体中将标签设置为超链接？

实　验　题

1. 实验题。应用向导方式创建表的数据访问页（本实验题的完成，要求 Access 必须是完整功能的版本）。

给定"图书销售"数据库文件图书销售.mdb，库中有表：部门、出版社、进书单、进书细目、售书单、售书细目、图书、员工。请用向导方式创建部门和员工表的数据访问页。

2. 实验题。（本实验题的完成，要求 Access 必须是完整功能的版本）

应用设计视图，创建显示售出图书信息的数据访问页。

给定"图书销售"数据库文件图书销售.mdb，库中有表：部门、出版社、进书单、进书细目、售书单、售书细目、图书、员工。

3. 实验题。（本实验题的完成，要求 Access 必须是完整功能的版本）

在表中插入和编辑超链接。

给定"图书销售"数据库文件图书销售.mdb，库中有表：部门、出版社、进书单、进书细目、售书单、售书细目、图书、员工。请在出版社表中的清华大学出版社中超链接该社的网址。

第9章
宏对象

宏是 Access 数据库操作系列的集合,是 Access 的对象之一,其主要功能就是使操作自动进行。使用宏,用户不需要编程,只需利用几个简单的宏操作就可以将已经创建的数据库对象联系在一起,实现特定的功能。

本章主要介绍 Access 宏的基本知识。

9.1 概　　念

我们在 Access 数据库的 7 种对象中介绍过表、查询、窗体、报表和数据页,宏也是数据库的对象之一。本节我们介绍宏的基本概念。

1. 宏的基本概念

(1)宏。宏是由一个或多个操作组成的集合,其中的每个操作都能自动地实现某个特定的功能。Access 预先定义了 50 多种宏操作指令,它们和内置系统函数一样,为数据库应用提供了各种基本功能,例如,打开或关闭窗体、预览或打印报表、查找或过滤记录等。为了实现某个特定的任务,可以使用宏操作创建一个有序的操作序列,这种操作序列就是宏。执行宏时,自动执行宏中的每一条宏操作,以完成特定任务。

使用宏很方便,用户不需要记住各种语法,可以直接从宏设计视图中选择所要使用的宏操作,操作参数都显示在宏设计视图的下半部分。

如图 9-1 所示是宏的设计视图,在数据库窗口单击"宏"对象,再单击"新建"按钮,就会打开一个用来设置宏操作的窗口,即宏设计视图。这里选择的操作是 OpenForm(窗体)。

(2)宏与 Visual Basic。Access 中宏的操作,都可以在模块对象(参见后面第 10 章)中通过编写 VBA(Visual Basic for Application)语句来达到相同的功能。选择使用宏还是 VBA,主要取决于所要完成的任务。一般来说,对于事务性的或重复性的操作,如打开或关闭窗体、预览或打印报表等,都可以通过宏来完成。

使用宏,可以实现以下一些操作:

① 打开或关闭数据库对象;

② 设置窗体或报表控件的属性值;

③ 建立自定义菜单栏;

④ 通过工具栏上的按钮执行自己的宏或者程序;

⑤ 筛选记录;

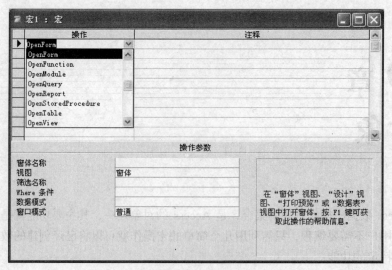

图 9-1　宏的设计视图

⑥ 在各种数据格式之间导入或导出数据，实现数据的自动传输；

⑦ 显示各种信息，并能使计算机扬声器发出报警声，以引起用户注意。

当要进行以下操作处理时，应该用 VBA 而不要使用宏：

① 数据库的复杂操作和维护；

② 自定义过程的创建和使用；

③ 一些错误处理。

2. 常用的宏操作

表 9-1 列出了 Access 提供的几十种常用宏操作。

表 9-1　　　　　　　　　　　　常用宏操作列表

分类	宏操作	功能
打开	OpenDataAccessPage	打开数据访问页
	OpenForm	打开窗体
	OpenModule	打开 Visual Basic 模块
	OpenQuery	打开查询
	OpenReport	打开报表
	OpenTable	打开表
焦点	GoToControl	焦点移到打开的窗体、数据表或查询的字段或控件上
	GoToPage	在活动窗体中将焦点移到指定页的第一个控件上
	SelectObject	选定数据库对象
设置值	SendKeys	将所击键发送到键盘缓冲区
	SetValue	为窗体或报表中的控件设置属性值
更新	RepaintObject	对活动数据库对象进行屏幕更新，这种更新包括控件的重新计算和重新绘制
	Requery	对指定控件重新查询，即刷新控件数据

续表

分类	宏操作	功能
记录	ApplyFilter	对表、窗体或报表应用筛选
	FindRecord	查找符合条件的第一个记录
	FindNext	查找下一个符合条件的记录
	GoToRecord	指定当前记录
	RunApp	在 Access 中运行外部应用程序
	RunCode	调用 Visual Basic 的 Function 过程
	RunCommand	执行 Access 菜单栏、工具栏或快捷菜单中的内置命令
	RunMacro	执行其他宏
	RunSQL	运行指定的 SQL 语句
	StopAllMacro	终止当前所有宏的运行
	StopMacro	终止当前正在运行的宏
窗口	Maximize	窗口最大化
	Minimize	窗口最小化
	MoveSize	移动窗口或调整窗口大小
	Restore	恢复窗口原来的大小
打印	PrintOut	打印活动的数据表、窗体、报表、数据访问页和模块，效果与文件菜单中的打印命令相似，但不显示打印对话框
信息	Beep	使计算机的扬声器发出"嘟嘟"声
	MsgBox	显示包含警告信息或其他信息的消息框
	SetWarnings	打开或关闭系统消息
复制	CopyObject	将指定的数据库对象复制到 Access 的另一个数据库中
删除	DeleteObject	删除当前数据库中指定的对象
重命名	Rename	重新命名当前数据库中指定的对象
保存	Save	保存一个指定的 Access 对象
关闭	Close	关闭指定的表、查询、窗体、报表、宏等窗口或活动窗口
	Quit	退出 Access，效果与文件菜单中的退出命令相同
导入导出	OutputTo	将指定的数据库对象（数据表、窗体、报表、模块、数据访问页）中的数据以某种格式输出，其文件扩展名可以为：.htm、.html、.txt、.asp、.xls、.rtf、.xml
	TransferDatabase	在当前 Access 数据库与其他数据库之间导入或导出数据
	TransferSpreadsheet	在当前 Access 数据库与电子表格文件之间导入或导出数据
	TransferText	在当前 Access 数据库与文本文件之间导入或导出数据

3. 宏的分类

Access 的宏可以是包含操作序列的宏，也可以是一个宏组，宏组由若干个宏组成。另外，还可以使用条件表达式来决定在什么情况下运行宏。根据以上 3 种情况，可以把宏分为 3 类：操作序列宏、宏组和条件宏。

（1）操作序列宏。操作序列宏是由一系列的宏操作组成的序列。每次运行该宏时，都将顺序执行这些操作。

（2）宏组。可以将相关的宏保存在同一个宏对象中，使它们组成一个宏组，这样将有助于对宏的管理。

（3）条件宏。条件宏带有条件列，通过在条件列指定条件，可以有条件的执行某些操作。如果指定的条件成立，将执行相应一个或多个操作；如果指定的条件不成立，将跳过该条件所指定的操作。

对于宏来说，宏的应用包括创建宏、运行宏两个基本步骤。

9.2　宏　的　创　建

1．创建宏的基本方法

以下介绍两种创建宏的方法。

（1）在数据库的"宏"对象窗口中创建宏。在数据库窗口单击"宏"对象，再单击"新建"按钮，就会打开一个用来设置宏操作的窗口，即宏设计视图，如前面的图 9-1 所示。

（2）在为对象创建事件的行为时创建宏。打开对象的属性表，选择某个事件，单击该事件框右侧的生成器按钮，在"选择生成器"对话框中选择"宏生成器"，也可打开如图 9-1 所示的宏设计视图。

【例 9-1】创建一个能复制"教材"表的宏，要求单击"教材"窗体，就能调用该宏复制出"教材备份"表。

设计操作步骤如下。

预备工作：先建一个教材窗体，参阅前面第 6 章有关内容。这里简单介绍创建方法。

进入教材管理数据库窗口，选择窗体对象，双击"新建"命令，弹出"新建窗体"对话框。在"新建窗体"对话框中，选择"自动创建窗体：纵栏式"选项，再在窗口的下端"请选择该对象数据的来源表或查询"下拉列表中选择"教材"表。

单击"确定"按钮，完成创建，关闭窗口时将文件命名为"教材纵栏式窗体"。然后再创建宏。

（1）打开"教材管理"数据库窗口，单击"宏"对象，再单击"新建"按钮，打开宏设计视图。

（2）按如下步骤设置宏操作及操作参数。

① 在"操作"列的第一行中选择 MsgBox，"注释"列中输入：为复制显示一个信息框。设置操作参数，"消息"栏中输入：按"确定"按钮复制"教材"表，"标题"栏中输入：备份教材信息。

② 在"操作"列的第二行中选择 CopyObject，"注释"列中输入：复制"教材"表。设置操作参数，"新名称"栏中输入：教材备份，"源对象类型"栏中选择：表，"源对象名称"栏中选择：教材。

③ 在"操作"列的第三行中选择 close，"注释"列中输入：关闭"教材"窗体。设置操作参数，"对象类型"栏中选择：窗体，"对象名称"栏中选择：教材。

（3）保存宏，单击"保存"按钮，在"另存为"对话框中输入宏名"例 9-1 复制教材表"。所设计的宏如图 9-2 所示。

（4）为"教材"窗体的单击事件选定宏，"教材"窗体是前面设计好的对象窗体。

① 在"教材管理"数据库窗口，单击"窗体"对象，选择"教材纵栏式窗体"窗体，单击"设

计"按钮，打开"教材纵栏式窗体"窗体，如图 9-3 所示。

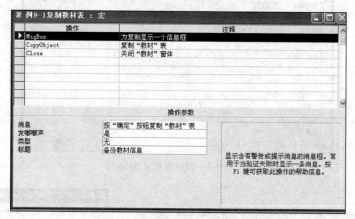

图 9-2　宏操作及操作参数设置

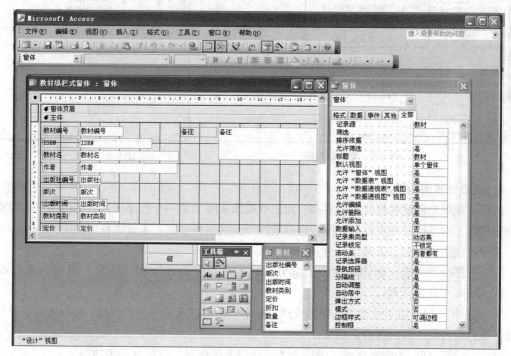

图 9-3　教材纵栏式窗体

② 在"窗体"的属性表中，选择"单击"事件，在"单击"事件栏右侧的下拉箭头中选择"例9-1 复制教材表"宏。

（5）运行宏。

① 在"教材管理"数据库窗口，单击"窗体"对象，选择"教材纵栏式窗体"窗体，单击"打开"按钮，在窗体视图中显示"教材纵栏式窗体"窗体，如图 9-4 所示。

② 用鼠标单击"教材纵栏式窗体"窗体中左边的记录选定器黑三角，则弹出"备份教材信息"信息框，如图 9-5 所示。单击信息框中"确定"按钮，将"教材"表复制生成"教材备份"表，在数据库的表对象中可见，如图 9-6 所示。

该例也可以用第二种方法创建宏。

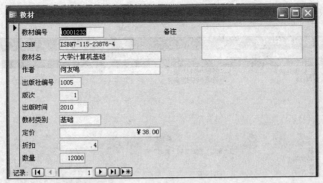

图 9-4　教材纵栏式窗体

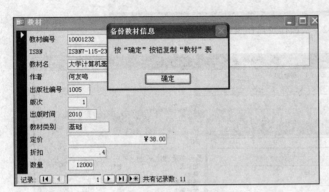

图 9-5　复制信息框

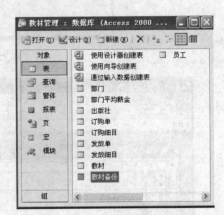

图 9-6　复制教材表

2. 宏设计视图的组成

宏设计视图是创建和修改宏的界面。宏设计视图实际上是一个程序序列表，但用户不需要编写程序代码，而是通过在宏设计视图中选择宏操作及其操作参数，来设置程序功能。

宏设计视图分为上、下两个部分。

（1）上部分的列表。创建宏时，上部分的列表只有"操作"和"注释"两列，可以添加"条件"列和"宏名"列。

① "操作"列，用于设置宏的操作序列。每个框中可以选定一个宏操作。运行宏时，通常从上而下执行宏操作，并跳过空白的框。

② "注释"列，为宏操作输入说明文本。执行宏操作时，该部分不被执行。

③ "条件"列，用于设置宏操作的执行条件，只有当条件满足时，才执行相应的宏操作。

当宏设计视图中没有"条件"列时，可选择"视图"菜单的"条件"命令，这时"条件"命令前打上"√"，宏设计视图中出现"条件"列。若要取消"条件"列，选择"视图"菜单的"条件"命令，取消"条件"命令前的"√"，即可。

④ "宏名"列，输入宏组中宏的名称。一个宏组中可以包含多个宏，每个宏用一个宏名来标示，每个宏中可以包含多个宏操作。

当宏设计视图中没有"宏名"列时，可选择"视图"菜单的"宏名"命令，这时"宏名"命令前打上"√"，宏设计视图中出现"宏名"列。若要取消"宏名"列，选择"视图"菜单的"宏名"命令，取消"宏名"命令前的"√"，即可。

（2）下部分的列表。下部分的列表是"操作参数"列表，为上部分的列表中所选的宏操作设置附加信息。不同的宏操作，"操作参数"的设置内容也不相同。

例如：在"例 9-1"中，MsgBox 宏操作，对应的操作参数有：消息、发嘟嘟声、类型及标题。CopyObject 宏操作，对应的操作参数有：目标数据库、新名称、源对象类型及源对象名称。

（3）设置宏操作及参数时注意的问题。

① 如果要设置的宏操作与数据库的对象有关，可以用鼠标拖曳的方法自动进行设置。例如，要想创建一个宏，打开"进入系统"窗体。打开宏设计视图后，选择数据库窗体对象中的"进入系统"窗体，按住鼠标左键，将其拖曳到宏设计视图的"操作"列中，这时宏操作自动完成设置，如图 9-7 所示。

图 9-7 宏操作及操作参数的快速设置

② 如果要通过表达式来设置参数，通常表达式前要加等号（＝），但 SetValue 宏操作的"表达式"参数和 RunMacro 宏操作的"重复表达式"参数除外。

③ 有的参数将会影响其后参数的选择，通常应按操作参数的排列顺序进行设置。

3. AutoExec 宏的使用

使用一个名为 AutoExec 的特殊宏可在打开数据库时自动执行一系列的操作。在打开数据库时，Access 将查找名为 AutoExec 的宏，如果找到就自动运行它。

如果创建一个宏，其中包含在打开数据库时要执行的操作，则应以 AutoExec 为宏名保存该宏。那么下一次打开数据库时，Access 将自动运行该宏。

在使用 AutoExec 宏时需要注意的是：

① 如果不想在打开数据库时运行 AutoExec 宏，可在打开数据库时按住 Shift 键；

② 通过设置"工具"菜单中的"启动"对话框中的选项，也可以控制如何启动数据库。

9.3 条 件 宏

如果希望仅当特定条件满足时才执行宏中的一个或多个操作，则可以在操作前面加上条件，形成条件宏。

1. 条件表达式

条件通常是用条件表达式表示的，条件表达式的返回值只有两个："真"或"假"。当条件成立时，表达式的返回值为"真"；条件不成立时，表达式的返回值为"假"。

条件表达式可以在宏设计视图的"条件"列中直接输入，也可以在"条件"列中单击右键，从弹出的快捷菜单中选择"生成器"来生成条件表达式，如图 9-8 所示。

条件表达式常用第 5 章中介绍的关系运算和逻辑运算来表示，例如：

[书名]="数据库及其应用"

[进书日期] Between #2007-01-01# and #2007-09-30#

Forms![销售情况]![销售数量]>=100

[定价] Is Null

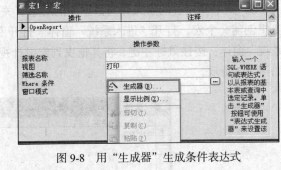

图 9-8　用"生成器"生成条件表达式

2. 创建条件宏

创建条件宏，具体操作步骤如下。

① 在"数据库"窗口中，选择"宏"对象，在"宏"对象窗口中单击"新建"按钮。

② 打开"宏"设计视图，选择"视图"菜单中的"条件"命令，如图 9-9 所示，或单击工具栏"条件"按钮，如图 9-10 所示。即可在"宏"设计窗口中添加一个"条件"列，如图 9-11 所示。

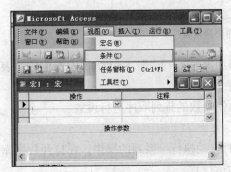

图 9-9　选择视图菜单中的条件命令

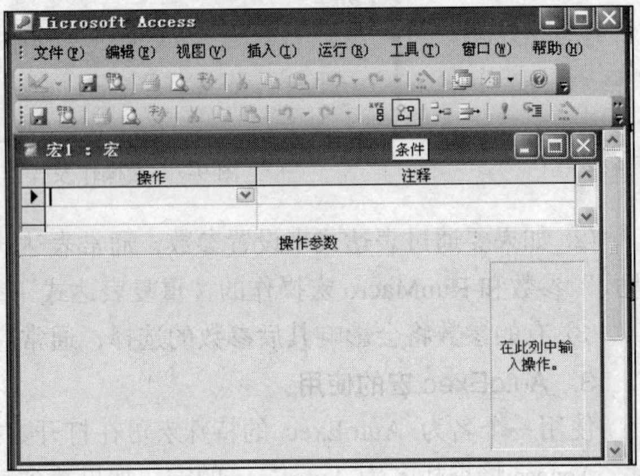

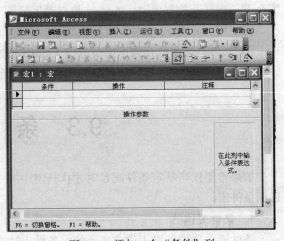

图 9-10　单击条件按钮

③ 将所需要的条件表达式输入到"宏"设计窗口的"条件"列中。

④ 在"操作"列中选择条件表达式为"真"时要执行的操作。如果条件表达式的返回值为"真"，则执行此行中的操作；如果表达式的返回值为"假"，则忽略此行的操作。

⑤ 若要添加更多的操作，则移动到下一个操作行。如果该行的操作条件与上一行相同，在相应的"条件"栏输入省略号（…）即可；如果该行是无条件执行的，可使"条件"列为空。

⑥ 命名并保存设计好的宏。

【例 9-2】在教材管理数据库中，先创建

图 9-11　添加一个"条件"列

一个教材表的"调价窗体",如图 9-13 所示。再为教材表的"调价窗体"创建一个修改新价格的宏,叫"调价宏"。要求对教材表中的前 10 种教材在原价格的基础上打 9 折。

设计的操作步骤如下。

首先,在教材管理数据库中创建一个如图 9-13 所示的教材"调价窗体"。

① 进入教材管理数据库窗口,选择"窗体"对象,双击"在设计视图中创建窗体",创建"调价窗体"。

② 在"调价窗体"中,用标签控件建立标签"武汉学院教材调价情况表"并在属性中编辑。

③ 在"调价窗体"的"数据"标签中,选择记录源为教材表,如图 9-12 所示。

④ 拖入教材表的各相关字段到窗体中,最后创建一个文本框,标题为"新定价",如图 9-13 所示。

图 9-12 选择教材表为记录源

图 9-13 教材调价窗体

⑤ 以"调价窗体"为文件名保存本窗体。

其次,为教材"调价窗体"创建一个修改价格后填写新定价的宏,叫"调价宏"。

① 在"数据库"窗口中,选择"宏"对象,在"宏"对象窗口中单击"新建"按钮。

② 单击工具栏"条件"按钮,在"宏"设计窗口中添加一个"条件"列。

③ 创建条件宏,操作为:

a. 在"条件"列中输入条件表达式:[Current Record]<=10。(注:Current Record 表示当前记录号);

b. 在"操作"列中选择操作:SetValue;

c. 在"注释"列中输入:前 10 种教材的新定价是在原定价上打 9 折。

④ 设置操作参数:

a. 在"项目"栏中输入:[Forms]![调价窗体].[text9]

b. 在"表达式"栏中输入:[Forms]![调价窗体].[定价]*0.9

⑤ 将设计好的宏保存并命名为"调价宏",如图 9-14 所示。

图 9-14 调价宏

⑥ 以设计视图的形式打开"调价窗体",选择"新定价"文本框,在属性表中选择"获得焦

点"事件，单击下拉箭头，选择"调价宏"，如图 9-15 所示。

⑦ 以窗体视图的形式打开"调价窗体"时，"新定价"文本框中将显示打折后的新定价，如图 9-16 所示。

图 9-15　选择"调价"宏

图 9-16　教材的新定价

3. 创建宏组

为了便于管理，增强可读性，通常将相关的宏组成一个宏组，放在同一个宏对象中。例如，同一个窗体有两个按钮，分别触发两个不同的宏运行，那么这两个宏可以放在一起组成一个宏组。建立宏组主要是为了管理方便，这与在资源管理器中建立文件夹、将相关文件存放在同一个文件夹中的做法意义相似。

创建宏组的具体操作如下。

① 在"数据库"窗口中，选择"宏"对象，在"宏"对象窗口中单击"新建"按钮。

② 打开"宏"设计视图，选择"视图"菜单中的"宏名"命令，或单击工具栏"宏名"按钮，在"宏"设计窗口中添加一个"宏名"列。

③ 在"宏名"列内，输入宏组中第一个宏的名字。

④ 在"操作"列中选择所需的操作。

⑤ 如果希望在宏组内包含其他的宏，请重复第③步和第④步，指定宏名和建立相应的操作。

⑥ 命名并保存设计好的宏。注意：保存宏组时，指定的名字是宏组的名字。这个名字也是显示在"数据库"窗口中的宏对象列表的名字。

9.4　宏的运行与调试

当创建了一个宏后，需要对宏运行与调试，以便查看创建的宏是否含有错误，是否能完成预期任务。

1. 运行宏

宏可以用以下 3 种方式运行。

（1）直接运行宏。如果要直接运行宏，可以进行下列操作之一。

① 从"宏"设计视图中运行宏，选中要运行的宏，然后工具栏上的"运行"按钮。

② 从"数据库"窗口中运行宏，选择"宏"对象，然后双击相应的宏名。

③ 从 Access 的系统菜单中运行宏，选择"工具"菜单中的"宏"，选择"运行宏"命令，然

后在"宏名"框中选择相应的宏。

（2）从其他宏中运行宏。如果要从其他的宏中运行宏，请将 RunMacro 操作添加到相应的宏中，并且将 Macro Name 参数设置为要运行的宏名。

（3）在窗体、报表或控件的事件中运行宏。通常情况下直接运行宏只是进行测试。在确保宏的设计无误之后，可以将宏附加到窗体、报表或控件中，以对事件做出响应。

宏可以对窗体、报表或控件中的多种类型事件做出响应，包括鼠标单击、数据更改以及窗体或报表的打开或关闭等。在报表、窗体或控件上添加宏以响应某个事件，操作步骤如下。

① 以设计视图的形式打开窗体或报表。

② 创建宏或事件过程。例如，可以创建一个用于在单击命令按钮时显示某种信息的宏或事件过程。

③ 将窗体、报表或控件的某个事件属性设置为宏的名称。例如，要单击按钮时显示某种信息，可以将命令按钮的"单击"事件设置为用于显示信息的宏的名称。

2. 运行宏组

（1）运行宏组中的宏。将鼠标指向"工具"菜单中的"宏"，选择"执行宏"命令，然后选定"宏名"列表中的宏。宏组中的每个宏都会以"宏组名.宏名"的形式出现在列表中。

（2）从其他宏中运行宏组中的宏。如果要从其他的宏中运行宏，请将 RunMacro 操作添加到相应的宏中，并且将 Macro Name 参数设置为要运行的宏名。宏组中的宏名用如下格式表示：宏组名.宏名。

（3）在窗体、报表或控件的事件中运行宏组中的宏。将窗体、报表或控件的某个事件的属性设置为：宏组名.宏名。

3. 调试宏

如果创建的宏没有实现预期的效果，或者宏的运行出了错误，就应该对宏进行调试，查找错误。常用的调试方法是通过对宏进行单步执行来发现宏中错误的位置。

使用单步执行宏，可以观察宏的流程和每一个操作的结果，便于发现错误。对宏进行单步执行的操作步骤如下。

（1）选中要单步执行的宏，单击"设计 按钮，打开相应的宏。

（2）单击工具栏上的"单步"按钮，如图 9-17 所示。

（3）单击工具栏上的"运行"按钮，显示"单步执行宏"对话框，

（4）在"单步执行宏"对话框中，单击"单步执行"按钮，执行"操作名称:"下面显示的操作；单击"停止"按钮，则停止宏的运行并关闭对话框；单击"继续"按钮，则关闭单步执行，并执行宏的未完成部分。

在单步执行宏时，"单步执行宏"对话框中列出了每一步所执行的宏操作"条件"是否成立以及操作名称和操

图 9-17　单步方式调试宏

作参数。通过观察这些内在的结果，可以得知宏操作是否能按预期执行。

【例9-3】先创建一个"登录系统"窗体，然后为"登录系统"窗体创建一个宏组，要求宏组中包括：一个宏名为"确定"的宏，功能为当密码输入正确时，显示信息框"欢迎进入武汉学院教材管理系统"，并打开"教材管理系统切换面板"窗体；如果密码输入不正确，显示信息框"密码输入错误"。另一个宏名为"退出"，功能为关闭"登录系统"窗体。"登录系统"窗体如图9-18所示。

操作步骤如下。

首先，在教材管理数据库中创建一个教材管理系统功能选择界面的窗体：

① 建立标签"武汉学院教务处教材管理系统"；

② 左边插入图片武汉学院校徽和运动会照片；

③ 右边创建"登记"复选框和"查询"复选框；

④ 右下创建"退出"复选框；

⑤ 以"教材管理切换面板"的文件名保存本窗体。

然后，在教材管理数据库中创建一个如图9-18所示的"登录系统"窗体。

① 进入教材管理数据库窗口，选择"窗体"对象，双击"在设计视图中创建窗体"，创建"登录系统"。

② 在"登录系统"中，用标签控件建立标签"欢迎使用武汉学院教材管理系统"并在属性中编辑。

③ 在"登录系统"中，用文本框控件建立"请输入用户名"和"请输入密码"对话框。

④ 建立"确定"和"退出"两个命令按钮，如图9-18所示。

⑤ 以"登录系统"为文件名保存本窗体。

再为"登录系统"窗体创建一个宏组。

① 在"教材管理"数据库窗口中，选择"宏"对象，在"宏"对象窗口中单击"新建"按钮。

② 单击工具栏"宏名"及"条件"按钮，在"宏"设计窗口中添加"宏名"及"条件"列，如图9-19所示。

图9-18 "登录系统"窗体

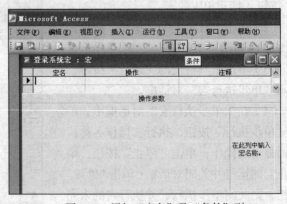

图9-19 添加"宏名"及"条件"列

③ 输入宏名、条件、操作及参数，如表9-2所示。

表 9-2   "登录系统"宏的操作及参数设置

宏名	条件	宏操作	操作参数
确定	[Forms]![登录系统].[Text4].[Value]="888888"	MsgBox	消息：欢迎使用教材管理系统 标题：登录
	...	OpenForm	窗体名称：教材管理切换面板 视图：窗体
	[Forms]![登录系统].[Text4].[Value]<>"888888"	MsgBox	消息：密码输入错误！ 标题：提示
退出		Close	对象类型：窗体 对象名称：登录系统

④ 将设计好的宏保存并命名为"登录系统宏"，如图 9-20 所示。

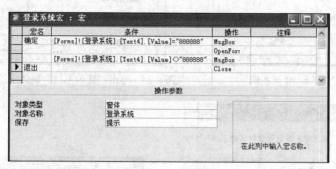

图 9-20   登录系统宏

⑤ 在设计视图中打开"登录系统"窗体，为命令按钮设置事件。

a. 单击"确定"按钮，在属性列表中选择"单击"事件，单击下拉箭头，选择"登录系统宏.确定"，如图 9-21 所示。

图 9-21   为"确定"按钮设置事件

b. 单击"退出"按钮，在属性列表中选择"单击"事件，单击下拉箭头，选择"登录系统宏.退出"，如图 9-22 所示。

⑥ 在"教材管理"数据库的"窗体"对象下打开"登录系统"窗体，如图 9-23 所示。输入密码为：888888。

单击"确定"按钮，这时将出现信息框，如图 9-24 所示。

单击信息框的"确定"按钮，打开"教材管理切换面板"窗体，如图 9-25 所示。

图 9-22 为"退出"按钮设置事件

图 9-23 运行"登录系统"

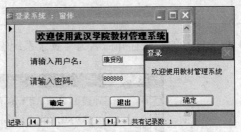

图 9-24 单击"登录系统"窗体中的"确定"按钮

图 9-25 教材管理系统功能选择界面

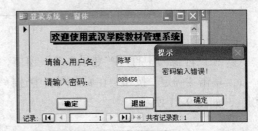

图 9-26 输入密码错误

如果输入的密码不是 888888，将出现密码错误信息框，如图 9-26 所示。

习　题

1. 什么是宏？宏的主要功能是什么？

2. 在 Access 中，宏的操作都可以在模块对象中通过编写 VBA（Visual Basic for Application）语句来达到相同的功能。选择使用宏还是 VBA，主要取决于所要完成的任务。

请说明哪些操作处理应该用 VBA 而不要使用宏。

3. Access 的宏分为哪 3 类？简要说明。

4. 简述创建宏组的具体操作步骤。

5. 调试宏的方法中，使用单步执行宏，可以观察宏的流程和每一个操作的结果，便于发现错误。请说明对宏进行单步执行的操作步骤。

实 验 题

1. 给定"图书销售"数据库文件图书销售.mdb，库中有表：部门、出版社、进书单、进书细目、售书单、售书细目、图书、员工。

请创建一个能复制"图书"表的宏，要求单击"图书"窗体，就能调用该宏复制出"图书 A"表。

2. 给定"图书销售"数据库文件图书销售.mdb，库中有表：部门、出版社、进书单、进书细目、售书单、售书细目、图书、员工。

请先创建一个"调价"窗体，再创建一个修改新价格的宏，要求对图书表中的前 10 种图书在原价格的基础上打 9 折。"调价"窗体如图 9-27 所示。

3. 给定"图书销售"数据库文件图书销售.mdb，库中有表：部门、出版社、进书单、进书细目、售书单、售书细目、图书、员工。

请先创建一个"登陆系统"窗体，然后为"登陆系统"窗体创建一个宏组，要求宏组中包括：一个宏名为"确定"的宏，功能为当密码输入正确时，显示信息框"欢迎进入图书销售管理系统"，并打开"图书销售系统切换面板"窗体；如果密码输入不正确，显示信息框"密码输入错误"。另一个宏名为"退出"，功能为关闭"登陆系统"窗体如图 9-28 所示。

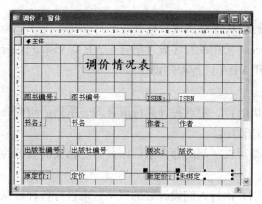

图 9-27 "调价"窗体

图 9-28 "登陆系统"窗体

第 10 章
模块对象及 Access 程序设计

对于 Access 的大多数应用来说，前面介绍的对象已经能够很好的完成。但是，对于一些比较复杂的数据处理，仅利用现有的手段就不够了，用户需要在数据处理的过程中编写一些程序代码，即组织模块对象。

本章我们学习使用 VBA 语言进行程序设计和数据处理的有关知识。

10.1 模块与 VBA

模块对象是 Access 的对象之一。

模块是利用程序设计语言编写的命令集合，运行模块能够实现数据处理的自动化。在 Access 中，通过"模块"对象，可以实现编写程序的功能。Access 采用的程序设计语言是 VBA（Visual Basic for Application）。在 Access 中，设计模块，就是利用 VBA 进行程序设计。

1. 程序设计与模块的概念

（1）程序与程序设计。使用设计好的某种计算机语言，用这种计算机语言的一系列语句或命令，将一个问题的计算和处理过程表达出来，这就是程序。

程序是命令的集合。人们把为解决某一问题而编写在一起的命令系列以及与之相关的数据称为程序。

编写程序的过程就是程序设计。计算机能够识别并执行人们设计好的程序，来进行各种数据的运算和处理。

程序设计必须遵循一定的设计方法，并按照所使用的程序设计语言的语法来编写程序。目前主要的程序设计方法有面向过程的结构化程序设计方法和面向对象的程序设计方法。其中，结构化程序设计方法也是面向对象程序设计的基础。

结构化程序设计遵循自顶向下和逐步求精的思想，采用模块化方法组织程序。结构化程序设计将一个程序划分为功能相对独立的较小的程序模块。一个模块由一个或多个过程构成，在过程内部只包括顺序、分支和循环 3 种程序控制结构。结构化程序设计方法使得程序设计过程和程序的书写得到了规范，极大地提高了程序的正确性和可维护性。

面向对象程序设计方法，是在结构化程序设计方法的基础上发展起来的。面向对象的程序设计以对象为核心，围绕对象展开编程。

对象是属性和行为的集合体。

在 Access 中，所使用的程序设计语言是 VBA。VBA 支持上述两种设计方法。

（2）模块对象的定义和应用步骤。模块是完成特定任务的、使用 VBA 编写的命令代码集合。要使用模块，首先应该定义模块对象，然后在需要使用的地方来执行模块。

应用模块对象的基本步骤如下。

① 定义模块对象。在 Access 数据库窗口中，进入"模块"对象界面，然后调用模块编写工具，编写模块的程序代码，并保存为模块对象。编写模块的工具称为"Visual Basic 编辑器"（VBE，Visual Basic Editor）。

VBA 编写的模块由声明和一段段称为过程的程序块组成。有两种类型的程序块：Sub 过程和 Function 过程。过程由语句和方法组成。

② 引用模块，运行模块代码。根据需要，执行模块的操作有如下几种。

a. 在编写模块 VBE 的"代码"窗口中，如果过程没有参数，可以随时单击"运行"菜单中的"运行子过程/用户窗体"，即可运行该过程。这便于程序编码的随时检查。

b. 保存的模块可以在 VBE 中通过"立即窗口"运行。这便于检查模块设计的效果。

c. 对于用来求值的 Function 函数，可以在表达式中使用。例如，可以在窗体、报表或查询中的表达式内使用函数。也可以在查询和筛选、宏和操作、Visual Basic 语句和方法或 SQL 语句中将表达式用作属性设置。

d. 创建的模块是一个事件过程。当用户执行引发事件的操作时，可运行该事件过程。

例如，可以向命令按钮的"单击"事件过程中添加代码，当用户单击按钮时，可以执行这些代码。

e. 在"宏"中，执行 RunCode 操作来调用模块。RunCode 操作可以运行 Visual Basic 语言的内置函数或自定义函数。若要运行 Sub 过程或事件过程，可创建一个调用 Sub 过程或事件过程的函数，然后再使用 RunCode 操作来运行函数。

（3）模块的种类。模块有两种基本类型：类模块和标准模块。

① 类模块。含有类定义的模块，包含类的属性和方法的定义。窗体模块和报表模块都是类模块，而且它们各自与某一窗体或报表相关联。窗体和报表模块通常都含有事件过程，该过程用于响应窗体或报表中的事件。可以使用事件过程来控制窗体或报表的行为，以及它们对用户操作的响应，如用鼠标单击某个命令按钮。

② 标准模块。标准模块包含的是通用过程和常用过程，这些通用过程不与任何对象相关联，常用过程可以在数据库中的任何位置运行。

2. VBA 语言

Visual Basic（简称 VB）是由微软公司开发的包含协助开发环境的事件驱动的编程语言，它源自 BASIC（Beginners' All-Purpose Symbolic Instruction Code）编程语言。VB 是可视化的、面向对象的、采用事件驱动方式的高级程序设计语言，提供了开发 Windows 应用程序最迅速、最简捷的方法。

VBA（VB for Application）是 MS Office 内置的编程语言，是基于 VB 的简化宏语言，可以认为 VBA 是 VB 的子集。它与 VB 在主要的语法结构、函数命令上十分相似，但是两者又存在着本质差别：VB 用于创建标准的应用程序，而 VBA 是使已有的应用程序（Word、Excel 等）自动化。另外，VB 具有自己的开发环境，而 VBA 则必须寄生于已有的应用程序。

10.2 VBE 界面

VBE（VB Editor）是 MS Office 中用来开发 VBA 的环境，通过在 VBE 中输入代码建立 VBA 程序，也可以在 VBE 中调试和编译已经存在的程序。

1. 从 Access 数据库窗口进入 VBE 环境

使用以下任何一种方法都可以从 Access 数据库窗口进入 VBE 环境。

（1）选择"数据库"窗口中的"模块"对象，单击"数据库"窗口工具栏中的"新建"按钮。如果要打开已经建立的模块，在"模块"对象的对象窗口中直接双击要打开的模块名，则在 VBE 窗口中显示该模块的内容。

（2）选择[工具]菜单中的"宏"命令，单击级联的"Visual Basic 编辑器"命令。

（3）单击"数据库"工具栏中的"代码"按钮。

（4）在设计"窗体"或"报表"的过程中，选择要添加 VBA 代码的控件，单击鼠标右键，在弹出的快捷菜单中选择"事件生成器"。然后在"选择生成器"对话框中单击"代码生成器"，单击"确定"按钮。

2. VBE 窗口

VBE 窗口如图 10-1 所示。VBE 界面中除了常规的菜单栏和工具栏以外，还提供了属性窗口、工程管理窗口和代码窗口。通过"视图"菜单或工具栏，还可以调出其他子窗口，包括：立即窗口、对象窗口、对象浏览器、本地窗口和监视窗口等，用来帮助用户建立和管理应用程序。这些窗口都能独立存在，布局可以随用户的要求摆放，图 10-1 只是一种布局，左边：上面为工程管理窗口，中间为属性窗口，下面为立即窗口；右边：上面为代码窗口，中间为本地窗口，下面为监视窗口。对象窗口和对象浏览器没有打开。

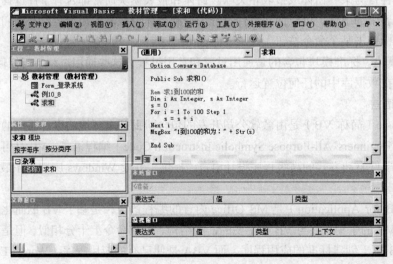

图 10-1　VBE 界面

（1）菜单栏。如图 10-1 窗口标题栏之下。VBE 的菜单栏包括文件、编辑、视图、插入、调试、运行、工具、外接程序、窗口和帮助共 10 个菜单。对于常用命令，有 3 种执行方法：

① 在菜单的下拉命令项中选取功能命令；

② 在菜单栏之下的工具栏中有对应的按钮；

③ 还可以通过快捷键进行操作。

例如，调出"对象浏览器"窗口的方法，可以通过"视图"菜单的"对象浏览器"，工具栏"对象浏览器"按钮，或者使用快捷键 F2。

（2）工具栏。如图 10-1 菜单栏之下。在默认情况下，VBE 窗口中显示的是"标准"工具栏。标准工具栏包括在创建 VBA 模块时常用的命令按钮。用户也可以通过"视图"菜单下的"工具栏"命令调出"编辑"、"调试"、"任务窗格"和"用户窗体"工具栏，还可以在"自定义"选项中选择命令项按钮到"标准"工具栏中，如图 10-2 所示。

图 10-2 用"视图"菜单中"工具栏"命令调出其他工具栏和"自定义"选项

工具栏中常用命令按钮及其功能如表 10-1 所示。

表 10-1   标准工具栏常用按钮及其功能

按钮	按钮名称	功能
	视图 Microsoft Office Access	返回 Microsoft Access 界面
	插入模块、类模块或过程	在当前工程中添加新的标准模块、类模块或者在当前模块中插入新的过程
	运行子过程/用户窗体	执行当前光标所在的过程，或执行当前的窗体。如果在中断模式下，显示为"继续"命令
	中断	停止一个正在运行的程序，并切换到中断模式
	重新设置	结束正在运行的程序
	设计模式	在设计模式和非设计模式中切换
	工程资源管理器	显示工程资源管理器
	属性窗口	显示属性窗口
	对象浏览器（快捷键 F2）	显示对象浏览器

（3）窗口。在 VBE 中提供了多种窗口用来实现不同的任务，包括工程资源管理器窗口、属性窗口、代码窗口、立即窗口、监视窗口、本地窗口、对象浏览器窗口等。通过选择"视图"菜单可以显示或隐藏这些窗口。下面对几种常用的窗口做简单的介绍。

① 工程资源管理器窗口。单击工具栏上的按钮 即可打开工程资源管理器窗口，本窗口显示在图 10-1 的左上边。工程资源管理器用来显示工程的一个分层结构列表以及所有包含在此工程内的或者被引用的全部工程，如图 10-3 所示。

在工程资源管理器窗口上面一行中有三个按钮：查看代码按钮、查看对象按钮和切换文件夹按钮。单击左上角"查看代码"按钮 📖，可以打开和显示如图 10-1 所示右上的代码窗口，这时可以在代码窗口中编写或编辑所选工程目标代码；单击"查看对象"按钮 📄，则打开相应的文档或用户窗体的对象窗口；单击"切换文件夹"按钮 📁，可以隐藏或显示对象分类文件夹，图 10-3（a）是隐藏对象分类文件夹，图 10-3（b）是显示对象分类文件夹。

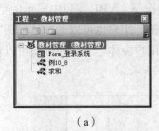
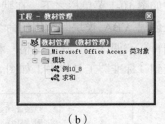

（a）　　　　　　　　　　　　　　（b）

图 10-3　工程资源管理器

② 属性窗口。单击工具栏上的按钮 📇 即可打开属性窗口，显示在图 10-1 左边的工程资源管理器窗口之下。属性窗口列出所选的对象的所有属性，可以选择"按字母序"或"按分类序"方式查看属性，如图 10-4（a）所示。

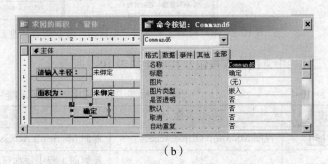

（a）　　　　　　　　　　　　　　　　　（b）

图 10-4　属性窗口

如果需要设置对象的某个属性值，可以在属性窗口中选择该属性名称，然后编辑其属性值。应该注意的是，只有当选定的类对象在"设计视图"中打开时，这个对象才在"属性窗口"中被显示出来。如图 10-4（b）所示是打开了"确定"按钮后属性显示出来。

③ 代码窗口。创建一个模块时（创建方法在接着的后面介绍）即打开了代码窗口，另外，在工程资源管理器窗口上面一行的三个按钮中，单击左上角"查看代码"按钮 📖，也可以打开代码窗口。

代码窗口是 VBE 窗口中最重要的组成部分，所有 VBA 的程序模块代码的编写和显示都是在该窗口中进行。所谓 VBA 的程序模块是由一组声明和若干个过程（可以是 Sub 过程、Function 函数过程或者 Property 属性过程）组成。代码窗口的主要部件有："对象"列表框和"过程/事件"列表框。

"对象"列表框中显示所选窗体中的所有对象。"过程/事件"列表框中列出与所选对象相关的事件。当选定了一个对象和其相应的事件以后，则与该事件名称相关的过程就会显示在代码窗口中。图 10-5 所示为与"退出"按钮的单击（Click）事件相关的过程代码。通过这种方法，可以在各个过程之间进行快速的定位。

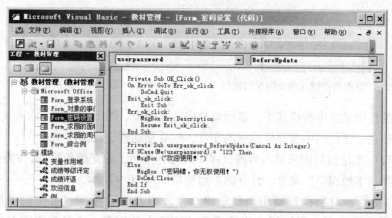

图 10-5 代码窗口

代码窗口左下角的"过程视图"按钮 ≡ 和"全模块视图"≡ 按钮可以选择是否只显示一个过程还是显示模块中的所有过程。

在 VBE 中可以同时打开多个代码窗口来显示不同的模块的代码，并且可以通过复制和粘贴实现在不同的代码窗口之间，或者同一个代码窗口的不同位置中进行代码的复制或移动。代码窗口用不同颜色标识代码中的关键字（蓝色）、注释语句（绿色）和普通代码（黑色），如果语句命令出现语法错误，则语句以红色标志，这样方便用户在编写的过程中检查拼写错误，使之一目了然。

④ 立即窗口。在"视图"菜单下有打开立即窗口的命令项，如图 10-6 所示。

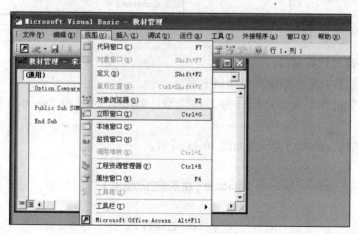

图 10-6 立即窗口选项

立即窗口等同于 VFP 中的"命令窗口"，可以单条命令立即执行但不能编写和执行程序。在立即窗口中可以键入或者粘贴命令语句，在按下"Enter"键后就执行该语句。若命令中有输出语句，就可以查看输出语句执行的结果。如图 10-7 所示。

立即窗口可用于一些临时计算。立即窗口也可以调用保存的模块对象来运行。

要注意的是，直接在立即窗口中输入的命令语句是不能保存的。

⑤ 监视窗口。当工程中含有监视表达式时，监视窗口就会自动出现，也可以从"视图"菜单中选择"监视窗口"命令调出，打开的监视窗口如图 10-8 所示。

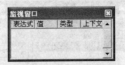

图 10-7　立即窗口键入命令回车即执行　　　　　　图 10-8　监视窗口

　　监视窗口的作用是在中断模式下，显示监视表达式的值、类型和内容。向监视窗口中添加监视表达式的方法是：在代码中选择要监视的变量，然后拖动到监视窗口中。

　　⑥ 本地窗口。本地窗口用来显示当前过程中的所有声明了的变量名称、值和类型。可以从"视图"菜单中选择"本地窗口"命令，打开的本地窗口如图 10-9 所示。

　　⑦ 对象浏览器。对象浏览器用来显示出对象库以及工程里的过程中的可用类、属性、方法、事件以及常数变量。可以用它来搜索及使用既有的对象，或是来源于其他应用程序的对象。

　　可以从"视图"菜单中选择"对象浏览器"命令，打开的对象浏览器如图 10-10 所示。

图 10-9　本地窗口　　　　　　　　　图 10-10　对象浏览器局部

3. 模块的创建与代码窗口

Access 的模块在 VBE 界面的代码窗口中编写。

　　模块由若干个过程组成。过程分为 2 种类型：SUB 子过程和 Function 函数过程（详见 10.3 节）。

　　（1）模块的结构。模块结构示意如图 10-11 所示。

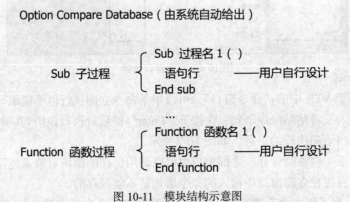

图 10-11　模块结构示意图

　　（2）创建模块与创建新过程。创建模块的操作步骤如下。

① 在数据库窗口的"模块"对象界面下，选择"新建"命令，进入模块编辑状态，并自动添加上"声明"语句，如 Option Compare Database，如图 10-12 所示，左边上面是独立的"工程资源管理器"，左下是独立的"属性窗口"，它们都可以自行打开和关闭。右边就是模块编辑窗即代码窗口。

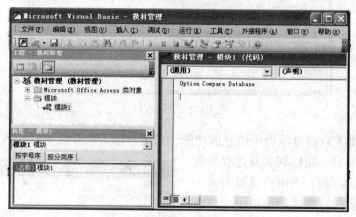

图 10-12 新建模块的 VBE 窗口

② 选择"插入"菜单的"过程"选项，弹出"添加过程"对话框，如图 10-13 所示。

③ 若创建一个函数过程，在"添加过程"对话框的"类型"栏中选中"函数"即可。现在我们添加 Sub 子过程（子程序），则在"添加过程"对话框中的"类型"栏中选中"子程序"，在"名称"文本框中输入过程（子程序）名，如"求和"，单击"确定"按钮，进入新建过程的状态，并在代码窗口的声明语句后，添加上以过程名为"求和"的过程说明语句，如图 10-14 所示。

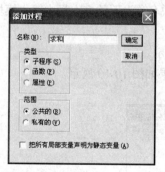

图 10-13 "添加过程"对话框

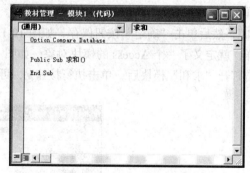

图 10-14 新建过程代码框

接着，就可以在代码窗口中编写模块中的程序代码了，如图 10-15 所示。

（3）代码窗口的 VBA 代码书写。代码窗口是模块代码设计的主要操作界面，它提供了完整的模块代码开发和调试的环境。因此，应该充分了解代码窗口提供的功能并且熟练地使用它们。

在"代码窗口"顶部有两个下拉框。在输入和编辑模块内的各对象时，先在左边的"对象"列表框中选择要处理的对象单击，然后在右边的"过程/事件"列表框中选择需要设计代码的事件，此时，系统将自动生成该事件过程的模版，并且光标会移到该过程的第一行，这时就可以进行代码的编写了。

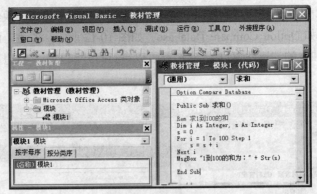

图 10-15　代码窗口

代码窗口提供了自动显示提示信息的功能。当用户输入命令代码时，系统会自动显示命令列表、关键字列表、属性列表及过程参数列表等提示信息。例如，当用户需要定义一个数据类型或对象时，在代码窗口中会自动弹出一个有数据类型和对象的列表框，用户可以直接从列表框中进行选择，如图 10-16 所示。这样提高程序编写效率，降低编写过程中出错的可能性。

（4）模块的保存。在模块编写过程中或编写完毕后，该模块需要保存，否则退出 Access 后，模块将丢失。

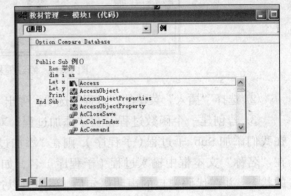

图 10-16　系统自动弹出提示信息

单击工具栏的"保存"按钮，或选择"文件"菜单"另存为"命令，弹出 "另存为"对话框。在"模块名称"下的文本框中输入模块名称，如"求和"，然后单击"确定"按钮保存，如图 10-17 所示。

这样，就定义了一个 Access 的模块对象，如图 10-18 所示。

双击打开"求和"模块后，单击执行按钮 ，可看见结果如图 10-19 所示。

图 10-17　模块命名保存对话框　　图 10-18　生成一个"求和"模块　　图 10-19　"求和"模块的运行结果

10.3　VBA 语言预备知识

使用程序设计语言，必须掌握一些基本概念，并掌握一定的程序设计方法。VBA 的基本概念包括数据类型、变量与常量、表达式、函数和 VBA 程序的基本控制结构等。

1. VBA 的数据类型

程序是为了对数据进行处理。程序设计语言事先将要处理的数据进行了分类，这就是数据类型。数据类型规定数据的取值范围、存储方式和运算方式。每个数据都要事先明确所属类型。

在 VBA 中，对不同的数据类型采用不同的处理方式，并根据数据类型来进行存储空间的分配和有效操作，VBA 的主要数据类型、所占的存储空间以及取值范围如表 10-2 所示。

表 10-2　　　　　　　　　　　　　　VBA 的主要数据类型

数据类型	关键字	说明	存储空间	取值范围
字节型	Byte	无符号数	1 字节	0～255
布尔型	Boolean	逻辑值	2 字节	True 或 False
整型	Integer	整数值	2 字节	−32768～32767
长整型	Long	占 32 位的整数值	4 字节	−2147483648～2147483647
单精度型	Single	占 32 位的浮点数值	4 字节	负数：−3.402823E38～−1.401298E-45 正数：1.401298E-45～3.402823E38
双精度型	Double	占 64 位的浮点数值更精确	8 字节	负数：−1.79769313486232E308～−4.94065648541247E-324 正数：4.94065648541247E-324～1.79769313486232E308
货币型	Currency	表示货币金额数值，保留 4 位小数	8 字节	−922337203685477.5808～922337203685477.5807
小数型	Decimal	只能在 Variant 中使用	12 字节	与小数位的位数有关
日期型	Date	表示日期信息	8 字节	100 年 1 月 1 日～9999 年 12 月 31 日
字符型	String	由字母、汉字、数字、符号等组成文本信息	与字符串长度有关	定长：0～20 亿 变长：1～65400
对象型	Object	表示图形、OLE 对象或其他对象的引用	4 字节	任何对象引用
变体型	Variant	一种可变的数据类型，可以表示任何值	与相应数据类型有关	与具体的数据类型有关
自定义型	Type	用户自定义的数据类型，可包含一个或多个基本数据类型	所有元素字节之和	所包含的每个元素数据类型的范围

2. 常量

常量指在程序运行过程中固定不变的量，用来表示一个具体的、不变的值。常量可以分为直接常量、符号常量和固有常量 3 种。

（1）直接常量。直接以数值或者字符串等形式来表示的量称为直接常量。数值型、货币型、布尔型、字符型或日期型等类型有相应的直接常量，不同类型的常量其表达方法有不同规定。

① 数值型常量：以普通的十进制形式或者指数形式来表示。一般情况下，较小范围内的数值用普通形式来表示。例如，123、–123、1.23 等。如果要表示的数据很精确或者范围很大，则可以用指数形式来表示。例如，用 0.123E4 用来表示 0.123×10^4。

② 货币型常量：与数值型常量的表示方法类似，但是前面要加货币符号以表示是货币值。例如，$123.45。

③ 布尔型常量：用来表示逻辑值，只有 True 或者 False 两个值。当逻辑值转换为整型时，True 转换为–1，False 转换为 0；当将其他类型数据转换为逻辑数据时，非 0 转换为 True，0 转换为 False。

④ 字符型常量：用双引号作为定界符括起来的字符串，例如，"中南财经政法大学"、"COMPUTER SCIENCE"等。当字符串的长度为 0 时（""），用来表示空字符串。

⑤ 日期型常量：表示日期和时间。日期范围从 100 年 1 月 1 日～9999 年 12 月 31 日，表示时间的范围从 0:00:00～23:59:59，日期时间两边用"#"括起来。日期部分中的"年月日"之间可以用分隔符"/"或"-"隔开，也可以用英文简写的方式表示月份。例如，#2014/8/8#、#2014-8-8#、#Aug 8,2014#。时间部分中的"时分秒"用":"隔开，可以用 AM、PM 分别表示上午和下午。例如#15:44:23#、#3:44:23PM#。也可以将日期和时间连接起来表示一个日期时间值，日期和时间部分用空格隔开如#2014/8/8 15:44:23#。

（2）符号常量。对于代码中重复使用的常量或者有意义的常量，可以定义符号来表示。例如，用 PI 代表 3.1415926 来表示圆周率。定义符号常量一般要指明该常量的数据类型。

【语法】 Const 常量名 [As 数据类型] = 常量

使用符号常量可以提高程序可读性。另外，使用符号常量也便于程序维护。例如，定义符号常量：

```
Const Exchange_Rate as Single = 6.852349
```

表示汇率。符号常量含义明确，程序代码中凡是用到汇率的地方都可以用该符号。另外当汇率的值发生变化时，如果没有使用 Exchange_Rate，就必须在程序中一处一处地改正，这样很容易出错。而定义了 Exchange_Rate 符号变量，只需要在程序的开始处修改 Exchange_Rate 的定义就可以了。

（3）固有常量。固有常量指的是已经预先在类库中定义好的常量，编程者可以在宏或者 VBA 代码中直接拿来使用。如图 10-20 所示，是在 VBE 窗口中，使用"对象浏览器"查看固有常量所来自的类库，以及其实际所表示的值。

在 VBE 中，单击"视图"菜单下的"对象浏览器"命令，打开对象浏览器，在"对象浏览器"的"搜索文字"文本框中输入要查询的固有常量名称如 vbBlack，单击"搜索"按钮。

图 10-20 在"对象浏览器"中查看固有常量

固有常量以前面两个字母表示该常量所来自的对象库：来自 Access 库的常量以"ac"开头，如 acForm、acCommandButton；来自 VBA 库的常量以"vb"开头，如 vbBlack、vbYesNo；来自 ActiveX Data Object(ADO)库的常量以"ad"开头，如 adOpenKeyset、adAddNew。

3. 变量

在程序运行的过程中允许其值变化的量称为变量。声明变量的过程实际上是在内存区域开辟一个临时的存储空间用来存放数据，变量值就是存放在这个存储空间里的数据。

（1）变量的命名规则。变量的命名应该满足以下规则。

① 变量名必须以字母或汉字开头，由字母、下画线、数字和汉字组成。变量名中不能包含空格，或者除了下画线"_"以外的特殊字符。

② 变量名不区分大小写。例如，变量 a 和变量 A 表示的是同一个变量。

③ 长度不能超过 255 个字符。

④ 不能与 VBA 中的关键字重名。例如，不能用 Const 作为变量的名称。

（2）变量声明。一般情况下，在使用变量之前应该先声明该变量的变量名和数据类型。这种方式称为变量的显式声明。VBA 允许不声明该变量，而在程序中直接使用，这个时候该变量被默认为 Variant 数据类型。这种方式称为变量的隐式声明。

声明变量的一般方法是用 Dim 语句，其命令格式如下：

【语法】　Dim 变量名 [As 数据类型] [,变量名 [As 数据类型]…]

如果省略数据类型，则所定义的变量为 Variant 类型。定义多个变量的时候，可以用逗号隔开，也可以使用多个 dim 语句来声明。例如使用如下的定义命令：

```
Dim a,b as Integer              '定义了 Vairant 变量 a, 整型变量 b
Dim str1 as String*10,str2 as String    '定义了长度为 10 的字符串 str1, 变长字符串 str2
```

（3）变量赋值。声明变量的作用是指定变量的名称和变量的数据类型，接下来就可以为变量赋值了。

【语法】　[Let] 变量名 = 表达式

计算表达式的值，然后将计算结果赋给内存变量。命令动词 LET 可以省略。

（4）变量的作用域。变量在使用时，由于所处过程的不同，又分为全程变量、局部变量和模块变量。

① 全程变量。用 Public AS…语句定义，在所有模块的所有子过程与函数过程均有效，即在各个不同层次的过程中全部有效。在主程序中定义的内存变量（即使未使用 Public 命令事先定义）均被视为全程变量。

② 局部变量。局部变量仅在定义它的本模块中有效。

③ 模块变量。模块变量在定义它的模块及该模块的各个子过程中有效。

4. 数组

内存变量在使用形式上分为简单变量和数组。简单变量即为不带下标的变量。数组是内存中连续一片的存储区域，是按一定顺序排列的一组内存变量，它们共用一个数组名。数组中的任何一个变量称为一个数组元素，数组元素由数组名和该元素在数组中的位置序号组成。数组元素也称带下标的内存变量。在处理批量数据时，定义数组特别方便。

（1）数组声明。数组变量分为一维数组和二维数组等。数组的声明方式和变量的声明方式相同，使用 Dim 关键字。VBA 中不允许对数组的隐式声明，即数组在使用之前必须先对其进行声明。

【语法】 Dim 数组名([下标下界 to] 下标上界)[As 数据类型]

定义一维数组，指定数组名、下标的下界和上界以及数组的数据类型。

说明：数组名的命名规则与变量名的命名规则相同。下标下界规定了数组的起始值，也可以省略，下标下界的缺省值为 0。例如，命令：

```
Dim A (10) as Integer
```

定义了数组名为 A 的整型数组，其中包括的数组元素为：A（0）、A（1）、…A（10），共 11 个数组元素，每个数组元素就是一个内存变量。

如果不希望下标从 0 开始，则需要在声明语句中指定下标下界的值。例如命令：

```
Dim A (3 to 10) as Integer
```

定义了一个有 8 个整型数组元素的数组，数组元素的下标从 3 开始到 10 结束。

也可以在模块的声明部分中指定数组的默认下标为 0 或者是 1，命令语法如下。

【语法】 Option Base 0|1

语句的参数只能为 0 或 1。

同声明变量一样，如果声明数组时缺省数据类型，则数组的类型默认为 Variant。

VBA 允许定义二维数组。其语法格式与声明一维数组类似。

【语法】 Dim 数组名([下标下界 1 to]下标上界 1,[下标下界 2 to]下标上界 2) As [数据类型]

例如，命令：`Dim B(1 to 4,1 to 5) As Single`

定义了一个数组名为 B 的单精度型二维数组。可以将第 1 个下标理解为行下标，第 2 个下标理解为列下标。B 中的每一个元素都由行下标和列下标标识，如 B（3，4）表示 B 中第 3 行的第 4 个元素。

（2）数组的引用与赋值。数组声明后，对于数组的处理就是处理数组元素，每个元素就是一个变量。使用一维数组中元素的表述是：数组名（下标）；二维数组元素的引用是：数组名（行下标，列下标）。

数组的赋值和变量的赋值方法一样。其命令格式：

【语法】 [Let] 数组名(下标) = 表达式

由于下标可以用常量或者变量，也可以是表达式计算的结果，使得数组处理非常灵活。例如，A 是一个数组，可执行下列命令：

```
Let x=3
Let A(x+1)=8
```

这两条命令执行的结果，是将数值 8 赋予 A 中的第 4 个元素。

5．运算符与表达式

（1）表达式的概念。数据通过常量或变量进行表示，通过表达式进行运算。表达式是由常量、变量、函数及运算符组成的式子。表达式按照运算规则经过运算求得结果，称为表达式的值。

运算符规定对数据进行的某种操作，也称为操作符。不同类型的数据其运算符种类不同。VBA 中的运算符可分为 5 类：算术运算符、字符串运算符、关系运算符、逻辑运算符和日期运算符。按照运算符的不同，表达式也可以分为相应的 5 种类型。

表达式是计算值的，如果用户想查看一个表达式求值的结果，可以在 VBE 中的"立即窗口"中使用输出语句查看。输出语句的语法如下。

【语法】 PRINT | ? 表达式 [,表达式,…]

在 "立即窗口" 中输入 PRINT 或者?，接着后面输入表达式，然后按[Enter]键，就可以在语句下面立即看到计算的结果。

（2）算术运算及算术表达式。算术运算的对象一般是数值型或货币型数据（如果不是，则系统将其转化为数值型再运算），运算结果仍然是数值型或货币型数据。表 10-3 中列出了各种算术运算符。

表 10-3　　　　　　　　　　　　　　　算术运算符

优先级	运　算　符	描　　述	示　　例
1	（）	形成表达式内的子表达式	
2	^	乘方运算	2^5
3	*、/、\、Mod	乘、除；整除、求余	5*2、5/2、5\2、5Mod2
4	+、-	加减运算	5+2、5-2

【例 10-1】计算并显示算术表达式的值。

在 "立即窗口" 的输出语句（？）后输入以下表达式。后面的注释为窗口中显示的结果。

```
(12*5-11*6)/3        '结果为-2
(1+2^1/2)/2          '结果为 1
10 Mod -4           '结果为 2
10+True             '结果为 9，True 转化为整数-1
10-False            '结果为 10，False 转化为整数 0
"123"*2+123         '结果是 369，字符串"123"转化为整数 123
```

（3）日期运算与日期表达式。日期可以进行加减运算，运算符是 "+" 和 "-"。两个日期相减，得到两个日期之间相差的天数。日期可以加或减一个数值，得到指定日期若干天后或若干天前的新日期。

【例 10-2】计算日期表达式的值

在 "立即窗口" 的输出语句（？）后输入以下左边的表达式。右边的注释为窗口中显示的结果。

```
#2014/8/8# - #2014/7/8#      '结果为 31
#2014/12/31#+1              '结果为 #2015-1-1#
```

（4）字符运算及字符串表达式。字符运算，即将两个字符串强制连接到一起生成一个新的字符串。字符运算符有 "+" 和 "&" 两种，其功能和使用方法是一样的。参与字符运算的数据一般是字符串型，也可以是数值型。如果是数值型，系统将其转化为字符串，然后再做连接运算。

【例 10-3】计算字符表达式的值。

在 "立即窗口" 的输出语句（？）后输入以下表达式。后面的注释为窗口中显示的结果。

```
"中国" & "湖北" + "武汉"          '结果为 "中国 湖北 武汉"
"1234+5678" & "=" & (1234+5678)  '结果为 "1234+5678=6912"
```

（5）关系比较运算及关系表达式。关系表达式是用来比较关系运算符两边操作数的大小的，结果返回逻辑值 True 或 False。表 10-4 列出了各种关系运算符，它们的优先级是相同的。

表 10-4   关系运算符

运算符	描 述	运 算 符	描 述	运算符	描 述
<	小于	>=	大于等于	Like	字符串匹配
<=	小于等于	=	等于	Is	对象引用比较
>	大于	<>	不等于		

执行关系运算时应注意以下的规则。

① 数值型和货币型数据按数值大小进行比较；日期型按日期的先后进行比较，越早的日期越小，越晚的日期越大；逻辑型数据的大小规定为：True>False。

② 当比较两个字符串时，系统对两个字符串的字符从左到右逐个比较，一旦发现两个对应的字符不同，就根据这两个字符的 ASCII 码值进行比较，ASCII 码大的字符串大。汉字的字符比西文字符大。

③ Like 用于实现匹配比较，可以与通配符"*"或"?"结合使用。"*"代表任意长度的任意字符。"?"代表一个任意字符。

④ Is 用于两个对象变量引用的比较。当 Is 两边引用相同的对象，结果返回 True。

【例 10-4】计算关系表达式。

在"立即窗口"的输出语句（？）后输入以下表达式。后面的注释为窗口中显示的结果。

```
123<321                          '结果为 True
"abc" <=" abcd"                  '结果为 True
True>False                       '结果为 False
#2014/8/1# >= #2013/12/31#       '结果为 True
"abcd" =" abc"                   '结果为 False
"abc" <> "ABC"                   '结果为 True
"China" like "*i*"               '结果为 True
```

（6）逻辑运算及逻辑表达式。逻辑表达式也称为布尔表达式。参与逻辑运算的操作数是逻辑型数据或能得出逻辑值的表达式，返回的结果也是逻辑值。表 10-5 列出了常用的逻辑运算符。

表 10-5   逻辑运算符

优先级	运算符	描 述
1	Not	逻辑非，由真变假或假变真
2	And	逻辑并，两边表达式都为真的时候结果为真，否则为假
3	Or	逻辑或，两边表达式有一个为真则结果为真，否则为假
4	Xor	逻辑异或，两边表达式同时为真或者同时为假时，结果为假，否则为真
5	Eqv	逻辑等价，两边表达式同时为真或者同时为假时，结果为真，否则为假
6	Imp	逻辑蕴含，当第一个表达式为真，且第二个表达式为假时，结果为假，否则为真

【例 10-5】计算逻辑表达式的值。

在"立即窗口"的输出语句（？）后输入以下表达式。后面的注释为窗口中显示的结果。立即窗口如图 10-21 所示。

```
2^3<3^2 Or "abc"="abcd" And 3<=4        '结果为 True
5>2 Xor 3<=4 Or "abc"<="abcd"           '结果为 False
5>2 Imp 3>=4                            '结果为 False
```

6. 函数

函数是预先编好的具有某种操作功能的程序，每一个函数都有特定的数据运算或转换功能。函数包含函数名、参数和函数值 3 个要素。函数名是函数的标识，说明函数的功能。参数是自变量或函数运算的相关信息，一般写在函数名后的

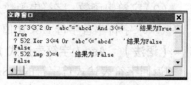

图 10-21 逻辑表达式的值

括号中，也可以没有参数。例如函数 Date，返回当前的系统日期。调用函数时，应注意所给参数的个数、顺序和类型要与函数的定义一致。在代码窗口中输入函数时，系统会自动提供相关函数的定义。函数值即函数返回的值，函数的功能决定了函数的返回值。其格式为：

【语法】 函数名[(参数 1,[参数 2],[参数 3]…)]

VBA 提供了大量的内置函数，按照函数的功能，可以分为数学函数、字符串函数、日期函数、数据类型转换函数等。以下介绍一些常用函数和使用方法。

（1）数值函数。

数值处理函数的自变量和返回值往往都是数值型数据。如绝对值函数、取整数函数、随机函数、最大和最小值函数、平方根函数、三角函数、指数函数、对数函数等。

① 绝对值函数。

【语法】 Abs（数值表达式）

返回指定数值表达式的绝对值。如果数值表达式包含 Null，则返回 Null。如果数值表达式是未初始化的变量，则返回 0。

② 取整数函数。

【语法】 Round（数值表达式 1[,数值表达式 2]） | Fix（数值表达式） | Int（数值表达式）

Round()返回对数值表达式 1 四舍五入到数值表达式 2 所指定的小数位数的数值表达式。如果数值表达式 2 缺省，则表示要精确到整数位。

Fix( )和 Int( )都返回数值表达式的整数部分，不同之处在于，如果为负数，则 Int( )返回小于或等于数值表达式的最大整数，Fix( )返回大于或等于数值表达式最小整数。

③ 求平方根函数。

【语法】 Sqr（数值表达式）

返回数值表达式的平方根，其中参数必须是大于或等于 0 的有效数值表达式。

④ 随机数函数。

【语法】 Rnd[（数值表达式）]

返回一个从 0 到 1 之间的随机数值。如果数值表达式<0，则每次使用该数值表达式作为随机种子得到的结果相同。如果数值表达式>0 或缺省，则生成下一个随机数。如果数值表达式=0，则生成最近生成的随机数。

【例 10-6】求以下函数的值。

在"立即窗口"的输出语句（？）后输入以下表达式。后面的注释为窗口中显示的结果。

```
Abs(-1)                                      '结果为 1
Round(123.456,2),Round(123.456)              '结果为 123.46   123
Fix(12.3),Fix(-12.3),Int(12.3),Int(-12.3)   '结果为 12   -12   12   -13
Sqr(0), Sqr(12+13)                           '结果为 0      5
```

（2）字符串函数。字符串函数是用来处理字符串表达式，包括对字符串的比较、搜索、替换等。

① 求字符串首字母 ASCII 值函数。

【语法】 Asc（字符表达式）

返回字符表达式首字符的 ASCII 值。例如，Asc（"aBc"）为 97。

② 求字符串长度函数。

【语法】 Len（字符表达式） | LenB（字符表达式）

Len( )返回字符表达式中字符的个数，LenB( )返回字符表达式所占的字节数。

注意，在 VBA 中，字符串长度以字为单位，也就是每个西文字符和中文汉字都作为 1 个字，占 2 字节。对于字符型变量，返回的长度是定义时的长度，与实际值无关。

③ 求子字符串函数。

【语法】 Left（字符表达式，数值表达式） | Right（字符表达式，数值表达式） |
　　　　　Mid（字符表达式，数值表达式 1[，数值表达式 2]）

一个字符串的一部分称为该字符串的子字符串。Left( )从字符表达式左边开始，截取数值表达式所指定长度的字符个数；Right( )从字符表达式右边开始，截取数值表达式所指定长度的字符个数；Mid( )从数值表达式 1 指定的位置开始，截取数值表达式 2 所指定的字符个数，返回子字符串。数值表达式 2 为可选项，如果缺省，则返回从数值表达式 1 开始的所有字符。如果数值表达式 1 大于字符表达式的长度，则返回零长度字符串。

④ 求子字符串位置函数。

【语法】 InStr([Start,]字符表达式 1，字符表达式 2[,Compare])

返回字符表达式 2 在字符表达式 1 中首次出现的位置。Start 为可选参数，设置搜索的起点，如果缺省，从第一个字符位置开始。Compare 也是可选参数，指定字符串比较的方式，可选参数值为 0（默认值）、1 和 2。Compare 设为 0 做二进制比较，为 1 做文本比较，不区分大小写，为 2 做基于数据库中包含信息的比较。如果设定 Compare 参数，则一定要指定 Start 参数；当字符表达式 1 长度为 0 或字符表达式 2 搜索不到时，函数返回 0。

⑤ 删除空格函数。

【语法】 Ltrim（字符表达式） | Rtrim（字符表达式） | Trim（字符表达式）

Ltrim()删除字符表达式的前导空格，Rtrim( )删除字符表达式的尾部空格，Trim( )删除字符表达式前后空格。

⑥ 转换字符串函数。

【语法】 LCase（字符表达式） | Case（字符表达式）

LCase( )将字符表达式中的字母转换成小写，UCase( )将字母转换成大写。

【例 10-7】求函数值。

在"立即窗口"的输出语句（？）后输入以下表达式。后面的注释为窗口中显示的结果。

```
LEN("Access"),LenB("Access")                              '结果为 6      12
InStr("Acces", "c"),InStr(3, "Access","c")                '结果为 2      3
InStr(1," Acces",CES,2),InStr("中南财经政法大学武汉学院","政法")'结果为 3    5
Left("中南财经政法大学武汉学院",2)                            '结果为中南
Right("中南财经政法大学武汉学院",2)                           '结果为学院
Mid("中南财经政法大学武汉学院",9,4)                           '结果为武汉学院
```

【例 10-8】在 VBE 的"代码窗口"中的过程"例 10_8"中输入以下命令，如图 10-22 所示。单击执行按钮 ，可看见结果如图 10-23 所示。

```
Dim a As String * 10
 Let a = "Access"
 MsgBox Len(a)
```

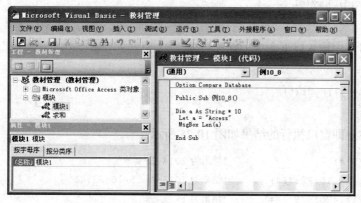

图 10-22　在"代码窗口"中输入程序代码　　　　图 10-23　运行结果

（3）日期和时间函数。日期和时间函数用来处理日期和时间型数据。

① 系统日期和时间函数。

【语法】　Date( )/Date

　　　　　Time( )/Time

　　　　　Now( )/Now

Date 返回当前的系统日期，Time 返回系统时间，Now 返回当前系统的时间和日期。

② 求年、月、日函数。

【语法】　Day(日期/日期时间表达式)|Month(日期/日期时间表达式)|Year(日期/日期时间表达式)

Day( )返回指定的日期或日期时间表达式是一个月中的第几天，Month( )返回日期或日期时间表达式中的月份，Year()返回日期或日期时间表达式的年份。

③ 求时、分、秒函数。

【语法】　Second（时间/日期时间表达式）| Minute（时间/日期时间表达式）|

　　　　　Hour（时间/日期时间表达式）

Second( )返回指定的时间或日期时间表达式中的秒数部分，Minute( )返回时间或日期时间表达式中的分钟，Hour( )返回时间或日期时间表达式的小时部分（24 小时制）。

④ 求新日期函数。

【语法】　DateAdd（字符表达式，数值表达式，日期表达式）

返回日期表达式加上或减去指定的间隔时间后得到的新日期表达式。字符表达式表示时间间隔，可以设置的参数为：yyyy 表示年，q 表示季，m 表示月，y 表示一年的日数，d 表示日，w 表示一周的日数，ww 表示周，h 表示小时，n 表示分钟，s 表示秒。数值表达式表示时间间隔的数目。

⑤ 求日期之间的时间间隔函数。

【语法】 DateDiff（字符表达式，日期表达式 1，日期表达式 2）

返回日期表达式 1 和日期表达式 2 之间的时间间隔。字符表达式表示时间间隔，其参数设置方法与 DateAdd( )中相同。

【例 10-9】在"立即窗口"中输入以下命令，查看结果。

```
命令为:  d=#2014/8/8#
         ? Year(d),Month(d),Day(d)
```

结果如图 10-24 所示。

【例 10-10】在"立即窗口"中输入以下命令，查看结果。

```
命令: t=#3:34:17 PM#
      ? Second(t), Minute(t),Hour(t)
结果为:  17      34      15
```

【例 10-11】求函数值。在立即窗口执行的结果如图 10-25 所示。

```
DateAdd("d",1,#2013/12/31#)              '结果为 2014-1-1
DateAdd("ww",-2,#2014/1/29 10:22:41#)    '结果为 2014-1-15 10:22:41
DateDiff("m",#2013/10/21#,#2014/9/24#)   '结果为 11
DateDiff("q",#2014/8/21#,#2014/1/31#)    '结果为 -2
```

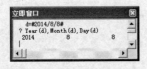

图 10-24 立即窗口执行命令

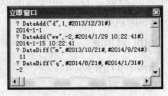

图 10-25 求函数值

（4）数据类型转换函数。数据类型转换函数的目的是将某一种类型的数据转换成另一种类型的数据。

① 数值转换成字符串函数。

【语法】 Str（数值表达式）

将数值表达式转换为字符串。当数值表达式转换为字符串时，总会在前面保留一个空位来表示正负。如果数值表达式为正，返回的字符串将包含一个前导空格表示它是正号。

② 字符串转换为数值函数。

【语法】 Val（字符表达式）

将由数字组成的字符表达式转换为数值。

③ 将数值转换为日期函数。

【语法】 DateSerial（数值表达式 1，数值表达式 2，数值表达式 3）

返回由数值表达式 1 为年，数值表达式 2 为月，数值表达式 3 为日组成的日期值。

④ 将字符串转换为日期函数。

【语法】　DateValue（字符串表达式）

将字符串表达式转换为日期。

【例 10-12】求函数值。

```
Str(12.48), Str(-45.67)          '结果为 12.48   -45.67
Val("123.45abc"),Val("abc123.45") '结果为 123.45   0
DateSerial(2014,9,37)            '结果为 2014-10-7
DateSerial(2014,10-4,28)         '结果为 2014-6-28
DateValue("2014/7/24")           '结果为 2014-7-24
```

（5）其他函数。

① Null 值或空值测试函数。

【语法】　IsNull(表达式) | IsEmpty(表达式)

IsNull()测试表达式的值是否为 Null 值。如果是，则函数值为 True，否则为 False。IsEmpty()测试变量是否已经初始化。若变量未被初始化或者明确设置为 Empty，则函数值为 True，否则为False。

【例 10-13】求函数值。

```
Dim Var                          '声明一个 Variant 型变量 Var
IsEmpty(Var),IsNull(Var)         '结果为 True   False
Var=Null                         '将 Null 值赋给 Var
IsEmpty(Var),IsNull(Var)         '结果为 False, True
```

② MsgBox( )函数。

MsgBox( )函数用来打开一个对话框，向用户显示提示信息，并且等待用户单击给定按钮，然后向系统返回用户的选择。该函数可用于信息的输出和提示。

【语法】　MsgBox(显示信息[,对话框类型][,对话框标题])

显示信息是一个字符表达式，用来指定在对话框中显示的文本信息，最多允许 1024 个字符，如果显示信息的内容超过一行，可以在每一行之间用回车符 Chr(13)或换行符 Chr(10)将各行分隔开来。

对话框类型指定对话框中出现的按钮、图标以及默认按钮，分别由 3 个区域的数值确定（取值和含义见表 10-6a～表 10-6c）。在设置时，可以使用内部常数或数值。对话框类型的多个设定值用"+"连接起来。

对话框标题指定在对话框标题栏中显示的字符表达式。如果缺省，将应用程序名 Microsoft Access 放在标题栏中。

表 10-6a　　　　　　　　　　　　按钮类型设置值

内 部 常 数	数值	按 钮 类 型
VbOkOnly	0	"确定"按钮
VbOkCancel	1	"确定"和"取消"按钮
VbAbortRetryIgnore	2	"终止"、"重试"和"忽略"按钮
VbYesNoCancel	3	"是"、"否"和"取消"按钮
VbYesNo	4	"是"和"否"按钮
VbRetryCancel	5	"重试"和"取消"按钮

表 10-6b   图标类型设置值

内部常数	数值	图标类型	内部常数	数值	图标类型
VbCritical	16	显示红色"X"图标	VbExclaimation	48	显示警告信息"!"图标
VbQuestion	32	显示询问信息"?"图标	VbInformation	64	显示信息"i"图标

表 10-6c   默认按钮设置值

内部常数	数值	默认按钮
VbDefaultButton1	0	将第一个按钮设为默认按钮
VbDefaultButton2	256	将第二个按钮设为默认按钮
VbDefaultButton3	512	将第三个按钮设为默认按钮

MsgBox( )函数根据用户的选择,向系统返回一个数值,由程序根据返回值决定下一步的流程。MsgBox( )函数的返回值及其含义如表 10-7 所示。

表 10-7   MsgBox()函数返回值的含义

内部常数	数值	选定按钮	内部常数	数值	选定按钮
VbOk	1	确定	VbIgnore	5	忽略
VbCancel	2	取消	VbYes	6	是
VbAbort	3	终止	VbNo	7	否
VbRetry	4	重试			

如果用户不需要对话框的返回值,可以在程序语句中直接调用 Msgbox 过程。例如:

```
MsgBox "你输入的用户名或密码不正确!",VbRetryCancel+VbExclaimation+0,"警告"
```

与调用 MsgBox( )函数不同的是,调用过程不需要使用括号( )和返回值。

【例 10-14】MsgBox 函数的示例。

设计操作步骤如下。

a. 在教材管理数据库窗口的"模块"对象界面下,单击"新建"命令,进入模块编辑状态,并自动在代码窗添加上"声明"语句如 Option Compare Database。

b. 单击"插入"菜单的"过程"选项。弹出"添加过程"对话框。在本对话框中,在"名称"文本框中输入过程名"教材管理",在"类型"栏中选中"函数",然后单击"确定"按钮,进入新建过程的状态,并在代码窗口的声明语句后,添加上以函数名为"教材管理"的函数过程说明语句 Public Function 教材管理( )——End Function。

c. 函数过程说明语句中插入命令:

```
Dim Ans As Integer
Ans = MsgBox("欢迎使用教材管理系统", 1 + 64 + 0, "武汉学院")
```

d. 保存本模块。单击工具栏的"保存"按钮,或"文件"菜单"另存为"命令,弹出的"另存为"对话框。在"模块名称"下的文本框中输入模块命名名称"例 10_14",然后单击"确定"按钮保存。

e. 在"代码窗口"顶部右边的"过程/事件"列表框中选择"教材管理"事件,然后单击执行按钮 ▶ ,可看见如图 10-26 所示结果。

图 10-26　运行结果

在"武汉学院"提示框中，单击"确定"按钮，Ans 返回值 1；单击"取消"按钮，Ans 返回值 2。

③ InputBox 函数。InputBox()函数用于打开一个对话框，在对话框中显示提示信息和一个文本框，并等待用户输入，然后将用户在文本框中的输入返回给系统，返回值的类型为字符串。

【语法】　InputBox(显示信息[,对话框标题][,默认值])

显示信息是一个字符表达式，用来指定在对话框中显示的文本信息。对话框标题指定对话框标题栏中显示的文字。默认值指定当用户无输入时，显示在文本框中的内容。

【例 10-15】InputBox 函数示例。

同上例 10-14，在教材管理数据库窗口的"模块"对象界面下，单击"新建"命令，进入模块编辑状态；单击"插入"菜单的"过程"选项。弹出"添加过程"对话框。在"名称"文本框中输入过程（子程序）名"武院教材"，在"类型"栏中选中"函数"，然后单击"确定"按钮，进入新建过程的状态，并在代码窗口的声明语句后，自动添加上以函数名为"武院教材"的函数过程说明语句 Public Function　武院教材（)——End Function。

在函数过程说明语句中插入命令：

```
Dim User as String
User=InputBox("请输入你的用户名:","登录","教务处教材科")
Msgbox "欢迎你:"+User, VbOkOnly+VbInformation,"欢迎"
```

以"例 10_15"的名称保存本模块。

在"代码窗口"顶部右边的"过程/事件"列表框中选择"武院教材"事件，然后单击执行按钮，可看见如图 10-26 所示结果，确定后，如图 10-27 所示。

运行结果如图 10-27 所示，系统首先弹出一个带文本框的对话框，并接受用户输入的用户名信息，默认用户名为"教务处教材科"，例如输入用户名"康贤刚"当单击确定按钮以后，用户的输入值将赋给变量 User。系统弹出一个信息提示对话框，如图 10-28 所示，在对话框中显示 User 的值。

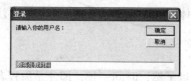

图 10-27　输入文本并运行的结果示意

图 10-28　确定后的结果

10.4　Access 程序设计基础

本节介绍 VBA 语言程序设计基本方法，这是 Access 程序设计的基础。

1. 程序设计基本方法

程序设计是使用计算机语言，结合一个具体应用问题，编出一套计算机能够执行的程序，以达到解决问题的目的。

在程序设计过程中，一般要经过如下几个步骤。

（1）提出问题，分析问题，提出解法（或是计算方法），分析所需要的原始数据，中间需要经过怎样的处理，才能达到最后的结果。

（2）根据思路绘制程序流程图。

把解决一个问题的思路通过预先规定好的各种几何图形、连接线以及文字说明来描述的计算过程的图示，称为程序流程图或框图。对程序量稍大一些的任务应先设计程序框图，再编程序，这样有利于理清思路。流程图上的常用符号如图 10-29 所示。

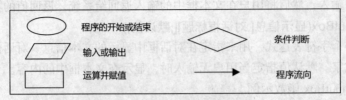

图 10-29　程序流程图常用符号

（3）确定一种编程工具（如某一计算机语言），根据程序框图编出源程序。

（4）调试该程序直至通过，投入使用。

（5）编写任务说明书，将以上内容进行总结备案，以方便今后查阅修改和功能扩充。

以上的程序设计方法是传统的面向过程、自顶向下的结构化程序设计。该方法将解决问题的过程用一定的算法及语言逐步细化。VBA 还可以提供面向对象的程序设计功能和可视化编程环境，将系统划分为相互关联的多个对象，并建立这些对象之间的联系，利用系统提供的各种工具软件来解决问题。

2. 程序的基本结构

结构化程序设计在一个过程内使用 3 种基本结构：顺序结构、分支结构、循环结构。

（1）书写规则。在程序的编辑中，VBA 的书写规则如下：

① VBA 对大小写字母不敏感，即 VBA 不区分标识符的大小写。

② 程序代码中，一般一条语句占用一行，以[Enter] 键为结束标识。如果一条语句太长需要占用多行时，可以用接续符 "_" 将其分行书写。

③ 多条语句可共用一行，这时需要用分号 "；" 将各语句隔开。

在编辑命令时，若发现编辑内容为红色字体时，则表示系统提示有错，要注意修改。

（2）常用语句介绍如下。

① 注释语句。

程序用计算机语言编写，很多内容并非一目了然，时间一长，即使是编程者本人可能也看不懂了。所以，在程序中为代码添加注释是一个好的习惯。在 VBA 程序中可使用以下两种方法添加注释。

【语法 1】　Rem <注释文字>

【语法 2】　'<注释文字>

使用语法 1 的注释可以单独占一个程序行，也可以写在程序语句之后。如果写在程序语句之后要使用冒号隔开。注释不影响程序的运行。下面是使用注释的示例。

```
Rem 定义 2 个数字变量
DIM x1,x2
' w=1  - - -此为注释语句，不被执行
x1=1 ： x2=2
```

② 声明语句。声明语句位于程序的开始处，用来命名和定义常量、变量和数组。例如：

```
Dim A1 As Integer
```

③ 赋值语句。赋值语句用来为变量指定一个值或者表达式。例如：

```
A1=15+42
```

④ 执行语句。执行语句是程序的主体，用来执行一个方法或者函数，可以控制命令语句执行的顺序，也可以用来调用过程。例如：

```
MsgBox("欢迎使用本数据库系统",1+64+0,"欢迎")
InputBox("请输入学生姓名")
```

执行 MsgBox 和 InputBox 函数，显示提示信息，实现人机对话功能。

3. 顺序、分支、循环结构

在 Access 的模块中实现编程，有其操作规程，即程序是以过程形成在模块中。编写时要掌握它的操作特点。

（1）顺序结构。顺序结构是程序中最基本的结构。程序执行时，按照命令语句的书写顺序依次执行。在这种结构的程序中，一般是先接受用户输入，然后对输入数据进行处理，最后输出结果。

【例 10-16】编写一个求梯形面积的程序。

梯形面积等于(上底+下底)×高/2，首先输入梯形的上底、下底和高，然后求梯形面积。在 VBE 的代码窗口，首先选择"插入"菜单的"过程"命令，命名定义一个过程，然后在过程中输入以下代码。

```
Dim Upper As Single , Lower As Single , Height As Single
Dim Area As Single
Upper = InputBox("请输入上底: ", "梯形面积")
Lower = InputBox("请输入下底: ", "梯形面积")
Height = InputBox("请输入高: ", "梯形面积")
Area = (Upper + Lower) * Height / 2
MsgBox "梯形的面积是: " + Str(Area), 0 + 64, "梯形面积"
```

代码如图 10-30 所示。单击运行按钮▷运行程序，如图 10-31 所示，若输入的数据如下，则结果如图 10-32 所示。

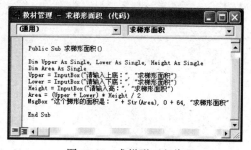

图 10-30 求梯形面积代码

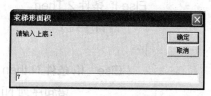

图 10-31 输入已知数据

上底：7

下底：13

高：6

图 10-32 求梯形面积

（2）分支结构与分支语句。在实际应用中，经常需要对事务作出一定的判断，并根据判断的结果采取不同的行为。例如，根据读者购买图书数量的多少，以决定是否给予折扣、给予多少折扣等。这样，在程序中就出现有不同流程的分支结构。

在 VBA 中，实现分支结构控制的语句有 If 语句和 Select Case 语句，有些情况下还可以使用 IIF( )函数来简化程序。

① If 语句。

If 语句有 3 种格式。当程序只需要对一种条件做出处理，则使用 If...Then 语句。

【语法 1】　　If 条件 Then

　　　　　　　　语句序列

　　　　　　End If

这里，条件是逻辑表达式，当条件值为 True 时，则执行 Then 后面的语句序列。当条件值为 False 时，则跳过 If 和 End If 之间的语句，直接执行 End If 之后的语句。

如果语句序列较短，也可以采用单行形式将整个语句序列（用分号隔开）写在一行上：

If 条件 Then 语句序列

当程序必须从两个条件中选择一种，则使用 If...Then...Else 语句。

【语法 2】　　If 条件 Then

　　　　　　　　语句序列

　　　　　　Else

　　　　　　　　语句序列

　　　　　　End If

根据条件的真假执行两个语句序列中的一个。当条件为 True 时，执行 Then 后面的语句序列，然后跳过 Else 和 End If 之间的语句序列而执行 End If 之后的语句。当条件为 False 时，则直接执行 Else 之后的语句序列，然后再执行 End If 后面的语句。

当程序需要从三种或者三种以上的条件中选择一种，则要使用 If 语句的嵌套。

【语法 3】　　If 条件 1 Then

　　　　　　　　语句序列 1

　　　　　　Else If 条件 2 Then

　　　　　　　　语句序列 2

　　　　　　[...

　　　　　　Else　If 条件 N then

　　　　　　　　语句序列 N]

　　　　　　Else

　　　　　　　　语句序列 N+1

　　　　　End If

当条件 1 为 True 时，则执行语句序列 1。当条件 2 为 True 时，则执行语句序列 2，依次类推。当所有条件都不满足时，执行 Else 后的语句序列。

【例 10-17】编写一个根据输入的成绩，给出"及格"与"不及格"类别评语的程序，模块名为"成绩评语"。

首先输入成绩，然后根据成绩确定是否及格，最后输出提示结果。代码为：

```
Dim Mark As Integer
Mark =Val(InputBox("请输入成绩："))
If Mark> =60 Then
    MsgBox("及格")
Else
    MsgBox("不及格")
End If
```

代码窗口如图 10-33 所示。

执行后，如果输入成绩为 55，则评定为不及格，如图 10-34 所示。

图 10-33　成绩评定代码

图 10-34　成绩评定

在书写程序时，对于被 If-Else-End If 管辖的语句，采用缩进格式，即梯形退格书写，这样，可以增进程序的可读性。

【例 10-18】输入一个成绩后就输出该成绩的等级。假设 90 分以上为优秀，80 分到 89 分为良好，70 分到 79 分为中，60 分到 69 分为及格，60 分以下为不及格。模块命名为"等级评定"。

根据输入分数的不同利用多条件判断来确定其分数等级。

```
Dim Mark As Integer
Dim Class As String
Mark =Val( InputBox("请输入成绩:"))
If Mark >= 90 Then
    Class = "优秀"
ElseIf Mark >= 80 Then
    Class = "良好"
ElseIf Mark >= 70 Then
    Class = "中"
ElseIf Mark >= 60 Then
    Class = "及格"
Else
    Class = "不及格"
End If
MsgBox "你的成绩等级是: " + Class, vbOKOnly + vbInformation, "评定结果"
```

代码窗口如图 10-35 所示，执行后，如果输入成绩为 81，如图 10-36 所示，则评定等级为良好，如图 10-37 所示。本模块以"成绩等级评定"为模块名保存。

图 10-35　成绩的等级评定窗口

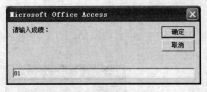

图 10-36　成绩输入窗口

图 10-37　执行结果窗口

② IIF( )函数。

IIF( )函数是 If-Then-Else 的简化形式。在某些情况下可以用 IIF()函数代替 If-Then-Else 语句，从而简化条件描述，提高程序的执行速度。

【语法】　IIF(条件,表达式 1,表达式 2)

当条件值为 True 时，返回表达式 1 为函数值。当条件值为 False 时，返回表达式 2。

例如，[例 10-17]中的 IF 条件分支语句也可以写成如下形式：

```
Total = IIF(Mark>=60,"及格", "不及格")
```

③ Select Case 语句。

实现 3 种或 3 种以上的条件分支结构，可以使用 IF 语句的嵌套形式，但是这种形式会使程序结构很复杂，不利于程序的阅读和调试。

VBA 提供了 Select Case 语句，可改进多分支结构的表达与可读性。

【语法】　Select Case 变量或表达式

　　　　　　Case　表达式 1
　　　　　　　语句序列 1
　　　　　　Case　表达式 2
　　　　　　　语句序列 2
　　　　　　…
　　　　　　Case　表达式 N
　　　　　　　语句序列 N
　　　　　[Case Else
　　　　　　　语句序列　N+1]
　　　　End Select

首先根据变量或表达式的值，依次与后面 Case 子句中的表达式进行比较，如果变量或表达式的值满足某个 Case 的值，则执行该 Case 之后的语句序列，否则，判断下一个 Case。如果所有 Case 项中的表达式都不被满足时，则执行 Case Else 之后的语句序列。如果同时有多个 Case 条件都成立，程序只执行最前面的 Case 项下的语句序列。如果所有 Case 项中的表达式都不满足，又没有 Case Else 部分，则一个语句都不执行。

【例 10-19】用 Select Case 语句改写[例 10-18]的计算成绩等级程序。

```
Dim Mark As Integer
Dim Class As String
Mark = InputBox("请输入成绩:")
Select Case Mark
Case Is >= 90
    Class = "优秀"
Case Is >= 80
    Class = "良好"
Case Is >= 70
    Class = "中"
Case Is >= 60
    Class = "及格"
Case Else
    Class = "不及格"
End Select
MsgBox "你的成绩等级是:" + Class, vbOKOnly + vbInformation, "结果"
```

在上例中，Case 子句的表达式使用了 "Is" 关系运算符表达式，用来将 Mark 变量的值与 "Is" 右边的表达式进行比较。如果 Case 子句中的表达式是多个比较元素时，可以用逗号隔开。如果 Case 子句中的表达式是用来表示一个区域时，可以用关键字 "To" 连接两个数值或表达式。但是 To 前面的值必须要比后面的值小。例如：

```
Case "a" to "z" , "A" to "Z"
Case 1,3,5,7,9
```

（3）循环语句与循环结构。　在实际应用中，人们常常要面对一些具有循环或重复特征的事物。计算机要解决实际问题，就必须能够处理这类循环。反映在程序中，就是有一部分程序代码被反复执行。具有这种特征的程序结构称为循环结构。被反复执行的这部分程序代码叫做循环体。

VBA 中控制循环的语句有 For 语句和 Do...Loop 语句。

① For 语句。如事先已经知道循环的次数，往往使用 For 语句。其语句格式如下：

【语法】　For 循环变量=初值 To 终值 [Step 步长值]

　　　　　　　语句序列
　　　　　　　[Exit For]
　　　　　　　语句序列
　　　　　Next 循环变量

循环变量用来控制循环执行的次数，初值和终值均为数值型。循环变量首先被赋初值。当循环变量的值在初值和终值表示的数值区间内，则执行 For 语句后的语句序列。步长值为可选参数，若缺省，则默认为 1。步长值可以为正数，也可以为负数。Exit For 语句的执行可以提前退出循环体。

【例 10-20】编制程序计算 10 以内所有奇数的和。

10 以内所有奇数的和，即 1+3+5+...+9。采用累加的方法求和。

```
Dim i As Integer, Sum As Integer
Sum = 0                          '初值为 0
For i = 1 To 9 Step 2
    Sum = Sum + i
Next i
MsgBox( "10 以内所有奇数的和为: "+Str(Sum))
```

在上面的程序中，判断 i 是否超过终值 9，如果没有，执行语句 Sum=Sum+i 来实现累加。然后 i+步长值，再次判断是否超过终值 9，如果没有则继续执行 Sum=Sum+i，直到 i>9，则跳出循环体，执行 Next 以后的语句。

图 10-38 执行结果

程序的执行结果如图 10-38 所示。

② Do...Loop 语句。For 语句一般用于循环次数已知的情况，如果一个循环无法知道其循环次数，则可使用 Do...Loop 语句。Do...Loop 循环语句有两种形式：

【语法 1】 Do While | Until 条件

　　　　语句序列
　　[Exit Do]
　　　　语句序列
　　Loop

While 和 Until 两者可以任选其一。对于 Do While 语句，当条件的值为 True 或非 0 的数值时，则执行 Do While 之后的循环体。否则，跳出循环体执行 Loop 之后的语句。每执行一次循环，程序都自动返回到 Do While 语句，然后判断条件是否成立，根据结果决定是否执行循环体。对于 Do Until 语句，则正好相反，当条件的值为 False 或者数值 0 时，则执行循环体。Exit Do 语句可以退出循环体。

如果循环体反复执行，最终无法结束，被称为死循环。这是设计循环结构时，一定要避免出现的问题。因此，循环体内应该有改变循环条件并最终使条件为假的语句。

【语法 2】 Do

　　　　语句序列
　　[Exit Do]
　　　　语句序列
　　While | Until 条件

语法 1 与语法 2 的区别是：前者是先判断条件，根据判断的结果再决定是否执行循环体，因此，循环体有可能一次也不被执行。而后者则先执行循环体，然后再判断 While 或 Until 之后的条件，决定是否再次执行循环，循环体至少被执行一次。

【例 10-21】编制一个程序，由用户输入一串英文字母，将字符串中的大写字母转换为小写，将小写字母转换为大写。如果字符串中出现非英文字符，则弹出出错信息窗，确定后退出。

将用户输入的英文字符串放在变量中，然后依次取出一个字符进行判断，如果是大写字母，则转换为小写；如果是小写字母，则转换为大写。将转换后的字符，放在另外的变量中，直到将原字符串取完为止。

创建一个名为"字母大小写转换"的模块（Sub 子过程），编写代码如下：

```
Dim S1 As String ,S2 As String ,S3 As String
Dim Flag As Boolean
Flag = True                        'Flag 作为取出的字符是否为英文字母的标志
S1 = InputBox("请输入一串英文字符:")  'S1 中放用户的输入
S2 = ""                            'S2 中放结果，先置空
S3 = ""                            'S3 中放取出的字符，先置空
Do While Len(S1) > 0
    S3 = Left(S1, 1)               'S3 中放 S1 中的第一个字符
    Select Case Asc(S3)
    Case 65 To 90                  '如果 S3 是大写字母
        S3 = LCase(S3)
    Case 97 To 122                 '如果 S3 是小写字母
        S3 = UCase(S3)
    Case Else                      '如果 S3 是非英文字符
        MsgBox "输入错误! ", vbCritical, "出错信息"
        Flag = False               'Flag 为 False，表示不是英文字符
        Exit Do
    End Select
    S2 = S2 + S3                   '将转换后的字母进行累加
    S1 = Mid(S1, 2)               '保留 S1 中剩余的字符
Loop
    If Flag Then
    MsgBox "转换后的字符串是:" + S2
    End If
```

代码窗如图 10-39 所示，单击运行按钮 运行程序，弹出如图 10-40 所示对话框用于输入数据，如果输入的字母串为"NnHHnRjkiysBbbc"，则"确定"后的运行结果如图 10-41 所示。如果输入中有非字母的字符，如图 10-42 所示，"确定"后则弹出出错信息窗，如图 10-43 所示，单击"确定"按钮后退出。

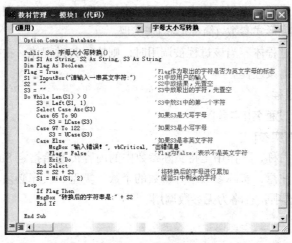

图 10-39 代码窗口

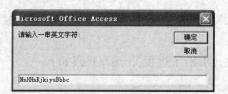

图 10-40　输入数据

图 10-41　运行结果

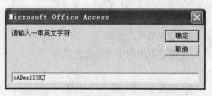

图 10-42　带有非字母的字符输入

图 10-43　出错信息窗

本模块以"字母大小写转换"为模块名保存。

4．过程

将反复执行的或具有独立功能的程序编成一个子过程，使主过程与这些子过程通过并列调用或嵌套调用有机地联系起来，使程序结构清晰，便于阅读、修改及交流。过程设计体现了程序的模块化思想。

（1）Sub 过程的创建和调用。Sub 过程是用来将程序按功能分解，一个 Sub 过程一般是一个功能相对单一的程序序列，用关键字 Sub 来标识其开始，用 End Sub 来结束。

① 定义一个 Sub 过程。

【语法】　　[Public| Private][Static]Sub 子过程名([形式参数 As 数据类型])

　　　　　　语句序列
　　　　　　[Exit Sub]
　　　　　　语句序列
　　　　　　End Sub

功能：建立一个子过程，并接收参数。

说明：关键字 Public，公用的，用来表示该过程可以被所有模块的过程所调用；Private，私有的，表示该过程只能被其所属的模块中的其他过程调用；Static，静态的、全局的，表示该过程中的所有变量值都将被保留。过程名用来指定要创建的过程名称。如果调用程序与过程之间需要传递数据，可以通过设置形式参数 (简称形参)来实现。

语句序列是过程的过程体。当该过程被调用时，则执行其过程体。在执行的过程中，如果遇到 Exit Sub 语句，则跳出该过程。

② 调用一个 Sub 过程。

【语法 1】　　[Call] 过程名([实参])

【语法 2】　　过程名[实参]

实参是实际参数的简称，其作用是将实际参数中的内容传递给指定 Sub 过程相对应的形式参数，然后执行该过程。注意，实际参数中各参数的个数、类型、次序必须与形式参数表中的参数保持一致。[实参]为可选项，省略为无参数调用。

（2）函数的创建和调用。

① 函数的定义。

用户自定义函数和 Sub 过程的不同之处在于函数有返回值，在代码中可以通过一次或多次为函数名赋值来作为函数的返回值。

【语法】　[Public| Private][Static] Function　函数名([<接受参数>]) [As 数据类型]

　　　　语句序列
　　　　End Function

由于函数是求值的，所以函数名后面要定义类型，作为返回值的类型。

② 函数的调用。函数调用不能使用 Call 语句。可以在表达式中调用函数，可以将函数值赋给变量。

【语法】　函数名([实参])

【例 10-22】编写计算 n 的阶乘的程序。

阶乘的数学定义是：$n!=1\times2\times\ldots\times n$。可以采取分步相乘的方法。

编写函数 Factorial()求 n 的阶乘。设变量 S 存放计算结果，设置 S 初值为 1，然后每次与一项相乘，一直从 1 乘到 n 为止。最后，将 S 的值赋给函数名 Factorial 作为函数的返回值。另外创建一个过程 number( )用来接受用户输入的自然数 n，然后在需要计算阶乘时调用函数 Factorial( )。

过程 number 和函数 Factorial 的定义如下：

```
Public Sub number()
    Dim n As Integer
    n = InputBox("请输入一个正整数: ","求阶乘的数")
    MsgBox Str(n) + "的阶乘是: " + Str(Factorial(n)) , 0 + 64, "求阶乘"
End Sub
Public Function Factorial(n As Integer) As Long
    Dim i As Integer, s As Long
    s = 1
    For i = 1 To n
      s = s * i
    Next i
    Factorial = s
End Function
```

在 VBE 的代码窗口输入过程 number()和函数 Factorial()代码。将这两段程序存放在一个模块中，如图 10-44 所示。具体操作是：新建模块，再插入过程。先添加名称为 number、类型为子程序的过程，再插入名称为 Factorial、类型为函数的过程。

图 10-44　"阶乘计算"过程的程序代码

运行程序，弹出输入对话框，如图 10-45 所示。输入 10，单击"确定"按钮，出现结果显示对话框，如图 10-46 所示。

图 10-45　输入对话框　　　　　　　图 10-46　结果显示对话框

本模块以"求阶乘"为名保存。

③ 过程调用中的参数传递。过程或函数常常需要接收调用者传递数据，这样，在定义该过程或函数时要定义准备接收数据的形式参数。与之对应，调用者传递到形式参数的数据称为实际参数。在调用过程时，实际参数首先将其内容传递给调用过程的形式参数。实际参数的个数、类型、次序必须与形式参数中的各个参数保持一致。

参数传递的方式有两种：地址传递（传址）方式和值传递(传值)方式。

参数地址传递方式是指在传递参数时，调用者将实际参数在内存中的地址传递给被调用过程或函数。即实际参数与形式参数在内存中共用一个地址。事实上，地址传递方式让形式参数被实际参数替换掉。

值传递方式是指调用者在传递参数时将实际参数的值传递给形式参数，传递完毕后，实际参数与形式参数不再有任何关系。

在默认情况下，过程和函数的调用都是采用地址传递即传址方式。如果在定义过程或函数时，形式参数前面加上 ByVal 前缀，则表示采用值传递即传值方式传递参数。

【例 10-23】将下面的 fac 过程的参数传递方式改为传值方式，分析其结果。

```
Public Sub main()
    jg = 1
    w = Val(InputBox("输入数值 N"))
    Call fac(w, jg)
    MsgBox (jg)
End Sub
Public Sub fac(x, jc)
    Do While x >= 1
    jc = jc * x
    x = x - 1
    Loop
End Sub
```

采用传值的参数传递方式，即在形式参数前加前缀 ByVal，代码如下：

```
Public Sub fac(ByVal x, ByVal jc)
Do While x >= 1
    jc = jc * x
    x = x - 1
  Loop
End Sub
```

主调过程 main( )调用 fac 时，实际参数 w 和 jg 将其备份值传递给形式参数 x 和 jc。虽然在被调过程 fac 中改变了形式参数 jc 的值，但并不影响与其相对应的实际参数 jg 的值。因此，程序运行的结果不同。

④ 过程与变量的作用域。VBA 应用程序由若干个模块组成。每一个模块包含若干个过程，过程中必不可少的需要使用变量。根据过程或变量定义的位置或方式不同，它们发挥作用的范围也不同。过程或变量的可被访问的范围被称为过程或变量的作用域。

a. 过程的作用域。过程的作用域分为模块级和全局级。

模块级过程被定义在某个窗体模块或标准模块内部，在声明该过程时使用 Private（私有的）关键字。模块级过程只能在定义的模块中有效，只能被本模块中的其他过程调用。

全局级过程被定义在某个标准模块中，在声明该过程时使用关键字 Publi c（公共的）。全局级过程可以被该应用程序中的所有窗体模块或标准模块调用。

b. 变量的作用域。同过程一样，变量的作用范围也不同。根据变量的作用范围，变量可以分为局部变量、模块变量和全局变量。

局部变量被定义在某个子过程中，使用 Dim 关键字声明该变量。在子过程中未声明而直接使用的变量，即隐式声明的变量，也是局部变量。另外，被调用函数中的形式参数也是局部变量。局部变量的有效范围只在本过程内，一旦该过程执行完毕，局部变量将自动被释放。

模块变量被定义在窗体模块或标准模块的声明区域，即在模块的开始位置。模块变量的声明使用关键字 Dim 或者 Private。模块变量可以被其所在的模块中的所有过程或函数访问，其他模块不能访问。当模块运行结束，则释放该变量。

全局变量被定义在标准模块的声明区域，使用关键字 Public 声明该变量。全局变量可以被应用程序所有模块的过程或函数访问。全局变量在应用程序中的整个运行过程中都存在，只有当程序运行完毕才被释放。

【例 10-24】 在标准模块中声明并引用不同作用域的变量。

```
Option Compare Database
Public a As Integer        '声明全局变量a
Private c As Integer       '声明模块变量c

Private Sub proc1()
Dim b As Integer           '声明局部变量b
a = 1
b = 3
c = 5
Debug.Print a, b, c
End Sub

Private Sub proc2()
Call prc1                  '调用过程 Prc1()
Debug.Print a, b, c
End Sub
```

运行 proc1。Proc1 中声明一个局部变量 b，并且给全局变量 a，局部变量 b 以及模块变量 c 赋值，显示结果如下：

```
    1    3    5
```

运行 proc2。首先调用 proc1，输出变量 a、b、c 的值，然后返回调用点继续向下执行 debug 语句，再次输出三个变量的值。由于变量 b 为 proc1 中声明的局部变量，因此在 proc2 中不能被引用。显示结果如下：

```
1     3     5
1           5
```

本题所建模块以"变量作用域"命名保存。在 Access 下的实现方法如下。

（1）在教材管理数据库窗口的"模块"对象界面下，单击"新建"按钮，进入模块编辑状态。

（2）在 Option Compare Database 下录入以下两条语句，如图 10-47 所示。

```
Public a As Integer        '声明全局变量a
Private c As Integer       '声明模块变量c
```

（3）单击"插入"菜单的"过程"选项。弹出"添加过程"对话框。在"名称"文本框中输入过程（Sub 子过程）名"proc1"，在"类型"栏中选中"子程序"，在范围栏中选中"私有的"，如图 10-48 所示。

图 10-47　定义变量

图 10-48　定义过程 proc1

（4）然后单击"确定"按钮，进入新建过程的状态，并在代码窗口的声明语句后，添加上以过程名为"proc1"的以下过程语句，如图 10-49 所示。

```
Dim b As Integer           '声明局部变量b
a = 1
b = 3
c = 5
Debug.Print a, b, c
```

（5）以同样的方法插入和完成过程 proc2，如图 10-50 所示。

图 10-49　完成过程 proc1

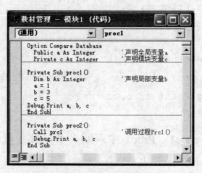

图 10-50　变量作用域模块

（6）以上所建模块以"变量作用域"命名保存。

（7）在"代码窗口"顶部右边的"过程/事件"列表框中选择"proc1"事件，然后单击执行按钮，即直接运行本模块运行 proc1，结果在立即窗口中，如图 10-51 所示。

（8）在"代码窗口"顶部右边的"过程/事件"列表框中选择"proc2"事件，然后单击执行按钮，即运行模块运行 proc2 调用了 proc1，结果在立即窗口中显示，如图 10-52 所示。

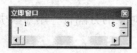

图 10-51　运行 proc1 的结果

图 10-52　运行 proc2 的结果

10.5　面向对象程序设计

在第 6 章中曾介绍了面向对象程序设计（Object Oriented Programming）的思想。VBA 也采用了面向对象程序设计的方法。面向对象程序设计将对象作为程序的基本单元，将程序和数据封装其中，以提高软件的灵活性和扩展性。

1. 对象和对象集合

在面向对象程序设计中，对象是构成程序的基本单元和运行实体。任何对象都具有它自己的静态的外观和动态的行为。对象的外观由它的各种属性值来描述，对象的行为则由它的事件和方法程序来表达。Access 数据库是由各种对象组成的，数据库本身是一个对象，而表、窗体、报表、页、宏、模块和各种控件也是对象。

表 10-8 列出了 Access 中常用的 VBA 对象，除了 Debug 对象以外，都是 Access 对象。其中，Application 对象是 Access 对象模型中的顶层对象，它是通向所有其他 Access 对象的通道，而 Forms 和 Reports 是对象的集合。

表 10-8　　　　　　　　　　　　　　　　　Access 中的常用对象

对 象 名 称	描　　　述
Application	应用程序，即 Access 环境
Debug	Debug 窗口对象，可在程序调试阶段使用 Print 方法输出执行结果
Forms	Access 当前所有打开的窗体的集合
Reports	Access 当前所有打开的报表的集合
Screen	屏幕对象，指向当前焦点所在的特定窗体、报表或控件
Docmd	使用该对象可以从 VBA 中运行 Access 操作，如打开窗体

对象的集合是由一组对象组成的集合。这些对象可以是相同的类型，比如，Forms 包含了 Access 数据库当前打开的所有的窗体，也可以是不相同的类型，例如，每一个窗体 Form 都包含了一个控件的对象集合 Controls，而这些控件的类型可能不相同。对象集合也是对象，它为跟踪对象提供了非常有效的方法。可以对整个对象集合进行操作，例如，Forms.Count 可以返回当前所有打开的窗体的个数，也可以对对象集合中的一个对象进行操作，例如，Forms(0).Repaint 可以重画当前已打开的窗体中的第一个窗体。

2. 对象的属性

对象的属性是用来描述对象的静态特征。例如对象的名称（Name）、是否可见（Visible）等。对象的属性值可以通过属性窗口设置，也可以在程序中通过代码来实现。

注意，如果在代码窗口中设置属性值，则属性的名称必须用英文书写。例如，

```
Forms(0)!TextBox1.Text="武汉学院"
```

对象的引用要逐层进行，使用感叹号"!"为父子对象的分隔符，用对象引用符"."来连接对象的属性或方法。对于窗体的引用方法有如下几种：

（1）Forms!窗体名称

（2）Forms(索引值)

Forms 集合的索引从零开始。使用索引引用窗体，则第一个打开的窗体是 Forms(0)，第二个打开的是 Forms(1)，依次类推。

如果是在本窗体模块中引用，也可以使用 Me 代替从 Forms 集合中指定窗体的方法。例如：

    Me!TextBox1.Text="武汉学院"

3. 对象的事件

事件是一种特定的操作，在某个对象上发生或对某个对象发生的动作。Access 可以响应多种类型的事件：鼠标单击、数据更改、窗体打开或关闭以及许多其他类型的事件。每个对象都设计成能够识别系统预先定义好的特定事件。例如，命令按钮可以识别鼠标的单击（Click）事件。事件的发生通常是用户操作的结果（当然也可以是由系统引发的，如窗体的 Timer 事件，就是按照指定的事件间隔由系统自动触发的），一旦用户单击了某个按钮，则触发了该按钮的 Click 事件。程序由事件驱动。如果此时该事件过程内提供了需要进行的操作代码，则执行这些代码。用户在激活某个事件或某个对象时，使用的是一些命令，常用的操作命令如表 10-9 所示。

表 10-9   常用的操作事件命令

命 令 代 码	说　明
DoCmd.openform	打开窗体
DoCmd.openreport	打开报表
DoCmd.Close	关闭窗体、报表
MsgBox()	输出信息
InputBox()	接受输入信息

【例 10-25】为对象的事件编写代码。

设计的窗体中有一个命令按钮，命名为 Command0，文字提示为"关闭"，如图 10-53 所示。我们为该"关闭"按钮编写 Click 事件的代码。

在 Access 数据库窗口选择"窗体"对象，右边选择"在设计视图中创建窗体"项，然后单击"设计"按钮，进入"窗体"窗口。

首先在"控件工具箱"中选择"命令"按钮，将命令按钮放置到窗体中，当出现"命令按钮向导"窗口时，单击"取消"按钮。然后打开代码窗口。有多种方法打开代码窗口。选中命令按钮，单击鼠标右键，在快捷菜单中单击"属性"项，弹出属性对话框，如图 10-54 所示。

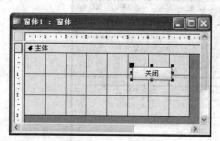

图 10-53 为一个命令按钮编写代码（一）

图 10-54 为一个命令按钮编写代码（二）

单击"单击"事件右边的按钮，启动代码窗口。也可以选中命令按钮 Command0，单击右键，在弹出的快捷菜单中选择"事件生成器"，在弹出的"选择生成器"对话框中选择"代码生成器"，然后单击"确定"按钮启动"代码窗口"，在代码窗口中的"对象"下拉列表框中选择 Command0 对象，在"过程/事件"下拉列表框中选择 Click 事件。此时，与该对象事件名称相关的事件过程就会出现在代码窗口中。

现在就可以向 Sub 和 End Sub 之间添加关闭窗体的操作代码。

然后以文件名"对象的事件"保存窗体，退出，返回到"窗体"窗口，在"视图"菜单下选择"窗体视图"，如图 10-55 所示，这是运行的窗体，这时单击"关闭"按钮，窗体窗口即被关闭。

本例所建窗体以"对象的事件"为窗体名存盘。

4. 对象的方法

对象的方法描述对象的行为，它是系统已经编制好的通用过程，能使对象执行一个特定的操作。方法类似于事件过程，用户能通过方法名引用它，但对其内部过程不可见。

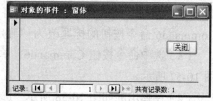

图 10-55 运行的窗体

对象方法的引用和属性的引用是一样的，都是在对象名称之后用对象引用符"."来连接具体的属性或方法。下面的代码使用了 DoCmd 的 OpenForm 方法来打开一个指定的窗体。

```
Private Sub Command1_Click()
    DoCmd.OpenForm "窗体 2"
End Sub
```

如果希望查看某个对象具有的属性、方法和系统预先为该对象定义的事件，可以利用对象浏览器窗口，其操作步骤如下。

（1）在 VBE 的"视图"菜单中，选择"对象浏览器"命令，或按 F2 键。

（2）在"对象浏览器"窗口的"搜索文本"框中输入要搜索的对象名，如 Form。然后，单击"搜索"按钮 🔍。在"搜索结果列表"中显示搜索字符串所包含工程的对应库、类和成员。在该列表框中选择希望查询的结果项，此时在"对象浏览器"的右下角的"成员"列表框中列出了要搜索对象所包含的属性、方法和事件，如图 10-56 所示。

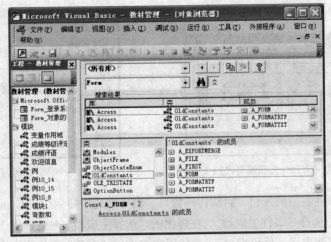

图 10-56　在"对象浏览器"中搜索对象

【例 10-26】创建一个窗体，用来计算圆的面积。用户在"半径"文本框(Text0)中输入圆的半径后，单击"确定"按钮（Command0），在"面积"文本框(Text2)中返回计算结果，如图 10-64 所示。

其操作步骤如下。

（1）创建一个窗体，包含两个文本框（Text0 和 Text2）和一个命令按钮（Command6）。

（2）通过"属性"对话框分别将文本标签的标题改为"请输入半径："和"面积为："，将 Command6 命令按钮的标题改为"确定"。

（3）选中命令按钮 Command6，单击鼠标右键，在弹出的快捷菜单中选择"事件生成器"，如图 10-57 所示。

（4）在弹出的如图 10-58 所示"选择生成器"对话框中选择"代码生成器"，然后单击"确定"按钮，启动"代码窗口"，如图 10-59 所示。

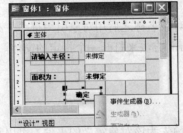

图 10-57　右键菜单中选择事件生成器

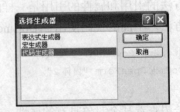

图 10-58　选择代码生成器

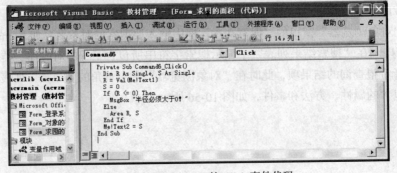

图 10-59　Command6 的 Click 事件代码

在 VBE 代码窗口中，系统生成 Command6 的 Click 事件过程。设置代码如下。

```
Private Sub Command6_Click()
    Dim R As Single, S As Single
    R = Val(Me!Text1)
    S = 0
    If (R <= 0) Then
        MsgBox "半径必须大于 0！"
    Else
        Area R, S
    End If
    Me!Text2 = S
End Sub
```

在 VBE 代码窗口中固定好鼠标位置，单击"插入"按钮，选择"过程"，打开"添加过程"窗口并设置，如图 10-60 所示。

"确定"后在 VBE 代码窗口中设置代码如下。

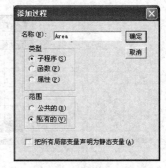

图 10-60 添加 Area 过程

```
Public Sub Area(x As Single, y As Single)
    Const Pi = 3.1415926
    y = Pi * x * x
End Sub
```

完成的代码窗口如图 10-61 所示。

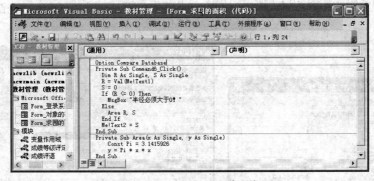

图 10-61 求圆的面积代码窗

切换到"窗体"视图，如图 10-62 所示，在文本框中输入半径值。若小于或等于零，单击"确定"按钮后系统生成消息框显示错误消息，如图 10-63 所示；若大于零，则调用过程 Area 进行运算，返回并显示结果，如图 10-64 所示。

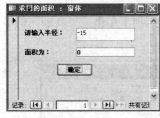

图 10-62 输入半径小于 0

图 10-63 系统提示错误信息

图 10-64 运行结果

本例所建窗体以"求圆的面积"为窗体名存盘。

【例 10-27】设计一个用户登录窗体，输入用户密码，若密码正确，显示"欢迎使用"，若密码错误，则显示"密码错，你无权使用"。

（1）设计一个窗体。

在 Access 数据库窗口选择"窗体"对象，右边选择"在设计视图中创建窗体"项，然后单击"设计"按钮，进入"窗体"窗口。

打开窗体的属性窗口，命名标题为"用户登录"，如图 10-65 所示。

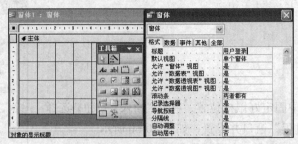

图 10-65　命名标题为"用户登录"

保存窗体，在"另存为"窗口中命名窗体为"密码设置"，如图 10-66 所示。

（2）在窗体上设计一个文本框，用于用户录入密码。在文本框上单击鼠标右键，在快捷菜单中选择"属性"命令，在属性对话框中设置"名称"为 userpassword，在"输入掩码"属性设置为密码，如图 10-67 所示。单击"下一步"按钮，完成设置。

图 10-66　命名窗体

图 10-67　文本框属性

（3）在窗体上设置一个命令按钮。在命令按钮的属性对话框中设置"名称"为 OK，"标题"为确认，如图 10-68 所示。

（4）设置事件代码。在文本框"属性"对话框中的"事件"选项卡单击"更新前"的事件过程编辑按钮 ┉ ，如图 10-69 所示。

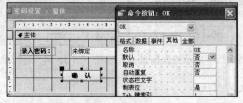

图 10-68　设置命令按钮的名称和标题

图 10-69　文本框的事件过程编辑按钮

进入模块编辑的代码窗口，输入文本框"userpassword"的"BeforeUpdate"代码：

```
Private Sub userpassword_BeforeUpdate(Cancel As Integer)
If UCase(Me!userpassword) = "123" Then
    MsgBox ("欢迎使用！")
Else
    MsgBox ("密码错，你无权使用！")
    DoCmd.Close
End Sub
```

然后选择命令按钮"OK"对象，输入其"Click"事件代码。

```
Private Sub OK_Click()
On Error GoTo Err_ok_click
    DoCmd.Quit
Exit_ok_click:
    Exit Sub
Err_ok_click:
    MsgBox Err.Description
    Resume Exit_ok_click
End Sub
```

完成的代码窗口如图 10-70 所示。

（5）保存模块和窗体。进入数据库窗口，运行"密码设置"窗体。如图 10-71 所示。

图 10-70 模块代码窗口

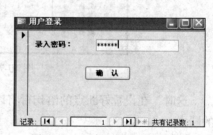

图 10-71 运行"设置密码"窗体

由于原始密码是"123"，若输入是"123"，密码正确，弹出如图 10-72 所示对话框。否则，弹出如图 10-73 所示错误提示对话框。

图 10-72 输入密码正确提示

图 10-73 输入密码错误提示

10.6 VBA 程序调试

为了避免程序运行错误的发生，在编程过程中往往需要不断地检查和测试程序。VBA 提供了一套完整的调试工具和方法，帮助编程人员在程序调试阶段观察程序的运行状态，准确的定位问题，从而及时的修改和完善程序。

1. 设置程序断点

程序断点的设置，作用是使正在运行的程序进入到中断模式。在中断模式下，程序暂停运行，编程人员可以查看此时的变量或表达式的取值是否与预期的值相符合。

断点的位置必须设置在可执行的语句上，不能够在注释语句、声明语句或空白行上设置断点。

一个程序段中可以包含多个断点。

设置断点的方法主要有以下几种。

（1）在代码窗口中，单击要设置断点的语句左侧的灰色边界标识条。

（2）单击要设置断点的语句中任意位置，然后选择"调试"菜单中切换断点命令或按"F9"键，如图 10-74 所示。

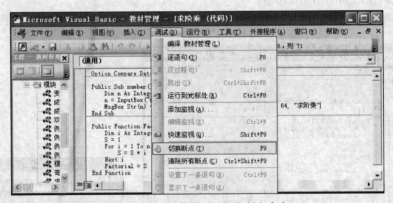

图 10-74　调试菜单下的切换断点命令

这时，在设置好断点的语句行将以"梅红色"标识，图 10-75 所示是在"阶乘"模块中设置的断点。

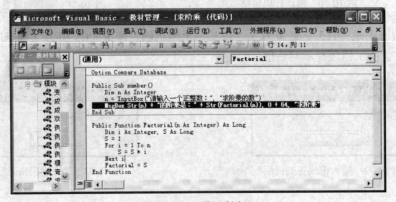

图 10-75　设置断点

取消断点，直接在断点行左侧的灰色边界标识条上单击或者按"F9"键。选择"调试"菜单中的"清除所有断点"命令，可以清除程序中所有的断点。

2. 调试工具栏

在 VBE 中提供"调试"菜单和"调试"工具栏来实现程序的调试。单击"视图"菜单"工具栏"下"调试"命令，调出"调试"工具栏，如图 10-76 所示。

"调试"工具栏上各命令按钮的名称及其功能从左到右，依次如下。

图 10-76　调试工具栏

（1）"设计模式"按钮：用于打开或关闭设计模式。

（2）"运行"按钮：运行当前程序。当程序处于"中断"模式时，单击该按钮，继续运行程序至下一个"断点"或者程序结束处。

（3）"中断"按钮：在程序运行过程中，单击"中断"按钮，使程序进入中断模式。

（4）"重新设置"按钮：终止程序运行，使程序回到编辑状态。

（5）"切换断点"按钮：设置或删除当前行上的断点。

（6）"逐语句"按钮：使程序进入"单步执行"状态，即一次执行一个语句（系统将用黄色标识当前正在执行的语句）。当遇到调用过程语句时，则下一步将跳到被调过程中的第一条语句去执行。

（7）"逐过程"按钮：与"逐语句"类似。以单个过程为一个单位，每单击一下，则依次执行该过程内的一条语句。与"逐语句"不同的是，如果遇到调用过程的语句，"逐过程"不会跳到被调过程的内部去执行，而是在本过程中继续单步执行。

（8）"跳出"按钮：跳出被调过程，返回到主调过程，并执行调用语句的下一行。

（9）"本地窗口"按钮：打开"本地窗口"。"本地窗口"内显示在中断模式下，当前过程中的所有变量的名称和值。

（10）"立即窗口"按钮：打开"立即窗口"。在中断模式下，可以在"立即窗口"中输入命令语句来查看当前变量或表达式的值。例如，当程序处于中断模式时，在"立即窗口"中输入"print n"，系统将返回此时变量 n 的值，如图 10-77 所示。

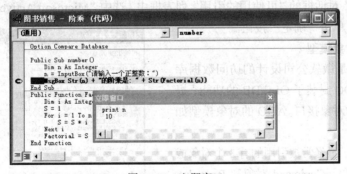

图 10-77　立即窗口

（11）"监视窗口"按钮：打开"监视窗口"，用来查看被监视的变量或表达式的值。在"监视窗口"中单击右键，选择快捷菜单中的"添加监视"选项，系统将弹出"添加监视"对话框。在这个对话框内可以输入一个监视表达式。

（12）"快速监视"按钮：在中断模式下，通过选择某个表达式或变量，然后单击"快速监视"按钮，系统将打开"快速监视"窗口，在窗口内部显示所选表达式或变量的值。

（13）"调用堆栈"按钮：当程序处于中断模式时，显示一个对话框，列出所有已经被调用但是仍未完成运行的过程。

10.7 Access 数据库程序设计

从前述 VBA 应用看，VBA 设计的模块和代码可以与 Access 的窗体等对象结合在一起，实现程序处理功能。但以上内容并没有涉及数据库的处理。因为 VBA 是基于高级语言 VB 的程序设计语言。最初高级语言并没有处理数据库的语句和功能。

本节我们介绍 Access 的数据库编程知识，即 VBA 的数据库程序设计。

1. DAO 与 ADO

为处理数据库，VBA 必须采用专门设计的数据库访问组件来访问数据库，才能完成数据库编程。

最早 VBA 采用数据访问对象（DAO，Data Access Object）访问数据库。使用 DAO 可以编程访问和使用本地数据库或远程数据库中的数据，并对数据库及其对象和结构进行处理。

目前，VBA 主要使用 ActiveX 数据访问对象（ADO，ActiveX Data Objects）来访问数据库。ADO 扩展了 DAO 的对象模型，它包含较少的对象，包含更多的属性、方法和事件。

这里，我们主要介绍 ADO 技术。

2. ADO 类库

ADO 采用面向对象的方法设计，在 ADO 中提供了一组对象，各对象完成不同的功能，用于响应并执行数据的访问和更新请求。各个对象的定义被封装在 ADO 类库中。因此，在 Access 中要使用 ADO 对象，需要先引用 ADO 类库。其操作方法如下。

（1）进入 VBE 界面，单击"工具"菜单"引用"项，弹出"引用"对话框，如图 10-78 所示。

（2）在"引用"对话框的"可使用的引用"列表框中，选中"Microsoft ActiveX Data Objects x.x Library"复选框，单击"确定"按钮。

3. ADO 的对象模型

ADO 的基础是微软公司设计的访问数据库技术 OLE DB，ADO 封装了 OLE DB 的功能，提供了访问数据库的对象接口。ADO 的对象模型如图 10-79 所示。

在这些对象中，最经常被引用的有 3 个对象成员：Connection 对象、Command 对象和 Recordset 对象，位于 ADO 的对象模型的最上层。

ADO 提供 4 个对象集合：Connection 对象包含的 Errors 集合、Command 对象包含的 Parameters 集合、Recordset 和 Record 对象包含的 Fields 集合，以及 Connection、Command、Recordset 和 Field 对象都具有 Properties 集合。

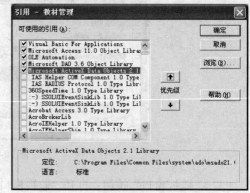

图 10-78　引用 ADO 库

Error 集合负责记录存储一个系统运行时发生的错误或警告。

Parameters 集合负责记录程序中要传递参数的相关属性。

Fields 集合提供一些方法和属性，包括 Count 属性、Refresh 方法、Item 方法等。

Properties 集合主要用来记录相应 ADO 对象的每一项属性值，包括了 Name 属性、Value 属性、Type 属性、Attributes 属性等。

VBA 要访问数据库，基本的步骤如下。

（1）使用 Connection 对象连接到数据源，即要处理的数据库、表或查询。

（2）使用 Command 对象或其他对象将处理数据库的 SQL 语句（如 SELECT、INSERT 等）传送到数据库中，数据库执行传递的语句。

（3）数据库将处理的结果保存在 Recordset 对象的记录集中，传回到高级语言，这样，VBA 就可以处理相应的数据了。

下面简要介绍 ADO 对象模型中最主要的这 3 个对象。

（1）Connection 对象。Connection 对象用来建立应用程序和数据源之间的连接，是访问数据源的首要条件。

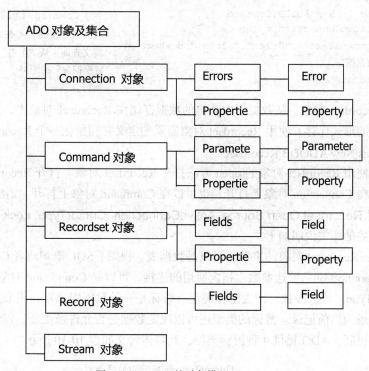

图 10-79　ADO 的对象模型

使用 Connection 对象时，需要首先创建一个 Connection 对象的实例，然后设置 OLE DB 的数据提供者的名称和有关的连接信息。使用 Provider 属性制定 OLE DB 的数据提供者，使用 Connectstring 属性对连接进行配置。接着，使用 open 方法建立到数据源的物理连接，使用 Close 方法断开与数据源的连接。当连接发生错误时，对象模型以 Error 对象体现错误。

下面是使用 Connection 对象建立与“教材管理”数据库的连接的程序代码：

```
Public Sub openDB()
    Dim cnn As New ADODB.Connection                    '创建一个 connection 对象实例
```

```
            cnn.Provider = "Microsoft.jet.OLEDB.4.0"          '指定数据提供者
            cnn.ConnectionString = "D:\教材管理系统.mdb"       '指定数据源
            cnn.Open                                           '打开与数据库的连接
        End Sub
```

代码中 Connection 对象名前的 ADODB 是 ADO 类库的名称。当需要断开与数据库的连接时，输入命令：cnn.Close。

（2）Command 对象。建立连接以后，可以对数据库发出命令来执行某种操作。ADO 使用 Command 对象来表达和传递操作数据库的命令。经常执行的命令包括向数据源添加、删除或更新数据，或者在表中查询数据。

使用 Command 对象，需要首先创建一个 Command 对象的实例，然后通过设置 Command 对象的 ActiveConnection 属性使打开的连接与 Command 对象关联，使用 CommandText 属性定义命令（例如，SQL 语句）的可执行文本，接着，使用 Command 对象的 Execute 方法执行命令并返回记录集。

下面是使用 Command 对象对前面建立的连接进行查询的程序代码：

```
Dim cmd As New ADODB.Command              '创建 Command 对象的实例 cmd
cmd.ActiveConnection = cnn                '与打开的连接 cnn 相关联
cmd.CommandText = "Select * from 图书 where 书      '定义查询：从"图书"表中筛选出书名为
名="数据挖掘"                                "数据挖掘"的图书
cmd.Execute                               '执行命令
```

（3）Recordset 对象。从数据源中获得的数据存储在 Recordset 对象中，并且以行（记录）和列（字段）的形式保存。使用 Recordset 对象需要先定义并初始化一个 Recordset 对象，例如：

Dim rs as New ADODB.Recordset

然后，使用 Recordset 对象的 open 方法打开 Recordset 对象。打开 Recordset 记录集的方法有多种：可以在 Connection 对象上打开；也可以在 Command 对象上打开。语法如下。

【语法】Recordset.Open Source, ActiveConnection, CursorType, LockType, Options
各个参数的相关说明如下。

Source：Recordset 对象的来源。可以是数据表、视图、SQL 语句或者 Command 对象。

ActiveConnection：可选参数。指定所用的连接，可以是 Connection 对象。

CursorType：可选参数。设置游标类型。游标是一种数据库元素，用来控制记录的定位，游标指向的记录为当前记录。游标的类型还可以决定数据是否允许被更新，以及是否可看到其他用户对数据的更新。ADO 提供 4 种游标类型，其具体含义如表 10-10 所示。

表 10-10　　　　　　　　　　　　CursorType 参数的值及其含义

常　量	含　义
adOpenDynamic	动态游标。用于查看其他用户所作的添加、更改和删除
adOpenStatic	静态游标。提供记录集合的静态副本以查找数据。其他用户所作的添加、更改和删除不可见
adOpenForwardOnly	仅向前游标，默认值。与静态游标相同，但是只允许在记录中向前滚动
adOpenKeyset	键集游标。类似动态游标，但是禁止查看其他用户所作的添加或删除，允许查看其他用户对数据的更改

LockType：可选参数。LockType 属性指定在编辑过程中当前记录上的锁定类型。其具体含义

如表 10-11 所示。

表 10-11　　　　　　　　　　　　　　LockType 参数的值及其含义

常　　量	含　　义
adLockReadOnly	默认值，只读。无法更改数据
adLockPessimistic	保守式记录锁定（逐条）。提供者执行必要的操作确保成功编辑记录，常常采用编辑时立即锁定数据源的记录的方式
adLockOptimistic	开放式记录锁定（逐条）。只有在调用 Update 方法时锁定记录
adLockBatchOptimistic	开放式批更新

对 CursorType 和 LockType 属性值的设置可以在使用 Recordset 对象的 Open 方法传递其参数，也可以在打开 Recordset 对象之前进行设置。

Optins：可选参数。用于指定 Recordset 对象对应的 Command 对象的类型。

【例 10-28】编写一个程序连接到"教材管理"数据库，并且从"教材"表中查找出版社编号为"1002"的教材数目。

方法一：在 Connection 对象上打开 Recordset

```
Public Sub QueryDB()
Dim cnn As New ADODB.Connection            '声明并初始化 Connection 变量
Dim rs As New ADODB.Recordset              '声明并初始化 Recordset 变量

cnn.Provider = "Microsoft.jet.OLEDB.4.0"   '设置数据提供者
cnn.ConnectionString = "D:\教材管理.mdb"    '设置连接"教材管理"数据库
cnn.Open                                   '连接"教材管理"数据库

rs.Open "Select * from 教材 where 出版社=" 1002"  '打开记录集
cnn,adOpenKeyset, adLockPessimistic

Debug.Print rs.RecordCount                 '在立即窗口中打印记录集中记录的个数
                                           '关闭记录集
rs.close                                   '断开连接
cnn.close
End Sub
```

方法二：在 Command 对象上打开 Recordset

```
Public Sub QueryDB()
Dim cnn As New ADODB.Connection            '声明并初始化 Connection 变量
Dim cmd As New ADODB.Command               '声明并初始化 Command 变量
Dim rs As New ADODB.Recordset              '声明并初始化 Recordset 变量

cnn.Provider = "Microsoft.jet.OLEDB.4.0"   '设置数据提供者
cnn.ConnectionString = "D:\教材管理.mdb"    '设置连接"教材管理"数据库
cnn.Open                                   '连接"教材管理"数据库

cmd.ActiveConnection = cnn                 '建立 Command 对象的连接
cmd.CommandText = "Select * from 教材 where '建立查询命令
出版社='1002'"
```

```
rs.CursorType = adOpenKeyset                    '指定 Recordset 的游标类型
rs.LockType = adLockPessimistic                 '指定 Recordset 的锁定类型
rs.Open cmd                                     '打开记录集

Debug.Print rs.RecordCount                      '在立即窗口中打印记录集中记录的个数

rs.Close                                        '关闭记录集
cnn.Close                                       '断开连接

End Sub
```

4. 操作记录集

对记录集进行操作是我们访问数据的最主要目的。Recordset 对象提供大量的方法和属性可以对 Recordset 数据进行定位、更新、添加或删除记录。表 10-12 介绍了 Recordeset 中常用的方法及其含义。

表 10-12　　　　　　　　　　Recordset 中常用的方法及其含义

方　　法	含　　义
AddNew	创建可更新的 Recordset 对象的新记录
Append	将对象追加到集合中。如果集合是 Fields，可以先创建新的 Field 对象然后再将其追加到集合中
CancelUpdate	取消在调用 Update 方法前对当前记录或新记录所作的任何更改
Close	关闭打开的对象及任何相关对象
Delete	删除当前记录或记录组
Execute	执行指定查询、SQL 语句、存储过程或特定提供者的文本等
Find	搜索 Recordset 中满足指定标准的记录
Move	移动 Recordset 对象中当前记录的位置
MoveFirst、MoveLast、MoveNext 和 MovePrevious	移动到指定 Recordset 对象中的第一个、最后一个、下一个或前一个记录并使该记录成为当前记录
Requery	通过重新执行对象所基于的查询，更新 Recordset 对象中的数据
Update	保存对 Recordset 对象的当前记录所做的所有更改

【**例 10-29**】编写程序，向"教材管理"数据库的"出版社"表中添加一条记录，并打印出结果。

（1）打开连接。首先定义一个 ADO 的 Connection 对象变量并初始化，然后指定数据提供者和数据源的连接信息，建立连接。其代码如下：

```
Dim cnn As New ADODB.Connection
cnn.Provider = "Microsoft.jet.OLEDB.4.0"
cnn.ConnectionString = "D:\教材管理.mdb"
cnn.Open
```

（2）打开记录集。定义一个 Recordset 对象变量并将其初始化，打开 Recordset 对象，并指定数据来源为"出版社"表，与刚建立好的连接相关联，指定记录集的游标类型和锁定类型。其代码如下：

```
Dim rs As New ADODB.Recordset
rs.CursorType = adOpenKeyset
rs.LockType = adLockPessimistic
rs.Open "出版社", cnn
```

（3）向记录集添加新记录。使用 recordset 的 Addnew 方法在 recordset 对象中添加一条空白记录，然后指定该记录的"出版社编号"、"出版社名称"、"地址"、"联系电话"、"联系人"等信息。其代码如下：

```
rs.AddNew
rs("出版社编号") = "2704"
rs("出版社名") = "武汉大学出版社"
rs("地址") = "武汉市武昌珞珈山"
rs("联系电话") = "027 68752427 "
rs(" 联系人")="王凯"
```

（4）更新记录集。使用 recordset 对象的 Update 方法，更新记录集。

```
rs.Update
```

（5）打印结果。使用 MoveFirst 方法将记录集的游标移到记录集的首记录位置。当游标不在记录集中的最后一条记录之后时，使用循环语句打印出当前游标所在位置的"出版社编号"、"出版社名称"和"地址"信息。其代码如下：

```
rs.MoveFirst
Do While Not rs.EOF
    Debug.Print rs.Fields("出版社编号"), rs.Fields("出版社名"), rs.Fields("地址")
rs.MoveNext
Loop
```

完成的全部代码窗口如图 10-80 所示，本模块以"例 10_29"为名保存。

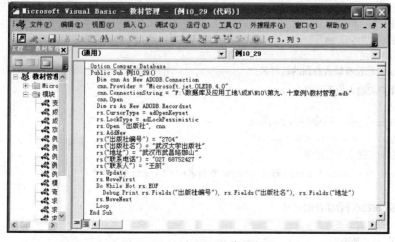

图 10-80　添加记录的代码窗口

上面代码中的 EOF 是 Recordset 记录集中用来判断当前游标是否在最后一条记录之后，即记录集的末尾。如果是，则返回 True，否则返回 False。与 EOF 属性相对应的还有 BOF 属性，用来判断当前游标是否在记录集的第一条记录之前。

执行代码，即可在"立即窗口"中打印出添加记录之后的记录集的内容，如图 10-81 所示。

图 10-81   "立即窗口"中打印记录集

【例 10-30】编写程序，实现通过输入"教材名"后，在"教材"表中查询教材信息的操作。

首先，与"教材管理"数据库建立连接。通过一个输入窗口接受用户所需要查询的教材名，并且保存在变量 title 中。如果用户的输入为空值，系统弹出错误信息。如果用户输入的值不为空，打开记录集，并在数据来源中指定查询语句，用来在"教材"表中查询用户输入的教材。当找到符合查询的教材，输出教材名、出版社、定价和库存量（数量）等信息。否则，弹出错误消息。其程序代码如下：

```
Public Sub 例10_30()
Dim cnn As New ADODB.Connection
Dim rs As New ADODB.Recordset
Dim title As String

    '建立连接
cnn.Provider = "Microsoft.jet.OLEDB.4.0"
cnn.ConnectionString = "D:\教材管理.mdb"
cnn.Open

    '弹出输入窗口，接受用户的输入，并将值付给 title
title = InputBox("请输入需要查询的教材名: ", "输入查询教材")

    '如果用户输入的值为空
If  title = ""  Then
    DoCmd.Beep
    MsgBox "您没有输入查询的教材名!"
    '如果用户的输入值不为空
Else
    rs.CursorType = adOpenKeyset
rs.LockType = adLockPessimistic
    '在建立的连接上进行搜索
    rs.Open "select * from 教材 where 教材名='" & title & " '", cnn

    '如果没有找到符合条件的记录
If rs.EOF Then
    DoCmd.Beep
    MsgBox "对不起,没有您要查找的教材!"
```

```
            '如果找到符合条件的记录
        Else
            Do While Not rs.EOF
                '在立即窗口中显示教材信息
            Debug.Print  rs.Fields("教材名"), rs.Fields("作者"), rs.Fields("定价"),
rs.Fields("数量")
                rs.MoveNext
            Loop
        End If
    End If

End Sub
```

本例以"例 10_30"为模块名存盘。代码模块如图 10-82 所示；查询教材录入窗口如图 10-83 所示；如果用户输入的值为空，则提示"您没有输入查询的教材名!"，如图 10-84 所示；如果没有找到符合条件的教材，则提示"对不起，没有您要查找的教材!"，如图 10-85 所示；如果找到符合条件的记录，则在立即窗口中显示教材信息，如图 10-82 所示。

图 10-82　代码模块

图 10-83　查询教材录入窗口

图 10-84　用户输入值为空的提示

图 10-85　没有找到符合条件教材的提示

图 10-86　输入查找教材信息的窗口

图 10-87　显示教材信息的立即窗口

5. 综合应用例

【例 10-31】设计一个发放教材窗体，实现发放教材（有人领取教材）业务流程。

分析：首先在窗体上创建若干文本框，以"教材管理"数据库中的表为基础，分别标注为"教材编号"、"教材名"、"作者"、"出版社编号"、"定价"、"折扣"和"数量"。

第一，用户通过输入要发放（有人领取）的"教材编号"，单击"查找"按钮即可查询到该教材的相关信息，包括教材名、作者、出版社、定价和折扣等，一一显示出来供用户参考。

第二，通过用户输入发放（领取）教材的数量，即可显示出这批教材打折之后的总金额。

第三，如果用户确认要发放该批教材，单击"保存"按钮后，即可将该批发放教材业务添加到"发放单"表和"发放细目"表中，并且在"教材"表中对"数量"字段值进行更新：数量 = 数量（库存数量）— 领取数量（此次发生的领取数量）。

设计步骤如下。

（1）在教材管理数据库中新建一个窗体。

在 Access 数据库窗口选择"窗体"对象，右边选择"在设计视图中创建窗体"项，然后单击"设计"按钮，进入"窗体"窗口。

（2）保存该窗体，在"另存为"窗口中给定窗体名称为"综合例"，然后"确定"保存，如图 10-88 所示。

在本窗体上面添加若干对象，分别通过属性窗口对它们的相关属性进行修改，如图 10-85 所示。

2 个标签对象，标题改为"教材信息"和"领取教材"。

8 个文本框对象，标签标题分别改为"教材编号"、"教材名"、"作者"、"出版社"、"定价"、"折扣"、"数量"和"金额"。文本框的名称分别为"教材编号"、"教材名"、"作者"、"出版社"、"定价"、"折扣"、"数量"和"金额"。

3 个命令按钮，标题分别为"查找"、"保存"和"取消"，如图 10-89 所示。

图 10-88　给定窗体名称

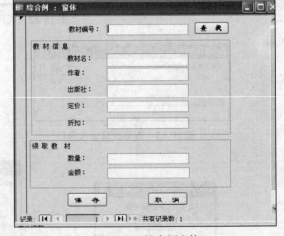

图 10-89　综合例窗体

（3）对"查找"按钮编写代码。

查找按钮上右键，在快捷菜单中选择"事件生成器…"，在出现的"选择生成器"窗口中选择"代码生成器"，确定，如图 10-90 所示。

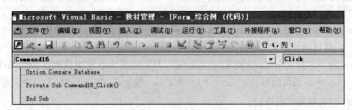

图 10-90　代码生成器

现在对子过程 Command16_Click()编码。

根据用户输入的教材编号从教材和出版社表中查找该教材的相关信息。如果该教材编号存在，则分别在对应的文本框中显示相关信息，如果该教材编号不存在，则提示"啊，你输入的这个编号不存在!"。

```
Private Sub Command16_Click()
Dim rst As New ADODB.Recordset
rst.Open "SELECT * FROM 教材,出版社 where 教材.出版社编号=出版社.出版社编号 and 教材编号='"
& Me.教材编号.Value & "'", CurrentProject.Connection, adOpenKeyset, adLockOptimistic
If Not rst.EOF Then
    教材编号.Value = rst("教材编号").Value
    Me.定价.Value = rst("定价").Value
    Me.折扣.Value = rst("折扣").Value
    Me.出版社名.Value = rst("出版社名").Value
    Me.作者.Value = rst("作者").Value
    Me.教材名.Value = rst("教材名").Value
    rst.Close
Else
    MsgBox "啊,你输入的这个编号不存在!"
End If
End Sub
```

（4）对用户输入的数量进行处理，输入数值后，"数量"文本框的值要进行计算并更新。

```
Private Sub 数量_Change()
If  定价.Value <> "" And 折扣.Value <> "" And IsNumeric(数量.Text) Then
金额.Value = Round(CDec(定价.Value) * CDec(折扣.Value) * CDec(数量.Text), 2)
End If
End Sub
```

（5）对"保存"按钮编写代码，首先按照教材编号从教材表中对该教材进行数量查询，如果库存数量大于用户需要的数量，则在发放单和发放细目表中插入一条新记录，并且在教材表中对库存数量进行更新，提示"教材发放成功!"；相反，则提示"目前库存不够，库中只有**本!"。

```
Private Sub Command22_Click()
On Error GoTo Err_Command22_Click
Dim rst As New ADODB.Recordset
rst.Open "SELECT 数量 FROM 教材 where 教材编号='" & Me.教材编号.Value & "'",
CurrentProject.Connection, adOpenKeyset, adLockOptimistic
```

```
If Not rst.EOF Then
    If rst("数量") > CDec(数量.Value) Then
            CurrentProject.Connection.Execute ("insert into 发放单(发放日期, 工号)values(#" &
Now & "#,'1205')")
            CurrentProject.Connection.Execute ("update 教材 set 数量=数量-" & 数量.Value & "
where 教材编号 ='" & 教材编号.Value & "'")
            CurrentProject.Connection.Execute ("insert into 发放细目(发放单号，教材编号，数量，
售价折扣)values('10','" & 教材编号.Value & "','" & Me.数量.Value & "','" & Me.折扣.Value & "')")
            MsgBox ("教材发放成功!")
        Else
            MsgBox ("目前库存不够，库中只有" & rst("数量") & "本!")
        End If
    Else
        MsgBox "对不起，库存没有此教材!"
    End If
    rst.Close
Exit_Command22_Click:
    Exit Sub
Err_Command22_Click:
    MsgBox Err.Description
    Resume Exit_Command22_Click
End Sub
```

（6）对"取消"按钮编写代码，单击之后关闭教材发放窗体。

```
Private Sub Command23_Click()
MsgBox "谢谢使用，再见!"

DoCmd.Close
End Sub
```

完成后的代码窗如图 10-91 所示。

图 10-91　代码窗

窗体运行后，输入一个不存在的教材编号后单击"查找"按钮时，系统提示如图 10-92 所示，单击"确定"按钮后返回重新输入教材编号或单击"取消"按钮退出。

任何情况下单击"取消"按钮，系统提示"再见"，如图 10-93 所示，再单击"确定"按钮后退出本系统。

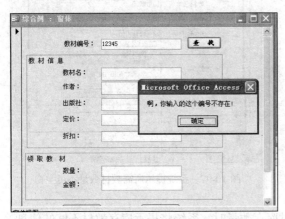

图 10-92 输入教材编号不存在的系统提示

图 10-93 单击"取消"按钮的结果

键入有效的教材编号，单击"查找"按钮，则教材信息的显示如图 10-94 所示。

查找到所需教材后，当需要领取本教材时，用户输入该教材的数量，系统进行金额计算并及时显示金额，如图 10-95 所示。

图 10-94 查找教材信息

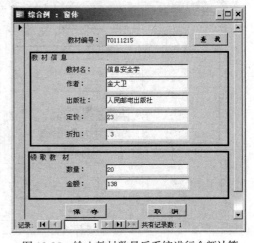

图 10-95 输入教材数量后系统进行金额计算

输入领取教材的数量，再单击"保存"按钮，有以下 4 种可能发生的情况。

第一，根本就没有查找所需教材而直接单击"保存"按钮时，会导致系统提示"对不起，没有此教材!"，如图 10-96 所示。

第二，查询成功后没有键入所需数量而直接单击"保存"按钮，系统会提示所需教材数量不可空白，如图 10-97 所示。

图 10-96　没有查找而导致系统提示教材缺货

图 10-97　系统提示所需教材数量不可空白

第三，查询成功后键入的所需教材数量超过库存数量时，系统将提示库存教材不够的信息，如图 10-98 所示。

第四，查询成功，键入所需教材领取数量，当库存数量满足领取数量时，系统将提示教材发放成功的信息，如图 10-99 所示。

图 10-98　库存教材不够

图 10-99　教材发放成功

以上的任一种可能出现的提示下，在提示小窗中单击"确定"按钮，即可返回。

当教材发放成功，相应的发放单表、发放细目表都自动同步插入了新记录，如图 10-100 和图 10-101 所示。教材表中有相应的记录自动更新和数据修正（主要是某教材数量减少），如图 10-102 所示。

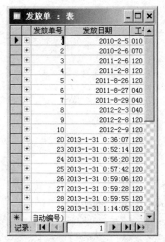

图 10-100　插入新记录后的"发放单"表　　　　图 10-101　插入新记录后的"发放细目"表

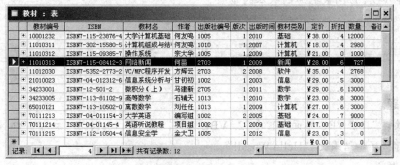

图 10-102　更新记录后的"教材"表

习　题

一、名词解释

1. ADODB

2. Connection

3. ADO 类库

4. Command

5. Recordset

6. Errors

7. Parameters

8. Fields

9. Properties

二、问答题

1. 什么是模块？Access 模块对象的主要功能是什么？

2. 试述程序与程序设计的概念。

3. 目前主要的程序设计方法有哪两类？简要说明。

4. 简述应用模块对象的基本步骤

5. 简述 Access 模块的种类。

6. 什么是声明语句、赋值语句、执行语句？

7. 简述结构化程序设计的三大结构。

8. 简述过程调用中的参数传递。

9. 简述过程的作用域。

10. 简述变量的作用域。

11. 简述你对对象和对象集合的理解。

12. 什么是对象的事件？谈谈你对对象事件的理解。

13. 试写出 VBE 中 "调试" 工具栏上各命令按钮的名称及其功能。

14. 试述 DAO 与 ADO 的概念及区别。

15. 当代 VBA 访问数据库的主要技术是 ADO。试述 ADO 对象模型中最主要的三个对象。

16. 简述 VBA 访问数据库的基本的步骤。

实 验 题

1. 实验题。

请参阅教材 "10.2 VBE 界面" 下的 "2. VBE 窗口" 下的图 10-7, 在 "立即窗口" 完成图 10-103 的命令并运行, 显示结果为 "Hello World!"。

2. 实验题。

请参阅教材例 10-14, 创建一个函数过程, 运行结果为图 10-104。

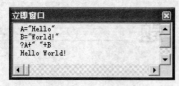

图 10-103　立即窗口

图 10-104　运行结果

3. 实验题, InputBox 函数的使用。

请参阅教材上的例 10-15, 创建一幅 "系统登录" 界面如图 10-105 所示, 设默认用户名为 "Administrator", 输入用户名 "陈鹏" 当用户单击确定按钮以后, 系统弹出一个信息提示对话框 "欢迎您" 如图 10-106 所示。

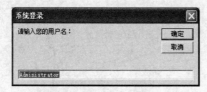

图 10-105　系统登录界面

图 10-106　欢迎界面

4. 实验题, 顺序程序设计。

请参阅教材上的例 10-16, 编写一个求矩形面积的程序。矩形的长和宽自行设定。

5. 实验题，分支程序设计。

请参阅教材上的例 10-18，编写一个运送货物的按里程收费程序，标准为：

90kM 以远 3 元/kG，80kM 到 89kM　2.5 元/kG，70kM 到 79kM　2 元/kG，60kM 到 69kM 1.5 元/kG，60kM 以下 1 元/kG。模块命名为"里程收费"。

6. 实验题，循环程序设计。

请参阅教材上的例 10-20，编写一个 1～100 以内所有偶数和的程序。

7. 实验题，求圆的周长。

请参阅教材上的例 10-26，创建一个窗体，用来计算圆的周长。用户在"半径"文本框（Text0）中输入圆的半径后，单击"确定"按钮（Command0），在"周长"文本框（Text2）中返回计算结果，如图 10-107 所示。

图 10-107　求圆的周长窗体

编后的鸣谢

　　时间荏苒，随着本书的完稿和定稿，两个多年头的时间都相继画上了句号。回首以往，我的工作、教学和编写本教材的足迹依然清晰如许。教材的编写有很多困难，压力很大，幸运的是，在这个过程中我遇到了很多德才兼备的领导、老师和热心诚挚的同事朋友。在他们的帮助下，我吸收到了计算机、数据库、程序设计等专业知识的营养，迈入了 Access 数据库管理系统的殿堂。我想首先要感谢我的武汉学院的董事会和学院的领导们以及信息系的同仁们，在他们的悉心教导中，我学到了很多东西。我还想特别感谢中南财经政法大学信息与安全工程学院的肖慎勇副院长，正是由于有肖老师的启发，我的这部教材才得以完成。我还要感谢在教材的写作过程中一直督促和鞭策我的武恩玉主任和滑玉编审等。此外，我的同事和朋友在我写作过程中也给予了我很多帮助，他们在我失落的时候鼓励我，在我孤单的时候陪伴我，在我失败的时候帮助我……坚持我的信念，加固我的毅力，使我保持旺盛的斗志。在此，由衷地向他们表示感谢！最后我还要感谢我的家人，是我的家人给了我一个温暖、稳固的"后方"，为我撑开一片自由的天空，让我能安心工作、教学与写作。

　　在本书写作过程中，参考和引用了不少前人的研究成果和文献，在此一并表示感谢。要感谢的人还有很多，在此无法一一列举，感激之情也难以用言语表达。对于这些，我想说声，谢谢！谢谢你们。

何友鸣

2014 年 1 月 于武汉学院